家装水电气暖设计与施工轻松搞定

杨清德　胡　萍　付　波◎主编

化学工业出版社

·北京·

本书讲述了家装水电气暖工程设计与施工的基础知识和操作技能，包括家装水电气暖的规划与设计、专业图纸识读，施工材料科学合理选用，电气线路与配电装置和用电器的安装，水气暖管路及设备安装等内容。本书内容全面丰富，由浅入深，让没有装修经历的读者能够零起步、循序渐进地掌握相关的技术要领，是装修实战中不可或缺的制胜宝典。

本书适合从事水电气暖装修的工程人员阅读，也适合于物业公司的水电气暖维修人员、水电工阅读，还可作为家装业主、职业院校相关专业师生的参考书。

图书在版编目（CIP）数据

家装水电气暖设计与施工轻松搞定 / 杨清德，胡萍，付波主编．—北京：化学工业出版社，2020.1
ISBN 978-7-122-35408-2

Ⅰ．①家…　Ⅱ．①杨…②胡…③付…　Ⅲ．①房屋建筑设备 - 建筑设计②房屋建筑设备 - 建筑安装 Ⅳ．① TU8

中国版本图书馆 CIP 数据核字（2019）第 231063 号

责任编辑：高墨荣　　装帧设计：王晓宇
责任校对：宋　玮

出版发行：化学工业出版社（北京市东城区青年湖南街 13 号　邮政编码 100011）
印　　装：北京缤索印刷有限公司
787mm×1092mm　1/16　印张 20　字数 538 千字　2020 年 3 月北京第 1 版第 1 次印刷

购书咨询：010-64518888　　售后服务：010-64518899
网　　址：http://www.cip.com.cn
凡购买本书，如有缺损质量问题，本社销售中心负责调换。

定　　价：88.00 元　

前言
PREFACE

家庭装修简称家装，是依据业主的喜好把家庭生活的各种情形遵循一定设计理念和美观规则形成一整套设计方案和施工方案，通过布局改造、装饰等手段“物化”到各个房间中的全过程。家装包括新房装修和旧房装修两大类型。装修时，室内水管的高度和位置往往需要做一些改动，电气线路、开关、插座、灯具的位置和数量也会做一些变动，燃气管路会根据需要延伸至用气设备，使之更加合理化；南方地区有供暖需求的居室，由于没有集中供暖，通常在装修时还要设计和安装地暖。

水电气暖装修属于“隐蔽工程”，多数材料都隐蔽在墙壁内，虽然不像木工、泥工做的“面子工程”看得见，但是如果前期考虑欠周密，将导致施工上的不便和装修成本的增加；如果施工处理不到位，就容易引发居家安全问题，甚至造成重大的人身及财产损失。为此，我们根据多年的工作实践经验，组织编写了本书。

本书根据中华人民共和国住房和城乡建设部《住宅项目规范（征求意见稿）》（2019版）的相关标准，结合近年来多数家庭对毛坯房装修以及旧房翻新装修、精装房局部完善装修的通行做法，比较全面地介绍了水电气暖装修工应了解和掌握的基础知识和施工操作要领，包括室内水电气暖的规划与设计、专业图纸识读、施工材料科学合理选用、电气线路与配电装置和用电器的安装、水暖气管路及设备安装等内容，将专业知识及专业技能化繁为简，让施工从业人员能够按照规范要求操作，并能够处理电路、水路、气路出现的问题，及时避免安全隐患。

家装是一个很全面的系统工程，涉及面广，千头万绪，出现的问题也多。同一套房子的装修方案可以有很多种，形成定案的只有一种。有装修经历的业主都知道装修工程是一件烦琐、费时劳神而且容易花冤枉钱的事情，稍不留神完工后就会成为“后悔”工程，可以说绝大部分经历过家装的人都有一肚子苦水。对于多数无装修经历、不具备装修专业知识的待装修业主来说，阅读本书后，可以当好一名“监工”，为居家生活少留一些遗憾。

本书内容全面丰富，通俗易懂，文字翔实、有条理、可读性强，切合装修实际，配有大量的现场施工照片，图文并茂。扫描书中的二维码，可观看相关内容的操作视频，视频中包括技术规范讲解、实例剖析、操作示范等内容，视频虽短，但精辟、清清楚楚、明明白白地破解家装“密码”，以提高学习效率，是装修实战中不可或缺的制胜宝典。

本书适合于希望从事和正在从事水电气暖装修的工程人员阅读，也适合于物业公司的水电气暖维修人员、水电工阅读，还可供待装修业主、职业院校建筑及电气专业学生阅读。

本书由杨清德、胡萍、付波担任主编，冉洪俊、兰远见担任副主编，第1章由詹雪编写，第2章由杨鸿编写，第3章由胡萍编写，第4章由付波编写，第5章由兰远见编写，第6章由王康朴编写，第7章由冉洪俊编写，全书由杨清德拟定编写大纲并统稿。

由于水平有限，书中疏漏之处在所难免，恳请读者多提宝贵意见，以便再版时修改。

编者

目录
contents

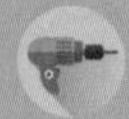

第1章 水电气暖装修基础知识 001

视频页码
003, 005, 006, 025, 029, 029

第2章 电路规划与设计 031

视频页码
032, 036, 037, 047, 048, 051, 052, 061, 062, 068, 074, 079, 087

第3章 水气暖规划设计 094

第1章

水电气暖装修基础知识

室内装修不仅仅讲究外部好看，更要注重“内在”质量。本章整理了相关装修电路、水气暖管路的专业术语、装修业务等基础知识，供初学者学习或入门者及精通者温故知新。

1.1 装修电路基础知识

1.1.1 装饰装修电气工程的内容及项目

规模大小不一，装饰装修的范围和档次不同，通常意义下装饰装修的电气工程是指某一工程（如住宅、办公室或其他商业用途场所等）的供电及用电工程。装饰装修电气工程包含的内容及项目见表1-1。

表1-1　装饰装修电气工程包含的内容及项目

序号	项目	内容及说明
1	内线工程	泛指室内照明线路及其他电气线路。 施工的主要内容：敷设电线或电缆的展放、连接及固定
2	外线工程	泛指室外电源供电线路。 施工的主要内容：敷设电线或电缆的展放、连接及固定
3	照明工程	包括照明灯具、电扇、空调、电热设备、插座、配电箱及其他电气装置的安装。 主要施工内容：电气设备安装，对安装的电气设备进行就位、调平、找正、固定与连线
4	发电工程	泛指自备发电站或发电机组设备的电气工程，发电设备一般为400V的柴油机发电机组
5	弱电工程	泛指包括电话、闭路电视、广播、计算机网络、消防安全报警等系统的弱电信号线路和设备的敷设、安装、调试及相关设备的安装
6	电气接地工程	泛指包括各种电气装置的保护接地、工作接地、防雷接地、防静电接地等工程
7	防雷工程	泛指建筑物和电气装置的防雷设施的安装施工

1.1.2 电路及其连接方式

1.1.2.1 电路

（1）电路的作用

由金属导线和电气、电子部件组成的导电回路，称为电路。电路是电力系统、控制系统、通信系统、计算机硬件等电系统的主要组成部分，起着电能和电信号的产生、传输、转换、控制、处理和储存等作用。

（2）电路的种类

按照电路流过的电流性质，一般把它分为两种：直流电通过的电路称为直流电路，如电池供电的手电筒电路就是最简单的直流电路，如图1-1（a）所示；交流电通过的电路称为交流电路，家庭照明电路就是最典型的交流电路，如图1-1（b）所示。

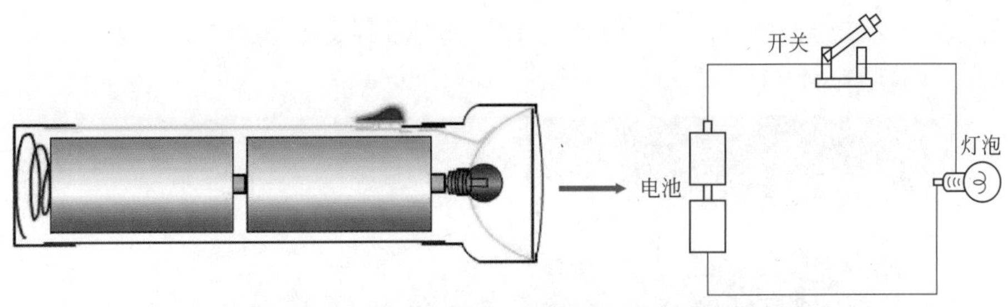

(a) 手电筒电路(直流电路)

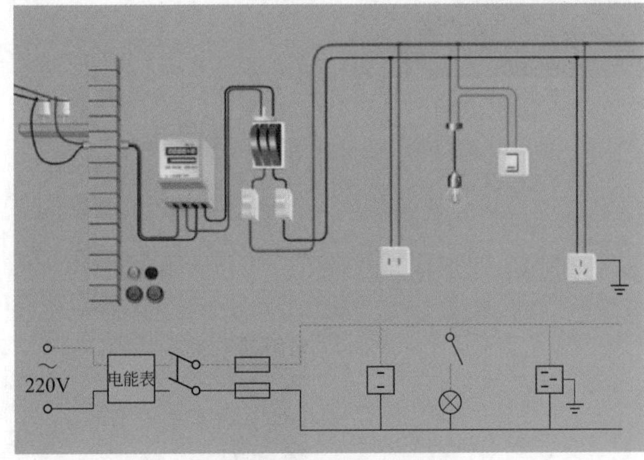

(b) 家庭照明电路(交流电路)

图1-1　直流电路和交流电路示例

（3）电路的组成

最简单的电路，是由电源、用电器（负载）、导线、开关等元器件组成的。

① 电源：为电路提供能量的设备，把其他形式的能量转换为电能，电源可以是普通的干电池、蓄电池等直流电源，也可以是交流电源等。

② 负载：即用电器，是各种用电设备的总称，把电能转换为其他形式的能量，如小电珠、发光电路中的灯泡、发光二极管等。

③ 开关（控制和保护装置）：用来控制电路的接通与分断，保护电路、设备及操作人员的安全，如电路中的开关、熔断器、断路器等。

④ 连接导线将电源、负载、控制和保护装置连接成闭合电路，输送和分配电能。

1.1.2.2　电路的连接方式

电阻的串联

电路连接一般有串联和并联两种基本连接方法。在一些电气应用比较复杂的场合，也可以使用混联电路。

（1）串联电路

将各用电器串联起来组成的电路叫串联电路。串联电路的特点如下：

① 各用电器相互影响，某处断路，整个用电器全部断开，所有用电器都不工作。

② 开关在任何位置都可以控制整个电路，即其作用与所在的位置无关。在一个电路中，若想通过一个开关控制所有电器，即可使用串联电路，这也是串联电路的优点。

③ 只要有某一处断开，整个电路就成为断路，即所串联的电器元件不能正常工作，这也是串联电路的缺点。

两层或者三层楼房的楼道的照明灯就是用串联电路安装的，在楼上可以开或关，在楼下可以关或开，如图1-2所示。

(a) 实景图

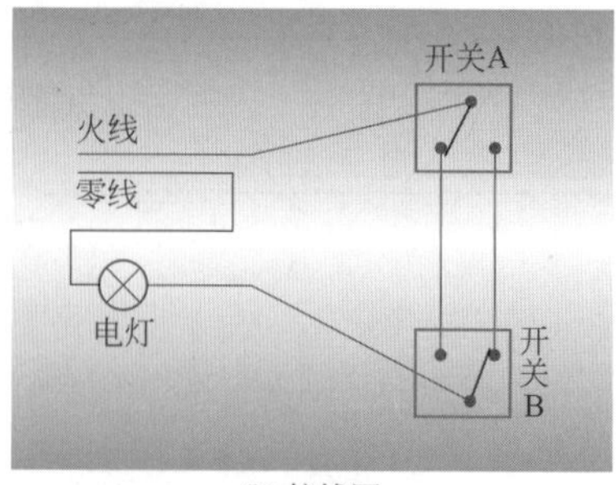

(b) 接线图

图1-2　串联电路在室内照明中的应用（一）

卧室的照明灯也是串联连接方式，采用两个双控开关串联来控制一盏灯。双控是指两个开关可以互不影响地开或关同一个灯。其中一个开关安装在进门处，另一个开关安装在床头处，如图1-3所示。

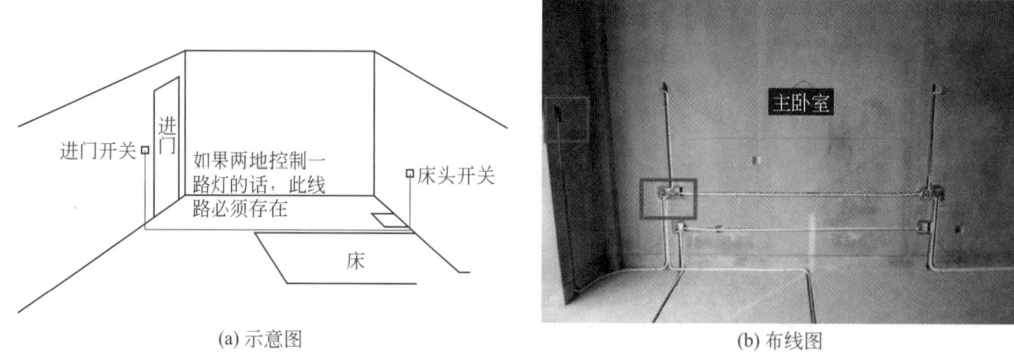

(a) 示意图　　(b) 布线图

图1-3　串联电路在室内照明中的应用（二）

用于装饰照明的LED灯带，内部若干个LED小灯泡也采用串联电路，如图1-4所示。

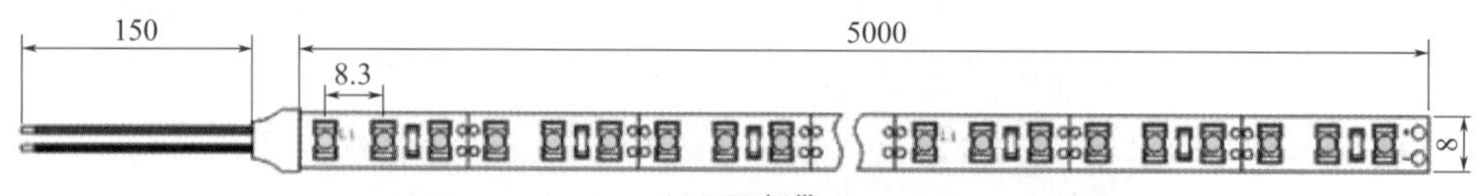

(a) LED灯带

(b) LED灯带照明效果图

图1-4　串联电路在室内照明中的应用（三）

电阻的并联

（2）并联电路

并联电路就是把用器并列地连接起来的电路，使在构成并联的电路元件间电流有一条以上的相互独立通路。并联电路的特点如下：

① 电流有两条或两条以上的路径，有干路和支路之分。

② 每条支路都有电流通过，即每条支路都与电源形成一个通路。

③ 各支路用电器互不影响，但一条支路短路则全部支路都短路。一条支路上的用电器开路损坏，其他支路不受影响。

④ 主干路开关控制所有用电器，支路开关控制对应支路上的用电器。

在电气照明电路中，使用最广泛的是并联电路。家用插座全是并联的，即家里的电视机、洗衣机、电冰箱、空调、电脑等插座，它们都是并联安装的，如图1-5所示。

图1-5　并联电路在室内照明中的应用（一）

家庭室内照明、办公室照明、室外路灯照明，均采用并联电路安装。客厅、玄关等地方安装有若干个筒灯，因为筒灯不仅具有很好的照明效果，还可以起到很好的装饰效果。一般家庭里安装筒灯的时候采用的是嵌入式安装方法，这样可以很好地保证天花吊顶的统一。为了减少电源开关的数量，也采用了并联连接方式，用1个开关控制1组或2组筒灯，如图1-6所示。

图1-6　并联电路在室内照明中的应用（二）

【特别提醒】

串联和并联的区分：若电路中的各元件是逐个顺次连接起来的，则电路为串联电路；若各元件“首首相接，尾尾相连”并列地连在电路两点之间，则电路就是并联电路。

（3）混联电路

在一段电路中，既有串联又有并联的结构形式的电路称为混联电路。

混联电路的主要特征：串联分压，并联分流。

混联电路的优点：可以单独使某个用电器工作或不工作。

混联电路的缺点：如果干路上有一个用电器损坏或断路会导致整个电路无效。

电阻混联电路

分析混联电路：关键问题是看清楚电路的连接特点。

对某一家庭的电气照明电路来说，我们也可以把它作为混联电路来对待，如客厅的电路布线比较复杂，就属于混联电路。家里不同区域的照明、插座、空调、热水器等电路一般要分开分组布线，即采用并联连接方式；一旦哪路需要断电检修时，不会影响其他电器的正常使用。

1.1.3　电路的状态

电路有三种不同的状态，即有载状态、开路状态、短路状态。

（1）有载状态

如图1-7所示的电路中，若开关S合上，电源向负载供给电流和电能，此时电路接通处于有载状态，又称为通路。通路即电路连成闭合回路，电路中有电流通过。

电路在额定电压作用下，有载状态有三种情形：负载电流小于额定值，称为欠载或轻载；负载电流大于额定值，称为过载；负载电流等于额定值，称为满载。

（2）开路状态

开路状态也称为断路状态，或称空载状态，是指电路中某处断开的状态，此时电路中电流为零，电源向负载供给的功率也为零，如图1-8所示。

图1-7　有载状态（通路）

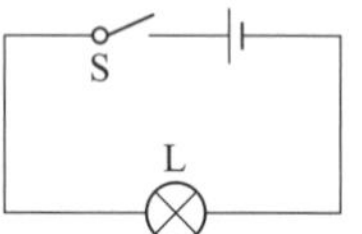

图1-8　开路状态

（3）短路状态

短路是指电路中的某个器件或几个器件（电源、负载或者控制与保护装置等）两端被直接连通的状态，这时被短路的设备起不到应有的作用。当电源被短路时，电流的通路中仅有很小的电源内电阻，所以电流很大。此电流称为短路电流。

短路有电源被短路、负载被短路、开关被短路3种情形，如图1-9所示。

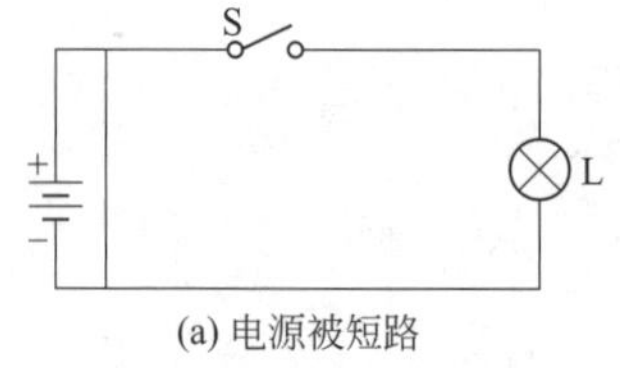

(a) 电源被短路

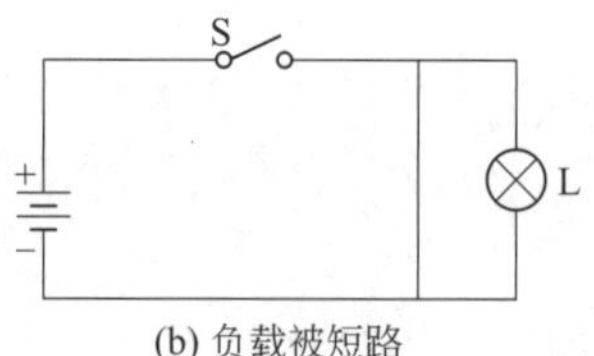

(b) 负载被短路

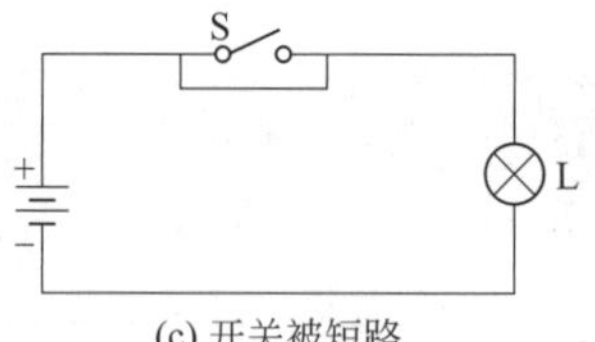

(c) 开关被短路

图1-9　短路状态

为了防止短路所引起的严重后果，通常在电路中接入熔断器（通称保险丝）或自动断路器等保护装置，在发生短路时，可以迅速将故障电路自动切除。

【特别提醒】

在照明电路中，短路是一种严重事故。它可能由于绝缘损坏、接线不慎以及操作错误等原因引起。当短路事故发生时，很大的短路电流所产生的热量将使电源或短路电流所流经回路中的电气仪表等装置遭到损坏。

1.1.4　装修电气施工常用术语

在进行室内装修电气设计和施工过程中，可能会涉及的常用电工术语见表1-2。

表1-2　常用电工术语

术语	解释及说明
电压	在电路中，任意两点之间的电位差称为这两点的电压。电压的高低，一般用其单位伏特表示，简称伏，用符号“V”表示。常用的单位还有毫伏（mV）、微伏（μV）、千伏（kV）等，它们与伏特的换算关系为 $1mV=10^{-3}V$；$1\mu V=10^{-6}V$；$1kV=10^{3}V$ 我国规定的标准电压有许多等级。装修电工经常接触的有：安全电压6V、12V、24V、36V、42V；民用单相交流电压220V；三相交流电压380V
电流	在物理学上，把电荷在导体中的定向移动称为电流，单位是安培（A），常用的单位还有毫安（mA）、微安（μA），其换算关系为 $1A=10^{3}mA=10^{6}\mu A$ 当人体接触带电体时，会有电流流过人体，从而对人体造成伤害。 30～50mA的电流可在较短时间内危及人的生命
电阻	电阻是描述导体导电性能的物理量，用R表示。电阻的单位是欧姆，简称欧，用字母“Ω”表示。常用单位有千欧（kΩ）、兆欧（MΩ），其换算关系为 $1\Omega=10^{-3}k\Omega=10^{-6}M\Omega$ 装修电气施工中还会遇到一种接触电阻，就是两个导体接触时，两者结合的紧密程度不同，表现出来的电阻值会有差异。例如，开关触点的接触电阻，导线连接点的接触电阻等。 电工在进行导线与导线、导线与接线柱、插头与插座等连接时，一定要注意接触良好（增大接触面），尽量减小接触电阻。否则，若接触电阻较大，就会留下“后遗症”，在使用时连接处要发热，容易引起电火灾事故
电功率	电流在单位时间内所做的功称为电功率，用符号“P”表示。电功率的国际单位为瓦特（W），常用的单位还有毫瓦（mW）、千瓦（kW），它们与W的换算关系是 $1mW=10^{-3}W$ $1kW=10^{3}W$ 我们平常说灯泡是40W，电饭煲750W，这就是指的电功率。使用大功率用电器时会导致电路中的电流显著增大
电能	在一段时间内，电场力所做的功称为电能，用符号“W”表示。电能的单位是焦耳（J）。对于电能的单位，人们常常不用焦耳，仍用非法定计量单位“度”。焦耳和“度”的换算关系为 1度（电）$=1kW\cdot h=3.6\times10^{6}J$ 即功率为1000W的用电器，在1h（小时）的时间内所消耗的电能量为1度（电）
三相电路	能产生幅值相等、频率相等、相位互差120°电势的发电机称为三相发电机；三相发电机作为电源，称为三相电源；以三相电源供电的电路，称为三相电路

续表

<table>
<tr><th>术语</th><th>解释及说明</th></tr>
<tr><td>三相四线制、三相五线制</td><td>在低压配电网中，输电线路一般采用三相四线制，其中三条相线线路分别代表L1、L2、L3三相，另一条是中性线N（此处区别于零线，在进入用户的单相输电线路中，有两条线，一条称为火线，另一条称为零线。零线在正常情况下要通过电流以构成单相线路中电流的回路，而三相系统中，三相自成回路，正常情况下中性线是无电流的），故称三相四线制；在380V低压配电网中，为了从380V相间电压中获得220V线间电压而设N线，如下图所示。
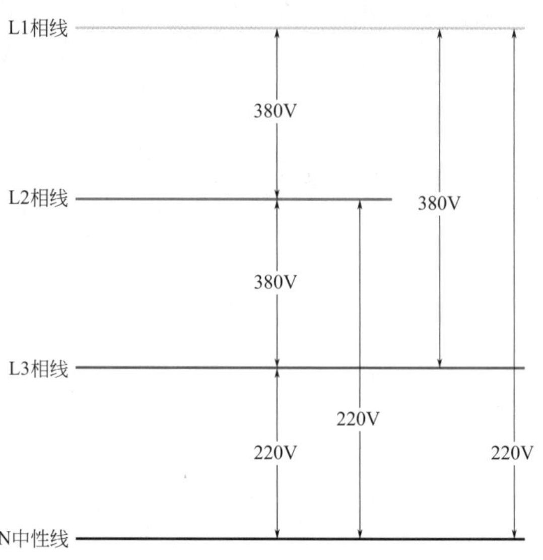

三相五线制中的五线是指L1、L2、L3、N和PE线，如下图所示。其中，PE线是保护地线，也叫安全线，是专门接到设备外壳等保证用电安全的线。PE线在供电变压器侧和N线接到一起，但进入用户侧后绝不能当作零线使用，否则，发生混乱后就与三相四线制无异了。
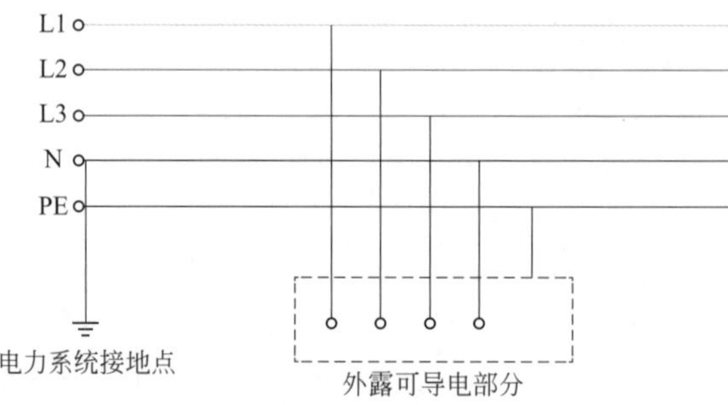

低压系统中为防止触电，PE线用来与下列任一部分做电气连接：
a. 线路或设备金属外壳；
b. 线路或设备以外的金属部件；
c. 总接地线或总等地位连接端子板；
d. 接地极；
e. 电源接地点或人工中性点。
普通居室装修时，一般采用单相三线制接线方式，即将三相五线制供电的一根相线（火线）、一根中性线（零线）和一根保护零线接入室内线路，我们暂把它称为单相三线。</td></tr>
</table>

续表

术语	解释及说明
三相四线制、三相五线制	施工时，零线和保护零线要用不同颜色的电线加以区分。按照国家规定，插座的接地线要采用黄绿双色线，如下图所示 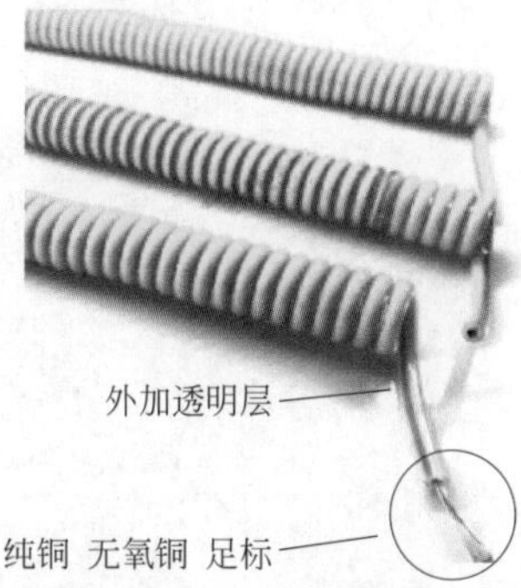
相电压、线电压	各相线与中性线之间的电压称为相电压，通常俗称为“火零为相”，市电的相电压一般为220V。相线与相线之间的电压称为线电压，通常俗称为“火火为线”，市电的线电压一般为380V。 线电压是相电压的$\sqrt{3}$倍（即1.73倍）
相电流、线电流	电器输入端某一相的电流，即流过每相负载的电流叫作相电流。电器的三个相支路中的电流，即流过每根相线的电流叫作线电流。 三角形接法时，线电流是相电流的$\sqrt{3}$倍；星形接法时，线电流等于相电流
中线电流	流过中性线（俗称零线）的电流，称为中线电流。 在三相四线制供电电路中，三相负载常常是不平衡的，中性线（零线）上有电流通过。装修施工时，一定要注意用电安全。一些人错误地认为零线无电流，随意触摸零线，这是有血的教训的
强电、弱电	强电和弱电是相对而言的，强电与弱电是以电压分界的，两者既有联系又有区别，其区别主要是用途的不同。 强电是指380V的动力用电及220V的照明用电，即市电系统。弱电是指电话、网络、监控、电视等电路用电，电压一般都在36V以下。 为了避免出现弱电受强电的电磁影响，在施工过程中，对弱电与强电的布线可采取以下措施： ① 强电和弱电不能穿在同一根线管，以防止强电影响弱电，造成弱电设备受强电的电磁场干扰，如下图所示。  ② 强电线路和弱电线路分开敷设，并保持30～50cm的平行距离，如下图所示。如果条件不允许，二者的间距也不能少于15cm。 

续表

<table>
<tr><th>术语</th><th>解释及说明</th></tr>
<tr><td>强电、弱电</td><td>③ 应尽量避免强弱电交叉敷设，如果无法避免，在强电与弱电之间的交界处，必须用锡箔纸把弱电线管包住，以屏蔽电磁场的干扰，如下图所示
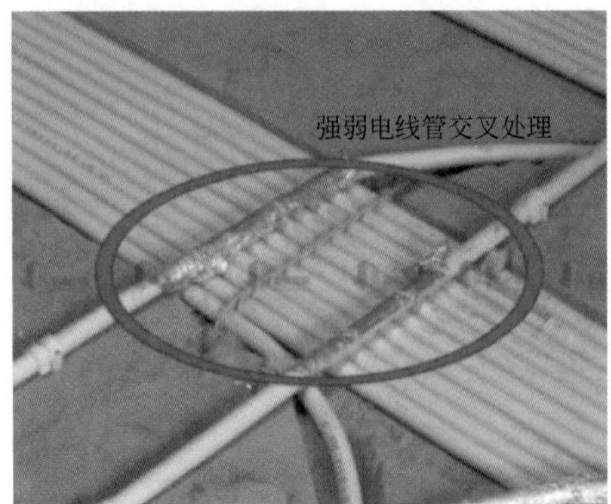
</td></tr>
<tr><td>接地</td><td>为防止触电或保护设备的安全，确保安全用电，在电力系统中将设备和用电装置的中性点、外壳或支架与接地装置用导体做良好的电气连接，叫作接地。
电气系统的接地措施有四种，即工作接地、保护接地、重复接地、防雷接地</td></tr>
<tr><td>等电位连接</td><td>等电位连接就是将建筑物内部和建筑物本身的所有的大金属构件全部用母排或导线进行电气连接，使整个建筑物的正常非带电导体处于电气连通状态，以减小雷电流在它们之间产生的电位差。
等电位连接使电气设备外壳与楼板墙壁电位相等，可以极大地避免电击的伤害，其原理类似于站在高压线上的小鸟，因身体部位间没有电位差而不会被电击。
一般局部等电位连接也就是一个端子板或者在局部等电位范围内构成环形连接。卫生间等电位连接如下图所示。
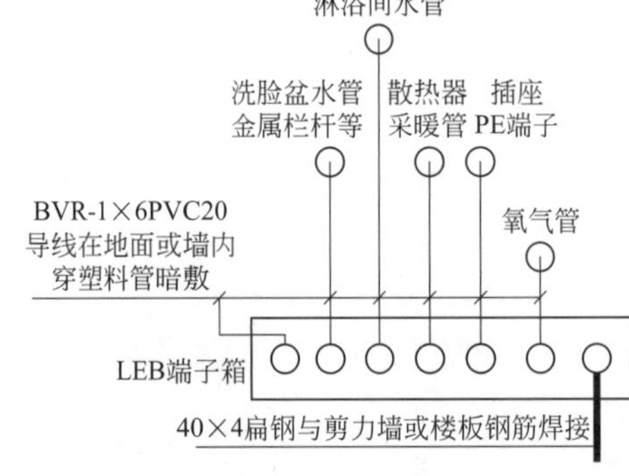

等电位连接的技术要求如下。
① 所有进入建筑物的外来导电物均做等电位连接。当外来导电物、电力线、通信线在不同地点进入建筑物时，宜设若干等电位连接带，并应就近连到环形接地体、内部环形导体或此类钢筋上。它们在电气上是贯通的并连通到接地体，含基础接地体。
环形接地体和内部环形导体应连到钢筋或金属立面等其他屏蔽构件上，宜每隔 5m 连接一次。
② 穿过防雷区界面的所有导电物、电力线、通信线均应在界面处做等电位连接。应采用局部等电位连接带做等电位连接，各种屏蔽结构或设备外壳等其他局部金属物也连到该带。
用于等电位连接的接线夹和电涌保护器应分别估算通过的雷电流。
③ 所有金属地板、金属门框架、设施管道、电缆桥架等大尺寸的内部导电物，其等电位连接应以最短路径连到最近的等电位连接带或其他已做了等电位连接的金属物，各导电物之间宜附加多次互相连接。
④ 每个等电位连接网不宜设单独的接地装置</td></tr>
<tr><td>暗敷设</td><td>暗敷设是指将线管埋入墙壁或地板内的线管（槽）中的布线方式。常用的配线方法有钢管配线、PVC线管配线。
暗敷设必须配阻燃PVC电线管，当管线长度超过15m或有两个直角弯时，应增设拉线盒。
PVC电线管的弯曲处不应有褶皱、凹陷和裂缝，其弯扁程度不应大于管外径的10%。
PVC电线管与预埋暗盒、配电箱连接时，要用锁扣紧固；PVC电线管与PVC电线管之间连接时，要使用配套的管件（如弯头、变径接头等）进行连接，连接处结合面涂专用胶合剂，使接口密封</td></tr>
</table>

续表

术语	解释及说明
明敷设	明敷设是将导线沿墙壁、天花板表面、横梁、屋柱等处敷设的方式。常用的配线方法有瓷（塑料）夹板配线、绝缘子配线、槽板配线、塑料护套线配线和PVC线管配线
配电箱	按电气接线要求将开关设备、测量仪表、保护电器和辅助设备组装在封闭或半封闭金属箱中，称为配电箱。正常运行时可借助手动或自动开关接通或分断电路。故障或不正常运行时借助保护电器切断电路或报警。 室内装修时，配电箱有强电箱和弱电箱
暗盒	暗盒是指位于开关、插座面板下面埋在墙壁中的盒子。电线就在这个盒子里面与面板连接在一起。 一般来说，暗盒要与面板配套使用
照度	照度是指单位面积上接收到的光能量。照度符号是E，照度单位是勒克斯（lx）。 1lx相当于$1m^2$被照面上光通量为1lm时的照度。夏季阳光强烈的中午地面照度约为50000lx，冬天晴天时地面照度约为2000lx，晴朗的月夜地面照度约0.2lx。
光色	光色主要取决于光源的色温（K），并影响室内的气氛。一般色温＜3300K为暖色，3300K＜色温＜5300K为中间色，色温＞5300K为冷色。光源的色温应与照度相适应，即随着照度增加，色温也要相应提高。 人工光源的光色，一般以显色指数（Ra）表示，Ra最大值为100，80以上显色性优良；50～79显色性一般；50以下显色性差
照明方式	照明方式按灯具的散光方式可分为间接照明、半间接照明、直接间接照明、漫射照明、半直接照明、宽光束的直接照明和高集光束的下射直接照明7种，如下图所示。 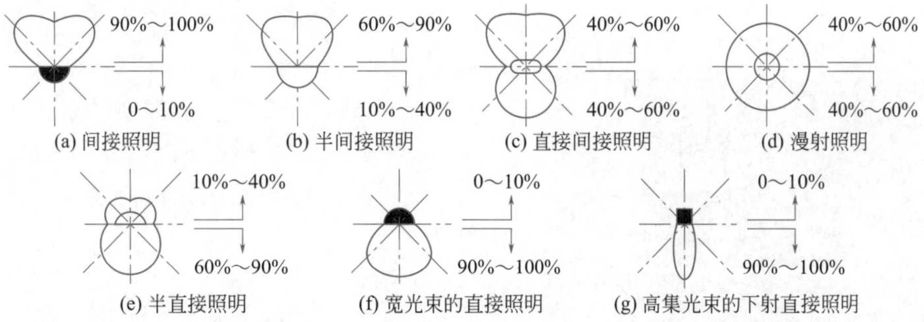 90%～100%　0～10%　(a) 间接照明 60%～90%　10%～40%　(b) 半间接照明 40%～60%　40%～60%　(c) 直接间接照明 40%～60%　40%～60%　(d) 漫射照明 10%～40%　60%～90%　(e) 半直接照明 0～10%　90%～100%　(f) 宽光束的直接照明 0～10%　90%～100%　(g) 高集光束的下射直接照明
建筑照明	室内建筑照明包括窗帘照明、花檐反光、凹槽口照明、发光墙架、底面照明、龛孔（下射）照明、泛光照明、发光面板和导轨照明等不同方式，如下图所示 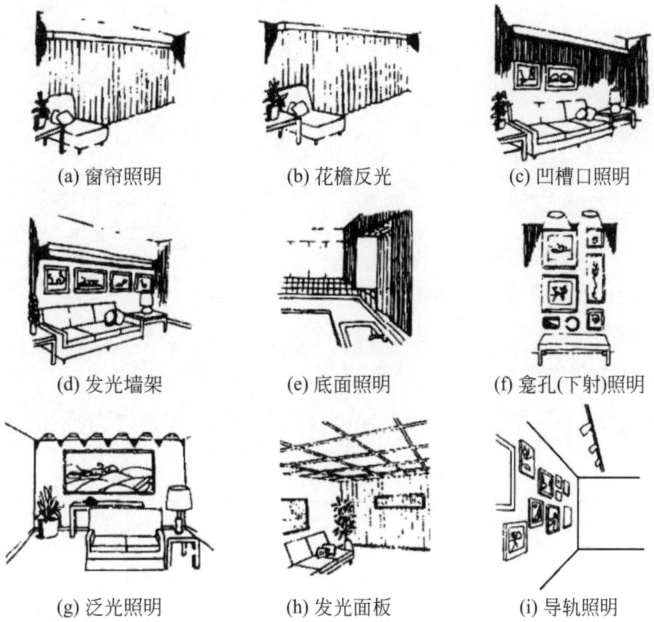 (a) 窗帘照明　(b) 花檐反光　(c) 凹槽口照明 (d) 发光墙架　(e) 底面照明　(f) 龛孔(下射)照明 (g) 泛光照明　(h) 发光面板　(i) 导轨照明

续表

术语	解释及说明
电光源	光源类型可以分为自然光源和人工光源。自然光源（或称昼光），是由直射地面的阳光和天空光（或称天光）组成的。人工光源的能源是电能，因此又称为电光源。 日常生活中使用的电光源比较多。目前家庭使用的电光源主要有卤钨灯、荧光灯和半导体发光器件（LED灯）等，以前广泛使用的白炽灯现在已经淘汰
照明灯具	照明灯具是将光源发出的光进行再分配的装置。灯具是灯罩及其附件的总称。 家庭常用的灯具主要有吊灯、吸顶灯、壁灯、落地灯、射灯和筒灯等

1.1.5 装修现场用电安全

（1）配电电源的要求

① 临时用电工程应采用中性点直接接地的380V/220V三相四线制低压电力系统和三相五线制接零保护系统。

② 装修工程队应自带临时用电箱（包括漏电开关、断路器及带保护装置的插座）和灭火器箱，如图1-10所示。进场时，把开发商预装的断路器上的电线全部卸下来，然后从总进线连接接到临时配电箱。配电线路至配电装置的电源进线必须做固定连接，严禁做活动连接。

图1-10 灭火器箱及临时用电箱

（2）施工现场配电线路及照明的要求

① 必须采用绝缘导线。

② 导线截面应满足计算负荷要求和末端电压偏移5%的要求。

③ 电缆配线应采用有专用保护线的电缆。

④ 配电线路至配电装置的电源进线必须做固定连接，严禁做活动连接。

⑤ 配电线路的绝缘电阻值不得小于1000Ω。

⑥ 配电线路不得承受人为附加的非自然力。

（3）保护接零要求

施工现场用的下列机械设备不带电的外露导电部分要做保护接零，保护接零线必须与PE线相连接，并与工作零线（N线）相隔离。

① 电焊机的金属外壳。

② 强（弱）电箱的金属箱体。

③ 电动机械和手持电动工具的金属外壳。

④ 电动设备传动装置的固定金属部件。

（4）电动工具的绝缘性能要求

施工现场的电动工具的绝缘性能应符合国家规范，其绝缘电阻值不小于表1-3规定值。

表1-3 施工现场电动工具绝缘电阻规定值

电气设备		绝缘电阻值
异步电动机	定子	冷态2MΩ，热态0.5MΩ
	转子	冷态0.8MΩ，热态0.15MΩ

续表

电气设备		绝缘电阻值
手持电动工具	Ⅰ类	2MΩ
	Ⅱ类	7MΩ
	Ⅲ类	10MΩ

（5）安全间距

① 临时用电线路应避开易燃易爆品堆放地。照明灯具与易燃易爆产品之间必须保持安全的距离（普通灯具300mm，聚光灯、碘钨灯等高热灯具不宜小于500mm），且不得直接照射易燃易爆物，当间距不够时必须采取隔热措施。

② 施工现场临时照明灯具与地面距离≥250mm。

（6）对临时用电人员的管理

① 安装、巡检、维修或拆除临时用电设备和线路，必须由电工完成，并应有人监护。电工等级应同工程的难易程度和技术复杂性相适应。

② 各类用电人员应掌握安全用电基本知识和所用设备的性能，并应符合下列规定：

a.使用电气设备前必须按规定穿戴和配备好相应的劳动防护用品，并应检查电气装置和保护设施，严禁设备带“缺陷”运转。

b.保管和维护所用设备，发现问题及时报告解决。

c.暂时停用设备的开关箱必须分断电源隔离开关，并应关门上锁。

d.移动电气设备时，必须经电工切断电源并做妥善处理后进行。

③ 严禁施工人员有在现场使用电饭锅、电磁炉、电火炉等违规用电行为发生。

④ 公休期间或下班前必须及时切断总电源，并锁好进户门。

1.2 装修水路基础知识

1.2.1 水路改造的关键环节

（1）衡量水路系统质量好坏的重要材料——给水管

从20世纪的镀锌铁管（现在被淘汰）到铜质管道（造价太高），再到PVC（适用于输送温度不超过45℃的给水系统）、PPR水管等，最适合家用的还是PPR水管，它具有韧性高、耐高温、耐腐蚀，不易堵塞等优点。

PPR水管有冷水管和热水管之分，冷水管不能用作热水管。

分辨冷热水管的简便方法是：热水管上有一条红线标记，冷水管上有一条蓝线标记，如图1-11所示。此外，冷水管和热水管均有文字标识，也有耐受压力标识。另外，同种规格的管子，比较其壁厚也能区分冷热水管，热水管比冷水管壁厚，所以价格相对也要高一些。

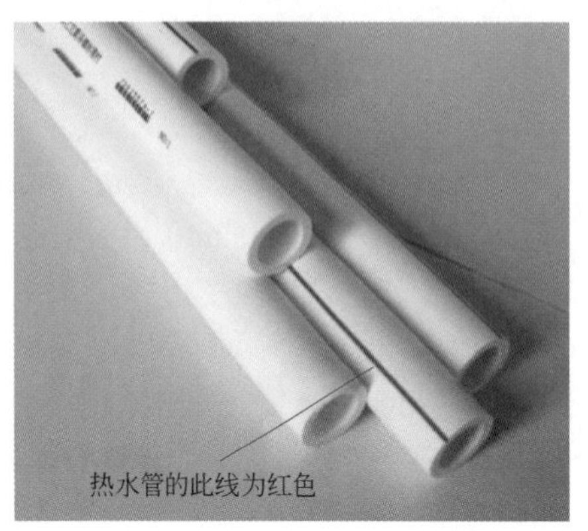

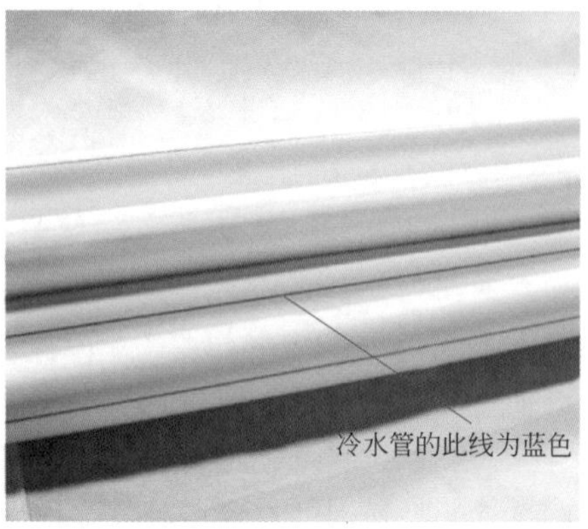

图1-11　热水管和冷水管的标记

冷水管最高耐温不能超过90℃，如果误用冷水管作为热水管，长期在热水状态下工作会老化开裂。

由于热水管的各项技术参数要高于冷水管，且价格相差不太大，一般在家庭水暖改造中，可以建议业主安装PPR管时全部选用热水管，即使是流经冷水的地方也用热水管。

【特别提醒】

冷热水管的管壁厚薄不一样，冷水管不能用作热水管。

（2）水路系统中的排污排水管道——下水管道

下水管道也被称为排污管道，一般都是以PVC材质为主。地漏排水需做存水弯水封处理，一般选用50mm水管（90°弯）。马桶、蹲便排污一般选用108mm或110mm水管，支管用斜三通（一种转接头）连接，如图1-12所示。

（3）控制水流的主要配件——管转接头、阀门

水管转接头可以将不同走向的水管连接到一起，根据需求选择不同规格的转接头即可。其中，还有装修师傅经常提到的“过桥”，这种转接头主要用于水管交叉处位置，保证交叉后水管在同一平面。特别是走地水管，能减轻“桥下”贴地水管受到地砖的重力压迫。

三通阀门作用就是实现水路分流，从管道中引流到水龙头。还有一种就是热熔球阀，它能控制管道给水断水功能，一般用在水表前端或后端。水管阀门和接头如图1-13所示。

（4）固定水管的一些小配件——固定管卡

室内水管可能会纵横布置在各个地方，当水管走顶时，要使用管卡将管道固定住，这个管卡的作用很重要，常见的管卡有金属和合成PPR两种材质，建议选择带膨胀螺栓的PPR管卡，防止使用久了生锈，而且还更加牢固，如图1-14所示。

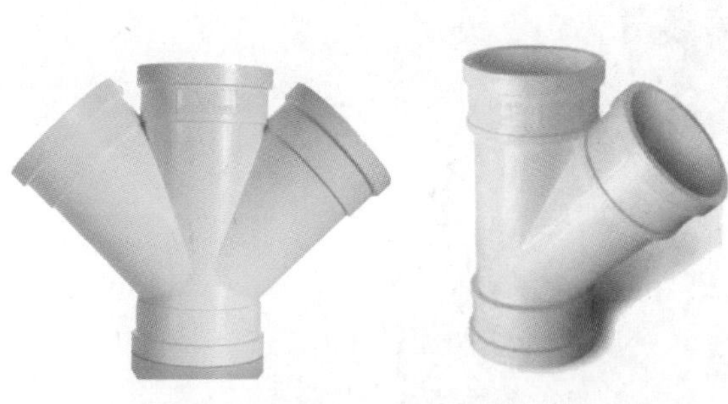

图1-12　斜三通

图1-13　水管阀门和接头

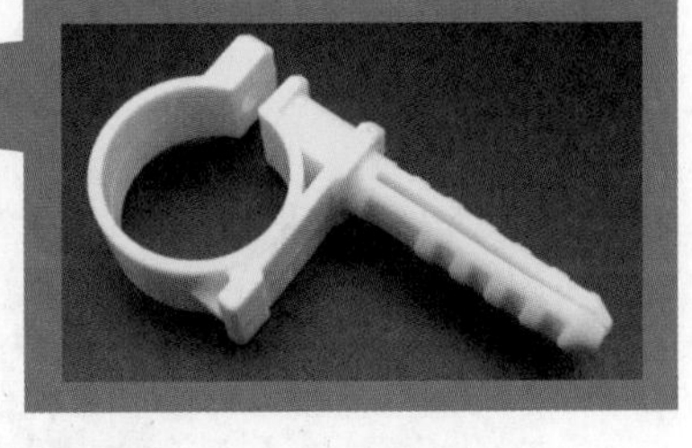

图1-14　PPR管卡

（5）调节水温的重要配件：水管保温棉

当水管走顶时，管道主体完全暴露在空气中，在夏天会因管道内外温差造成水珠凝结，天花板易受潮发霉；而冬天热水在管道内运输过程中，温度又会流失过快。所以，必须用水管保温棉包裹水管，防止管道冷凝结珠，保持热水传输温度，还能起到隔音降噪的功效。水管保温棉如图1-15所示。

图1-15　水管保温棉

1.2.2　水管敷设方式

水路的安装一般有走顶、走地、走墙三种敷设方式可供选择。

（1）走地

地上走管路，安装最容易，用料也不多。但如有漏水，不易被发现而且维修起来工程很大。

（2）走墙

墙上走管路，安装较难，用料最少，发生漏水容易发现且易维修，但开槽较难。水管走地、走墙在卫生间比较常用，如图1-16所示。

（3）走顶

顶上安装管路，安装最难，用料最多。漏水容易发现，维修简单。因此，选择水管走顶的方式是比较稳妥的选择，如图1-17所示。

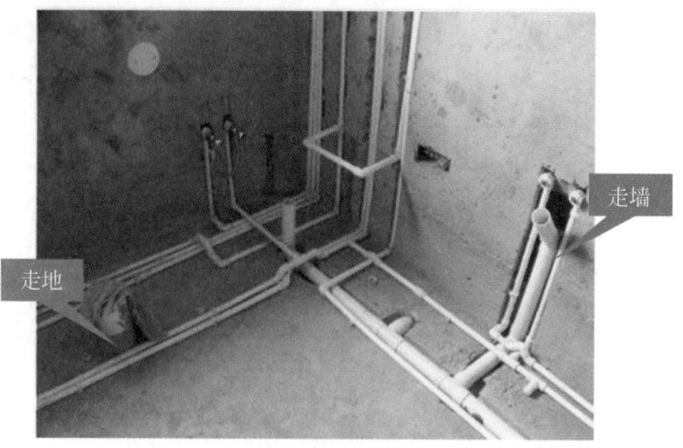
走墙
走地

图 1-16　水管走地和走墙敷设

水管路敷设原则：
走顶不走地；
顶不能走，考虑走墙；
墙也不能走，才考虑走地

图 1-17　水管走顶敷设

总之，水管路敷设原则是：走顶不走地；顶不能走，考虑走墙；墙也不能走，才考虑走地。

1.2.3　水暖装饰美化法

家庭水暖装修既方便使用，又较好地予以遮掩是水暖管线装饰美化的关键。通常采取埋、藏、饰等方法进行，见表1-4。

表 1-4　家庭水暖装修常用美化方法

美化方法	说明	图示
埋	在装修过程中，通过墙面、地面、顶面的装修有机地将可埋设的管线埋设于面层之下	

续表

美化方法	说明	图示
藏	通过一些家具或造型设计有机地将上下水、暖气等管道包藏掩蔽起来。餐厅、厨房的上下水管、煤气管道可以设计成壁式家具，如酒柜、墙橱、角柜等；卫生间的上下水管可利用盥洗台和梳妆镜的设计隐藏；顶层或一层住房往往有暖气管穿过室内窗上，可将其隐藏到窗帘盒里面，使窗帘盒的挡板将管道全部遮住。 充分利用壁式家具或墙面装饰隐藏管道，既能将管道较好隐藏在家具之中，又增加了储物空间，可谓一举两得	
饰	水暖管线也并非都要隐蔽处理，巧妙地利用其本身作一些装饰也可起到美化作用。如可以将管线设计涂上不同的颜色，使之成为颇具创意的造型；或者管线四周用塑料花草缠绕，把管线装扮成一段树干，都会产生独特的装饰效果	

【特别提醒】

水管安装完毕要把房间水路图绘制出来，方便以后维护检修。

1.3 家装施工业务常识

1.3.1 家装施工原则及程序

作为装修电工，应该了解家庭装修的原则及步骤，知道施工的先后顺序，以明确自己在什么时候进入装修现场进行施工。

在房子装修之前，首先是工程交底，业主、设计师和工人对接交底。在交底时，房子如何装修应该跟工人说清楚，对一些问题在施工时应该如何解决等问题，设计师应跟业主解说。

1.3.1.1 家装施工的基本原则

家装施工的基本原则是：先上后下，先里后外，先脏后净，先湿后干，先粗后细，先结构后装饰，先装饰后陈设。

1.3.1.2 家庭装修的一般顺序

一般情况下，装修工程的施工顺序是：建筑结构改造→水电布线→防水工程→瓷砖铺装→木工制作→木质油漆→墙面涂饰→地板铺装→水电安装→设备安装→污染治理→卫生清洁→吉日入住。

1.3.1.3 家庭装修施工的程序

（1）准备与设计阶段

① 实地现场量房，了解房子结构，业主预估理想价位，收集所需资料。

② 立意构思，确定设计方向；初步确定方案、报价，绘制平面图、草图等；修改方案、报价，绘制效果图；方案确定、完善施工图纸。

（2）土建改造阶段

① 进场，拆墙，砌墙。

② 定做的门、橱柜、浴柜、家具、散热器等进行初次测量设计。

③ 凿线槽，水电改造。

④ 封埋线槽，隐蔽水电改造工程。

⑤ 做防水工程，卫生间（厨房）地面做24h闭水试验。

⑥ 卫生间及厨房贴墙面、地面瓷砖。

⑦ 定做的门、橱柜、浴柜、家具等进行再次测量。

（3）基层处理阶段

① 木工进场，吊天花板、石膏线。

② 包门套、窗套，制作木柜框架（定做除外）。

③ 同步制作各种木门、造型门（定做除外）。

④ 木制面板刷防尘漆（清油）。

⑤ 窗台大理石台面找平铺设。

⑥ 木饰面板粘贴，线条制作并精细安装。

⑦ 墙面基层处理，打磨，找平。

⑧ 家具、门窗边接缝处粘贴不干胶（保护边）。

（4）细部处理阶段

① 墙面刷漆（最少2次）。

② 家具油漆进场，补钉眼，涂油漆。

③ 处理边角，铺设地砖，过门石。

④ 铺地板。

⑤ 定做的门、橱柜、浴柜、家具、散热器等进场。

⑥ 灯具、开关、插座、洁具、拉手、门锁、挂件等安装调试。

⑦ 墙面漆涂刷（最后1次）。

⑧ 清理卫生，地砖补缝，撤场。

⑨ 装修公司内部初步验收。

⑩ 三方预约时间正式验收，交付业主。

1.3.1.4　各工种进场施工顺序

家居装修中各工种进场施工顺序是：瓦工→水电工→泥水工→木工→油漆工→水电工→设备安装工→污染治理工→清洁工。

1.3.2　工程预算

在家装业务洽谈时，工程的费用多少是最敏感的要素，双方争执的焦点往往是单价问题，讨价还价，你来我往，都想多为自己争取一点经济利益。水电安装预算能够很好地将安装材料以及水电安装价格完美地体现出来。对于家装公司来说，赚钱是硬道理；对业主来说，省钱才是硬道理。因此，家装水电工学一点预算知识很有必要。

家庭电气装修工程包括隐蔽工程［开槽、电线管预埋，底盒（箱）预埋、穿线等］和安装工程（主要对灯具、开关、插座、断路器及其他电器设备等的安装）两部分，如图1-18所示。在满足国家有关规定的前提下，工程费用涉及很多因素，例如业主对工程施工工艺的刚性要求，工期要求，对电工技术资格等级的要求等，再如不同地区的材料价格及工资水平，是否需要完税发票，质保年限等。

(a) 隐蔽工程施工

(b) 安装工程施工

图1-18　电气装修工程

1.3.2.1　预算基本方法

水电预算的基本方法是一致的，下面以家装电路预算为例予以说明。

① 看工程的电气图，把工作量单拉出来，这是最基本的依据。

② 根据图纸并结合自身经验（电工要有一定的现场施工经验）计算工程量。注意，要考虑业主在施工过程中提出的一些工程变动情况，例如线路位置、插座位置、灯具种类等的变动情况。

③ 根据所在地区的材料价格水平、人工工资水平、税收情况、行业利润水平等，套定额或清单，再把定额中的价格调整成市场价，确定最终价格，常用水电材料见表1-5。（从商业谈判技巧的角度来说，在向业主报价时，我们应留一点讨价还价的空间。）

表 1-5　家装预算水电材料

大类	类型	材料
电料	线材	电线（电线应分色购买）、超五类线UTP、电话线、视频音频线
	辅材	电线管、三通、暗盒、弯管弹簧、入盒接头锁扣、直接头、防水绝缘胶布、防水胶布、宽频电视一分二线盒、有线电视插座、断路器、水平管、M8蜡管、塑料胀塞、螺纹管、分线盒
	开关	单开双控、双开双控、单开单控、双开单控、三开单控、暗装底盒
	插座	插座（二三孔）、插座（二二孔）、空调插座（16A）、插座（三孔）（10A）、单联500Hz视频插座、双联500Hz视频插座、电脑/电话插座、音响插座、白板、网络水晶头、暗装底盒
	灯具	厨房灯、厨房工作灯、主卫灯、南阳台灯、北阳台灯、客厅灯、餐厅灯、主卧灯、日光灯、主卫镜前灯、筒灯、冷光灯、冷光灯变压器、客卧床头灯、主卧床头灯、灯带
水料	水管	PPR水管（冷水、热水）、PVC排水管、高压软管
	龙头、闸阀	洗衣机龙头、卫生间台盆龙头、厨房台盆龙头、堵头、角阀、总闸阀
	辅材	三角阀、生料带、厚白漆、回丝、防臭地漏、洗衣机地漏、弯钩、移位器、钢钉、弯头、三通

1.3.2.2　电气装修价格的组成

电气装修工程价格包括材料、器具的购置费以及安装费、人工费和其他费用，见表1-6。

表 1-6　电气装修价格的组成

费用类型	说明
设计费	包括人工现场设计费、电脑设计费、制图费用等，因人而异，因级别不同
材料费	这是整个工程中最主要的费用，数目较大。各种材料的质量、型号、品牌、购买地点、购买方式（批发、零售、团购）等不同，材料费用差异较大。在计算材料费时需要考虑一些正常的损耗。如果是包工不包料的工程，电工可以不计算这笔费用
人工费	因人而异，因级别不同。一般以当地实际可参考价格来预算。同时应适当考虑工期，如果业主要求的工期很急，需要加班，相应的费用要一并考虑。 通常把材料费与人工费统称为成本费
其他费用	包括利润、管理费、税收、交通费等。该项费用比较灵活

1.3.2.3　预算单位

电气装修项目预算常见的单位见表1-7。

表 1-7　电气装修项目预算单位

项目	单位	工作内容	主要材料	说明
线管暗敷设	m	凿槽、敷设、穿线、固定、检测	电线、PVC电线管、连接接头、电工胶带等	分为包工包料或包工不包料
线管明敷设	m	布线、穿管、固定、检测		
灯具安装	个	定位、打眼、安装、检测	五金配件、灯具、开关	
开关插座面板明装	个	打眼、安装、固定、检测	开关、插座面板、暗盒	
开关插座面板暗装	个	安装、固定、检测		
强弱电箱	个	预埋、固定、安装	强电箱、弱电箱、断路器、分配器、功能模块	
弱电安装	房间	安装、固定、线材连接头组装、检测、调试	接线盒、连接头	

1.3.2.4　配管工程量计算

配管工程以所配管的材质、敷设方式以及管的规格划分定额子目。

（1）计算规则及其要领

① 计算规则：各种配管工程量因管材质、规格和敷设方式的不同而不同，按“延长米”计量，不扣除接线盒（箱）、灯头盒、开关盒所占长度。

② 计算要领：从配电箱起按各个回路进行计算，或按建筑物自然层划分计算，或按建筑平面形状特点及系统图的组成特点分片划块计算，然后汇总。千万不要“跳算”，防止混乱，影响工程量计算的正确性。

（2）计算方法

计算配管的工程量，分两步走，先算水平配管，再算垂直配管。

① 水平方向敷设的管，以施工平面布置图的管线走向和敷设部位为依据，并借用建筑物平面图所标墙、柱轴线尺寸进行线管长度的计算。

② 垂直方向敷设的管（沿墙、柱引上或引下），其工程量计算与楼层高度及箱、柜、盘、板、开关等设备安装高度有关。

③ 当埋地配管时（FC），水平方向的配管按墙、柱轴线尺寸及设备定位尺寸进行计算。穿出地面向设备或向墙上电气开关配管时，按埋的深度和引向墙、柱的高度进行计算。

1.3.2.5　管内穿线工程量计算

管内穿线按“单线延长米”计量。照明线路中导线截面面积＞6mm^{2}时，执行“穿动力线”相应的定额。管内穿线长度可按下式计算：

管内穿线长度=（配管长度+导线预留长度）×同截面导线根数

1.3.2.6　人工费的预算

人工定额是官方结合当地生产情况制订的，人工费结合相关文件规定计取单价。定额人工费的预算方法如下：

定额人工费=定额工日数×日工资标准

【特别提醒】

按实结算的工地，一般应在电线管封槽之前与业主全部核对。否则，电线管封槽后有的地方无法核对，可能会产生一些误会。

1.3.2.7　定额材料费的预算

家装中定额材料费的预算方法如下：

定额材料费=材料数量×材料预算价格+机械消耗费

其中，机械消耗费是材料费的1%～2%。

1.3.2.8　预算单的内容及格式

一份预算单一般包括项目名称、单位、数量、主材单价、主材总价、辅料单价、辅料总价、人工单价、人工总价、人工总价合计、材料总价合计、直接费合计、管理费、税金、备注等项目。表1-8是家装工程电气项目预算单的一般格式，可供读者参考。

表1-8　装修工程电气项目预算单示例（强电部分）

序号	物料编号	名称	规格	单位	数量	单价	金额	品牌或产地等
1	强电01	配电箱	AL-1	个				正泰
2	强电02	荧光灯	2×28W节能灯	盏				越丰
3	强电03	电线	BVR2.5mm^2	圈				金环羽
4	强电04	电线	BVR4.0mm^2	圈				金环羽
5	强电05	暗装开关	220V 10A	个				TCL
6	强电06	暗装插座	220V 10A	个				TCL
7	强电07	暗装插座	220V 16A	个				TCL
8	强电08	PVC线管	—	m				联塑
9	强电09	辅材、附件						
10	……							
11								
12								
13	强电13	照明电气安装人工费		项	1.0			
14	强电14	小计						
15	强电15	电气施工管理及运输费		项	1.0			

注：1. 此报价内容所有单价包含17%增值税。

2. 电源由甲方（业主方）接至乙方（装修公司方）配电箱，地板接地装置甲方负责。

3. 以上报价包含材料设计范围内耗损。

1.3.2.9　电气工程的计算规律

① 照明灯具支线一般是两根导线，要求带接地的则是三根导线，一根火线与一根零线形成回路，灯就可以亮了，但为了确保安全用电，要求安装高度在距地2.4m以下的金属灯具必须连接PE专用保护线（从配电箱引来），应该注意卫生间或走廊上的壁灯安装高度。

② N联开关共有$N+1$根导线。照明灯具的开关必须接在相线（也称火线）上，无论是几联开关，只接进去一根相线，再从开关接出来控制线，几联开关就应该有几条控制线，所以，双联开关有三根导线，三联开关有四根导线，以此类推。

③ 单相插座支线有三根导线，现行国家规范要求照明支路和插座支路分开，一般照明支线在顶棚上敷设，插座支路在地面下敷设，并且在插座回路上安装漏电保护器。插座支路导线根数由极数（孔数）最多的插座决定，所经二、三孔双联插座是三根导线，若是四联三极插座也是三根线。单相三孔插座中间孔接保护线（PE），下面两孔是左接中性线（俗称零线N）右接相线L，单相两孔插座则无保护线。

【特别提醒】

计算时应注意的问题：

① 电缆算出的实际量，需乘1.025的弯折系数。

② 接线盒的数量为所有灯具和插座的总数，开关盒的数量是所有开关的总数。

1.3.3 家装工程成本控制

1.3.3.1 人工费控制

（1）编制工日预算

编制工日预算是控制人工费的基础。工日预算应分工种、装饰子项来编制。某装饰子项或定用工数=该子项工程量/该子项工日产量定额，由于装饰工程发展很快，装饰工艺日新月异，装饰用工定额往往跟不上施工的需要。这就要求装饰施工企业加强自身的劳动统计，根据已竣工的工程的统计资料，自编相应的产量定额。某装饰子项工日产量定额=相似工程该装饰子项工程量/相似工程该子项用工总工日数。

（2）安排作业计划

安排作业计划的核心是为各工种操作班组提供足够的工作面，避免窝工，保证流水施工正常进行。在执行计划的过程中，必须随时协调，解决影响正常流水的问题。如果某一工序的进度因某种因素而耽误了，这就意味着它的所有后续工序将出现窝工，必须及时解决。

1.3.3.2 材料费控制

（1）把好材料订货关

把好材料订货关要做到“准确”“可靠”“及时”“经济”，见表1-9。

表1-9　把好材料订货关的原则

原则	说明
准确	材料品种、规格、数量与设计一致
可靠	材料性能、质量符合标准
及时	供货时间有把握
经济	材料价格应低于预算价格

（2）把好材料验收、保管关

经检验质量不合格或运输损坏的材料，应立即与供应方办理退货、更换手续。材料保管要因材设“库”、分类码放，按不同材料各自特点，采取适当的保管措施。注意防火，注意防撞击。特别注意加强安保工作，防止被盗。

（3）把住发放关

班组凭施工任务单填写领料单，到材料部门领料。工长应把施工任务单副本交工地材料组，以便材料组限额发料。实行材料领用责任制，专料专用，班组用料超过限额应追查原因，若属于班组浪费或损坏，应由班组负责。

（4）把好材料盘点、回收关

完成工程量的70%时，应及时盘点，严格控制进料，防止剩料，施工剩余材料要及时组织退库。回收包括边角料和施工中拆除下来的可用材料。班组节约下来的材料退库，应予以兑现奖励。回收材料要妥善地分类保管，以备工程保修期使用。

1.3.3.3 工程索赔

工程索赔是工料控制的另一个方面，工料控制是要减少人工、材料的消耗，工程索赔则要为发包方原因引起的工料超耗或工期延长获得合理的补偿。工程索赔对项目的经济成果具有重要意义。工程索赔应注意的事项见表1-10。

表1-10　工程索赔注意事项

注意事项	说明
吃透合同	仔细阅读合同条款，掌握哪些属于索赔范围，哪些属于承包方的责任
随时积累原始凭证	与工程索赔有关的原始凭证，包括发包方关于设计修改的指令、改变工作范围或现场条件的签证、发包方供料供图误期的确认、停电停水的确认、施工班场或工作面移交延误的确认等。签证和确认等均应在合同规定的期限内办理，过时无效
合理计算索赔金额	既要计算有形的工料增加，又要计算隐性的消耗，如由于发包方供图、供料的误期所造成的窝工损失等。索赔计算应有根有据、合情合理，然后经双方协商来确定补偿的金额

1.3.4　办理装修报批手续

（1）房屋装修申报规则

根据住建部《家庭居室装饰装修管理试行办法》规定：房屋所有人、使用人对房屋进行装修之前，应当到房屋基层管理单位登记备案。凡涉及拆改主体结构和明显加工荷载的要经房管人员与装修户共同到房屋鉴定部门申办批准。

① 住宅装修：在进行室内装饰装修前，应向住宅所在地的物业管理单位及城建监察中队进行申报登记。

② 非住宅装修：在装修前应携有关材料前往城建监察中队办理《房屋装修许可单》。

③ 工程投资额在30万元以上且建筑面积在300m^{2}以上的房屋装修：建设单位应在开工前携有关材料前往城建监察中队申领《建筑工程施工许可证》。

（2）报批程序

每一位家装工程人员包括家装电工，都应该自觉接受小区物业公司的管理。房屋装修遵循“先申请，后施工”原则。某小区规定的家庭装修报批程序如图1-19所示。

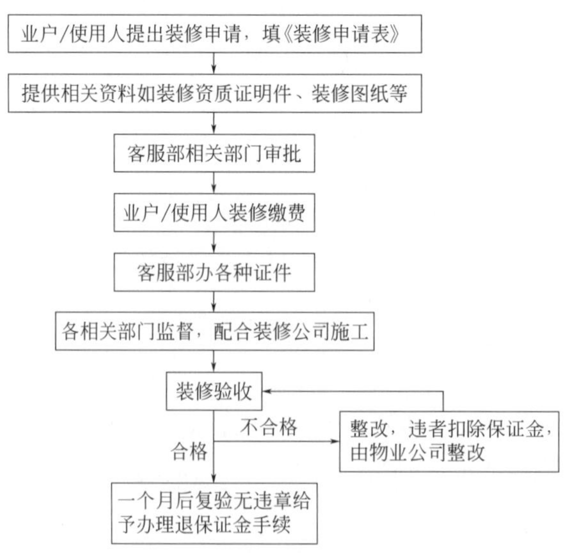

图1-19　某小区家装报批程序

（3）房屋装修的有关规定

下面简要介绍家装水电工必须知道的一些规定。

① 施工单位到物管部门办理装修人员临时《出入证》。施工人员凭《出入证》进出小区，无证人员不准入内。

② 装修期限原则上控制在90天之内，如需延期，业主应提前向物管部提出申请，经过批准后方可继续施工。

③ 装修施工时间应遵守小区的规定，以免影响他人正常生活，如图1-20所示（星期六、星期日是否可施工，各个小区的规定不一样）。在使用大噪声的电动工具的时候，尤其要注意。

④ 物管部将派管理人员对正在装修中的房屋进行不定期检查，装修人员不得拒绝和阻碍物管部人员对住宅室内装饰装修活动的监督检查工作，如图1-21所示。

图1-20　装修施工时间规定

图1-21　请自觉遵守装修规定

⑤ 严禁私拉乱接，严禁偷用水电，线路安装必须接地，并做好绝缘处理。

⑥ 未经申报、同意，不得私自连接和移动电源线路。

⑦ 装修施工中有意或无意损坏公共设施、设备和他人财产物品造成损害的必须照价赔偿。

⑧ 空调室外机须安装在指定的位置，须将冷凝水管插入统一的引流管道内或阳台内适当的排水地方，不得悬挂在任何外墙部位，以防漏水扰人及污浊墙面。

⑨ 弱电线路因装修施工造成线路中断或破坏的（包括电话线、宽带网络线等），应及时向物管处客户服务部报修，由专业人员进行维修。

1.3.5　装修工程验收和保修

1.3.5.1　电路验收

家装电路施工工程的验收包括前期验收、中期验收、尾期验收和竣工验收四个阶段。

家装电路验收

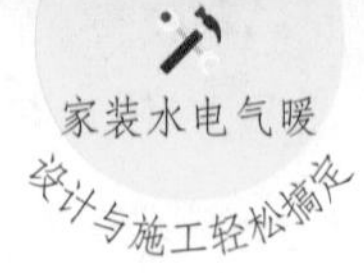

（1）前期验收

家装电工的前期验收主要是材料验收，正规家装公司在将材料运输到施工现场之后，需要业主对材料逐一进行验收。此时，业主要注意是否与合同上的材料明细相符，只有业主签字之后装修公司方可进行施工。

（2）中期验收

中期验收一般安排在导线穿管完成、开关插座的暗盒固定之后，泥瓦工进场之前进行，以便发现问题，及时整改。

① 所有线路开槽横平竖直，线管敷设低于墙面5mm。当线管长度超过15m或有两个直角弯时，应增设拉线盒或适当增大直角弯半径。

② 强弱线分开穿管，不得穿于同一根管内。

③ 弱电线路预埋部位必须使用整线，接头部位留检修孔。

④ 同一标高的插座开关面板高低差控制在±3mm以内，并列面板高低差控制在±0.5mm以内，所有开关面板小口标高控制在差±3mm以内（特殊要求除外），面板低斜小于1mm，厨房用防水插座标高不小于900mm。电源线及插座与电视线及插座的水平间距不应小于500mm。

⑤ 按照设计规定敷设导线。例如：空调专线为4mm²；插座主线为4mm²，分支线为2.5mm²；照明电路主线为2.5mm²，分支线为2.5mm²。

⑥ 所有线管必须进线盒，全结构部位可以采用绝缘管，灯头线可采用波纹管，其他部位必须采用PVC线管，所有线路除插座灯头外不得有裸露现象。

⑦ 强电线路验收：采用500V兆欧表（绝缘电阻表）测试各回路绝缘电阻值，同时可检验所用电线质量，不达标的电线可能会被击穿，如图1-22所示。

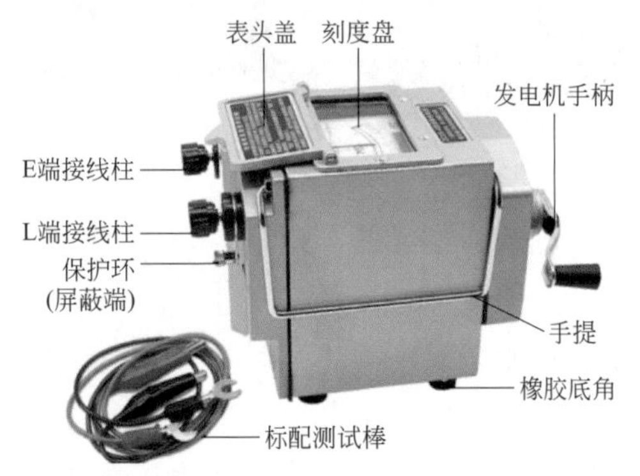

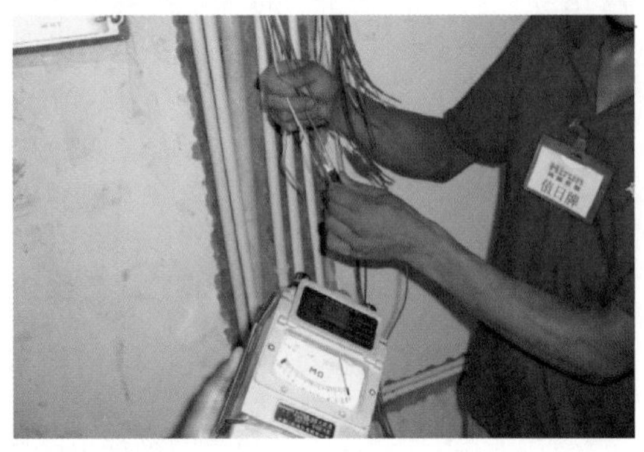

图1-22 用兆欧表测试各回路绝缘电阻值

线间绝缘或线与地之间的绝缘必须在0.5MΩ以上。

接线后的绝缘测试在总开关箱或分开关箱内进行。例如检查照明线路，切断电源，解开进照明开关箱的N线，用兆欧表进行测量。

值得注意的是：测量时如果开关处于打开位置，那么开关至灯具一段导线（俗称开关线）对地绝缘未测量。为测量这一段导线的绝缘情况，可把所有灯具的开关全部扳到闭合状态，则此时的测量结果为相线和中性线对地的绝缘。

⑧ 弱电采用专用工具测试，例如用专用网络测试工具测试网络信号线是否畅通，用万用表等测试工具测量电视同轴电缆线，完全测试合格后再进行下一步施工工作，如图1-23所示。

注意：线路敷设完毕一定要测试验收，等到其他项目施工完毕才发现问题将为时已晚。

（3）尾期验收

尾期验收一般在插座、开关、灯具安装完成后进行，主要检查正常使用性能及安全性。

① 火线进开关，零线进灯头，插座接线应符合“左零右火接地在上”的规定，可通过专用仪器检查火线、零线以及接地是否正确，可用专用仪器检查所有电源插座是否正确连接，如图1-24所示；检查漏电保护装置是否有效；检查螺口灯座中心簧片是否接在相线（俗称火线）上。

图1-23　弱电线路测试

图1-24　检查插座接线是否正确

② 做满负荷试运行试验。将所有照明设备、所有常用电器设备（如冰箱、电视、热水器、空调）、部分临时使用电器设备同时打开，全部电器应可正常使用。

③ 插座、灯具开关、总闸、漏电开关等的高度应符合安全用电规程的规定。

④ 所用开关插座面板安装端正，紧贴墙面，高度符合设计要求；同一房间内同一标高要求的面板上沿高差5mm以内，同一墙面连续布置三个以上面板时高差1mm以内。

⑤ 检查灯具安装是否牢固。灯具固定点数量及位置应符合灯具安装说明要求，一般底座直径≤75mm时为一个，底座直径75mm以上时至少有两个固定点。当吊灯自重在3kg以上时，应先在楼板上安装调筋，而后将灯具固定于调筋上，严禁安装在木楔、石膏板或吊顶龙骨上。对大型花灯、吊装花灯的固定及悬吊装置应按灯具重量的1.25倍做过载试验。

⑥ 卫生间、厨房等潮湿环境应安装防水防溅的开关、插座。

（4）竣工验收

竣工验收是在所有装修工程全部完成，达到入住条件后的验收。竣工验收需要业主、设计师、工程监理、施工负责人四方参与，对工程材料、设计、工艺质量进行整体验收，合格后才可签字确认。

竣工验收的常用方法有观察检查法、量尺检查法和回路试验法。

工程竣工后，应向业主提供配线施工图（或提供供配线施工光盘），标明导线规格及走向，一式两份，交公司、业主各一份，并提供电路安装质保书。

【特别提醒】

电路施工后，必须绘制一张准确的电路走向图，并妥善保管，尤其是铺设暗管的居室，如图1-25所示为某家庭电路施工竣工图示例。如果施工人员绘图能力有限，也可以采用智能手机拍照片或者录制视频等方法来留存资料，如图1-26所示为某客厅电线管预埋竣工照片资料留存示例。

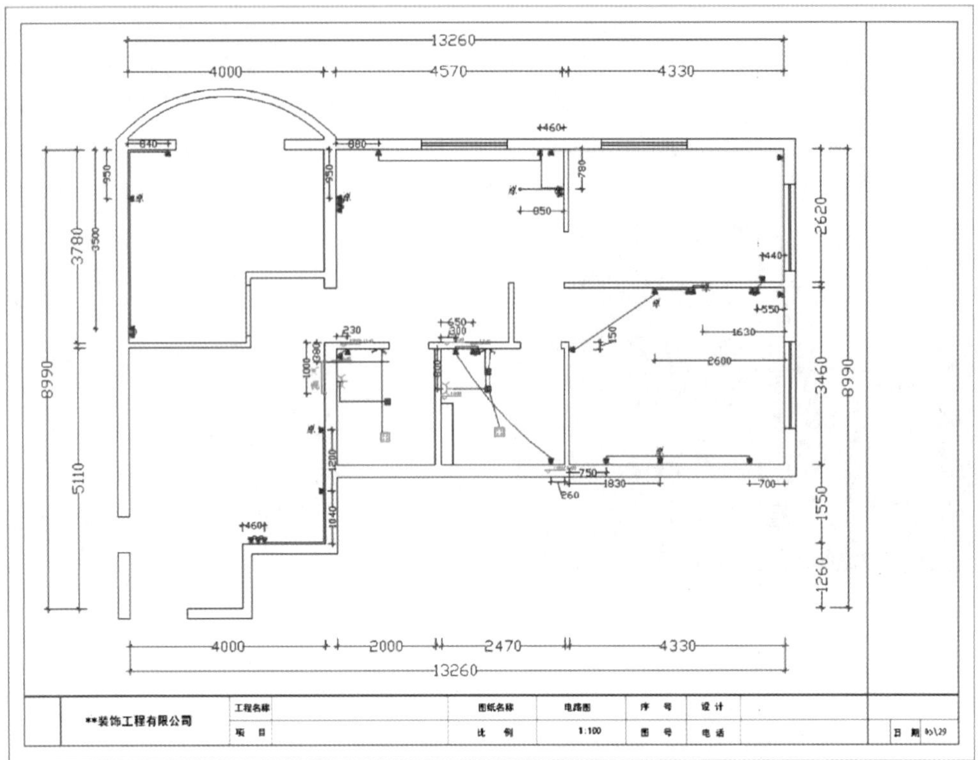

(a) 插座及照明线路竣工图

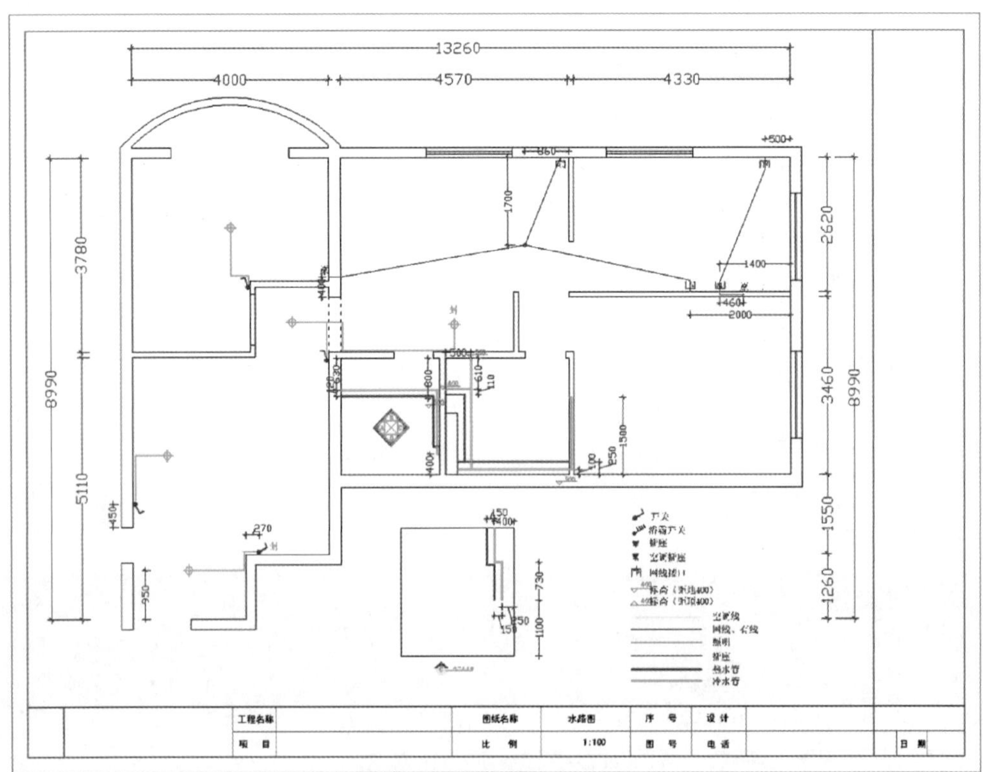

(b) 水路和弱电竣工图

图1-25 某家庭水电施工竣工图示

图1-26　某客厅电线管预埋竣工图（照片）

1.3.5.2　水路验收

家装水路验收

① 水路改造标准规范应当符合“左热右冷、上热下冷”的安装模式，冷热水管的弯头需要置于同一个水平面上，所有在下水口上方设计的冷热水管，其间距控制在50mm以上。另外，在水路完成装修改造之后，需要对水管做一定的打压测试，以此来保证水管管道线路布局合理性。

② 检查地漏口和排水口位置设计是否合理，连接的水管上有没有划痕或软管是否出现死弯，可以尝试用手摇动排水管，检验排水管道安装是否牢靠稳固。

a.新做下水管进行灌水实验，排水畅通，管壁无渗无漏，合格。

b.下水管做完注意保护成品，防止人为或异物二次撞击造成损失。

③ 检查水管的通水效果，打开通水阀门和水龙头，经过一段时间的放水检验，以此来验证整个通水过程是否顺畅，有没有出现阻塞或其他影响正常使用的情况。关闭水管阀门和水龙头，看其接口处是否出现漏水渗水的问题。

【特别提醒】

家装水路改造验收是参照建筑给水验收标准演化而来的，目前行业内没有对家装水路验收进行具体明文规定。

1.3.5.3　房屋装修的保修期

装修施工验收表

建设部《住宅室内装饰装修管理办法》第六章第三十二条中就有相关规定：“在正常使用条件下，住宅室内装饰装修工程的最低保修期限为两年；有防水要求的厨房、卫生间和外墙面的防渗漏为五年。保修期自住宅室内装饰装修工程竣工验收合格之日起计算。”

2013年9月，我国首部《家居行业经营服务规范》明确要求，装修公司必须向顾客明示地板、门窗、吊顶、瓷砖、水电系统、墙壁、橱柜等的具体保修时间和保修范围。

住宅装修工程竣工后，装修人应当按照工程设计合同约定的相应质量标准进行验收。验收合格后，装修公司应当出具住宅室内装饰装修质量保修书，保修期自验收合格之日起计算。

消费者在装修工程验收合格之后，应该向装修公司索要工程保修单，利于出现问题后有效维权。

消费者在和装修公司签订装修合同时，最好在合同里加上保修基金的条款，即明确装修工程在验收合格后，业主有权留取相当于装修工程总款5%左右的保修基金，竣工验收合格后的保修期之内没有发生工程质量问题的，业主才将保修基金退还给装修公司。

【特别提醒】

一般的装修项目保修是两年，水电是五年。

一般正规公司是终身维护的，保修期后也会负责维修，但业主需要付人工和材料钱。

第2章

电路规划与设计

随着技术的发展，家庭电气涉及的项目越来越多，主要包括与家庭成员生活息息相关的配电、照明、信号与通信、安防等等项目。初入行的装修工程从业人员，尤其是装修电工，掌握电气规划与设计方面的一些简单知识，可应对施工操作时可能遇到的一些实际问题。知其然，知其所以然。不断追求卓越，让客户满意，达到装修从业人员的最高境界，其乐无穷！

2.1 家庭电气照明规划与设计

随着技术的发展，各种家用电器产品不断增加，人们对用电需求提出了更高的要求，这使得家庭配电线路的设计在整个家装过程中的作用显得尤为突出。

高标准的住宅电气线路配置是优质住宅的基础保证。根据有关部门对我国居民住宅火灾原因的统计，约有30%的火灾是由住宅电气线路配置不合理或者线路老化造成的，在众多火灾原因中居第一位。

2.1.1 家庭电气照明设计的规定及要求

2.1.1.1 家庭电气设计的规定

家庭电路设计细节

要根据实际情况，按照设计原则完成对家庭配电线路设计方案的制定。下面简要介绍《住宅建筑电气设计规范》（JGJ 242—2011）对家庭配电配置的主要规定。

（1）配电箱

每套住宅应设置不少于一个配电箱。家庭配电箱有金属外壳和塑料外壳之分，其安装方式有明装和暗装。目前，大部分户内配电箱选用暗装较多，通常装在走廊、门厅或起居室等便于维修维护处，箱底距地高度不应低于1.6m。

家庭配电箱担负着住宅内部的供电、配电任务，并具有过流保护和漏电保护功能。住宅内的电路或某一电器如果出现问题，家庭配电箱将会自动切断供电电路，以防止出现严重后果。家庭配电箱里面比较常见的器件有断路器、漏电保护器，如图2-1所示。

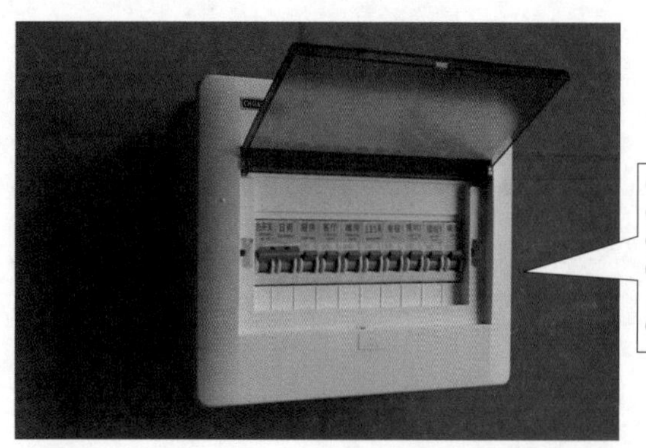

① 位置：走廊、门厅或起居室；
② 高度：箱底距地不低于1.6m；
③ 安装方式：暗装；
④ 开关电器：设置总开关和各个回路的保护电器；
⑤ 供电回路符合要求

图2-1 家庭配电箱

（2）供电回路

① 每套住宅应设置不少于一个照明回路。照明回路和插座回路要分开。

因为照明线路的导线线径一般比插座线路的线径要小。如果照明线路采用插座线路一样的线径，从成本上考虑不划算；如果插座线路采用照明线路一样的线径，插座线路所承受的负荷能力就相对小，万一插座线路的电器功率超出插座线路的承受负载能力，有可能线路过热而引发短路并引起火灾。

如果照明电路与插座电源接在一起，一旦插座线路短路，照明灯就无法点亮。尤其在晚上，老年人或小孩上厕所，一旦没有了照明，就容易出问题。如果照明电路与插座电源分开，一旦插座线路短路，照明灯依旧可以点亮。

② 装有空调的住宅应设置不少于一个空调插座回路。

③ 厨房应设置不少于一个电源插座回路。

④ 装有电热水器等设备的卫生间，应设置不少于一个电源、插座回路。

⑤ 除厨房、卫生间外，其他功能房应至少设置一个电源、插座回路，每一回路插座数量不宜超过10个。

⑥ 柜式空调的电源插座回路和分体式空调的电源插座回路均宜装设剩余电流动作保护器。

【特别提醒】

对空调、电热水器、厨房电器等大容量电器设备，宜一个设备设置一个回路。如果合用一个回路，当它们同时使用时，导线易发热，即使不超过导线允许的工作温度，也会降低导线绝缘的寿命。这些回路加大导线的截面积，可大大降低电能在导线上的损耗。

（3）电源插座的设置及数量要求

JGJ 242—2011对家庭电源插座设置及数量的要求见表2-1。

表2-1　家庭电源插座设置及数量的要求

序号	名称	设置要求	数量
1	起居室（厅）、兼起居的卧室	单相两孔、三孔电源插座	≥3
2	卧室、书房	单相两孔、三孔电源插座	≥2
3	厨房	IP54型单相两孔、三孔电源插座	≥2
4	卫生间	IP54型单相两孔、三孔电源插座	≥1
5	洗衣机、冰箱、抽油烟机、排风机、空调器、电热水器	单相三孔电源插座	≥1

① 表中序号1～4设置的电源插座数量，不包括序号5专用设备所需设置的电源插座数量。

② 起居室（厅）、兼起居的卧室、卧室、书房、厨房和卫生间的单相两孔、三孔电源插座宜选用10A的电源插座。对于洗衣机、冰箱、抽油烟机、排风机、空调器、电热水器等单台单相家用电器，应根据其额定功率选用单相三孔10A或16A的电源插座。

③ 新建住宅建筑的套内电源插座应暗装，起居室（厅）、卧室、书房的电源插座宜分别设置在不同的墙面上。分体式空调、抽油烟机、排风机、电热水器电源插座底边距地不宜低于1.8m；厨房电炊具、洗衣机电源插座底边距地宜为1.0～1.3m；柜式空调、冰箱及一般电

源插座底边距地宜为0.3 ～ 0.5m。

④ 住宅建筑所有电源插座底边距地1.8m及以下时，应选用带安全门的产品。

⑤对于装有淋浴或浴盆的卫生间，电热水器和排风扇的电源插座底边距地不宜低于2.25m，相关插座安装高度如图2-2所示。

⑥ 安装在卫生间的插座宜带开关和指示灯。安装在潮湿位置的插座，最好在插座表面安装一个防水的盖子，避免水汽进入插座内引起短路，如图2-3所示。

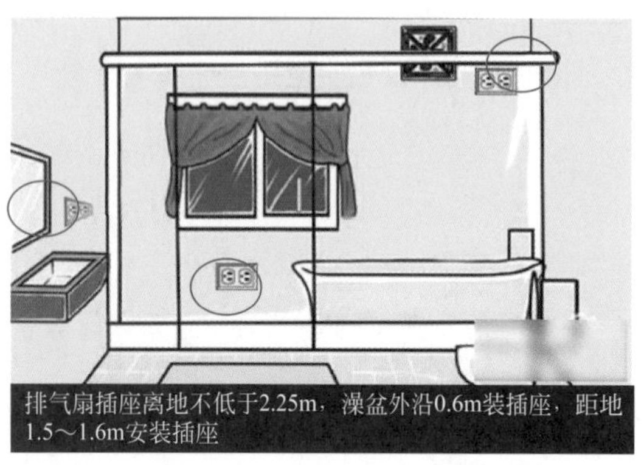

排气扇插座离地不低于2.25m，澡盆外沿0.6m装插座，距地1.5～1.6m安装插座

图2-2 卫生间插座的安装高度

靠近洗手台等潮湿地方的插座，需有防水盖子盖着，谨防发生短路

图2-3 防水插座

【特别提醒】

在新房装修中，合理使用地插、带USB的插座、带开关的插座等，可更好地满足人们生活的需要，如图2-4所示。

地插：在餐桌下的地面上安装地插，方便于插电磁炉吃火锅；在茶几下的地面上安装地插，喜欢和朋友喝茶的主人烧水就方便了。

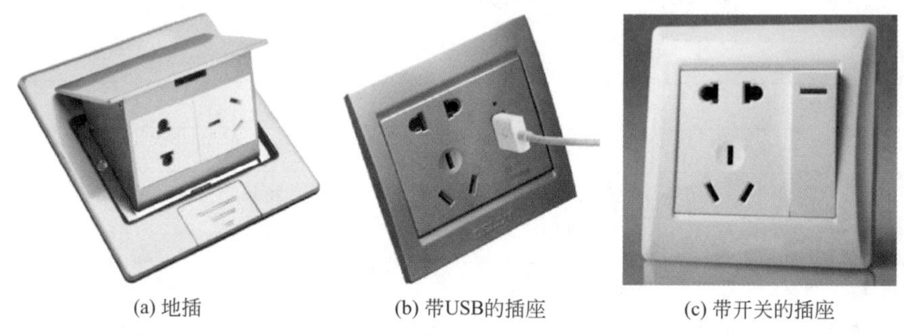

(a) 地插　(b) 带USB的插座　(c) 带开关的插座

图2-4 插座

带USB接口的插座：在插座主体上设有充电器模块。在床头或者沙发旁安装带USB的插座，用于给手机、数码产品等电器设备充电会更方便。

带开关的插座：关闭开关就能使插座断电。一是可以使插座不带电，防止小孩触摸；二是可以长期将插头插入不拔，防止经常插拔插头造成接触不良。在厨房中用到带开关插座是比较多的，因为在厨房使用电器的频率是比较高的。安装带开关的插座就可以省去拔插头的步骤，能简单地实现断电。

2.1.1.2　家庭电气配置设计的基本思路

家庭电路的设计一定要详细考虑可能性、可行性、实用性和科学性之后再确定，同时还应该注意其灵活性，下面介绍一些设计的基本思路。

① 合理使用双控或者三控开关。客厅顶灯根据生活需要可以考虑装双控开关（进门处和回主卧室门处）；卧室顶灯可以考虑双控或者三控（两个床边和进门处），本着两个人互不干扰休息的原则，如图2-5所示为预留开关插座的设计。

(a) 卧室

(b) 客厅

图2-5　预留开关插座设计

② 地面如果铺瓷砖，一些位置可以适当考虑不用开槽布线。

③ 阳台、走廊、衣帽间等地方，要预留插座。

④ 客厅、主卧、卫生间等地方，应根据主人的生活习惯和方便性考虑是否预设电话线。

⑤ 插座的安装位置很重要，不能出现插座正好位于某家具的后边，造成柜子不能靠墙的情况发生。插座的安装数量可以适当多一些，但也没必要设置太多插座。

⑥ 家庭的配电箱不要安装在室外，要安装在室内，以防止他人断电搞破坏。

【特别提醒】

电工在进行电气设计之前，要与业主进行交流、沟通，弄清楚家中的热水器、饮水机、空调、电脑、电视、音响、洗衣机、餐厅电火锅、客厅或娱乐室的电热器等电器的功率及安装位置；楼上、楼下、卧室、过道等灯具是否双控或多点控制；顶面、墙面以及柜内的灯具的位置、控制方式等。

2.1.1.3　家庭电气配置的一般要求

① 每套住宅进户处要设嵌墙式住户配电箱。住户配电箱设置电源总开关，该开关能同时切断相线和中性线，且有断开标志。

住户配电箱内的电源总开关应采用两极开关，总开关容量选择不能太大，也不能太小；要避免出现与分开关同时跳闸的现象。

② 室内开关、插座的配置应能够满足需要，并对未来家庭电气设备的增加预留有足够的插座。

③ 插座回路必须加漏电保护。

电气插座所接的负荷基本上都是人手可触及的移动电器（吸尘器、打蜡机、电风扇、电饭煲）或固定电器（电冰箱、微波炉、电加热淋浴器和洗衣机等）。当这些电气设备的导线受损（尤其是移动电器的导线）或人手可触及电气设备的带电外壳时，就有电击危险。为此除挂壁式空调电源插座外，其他电源插座均应设置漏电保护装置。

④ 阳台应设人工照明。

阳台起到居室内外空间过渡的作用，灯具可以选择壁灯和草坪灯之类的专用室外照明灯。有部分半封闭的阳台需使用防水防尘的灯具。

⑤ 住宅应设有线电视系统，其设备和线路应满足有线电视网的要求。

⑥ 每户电话进线不应少于两对，其中一对应通到电脑桌旁，以满足上网需要。

⑦ 电源、电话、电视线路应采用阻燃型塑料管暗敷。电话和电视等弱电线路也可采用钢管保护，电源线采用阻燃型塑料管保护。

⑧ 电气线路应采用符合安全和防火要求的敷设方式配线。导线应采用铜导线。

⑨ 供电线路铜芯线的截面应满足要求。由电能表箱引至住户配电箱的铜导线截面不应小于$10mm^2$，住户配电箱的照明分支回路的铜导线截面不应小于$2.5mm^2$，空调回路的铜导线截面不应小于$4mm^2$。

⑩ 防雷接地和电气系统的保护接地是分开设置的。

2.1.2 房间电气设计要求及要点

2.1.2.1 玄关电气设计

室内装修照明设计

（1）基本要求

玄关是通往客厅的一个缓冲地带，既是主人回家的第一站，同时也是主人外出的最后一站。

玄关的灯光设置是很有讲究的。可设计普通整体照明的主灯，以避免在客人脸上造成阴影而看不清客人的脸，甚至看不清楚所放的鞋子；同时也要设计为局部照明或间接照明的装饰灯。在玄关照明设计时，间接照明主要用于渲染气氛。

玄关的灯光颜色原则上只能使用色温较低的暖光，以突出家庭环境的温暖和舒适感。

（2）电气设计要点

玄关空间比较狭小，灯光不需要太亮，灯饰造型尽量以圆形、方形为主。一般是在局部吊顶上面装上筒灯、吊灯，如图2-6（a）、（b）所示。

吸顶灯同样是较为简单的灯具，尤其是在玄关不做吊顶的情况下，低功率的暖光吸顶灯是非常不错的选择，通过暖光的搭配，可以营造出温馨惬意的氛围感，如图2-6（c）所示。

对于面积较大的玄关，除了主灯之外，还应该提供辅助光源来提升装饰效果。辅助光源一般以聚光灯（如射灯）为主，对玄关景点提供特定位置的照明，这是提高玄关的装修、装饰效果的最有效的方法之一。

玄关的灯具安排则须注意电源的切换。玄关应设立独立开关，或可控制客厅部分灯光，也可以是感应式的灯光设计，让人一进门即有明亮光源，避免过于漆黑造成不便。同时也可安排具有装饰功能且营造温暖效果的灯具或间接光源，例如鞋柜下方设置灯光，方便照明又增加气氛，即可轻松为居家创造明朗且美观的玄关空间，如图2-7所示为玄关开关插座设计示例。

(a) 吊灯

(b) 筒灯

(c) 吸顶灯

图2-6　玄关照明设计示例

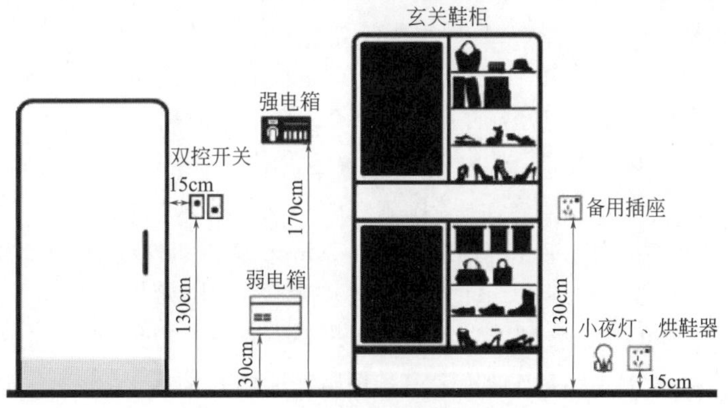

图2-7　玄关开关插座设计示例

2.1.2.2　客厅电气设计

室内装修照明设计案例

（1）基本要求

许多家庭的客厅都是家庭活动中使用频率最高的核心空间。客厅电气设计的好坏，对于整个家装设计的成败具有决定性的影响。一般在家装室内电气设计中，都把体现设计个性的环境气氛集中地在客厅设计中表现出来。

客厅装修从风格上讲，有古典式的（其中包括中国古典式、西洋古典式），有民间风味的，有现代风格的，也有传统与现代结合的。从情调上讲，有优雅明丽的，有古朴雅拙的，有温馨浪漫的，有华贵富丽的等。因此，客厅灯具的设置应该根据天花板造型而定，主要照明一般是棚中设灯，用吊灯或吸顶灯视情况而定，其他部分增设射灯、嵌入灯、壁灯等，地面沙发可设立灯，造型范围内设装饰灯等。电器插座、开关等在总体结构落实后事先埋线隐蔽好位置，室内空调也要考虑安装的条件，根据空间决定立式、壁挂式或集中式等种类及功率。

客厅照明的设计应当明快，突出温馨，有明暗层次，可以根据客厅不同时间、不同使用要求而有变化，如图2-8所示。如果只靠天花垂下的主灯来照明，室内一片通明，是不会有明暗层次的。因此在各个照明器具和不同组合的线路上要设置开关和调光器，采用落地灯、台灯和摇头聚光灯等可移动式灯具来局部照明。客厅要按照空间的不同，使用不同开关和配置不同的照明灯，这样平凡的空间便会因灯光的设置而与众不同。

图2-8 客厅照明示例

客厅的敞开式高柜内可配置灯光，让陈列品展示得更完美。

（2）电气设计要点

客厅的灯光设计要注意保证客厅的照度，要注意吊灯的高度，吊灯底到地不少于2.2m。客厅的灯光设计上要注意灯光的分开控制，要有2组以上的回路。

客厅主灯的亮度可以分为3个控制等级，满足看电视（一级控制）亮度最小、居家（二级控制）亮度适中、会客（三级控制）亮度最大的不同需求。

客厅布线一般应为8支路线，包括插座线（$2.5mm^2$铜线）、照明线（$2.5mm^2$铜线）、空调线（$4mm^2$铜线）、电视线（馈线）、电话线（4芯护套线）、电脑线（5类双脚线）、对讲器或门铃线（可选用4芯护套线，备用2芯）、报警线（烟感，红外报警线，可选用8芯护套线）。

客厅各线终端预留分布：在电视柜上方预留电源（多孔面板）、电视、电脑线终端。

空调线终端预留孔，应按照空调专业安装人员测定的部位预留空调插座（16A面板）。

单头或吸顶灯，可采用单联开关；多头吊灯，可在吊灯上安装灯光分控器，根据需要调节亮度。

客厅里电器较多，比如需要摆放冰箱、饮水机、加湿器等设备，根据摆放位置尽量多安装电源插座。

许多家庭的客厅与餐厅是连在一起的。考虑到冬天有电火锅，夏天有落地风扇等，沿墙均匀布置2组（二、三孔）多用插座即可，安装高度底边距地0.3m，容量为10A。也可在餐桌下面设计多孔插座。

在沙发的边沿处预留电话线口，在户门内侧预留对讲器或门铃线口，在吊顶的适当位置预留报警线口。

客厅开关插座设计示例如图2-9所示。

（3）客厅影音系统布线的设计

对于比较大的客厅，可以设置家庭影音系统，布线设计示例如图2-10所示。

图2-10（a）为电视墙布线示意图，双口HDMI面板是高清数字信号接口，用于连接高清数字电视和数字电视机顶盒；色差AV面板用于连接不是高清的普通电视机（目前这种电视机多数已经淘汰了，新房装修也可以不安装色差AV面板）。在幕布和电视安置处各预留一个电源插座，方便连接幕布的电源和液晶电视的电源。

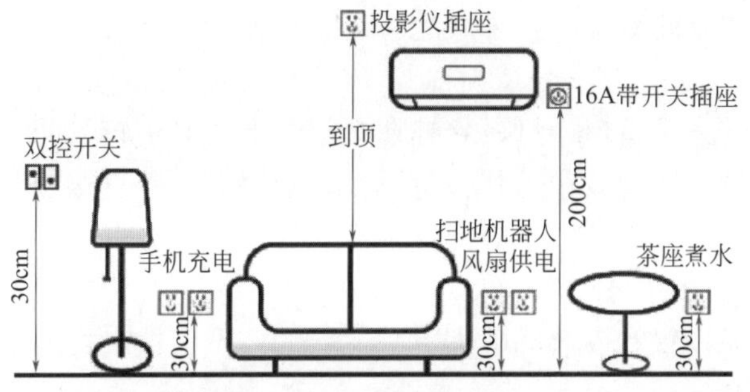

图2-9　客厅开关插座设计示例

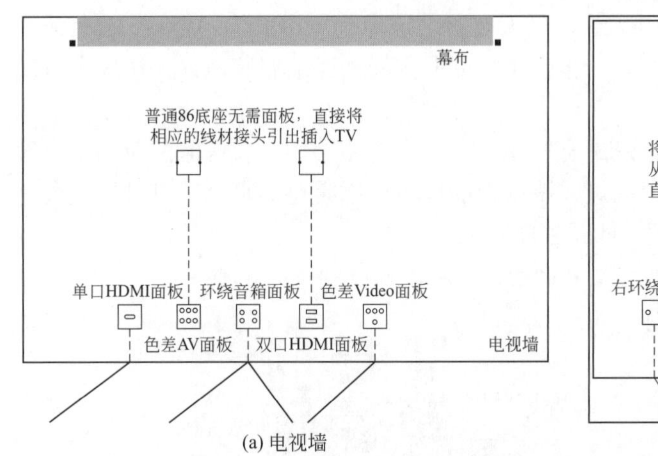

(a) 电视墙

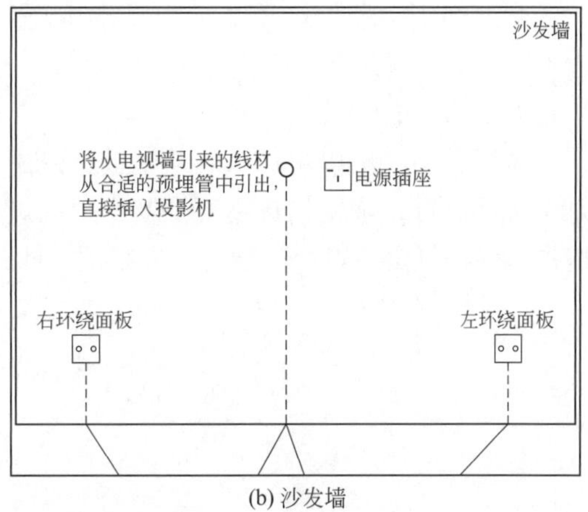

(b) 沙发墙

图2-10　客厅影音系统布线设计示例

图2-10（b）为沙发墙布线示意图，所有的投影视频线材都从预埋管中引出，固定投影机的装置可以用托盘，也可以用壁挂式吊架。一般来说壁挂式吊架更灵活一些，因为安置的投影机在一定范围内可以灵活地调整位置，而且简洁大方。注意，投影机的电源要单独走线，不要同视频线材一起从管中引出，因为电源对信号时会有一定的干扰。

【特别提醒】

关于插座间距安排，如果墙面长度超过3.6m应适当增加插座数量。墙面长度小于3.6m，插座可安置在墙面的中间位置。设置电视出线插座的墙面（此墙面为电器摆放集中之处）应至少设置两组5孔插座，其中一个插座应与电视出线插座相靠近并与之保持0.5m以上距离。

2.1.2.3　餐厅电气设计

（1）基本要求

餐厅的设置形式有独立餐厅和非独立餐厅两类。独立餐厅，一般面积较大。非独立的餐厅是空间互为关联的餐厅，常见的有餐厅与客厅在一个空间内和餐厅与厨房共处一室等两种形式。

许多家庭都没有独立的餐厅，将客厅的一部分作为就餐区。两种情况下的照明方法是相同的。

餐厅照明通常的方案是将单个灯具悬挂在桌子之上。对于较大的桌子可能使用两个或三个小而匹配的灯具。带有玻璃或帘子并且可以在脸上提供一些直接照明的灯具是首选。调光器非常有用，它的照明等级可调以适应偶然事件或作业，或者仅仅当桌子没有使用时照亮桌脚以作为客厅“风景”的一部分。

在餐厅中需要考虑设置和安装的电器有：冰箱的定位；饮水机的定位；餐桌下要设置地插；餐厅灯的控制方式。

（2）电气设计要点

餐厅的用电器相对较少，冬天有电火锅，夏天有落地风扇等，沿墙均匀布置2组负荷为10A的多用插座，安装高度底边距地0.3m。建议在餐桌下方的地面上安装地插，解决用电磁炉吃火锅的用电问题。

餐厅照明一般以主灯吊灯与辅助壁灯配合使用为主。主灯主要用以就餐时的照明，一般是顶头的吊灯，辅助的灯主要是墙壁上的灯，墙壁上的灯主要以暖色为宜，用以烘托就餐时愉悦、轻松氛围或者用以营造浪漫氛围，如图2-11所示。

图2-11　餐厅照明示例

2.1.2.4　卧室电气设计

（1）基本要求

卧室照明的基本要求是：理想的光线，视觉舒适，柔和均匀，光线可调节控制。一般卧室的灯光照明，可分为普通照明、局部组合照明和装饰照明三种，如图2-12所示。

(a) 普通照明

(b) 局部组合照明

(c) 装饰照明

图2-12　卧室照明

卧室的普通照明供起居休息。在设计时要注意光线不要过强或发白，因为这种光线容易使房间显得呆板而没有生气，最好选用暖色光的灯具，这样会使卧室感觉较为温馨。注意别忘了装双控开关，否则寒冷的冬天起床关灯可就不好受了。

卧室的局部组合照明主要用于梳妆、阅读、更衣等。例如在睡床旁设置床头灯，方便阅读。阅读的灯光，要有适当的安排，因为灯光太强或不足，均会直接影响视觉，对眼睛造成损害。

卧室的装饰照明主要在于营造卧室的空间气氛，如浪漫、温馨等。巧妙地使用落地灯、壁灯甚至小型的吊灯，可以较好地营造卧室的环境气氛。

卧室灯光照明要创造柔和、温馨的气氛，应尽可能多用间接光和局部照明，不要千篇一律地在床上方或房中间设一个吊灯，既单调压抑，又刺眼，影响睡眠。躺在床上要避免看见顶棚的照明和壁灯光源，而且，灯光不要太晃眼。此外，还要注意到光的颜色也会影响人的睡眠。

（2）电气设计要点

卧室一般应为7支路线，包括插座线、照明线、空调线、电视馈线、电话线、电脑线、报警线。

确定床的位置是卧室插座布置的关键。一般双人床都是摆在房间中央，一头靠墙，床头两边各设一组多用电源插座，以供床头台灯、落地风扇及电热毯之用，床头并设一个电话插座和宽带信息插座，床头的对面墙壁设有线电视插座及多用电源插座，以供睡前欣赏电视之用，靠窗前的侧墙上设一个空调电源插座，其他适当位置设一组多用电源插座以备用。

一般主卧都带卫生间，常常有个小的通道，通道上装灯的话需要在通道门口（就是一开门的地方）设置一个开关，这里最好是双开双控，一个控制通道灯，一个控制主灯，还装个双控开关在床头，一起控制主灯。

有的主卧比较大，有专门的阅读区或者飘窗区，如果需要安装灯，则把开关放在床头。同时，还需要设置五孔插座在阅读区或飘窗区，插座的位置适当靠下方，注意不要有其他家具遮挡，便于吸尘器、电热油汀等电器取电。

卧室床头至少需要一个单开双控开关，与门口的单开双控开关一起控制主灯开关。卧室局部照明灯、阅读灯、壁灯的开关，一般装在床头，用单控开关控制，如图2-13所示。

图2-13　卧室开关插座设置示例

床对面的墙上，至少需要设置两个五孔插座，以及一个电视插座和一个网络线插座。

卧室主照明灯宜采用单头灯或吸顶灯，多头灯应加装分控器。

空调线应为专线，直接从配电箱拉过来，插座位置应在安装挂机的附近。

报警线在顶部位置预留线口。

老人、小孩的卧室内，最好是在不晃眼的位置设置一个长夜灯，方便半夜起来的人。卧室开关插座安装高度示例如图2-14所示。

【特别提醒】

设计客厅、卧室、餐厅等空间的电源插座时，应保证每个主要墙面至少都有一个五孔插座，以满足日常生活所需。插座的位置要根据房屋的设计来确定，如电视背景墙位置的插座可适当多设计一些，其他的位置视需求而定。

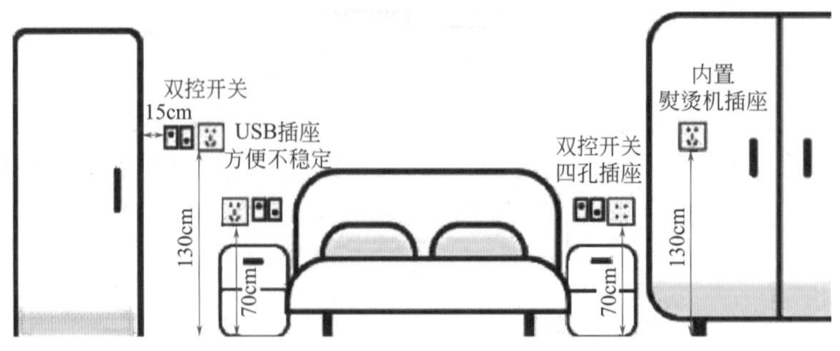

图2-14　卧室开关插座安装高度示例

在已知采用何种空调的情况下，空调插座按以下位置布设：无特别要求的插座，一般离地面0.3m，分体空调插座宜根据出线管预留洞位置距地1.8m，如是窗式空调宜在窗旁距地1.4m设置，如是柜式空调宜在相应位置距地0.3m设置，否则按分体空调考虑预留空调插座。

2.1.2.5　厨房电气设计

（1）基本要求

厨房在采光上首先应尽可能保留原窗，不作任何遮挡，自然光是最好的光源。采用的灯具应遵循实用、长寿、防雾、防潮的特点。

厨房照明对亮度要求很高。由于人们在厨房中度过的时间较长，所以灯光应惬意而有吸引力，这样能激发主人制作食物的热情，如图2-15所示。

图2-15　厨房照明示例

基本照明灯具应远离炉灶上部，不要让煤气、水蒸气直接熏染。一般厨房照明，在操作台的上方设置嵌入式或半嵌入式散光型吸顶灯，这样顶棚简洁，可减少灰尘、油污带来的麻烦。

厨房的家用电器比较多，常备家电主要有冰箱、电烤箱、煤气/燃气灶（部分灶需要220V电源供电）、净水器、微波炉、洗碗机、抽油烟机以及其他小家电。

（2）电气设计要点

首先根据厨房布置大样图，确定污水池、灶台及切菜台的位置，然后再确定开关、插座的安装位置。

厨房应为2支路线，包括插座线、照明线。

在灶台侧面布置一组多用插座，供排气扇用，在切菜台上方及其他位置均匀布置若干组三孔插座。

电源线至少选用4mm^{2}线，最好选用6mm^{2}线，因为随着厨房设备的更新，目前所使用的微波炉、抽油烟机、洗碗机、消毒柜、食品加工机、电烤箱、电冰箱等设备逐渐增多，所以应根据客户要求在不同部位预留电源接口，并尽量要有富余，以备日后所增添的厨房设备使用，电源接口距地不得低于50cm，主要是避免因潮湿造成短路。

厨房中电饭煲等经常使用的电器，最好安装带开关的插座。

照明灯的开关，最好安装在厨房门的外侧。

若厨房兼作餐厅，可在餐桌上方设置吊灯。

厨房插座安装高度如图2-16所示。

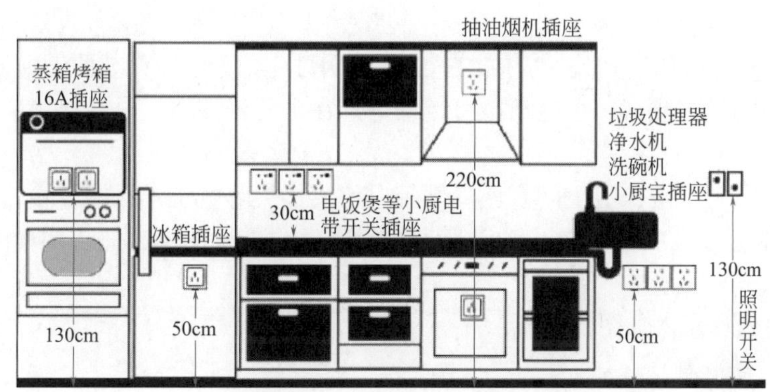

图2-16　厨房插座安装高度

2.1.2.6　卫生间电气设计

（1）基本要求

卫生间除自然采光外，还必须辅以适当的灯光照明，灯光效果宜明亮柔和，不宜直接照射，如图2-17所示。与居室其他区域有所差别的是，卫生间内灯光首先应该坚持一个最基本的原则——功能性。科学合理的卫生间照明设计应由两部分组成，一是脸部整理部分，一是净身空间部分。

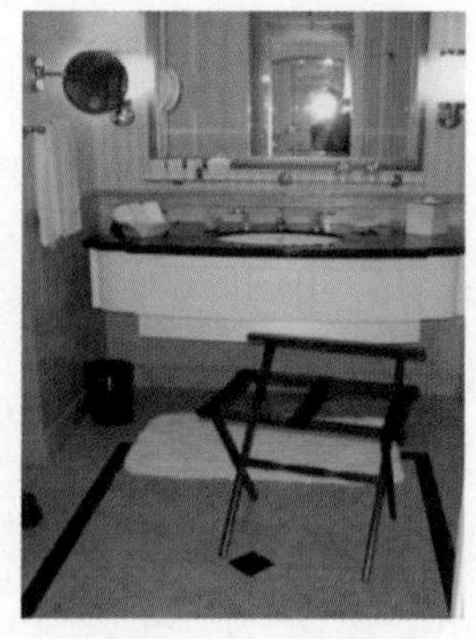

图2-17　卫生间照明示例

脸部整理部分主要满足化妆功能要求，对光源的显色指数有较高的要求，对照度和光线角度要求也较高，一般只能选择显色性较好的高档光源。光源一般在化妆镜的两边，其次是顶部，最好是在镜子周围一圈都是灯。高级的卫生间还应该有部分背景光源，可放在卫生柜（架）内和部分地坪内以增加气氛。

净身空间部分包括淋浴空间和浴盆、坐厕等空间。净身空间部分要以柔和的光线为主。亮度要求不高，光线宜均匀。光源本身还要有防水功能、散热功能和不易积水的结构。一般光源设计在天花板和墙壁。一般在5m²的空间里要用相当于60W的光源进行照明。而对光线的显色指数要求不高，白炽灯、荧光灯、气体灯都可以。

卫生间的照明设计，除了考虑光源问题，还要注意防潮问题，不得有半点马虎。

（2）电气设计要点

卫生间应为3支线路：插座线、照明线、电话线。

电源线以4mm²线为宜，如果有电热水器，最好用6mm²，考虑电热水器、电加热器等大电流设备，插座要用防溅型。

浴霸、镜前灯、排风扇开关，应放在室内。照明灯光，为了操作方便最好放在门外侧。

在相对干燥的地方预留一个电话接口，最好选在坐便器左右，电话接口应注意要选用防水型的。

为了防止淋浴时触电，卫生间宜做局部等电位连接。等电位连接端子箱暗装在墙内，其进线为来自电源系统的PE线，其出线与所有要做等电位连接的金属体（例如浴缸、毛巾架、水管等）相连。

卫生间电气设计示例如图2-18所示。

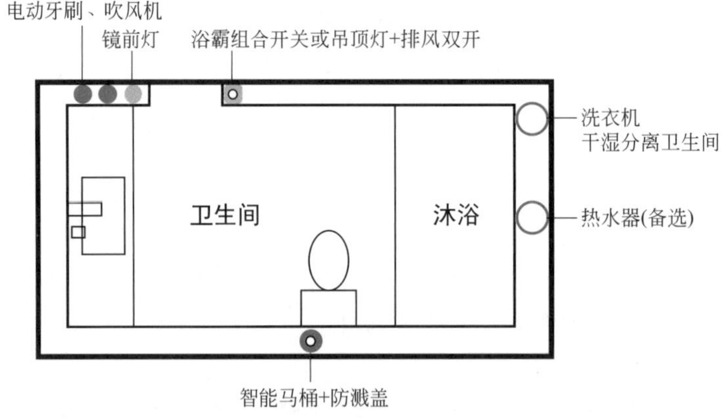

图2-18 卫生间电气设计示例

2.1.2.7 阳台电气设计

（1）基本要求

由于阳台灯只供休息时照明，故不必太亮，灯的开关应装在室内。如果阳台门与阳台窗之间有间墙，可以装置一盏壁灯，安装高度宜距地面1.8～2m。灯具材料最好选用不怕日晒雨淋的玻璃灯具。如果门与窗之间无间墙，可以在上一层阳台板底上装一只吸顶灯。另外，阳台还可以安装吊灯、地灯、草坪灯、壁灯，只要注意灯的防水和防火功能就可以了。

一般来说，阳台的占地面积不大，功能比较单一，因此，电气照明主要是根据阳台的用途来设计的。

（2）电气设计要点

① 洗衣房阳台：可在阳台顶部的中间安装一个吸顶灯，也可以在洗衣机柜旁边安装一个壁灯，方便整理刚刚洗过的衣服。

② 花园式阳台：可以安装草坪灯、庭院灯，方便晚上赏花、浇水等活动。电源宜选用低压电源。如果采用交流220V电源时，接地应可靠，配电线路应设置漏电保护装置。

若阳台空间比较大，而且采用开放式装修，那么在选择灯具时，一定要考虑灯光照明效果，因为这种阳台一般都会有“顶棚”或者吊顶，因此在选择灯具时，尽量选择筒灯、宫廷灯，这样才能达到大面积照明的效果，如图2-19所示。

图2-19　花园式阳台照明设计示例

③ 学习阳台：有些家庭喜欢把封闭式阳台变成一个学习区，作为书房用。除了吸顶灯外，可以在桌面上安装能够调节灯具亮度的聚焦照明灯；也可以安装书柜灯光，方便查找书本信息；也可在书柜中安装壁灯以达到曝光书柜的效果。阳台书房照明设计示例如图2-20所示。

图2-20　阳台书房照明设计示例

④ 休闲阳台：阳台被装成一个休息区，阳台的这种布局，可以在圆形天花板的顶部安装吸顶灯或吊灯，也可以安装壁灯，如图2-21所示。具体需要安装灯具的数量，根据阳台的大小和照明效果等因素进行综合考虑，以营造更温暖的家庭氛围。一些小户型的休闲阳台可能还兼有简易书房的功能。

图2-21　休闲阳台照明设计

2.1.2.8 书房电气设计

（1）基本要求

书房是家人学习的重要场所，也是陶冶情操、修身养性的幽谷。书桌上的照明效果好坏直接影响学习的效率和眼睛的健康。书桌朝向要选好。书桌与窗户位置的关系，一要考虑光线的角度，二要考虑避免电脑屏幕的眩光。

书房最好不要采用直接照明，以间接照明为佳。光线最好是从阅读者左肩上端照射。

书房的整体照明可采用直接或半直接照明，台面的局部照明可在书桌左上方增添可360°旋转或灯臂可以调整的电子式台灯。另外也可利用轨道灯营造某处的视觉端景。台灯所需照度是环境照度的3～5倍，精细工作为7～10倍。为检索书籍方便，可在书柜上设射灯。书房照明效果示例如图2-22所示。

图2-22 书房照明效果示例

（2）电气设计要点

人们一般习惯把书桌摆在靠近窗前的位置，所以窗前墙边应布置电话、宽带插口以及多用插座2组，供电脑、传真机、打印机之用。在适当的位置至少布置1组电源多用备用插座。窗前的侧面墙上布置一个壁挂式空调机插座1组，空调机底边距地1.8m。

备用插座底边距地为300mm；其余强、弱电插座底边距地均为1.0m（比书桌台面略高一些）。如图2-23所示为书房电气设计示例。

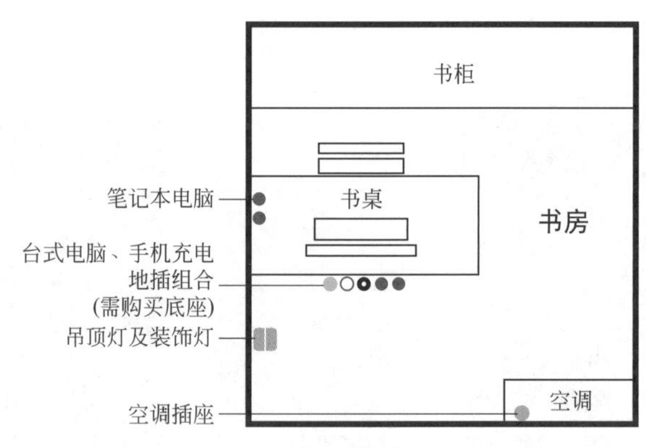

图2-23 书房电气设计示例

综上所述，开关插座的合理布局在居室电气设计中具有举足轻重的地位，设计好开关插座等于成功了一半，它是室内电气设计的“灵魂”。如图2-24所示为某家庭开关插座布局设计示例。

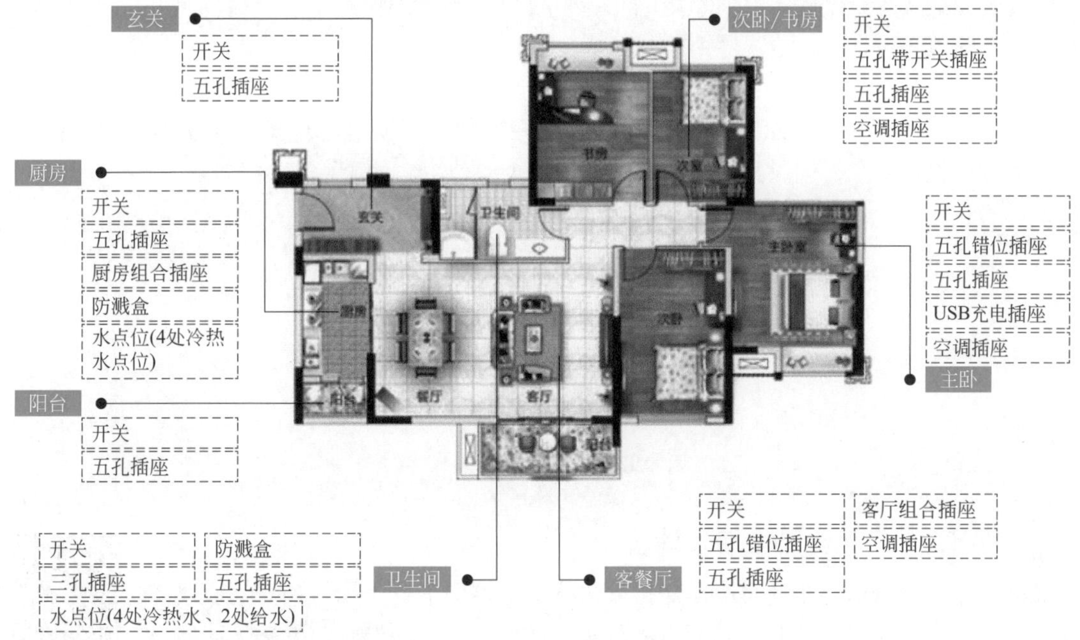

图2-24 某家庭开关插座布局设计示例

2.1.3 室内配电器材的选型与设计

2.1.3.1 配电箱选型与设计

家庭配电箱设计

配电箱是连接电源与用电设备的中间装置，它除了分配电能外，还具有对用电设备进行控制、保护、指示、检测、测量等功能。

（1）配电箱选型

目前在家庭及类似场所和办公室中使用的配电箱，一般都是专业厂家生产的成套低压照明配电箱。室内配电箱有多种规格，典型家庭及类似场所用配电箱的结构如图2-25所示，中间是一根导轨，用户可根据需要在导轨上安装断路器和插座；上、下两端分别有接零排和接地排。

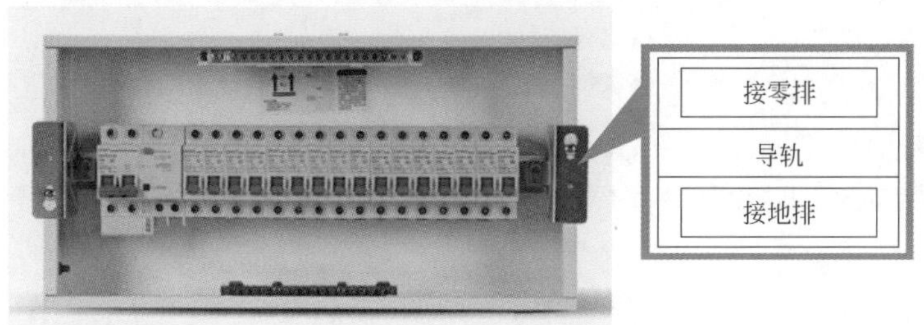

图2-25 家用配电箱的结构

家庭室内配电箱一般有6、7、10个回路（还有更多的回路箱体），在此范围内安排断路器。究竟选用何种箱体，应考虑住宅、用电器功率大小、布线等，并且还必须考虑控制总容量应在电能表的最大容量之内（目前家用电能表一般为10～40A）。

（2）配电箱设计

在使用家用配电箱时，应根据实际需要合理地安排器件。如：先设一总电源开关，再在每个房间设分开关，如图2-26所示。当某一房间有短路、漏电等现象，断路器会自动断开，切断电源，保护安全。同时也可知道线路故障的大致位置，便于检修。

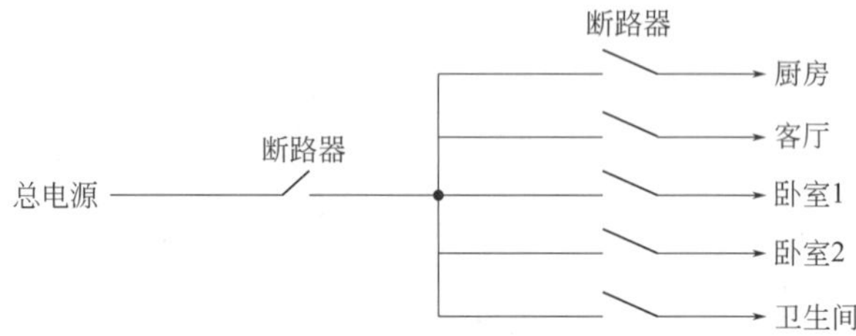

图2-26　家用配电箱设计举例

2.1.3.2　断路器选型与设计

家庭断路器设计

断路器在家庭供电中作总电源保护开关或分支线保护开关用。当住宅线路或家用电器发生短路或过载时，它能自动跳闸，切断电源，从而有效地保护这些设备免受损坏或防止事故扩大。

小型断路器又称微型断路器，其结构如图2-27所示，它是采用热-磁脱扣器和操作机构联合配合的方式来实现触点的断开，从而实现电路断电的装置，作办公楼、住宅和类似建筑物的照明、配电线路及设备的过载和短路保护之用，也可作为线路不频繁通断操作与转换之用。

图2-27　小型断路器的结构

1—手柄；2—锁扣杆；3—触点中心支架；4—触点附件；
5—动触点；6—灭弧室；7—脱扣杆；8—热双金属片；9—螺管磁铁

（1）断路器选型

家庭一般用二极（即2P）断路器作总电源开关，用单极（1P）断路器作支路开关，如图2-28所示。

断路器有许多型号，且许多型号存在一个后缀甚至一个字母的差距，如NM1-630H、NM1-630L和NM1-3300、NM1-3320等，其中的含义：N为企业特征代号；M为塑料外壳式断路器代号；1为设计序号；630表示额定电流为630A；L为标准型；H为高分断型；3300的前面的3代表极数为3极，后面的3是脱扣器方式及附件；2表示保护电动机用断路器。

断路器的额定电流如果选择得偏小，则断路器易频繁跳闸，引起不必要的停电；如选择过大，则达不到预期的保护效果，因此家装断路器，正确选择额定电流大小很重要。一般来说，为了确保安全可靠，电气部件的额定工作电流一般应大于2倍所需的最大负荷电流；此外，在设计、选择电气部件时，还要考虑到以后用电负荷增加的可能性，为以后需求留有余量。

小型断路器的主要技术参数见表2-2，是我们选用断路器的重要依据。

(a) 2P断路器

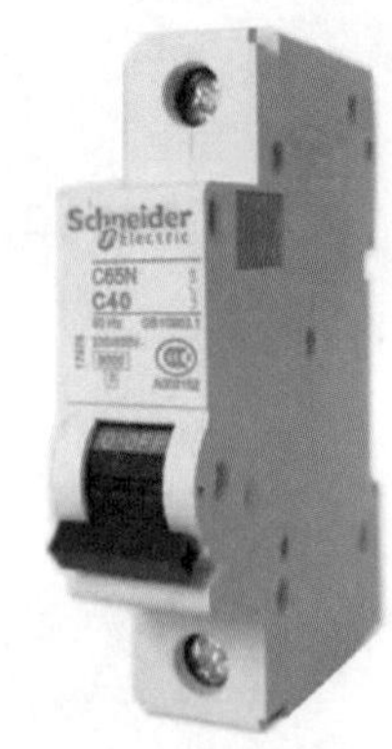

(b) 1P断路器

图2-28　小型断路器

表2-2　小型断路器的主要技术参数

序号	参量	参数
1	额定工作电压（U_e）	AC 230V/400V（1P）、400V（2P，3P，4P）
2	额定电流（I_n）	1A、3A、6A、10A、16A、20A、25A、32A、40A、50A、63A
3	额定短路分断能力（I_{cn}）	6～40A：6000A；50～63A：4500A
4	运行短路分断能力（I_{cs}）	6～40A：6000A；50～63A：4500A
5	极数	单极（1P）、二极（2P）、三极（3P）、四极（4P）
6	瞬时脱扣类型	C型：5～10倍额定电流I_n；D型：10～16倍额定电流I_n
7	栅格距离/mm	6～40A：50mm；50～63A：45 mm
8	寿命	电气寿命：不低于4000次；机械寿命：不低于20000次
9	外壳防护等级	IP20
10	额定绝缘电压（U_i）	600V

【特别提醒】

对于微型断路器来讲，共有A、B、C、D四种磁脱扣曲线类型的断路器。A型适用于保护半导体电子线路以及带小功率电源变压器的测量回路或线路长且电流小的系统；B型适用于保护住户配电系统以及家用电器和人身安全；C型适用于保护配电线路以及具有较高接通电流的照明线路；D型适用于保护具有很高冲击电流的设备，如变压器，电磁阀等。

（2）断路器的设计

① 总断路器容量的设计。随着人们生活水平的逐渐提高，考虑消费的超前性，容量上要有一定的多余量，小套（使用面积约56m^{2}以下）用电负荷设计功率为8kW；中套（使用面积56～100m^2）用电负荷设计功率为10kW；大套（使用面积100m^{2}以上）用电负荷设计功率为12kW。在大致确定家庭用电负荷后，就可以确定电源总开关的容量了，考虑预留一定余量，可选50A或63A的双极断路器。

作为家庭电源总开关的断路器容量应根据家庭用电器的总功率来选择，而总功率是各分

路功率之和的0.8倍，即总功率为

$$P_{总}=(P_1+P_2+P_3+\cdots+P_n)\times 0.8\ (kW)$$

总开关承受的电流应为

$$I_{总}=P_{总}\times 4.5\ (A)$$

式中　$P_{总}$——总功率（容量）；

P_1，P_2，P_3，…，P_n——分路功率；

$I_{总}$——总电流。

总断路器的选型原则是额定电流大于各支路任意一路断路器的电流。

总开关必须使用可以断开零线的2P断路器，选型为2PC32或2PC40无漏电保护断路器。不建议使用63A断路器，除非是别墅或复式等大户型，以免发生危险时断路器不跳闸。

【特别提醒】

有些人喜欢在总开关安装漏电保护器，这样做很容易由于照明回路、插座回路产生漏电电流时发生误动作。因此，不建议在总开关安装漏电保护器。

② 分支线断路器容量的设计。家庭供电采用回路分别控制的目的是，可以保证一个用电回路跳闸后，不影响其他用电回路的工作，也有利于保护用电器的安全。各支路断路器应根据负荷的大小进行适当的选择，各个分回路开关承受的电流为

$$I_{分}=0.8P_n\times 4.5\ (A)$$

空调回路要考虑到启动电流，其开关容量为

$$I_{空调}=(0.8P_n\times 4.5)\times 3\ (A)$$

各个回路要按家庭区域划分。一般来说，回路的容量选择在1.5kW以下，单个用电器的功率在1kW以上的建议单列为一分回路（如空调、电热水器、取暖器灯等大功率家用电器）。

照明回路：断路器在结构上应选择1P不带漏电保护的断路器。额定电流可以选择16A或20A的。因此，可选型号为1PC16或1PC20的无漏保系列。

插座回路：插座回路可分为两种，一种是普通的五孔插座，一般使用五孔插座的电器功率较小；另一种是三孔插座，专供空调、热水器等大功率设备使用。每个插座回路的断路器都必须带有漏电保护装置。根据各个插座回路内的电流不同选择不同漏电断路器，例如选择以下两种型号：1PC20漏电断路器（五孔插座回路）；2PC25漏电断路器（三孔插座回路）。

空调柜机回路，现在比较流行的做法是在室内空调机附近的墙上设计一个1位配电箱，在配电箱中安装一个漏电断路器，如图2-29所示。

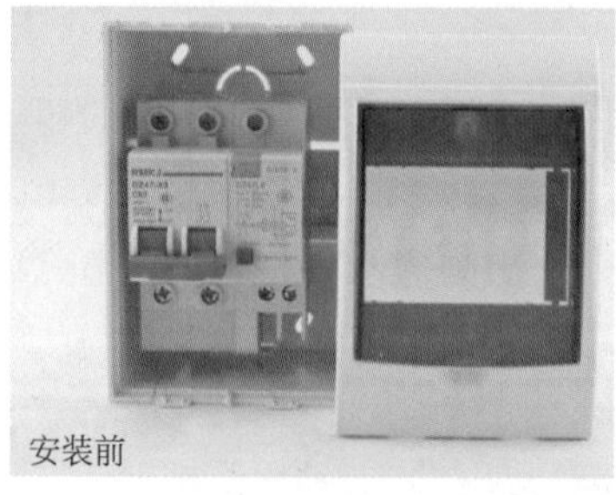

图2-29　空调漏电断路器

【特别提醒】

由于照明灯安装高度较高，家庭成员一般不接触或者很少接触照明灯具。因此照明回路不需要漏电保护装置。如果安装漏电保护器，则有可能发生误动作。照明回路内电流较小，因此断路器一般选用单极。

插座回路是装修时被改变结构最多的回路，用户日常插拔插头，很容易造成插座松动，从而引起事故。在选择断路器时，要根据回路内插座的不同来选择。如果该回路内同时具有五孔插座和三孔插座，则按照三孔插座的原则选型。

对于两室一厅和三室一厅的用户，一般来说照明线路用16A单极断路器，插座线路用25A漏电断路器，厨房卫生间线路用32A漏电断路器。空调单独布线，1匹空调用16A断路器，2匹空调用25A断路器，3匹柜机用32A断路器。大功率的电热水器，可能是单独布线，根据其功率大小选择断路器的额定电流大小。

2.1.3.3　漏电断路器选型与设计

家庭漏电断路器选用

（1）漏电断路器选型

漏电断路器是安装在电路中当漏电流超过预定值时能自动动作，充当开关作用的保护装置。漏电断路器最大的作用就是预防漏电电流过大的问题，减少安全隐患的出现。

如图2-30所示为漏电断路器工作原理图。220V电源首先经过主开关SA，再经过零序互感器L1后输出。零序互感器L1测量经过零序互感器L1的火线电流I_1和地线电流I_2是否相等。正常情况下两者相等，电子组件板DZ不动作。当漏电发生时，由于一部分电流经大地构成回路，导致I_1和I_2不相等。此时，零序互感器L1发出信号给电子组件板DZ。当电源输入低于设定值时，压敏电阻R不导通，相当于开路。当有雷电或电压过高，超过设定值时压敏电阻R导通，相当于按下漏电试验开关SB，零序互感器L1发出信号给电子组件板DZ，使漏电脱扣器L2动作，带动主开关SA切断电路，达到保护家用电器设备的目的。

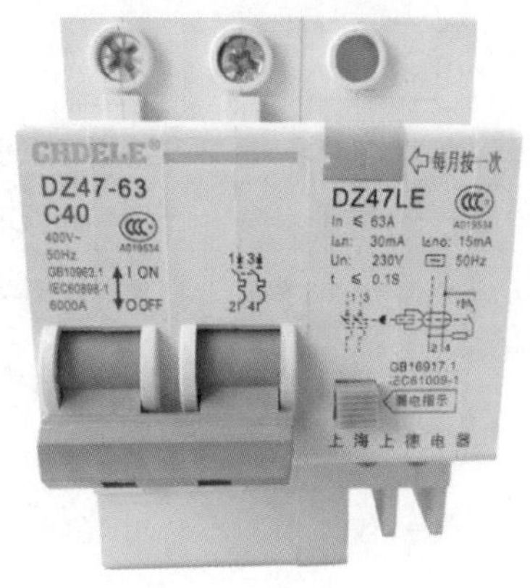

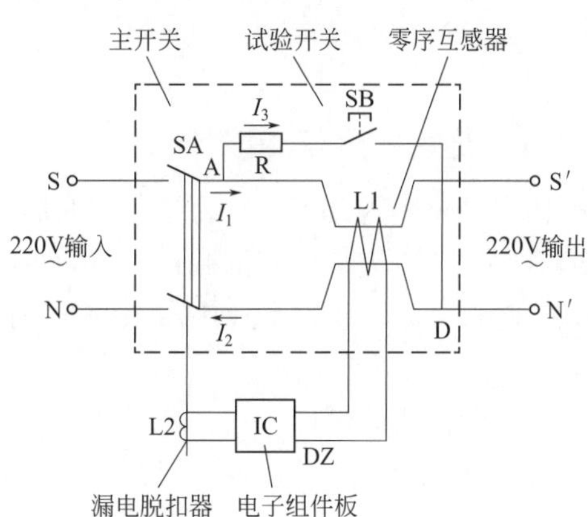

图2-30　漏电断路器工作原理图

漏电断路器按功能可分为电压和电流两种型号产品，其中电流漏电断路器又可细化为电磁和电子两类。

① 额定漏电动作时间的选择。单相漏电断路器的额定漏电动作时间，主要有小于或等于0.1s、小于0.15s、小于0.2s等几种。小于或等于0.1s的为快速型漏电断路器，防止人身触电的家庭用单相漏电断路器，应选用此类漏电断路器。

② 额定电流的选择。目前市场上适合家庭生活用电的单相漏电断路器，从保护功能来说，大致有漏电保护专用，漏电保护和过电流保护兼用及漏电、过电流、短路保护兼用三种产品。漏电断路器的额定电流主要有6A、10A、16A、20A、40A、63A、100A、160A、200A等多种规格。对带过电流保护的漏电断路器，同一等级额定电流下会有几种过电流脱扣器额定电流值。如DZL18-20/2型漏电断路器，它具有漏电保护与过流保护功能，其额定电流为20A，但其过电流脱扣器额定电流有10A、16A、20A三种，因此过电流脱扣器额定电流的选择，应尽量接近家庭用电的实际电流值。

③ 极数的选择。漏电断路器有2极、3极、4极三种，普通家庭生活用电应选2极的漏电断路器。

（2）漏电断路器的设计

插座线路、厨卫线路、空调柜机线路应选择2P漏电断路器；照明电路如果确实需要可以配置1P漏电断路器，如图2-31所示。

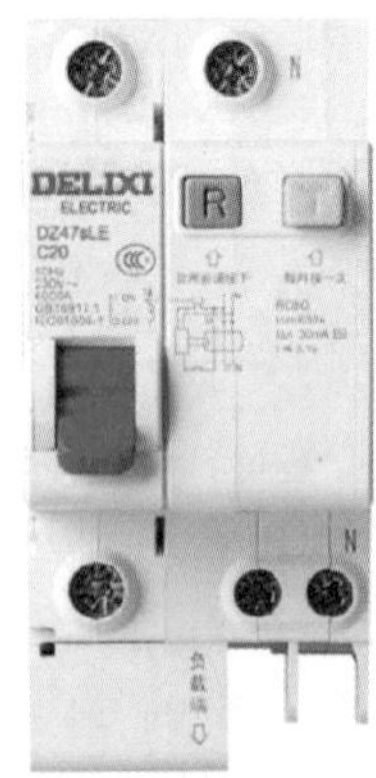

(a) 1P漏电断路器

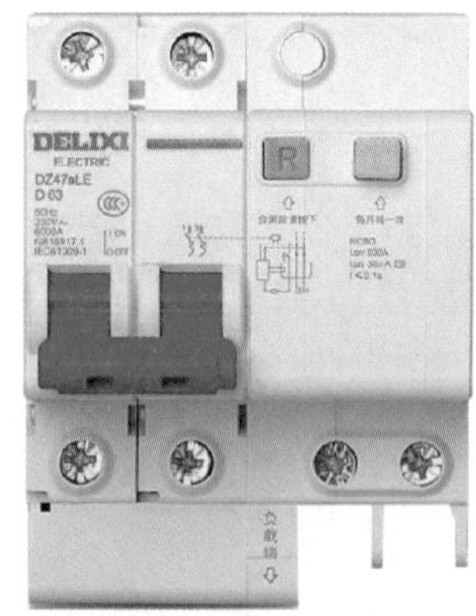

(b) 2P漏电断路器

图2-31　常用漏电断路器

2.1.3.4　开关、插座的设计

开关插座点位设计

开关插座设计得是否合理、是否便利，对居住、生活影响很大。因此，设计师在设计前需要跟业主进行充分沟通，了解业主的需要。只有真正了解了业主的生活习惯，才能设计出真正符合业主需求的开关插座体系，从而为业主的居住生活带来便利。

（1）开关安装高度的设计

灯具开关，应距地面1.3～1.4m安装，且要求安装高度一致，相差不超过1mm。

浴室灯具开关，距地面1.3m、距门边0.15～0.2m安装。

床头双控开关，位于床头柜上，距离地面0.6～0.8m，且与床头安装插座的高度一致。

【特别提醒】

设计进户门开关的高度时，要考虑家具的高度和宽度（例如鞋柜等），不要宽于或高于开关，否则会给使用带来不便。

（2）插座安装高度的设计

插座是指有一个或一个以上电路接线可插入的配电座。根据安装高度室内插座可分为低位插座和高位插座。低位插座一般距地面0.3m；高位插座一般距地面1.2m以上。

无特殊要求的普通电源插座距地面0.3m安装。

洗衣机的插座距地面1.2～1.5m安装。

电冰箱的插座距地面1.5～1.8m安装（业主要求采用低位插座除外）。

壁挂式空调、排气扇等的插座距地面1.9～2.0m安装。

厨房台面插座距地面1.2～1.3m，一般距台面0.4m左右，如图2-32所示。

图2-32　厨房台面插座高度示例

客厅电视墙插座要高于电视柜台面，这样才好插拔，否则易被电视柜遮挡。插座距离地面高度0.4～0.5m安装。在离地0.4m高的地方留一个五孔插座和一个宽带接口，然后在离地1.15m处再留一个五孔插座和一个网络电视的接口或者有线电视接口。因为现在的电视柜的高度基本都是0.35～0.4m，而且电视都是壁挂的比较多，如果把插座留的太低，会被电视柜挡住，使用不方便，太高又影响美观。客厅电视墙插座设计示例如图2-33所示。

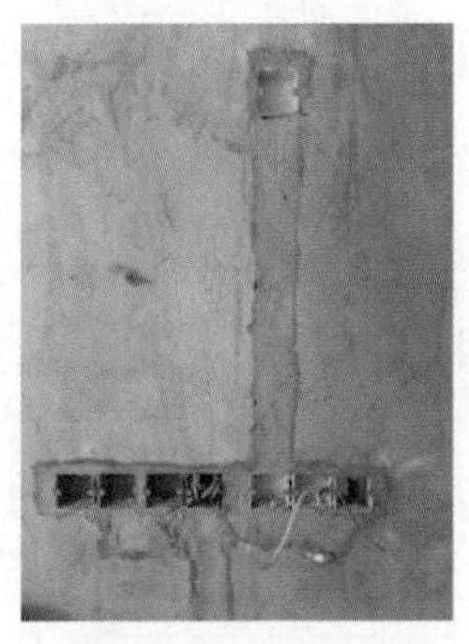

图2-33　客厅电视墙插座设计示例

电热水器插座距地面1.80～2.0m安装。

抽油烟机插座一般距地面2.2m安装，不管欧式或者中式的抽油烟机。

燃气热水器插座一般距地面1.5m安装，该插座要考虑离开水管、烟管道。

天然气报警器插座最好距地面2.4m左右，距离吊顶约0.20m安装。

智能马桶插座距地面0.3～0.4m，离墙上的马桶上水接口0.15m以上安装。

【特别提醒】

以上开关插座的高度是指预埋底盒的下边沿距地面的高度，这些数据仅供参考，实际设计与安装高度需根据电器以及家具的摆设来确定最终结果。水电安装前，需要业主以及施工方双方探讨，并做出相关的定位方案。例如，客厅电视墙插座高度，插座究竟是高于还是低于电视柜台面，各有优缺点，电工要遵从业主的意见后才能做决定。

（3）开关插座安装位置的设计

设计开关、插座的数量和位置，首先需要考虑三个方面的问题：

第一，各个空间将来扮演的角色，如确定主卧、次卧、书房等。第二，主要电器、家具的摆放位置和大致尺寸，如电视、冰箱、橱柜等。第三，家人的生活习惯，如在家吃火锅、喝工夫茶的餐桌旁最好留个插座，或者也可以桌子底下留个地插。

一般开关都是用方向相反的一只手进行开启关闭的，而且用右手多于左手。所以，一般家里的开关多数是装在进门的左侧，这样方便进门后用右手开启，符合行为逻辑。但是，这种情况是有前提的，与此开关相邻的进房门的开启方向是右边。

表2-3为某家庭开关插座的设计，可供读者参考。

表2-3　某家庭开关插座的设计

区域	布局图	开关	插座
玄关	进门　玄关区域	01 双控开关 控制玄关灯 02 双控开关 控制客厅灯 03 双控开关 控制玄关灯	01 五孔插座 预留玄关插座
客厅	客厅	01 双控开关 控制客厅灯 02 双控开关 控制灯带、筒灯等 03 双控开关 控制阳台灯	01 双联两孔插座 电视机等电器使用 02 信息插座 网络、有线电视、电话 03 五孔插座 音箱设备等其他电器使用 04 空调专用插座 需带开关 05 五孔插座 06 五孔地插 选择性考虑，如放置茶台便可用上 07 五孔插座 08 五孔插座
卧室	衣帽间 卧室	01 双控开关 控制卧室吸顶灯 02 单控开关 控制衣帽间灯 03 双控开关 控制卧室吸顶灯 04 双控开关 控制卧室吸顶灯	01 五孔插座 衣帽间预留，以供挂烫机等小电器使用 02 两孔信息插座 供床头灯、手机等充电及电话使用 03 双联两孔插座 供床头灯、手机等充电使用 04 五孔插座 供电视机等使用 05 信息插座 网络、有线电视等 06 五孔插座 供电脑桌或梳妆台使用 07 信息插座 如果设置为电脑桌，则需要安装信息插座 08 空调专用插座 需带开关

续表

区域	布局图	开关	插座
卫生间	卫生间	01 单控开关 控制洗漱间灯 02 双控开关 控制卫生间灯 03 单控开关 控制排风扇 04 单控开关 控制浴霸（此开关浴霸会配送） 05 单控开关 控制卫生间灯	01 五孔插座 电吹风等小家电使用 02 三孔插座 洗衣机预留 03 五孔插座 智能马桶预留
厨房	厨房	01 单控开关 控制厨房吸顶灯 02 单控开关 控制换风扇或凉霸等	01 三孔插座 冰箱使用 02 五孔插座 微波炉、烤箱等电器使用 03 三孔插座 带开关，热水器使用 04 五孔插座 安装在灶台下面，预留 05 三孔插座 带开关，油烟机使用 06 五孔插座 预留，小家电使用 07 五孔插座 安装在水槽下，洗碗机或厨宝等使用 08 五孔插座 预留，净水机等使用

（4）智能开关的应用

随着科学技术的发展，墙壁开关单火线接入的供电技术有了重大的突破，同时将微电脑处理芯片引入到电子墙壁开关中，使得具有各种不同功能的电子墙壁开关变得切实可行，借此技术一些公司开始推出了一系列电子墙壁开关新产品。电子墙壁开关按功能不同，可分为人体感应开关、电子调光开关、电子调速开关、电子定时开关和其他智能开关，如图2-34所示。

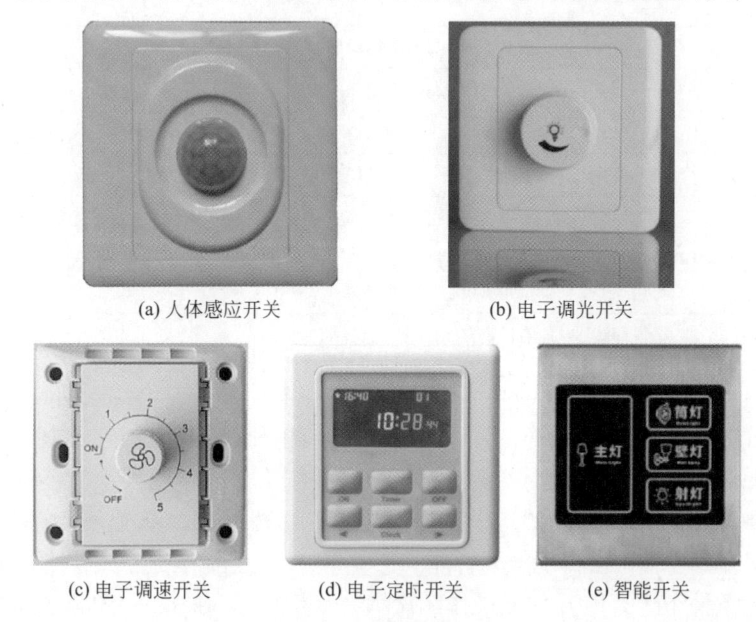

(a) 人体感应开关　(b) 电子调光开关

(c) 电子调速开关　(d) 电子定时开关　(e) 智能开关

图2-34　电子墙壁开关

智能开关是在电子墙壁开关的基础上发展而来的，是对原有翘板式机械开关的颠覆性革命，不仅可直接取代传统的墙壁开关，保留原有手动功能，而且增加了射频遥控、远程电话遥控、远程网络遥控等功能，是现代家居智能化的理想选择。近年来，经济条件较好的家庭流行安装智能开关，如图2-35所示。

智能开关是一切智能家电产品都离不开的基础家电。智能开关的种类繁多，已有上百种。智能开关和机械式墙壁开关相比，功能特色多、使用安全，而且式样美观，打破了传统墙壁开关的开与关的单一作用，除了在功能上的创新还赋予了开关装饰点缀的效果。智能开关的

功能见表2-4。

图2-35 智能开关

表2-4 智能开关的功能

序号	功能	功能说明
1	相互控制	房间里所有的灯都可以在每个开关上控制
2	照明显示	房间里所有电灯的状态会在每一个开关上显示出来
3	多种操作	可本位手动、红外遥控、异地操作（可在其他房间控制本房间的灯）
4	本位控制	可直接打开本位开关所连接的灯。例如：跟普通开关的三开一样，可直接按灯1、灯2、灯3打开与关闭灯
5	本位锁定	可禁止所有的开关对本房间的灯进行操作
6	全关功能	可一键关闭房间里所有的电灯或关闭任何一个房间的灯
7	断电保护	断电时所有的电灯将关闭，并有声音提示
8	状态指示	可单独关闭开关上的状态指示灯，按任意键恢复，不影响其他开关操作
9	自动夜光	晚上回家一进门，智能开关面板上会有微亮夜光，便于找到开关，不像普通开关用手摸着感受开关的位置
10	红外遥控	可用红外遥控器远距离控制所有的开关
11	记忆存储	内设存储器，所有设定自动记忆
12	快捷设定	方便、快捷设定各个开关的名称

智能遥控开关，安装方式简单，对于已经装修好的房子，与机械开关接线完全一致，无需破坏墙面，无需增加任何其他线，将原有机械开关取下，直接替换上智能遥控开关，而不影响整体装修效果；对于新装修的房子，也不用特殊考虑线路的布置；无需专业人员施工，普通电工即可安装，轻轻松松实现家庭智能。

在正常工作条件下，智能开关能操作的次数，一般要求5000～35000次左右。如果某一个开关故障不会影响其他开关的使用，用户可直接换新的智能开关安装上去即可，在维修期间可用普通开关直接代替使用，不会影响正常照明。智能开关的开关面板为弱电操作系统，开启/关闭灯具时无火花产生，老人及小孩使用时安全系数很高。

（5）插座回路的设计

① 住宅内空调器的电源插座、普通电源插座、电热水器电源插座、厨房电源插座和卫生间电源插座与照明应分开回路设置。

② 电源插座回路应具有过载、短路保护功能和过电压、欠电压保护功能或采用带多种功能的低压断路器和漏电综合保护器。宜同时断开相线和中性线，不应采用熔断器作为保护元件。除分体式空调器电源插座回路外，其他电源插座回路应设置漏电保护装置。有条件时，

宜按分回路分别设置漏电保护装置。

③ 每个空调器电源插座回路中电源插座数不应超过 2 只。柜式空调器应采用单独回路供电。

④ 卫生间应作局部辅助等电位连接。

⑤ 厨房与卫生间靠近时，在其附近可设分配电箱，给厨房和卫生间的电源插座回路供电。这样可以减少住户配电箱的出线回路，减少回路交叉，提高供电可靠性。

⑥ 从配电箱引出的电源插座分支回路导线应采用截面不小于2.5mm^{2}的铜芯塑料线。

（6）开关和插座数量的设计

要问装修一套房子得多少开关插座才够用呢？可能谁都答不上来，其实留开关插座真是个讲究技巧的活，按目前的用电器数量装的话，以后肯定不够用。但也不能盲目地装一大堆，会造成材料浪费，或用不上的问题。电工要建议业主尽量想长远一点，根据未来需求来装开关插座。例如，目前还没流行智能鞋柜，万一以后要装就得留一个插座；又如，弱电箱中要预留一个220V电源插座，因为有的路由器会放在弱电箱里。家庭开关、插座配置建议见表2-5。

表2-5 家庭各房间开关插座配置建议

房间	开关或插座名称	数量/个	说明
主卧室	双控开关	2	卧室做双控开关非常必要，这个钱不要省，否则使用不方便
	五孔插座	4	两个床头柜处各1个（用于台灯或落地灯）、电视电源插座1个、备用插座1个
	三孔16A插座	1	空调插座没必要带开关，现在室内都由空气开关控制，不用的时候将空调的一组单独关掉就行了
	有线电视插座	1	—
	电话及网线插座	各1	—
次卧室	双控开关	2	控制次卧室顶灯
	五孔插座	3	两个床头柜处各1个、备用插座1个
	三孔16A插座	1	用于空调供电
	有线电视插座	1	—
	电话及网线插座	各1	—
书房	单联开关	1	控制书房顶灯
	五孔插座	3	台灯、电脑、备用插座
	电话及网线插座	各1	—
	三孔16A插座	1	用于空调供电
客厅	双控开关	2	用于控制客厅顶灯（有的客厅距入户门较远，每次关灯要跑到门口，所以做成双控的会很方便）
	单联开关	1	用于控制玄关灯
	五孔插座	7	电视机、饮水机、DVD、鱼缸、备用等插座
	三孔16A插座	1	用于空调供电
	有线电视插座	1	—
	电话及网线插座	各1	—

续表

房间	开关或插座名称	数量/个	说明
厨房	单联开关	2	用于控制厨房顶灯、餐厅顶灯
	五孔插座	3	电饭锅及备用插座
	三孔插座	3	抽油烟机、豆浆机及备用插座
	一开三孔10A插座	2	用于控制小厨宝、微波炉
	一开三孔16A插座	2	用于电磁炉、烤箱供电
	一开五孔插座	1	备用
餐厅	单联开关	3	灯带、吊灯、壁灯
	三孔插座	1	用于电磁炉
	五孔插座	2	备用
阳台	单联开关	2	用于控制阳台顶灯、灯笼照明
	五孔插座	1	备用
主卫生间	单联开关	1	用于控制卫生间顶灯
	一开五孔插座	2	用于洗衣机、吹风机供电
	一开三孔16A插座	1	用于电热水器供电（若使用天然气热水器可不考虑安装一开三孔16A插座）
	防水盒	2	用于洗衣机和热水器插座（因为卫生间比较潮湿，用防水盒保护插座，比较安全）
	电话插座	1	—
	浴霸专用开关	1	用于控制浴霸
次卫生间	单联开关	1	用于控制卫生间顶灯
	一开五孔插座	1	用于电吹风供电
	防水盒	1	用于电吹风插座
	电话插座	1	—
走廊	双控开关	2	用于控制走廊顶灯，如果走廊不长，一个普通单开就行
楼梯	双控开关	2	用于控制楼梯灯
备注	插座要多装，宁滥勿缺。墙上所有预留的开关插座，如果用得着就装，用不着的就装空白面板（空白面板简称白板，用来封闭墙上预留的查线盒或弃用的开关、插座孔），千万别堵上		

家庭开关、插座的基本配置如图2-36所示。

【特别提醒】

一般来说，两室两厅的插座有50个左右，三室两厅的插座有60个左右。对于一些暂时不用的电源插座，可以预留线路，在插座底盒上安装开关插座空白面板（俗称白板），以便美观，如图2-37所示。

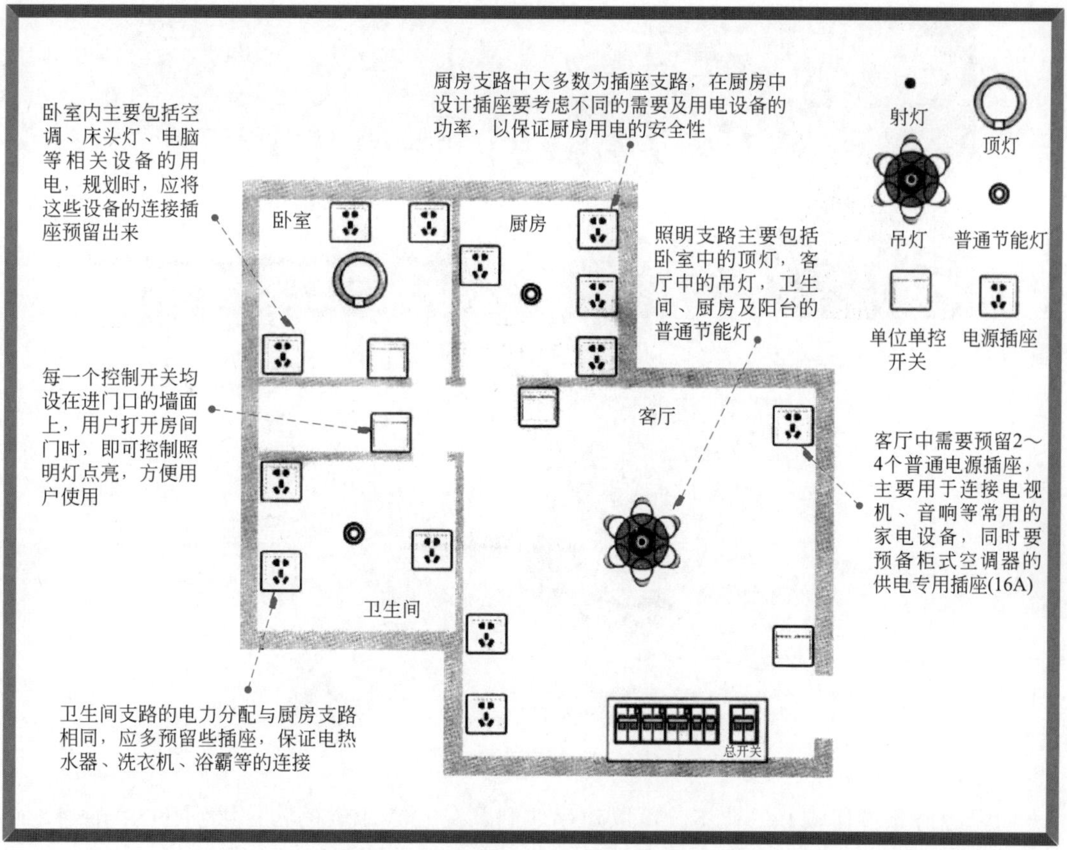

卧室内主要包括空调、床头灯、电脑等相关设备的用电，规划时，应将这些设备的连接插座预留出来

厨房支路中大多数为插座支路，在厨房中设计插座要考虑不同的需要及用电设备的功率，以保证厨房用电的安全性

射灯

顶灯

吊灯

普通节能灯

单位单控开关

电源插座

卧室

厨房

照明支路主要包括卧室中的顶灯，客厅中的吊灯，卫生间、厨房及阳台的普通节能灯

每一个控制开关均设在进门口的墙面上，用户打开房间门时，即可控制照明灯点亮，方便用户使用

客厅

客厅中需要预留2～4个普通电源插座，主要用于连接电视机、音响等常用的家电设备，同时要预备柜式空调器的供电专用插座(16A)

卫生间

卫生间支路的电力分配与厨房支路相同，应多预留些插座，保证电热水器、洗衣机、浴霸等的连接

总开关

图2-36　家庭开关插座的基本配置

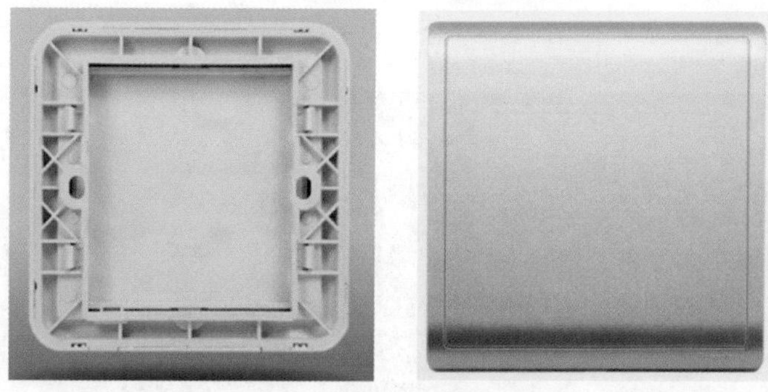

图2-37　开关插座空白面板

（7）带开关的插座的设计

厨房、客厅用电有两个特点：一是插座数量多；二是插头拔插频繁。于是，仅仅增加插座数量，已经远远不能满足用电器的要求，越来越多的家庭会选择安装单开五孔插座或者单开三孔插座。带开关的插座在不用电器时关闭开关即可，免去了拔插插头的麻烦，如图2-38所示。

（8）插座防水设计

为了能有效地减少漏电状况的发生，在潮湿环境或近水区域的插座需要安装防水盖，比如临近水槽、洗脸盆的插座以及卫生间湿区的插座，如图2-39所示。

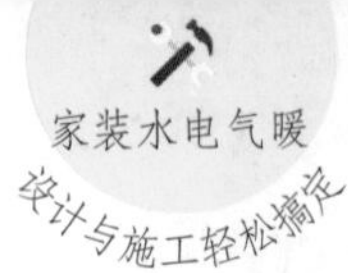

图2-38　带开关的插座

图2-39　插座安装防水盖

对于经济条件比较好的业主，可以建议他们购买220V/10A的防护级别IP66的防水插座（IP66的含义是：从四面八方猛烈喷水，不进水；1m深的水里浸泡1h，不进水），如图2-40所示。防水插座价格一般在几十元到几百元不等。

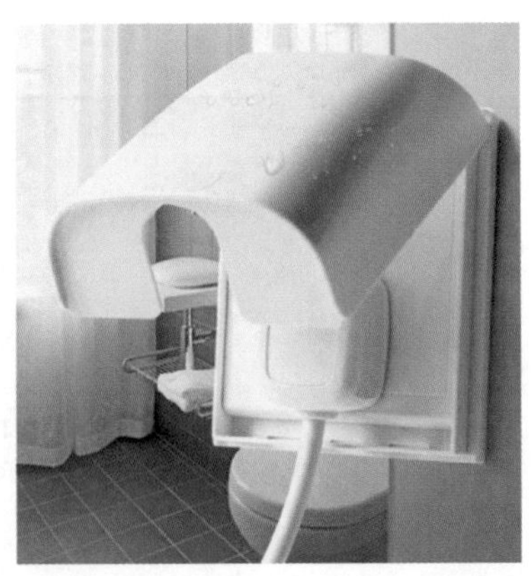

图2-40　防水插座

【特别提醒】

在潮湿环境或近水区域安装插座时，要注意其安装高度，尽量高一点，一定要远离水嘴或者出水装置。

潮湿环境的电灯开关不需要安装防水盖，但最好要有塑料防护膜。

2.1.3.5 电线截面积大小的设计

家装电线设计

JGJT 16—2016《民用建筑电气设计规范》规定："民用建筑宜采用铜芯电缆或电线"。家装电路应使用铜芯线，而且应尽量使用较大截面的铜芯线。如果导线截面过小，其后果是导线发热加剧，外层绝缘老化加速，易导致短路和接地故障。

常用的铜芯分两种，一种是BV线，即铜芯聚氯乙烯绝缘电线（线内铜线是单股线，有些大横截面积的BV线是由多股粗铜组成的）；另一种是BVR线，即铜芯聚氯乙烯绝缘软线。BV线是单芯线，BVR线是多芯线，如图2-41所示为$4mm^2$铜芯电源线，一个较硬，一个很软。相同截面积的BVR比BV载流量大，也更适合螺钉压接的连接，但造价高一些，施工穿线比较麻烦，因为BVR线较软。

图2-41　$4mm^2$铜芯电源线

在电力工程中，导线载流量是由导线材料和导线截面积（单位mm^2）、导线敷设条件三个因素决定的。一般来说，单根导线比多根并行导线可取较高的载流量；明线敷设导线比穿管敷设的导线可取较高的载流量；铜质导线可以比铝制导线取较高的载流量。

铜导线的安全载流量推荐值为5～8A/mm^2，如：$2.5mm^2$ BVV铜导线安全载流量的推荐值为$2.5mm^2 \times 8A/mm^2=20A$，$4mm^2$ BVV铜导线安全载流量的推荐值$4mm^2 \times 8A/mm^2=32A$。

考虑到导线在长期使用过程中要经受各种不确定因素的影响，一般可按照以下经验公式估算导线截面积。

$$导线截面积 \approx I/4$$

式中，导线截面积单位为mm^2；I为额定电流最大值，A。

例如，某家用单相电能表的额定电流最大值为40A，则

$$导线截面积=I/4 \approx 40/4=10\ (mm^2)$$

即选择$10mm^2$的铜芯导线。

一般来说，在电能表前的铜线截面积应选择$10mm^2$以上，家庭内的一般照明及插座铜线截面积使用$2.5mm^2$，而空调等大功率家用电器的铜导线截面至少应选择$4mm^2$。

【特别提醒】

家庭电路设计，除了考虑额定电流和导线载流量的匹配问题外，还要考虑导线的散热问题。在明布线（比如走线槽）、暗布线（比如穿管）和多线穿管等情况下，选择导线的载流量时要适当加大，以提高导线在狭小空间内的散热能力，降低因散热问题引发火灾发生的概率。

每圈铜芯电线的质量：$1.5mm^2$约重2.2kg，$2.5mm^2$约重3.3kg，$4mm^2$约重4.8kg，$6mm^2$约重6.8kg。

每圈铜芯电线的长度：正规产品为100m（±5m），非正规产品长度为60～80m不等。

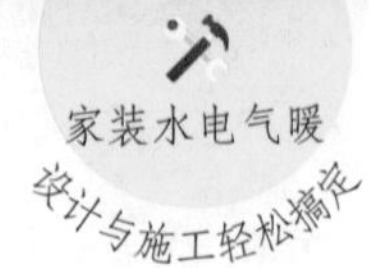
家装水电气暖
设计与施工轻松搞定

2.1.4 电路的现场设计

2.1.4.1 设计前的沟通

开关插座设计实例

家庭电气的规划设计对设计师而言，当然是以满足业主为前提。如果业主忽视设计的重要性，没有与设计师进行深入的沟通与交流，装修效果将会大打折扣。事实证明，与业主沟通越深入，装修效果就越好，业主就越满意，反之，遗憾将充满居室的各个角落。

在装修设计前，设计师最少要与业主进行以下几方面的信息沟通：

① 装修投资费用预算。

② 明确业主家庭人员结构（如三口之家、三代同堂等）、年龄结构（如小孩已经上小学、尚未结婚、父母已经退休等）、家庭主导人员个性（如以妻子为主的家庭，妻子的爱好是欧式风格还是简约主义等）、经济条件、爱好与职业特点。

③ 对装饰风格、色泽的感觉与爱好。

④ 各居室功能的定位。

⑤ 对主要装饰材料选取的个人意见。

⑥ 全居室照明系统、开关、插座、空调系统的安排与要求。

⑦ 家具、工艺品、装饰字画的摆放位置等。

由于对业主的了解并不是一次就能完成的，设计师与业主的沟通应该反复进行，并把尽量多的问题全部交代清楚，尤其是对以下一些问题要全面了解清楚。

① 了解准备购买家用电器的规格，例如电视机、电冰箱、洗衣机的尺寸等。

② 了解准备购买家具的尺寸。例如：床的宽度、是否配置床头柜；客厅沙发的尺寸、摆放方式；衣柜的尺寸等，如图2-42所示为卧室床头开关插座的安装位置不合理的示例。

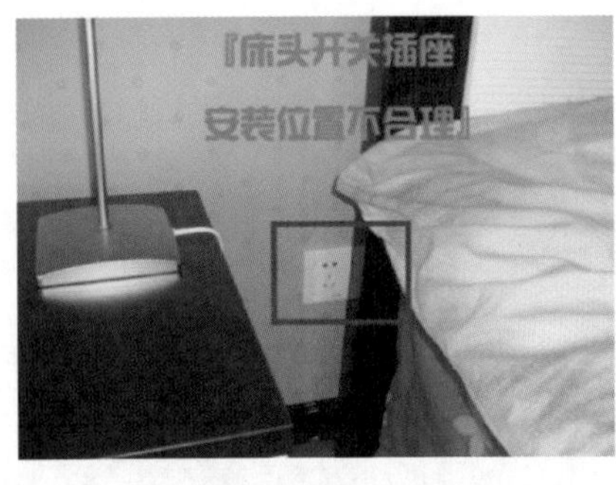
『床头开关插座
安装位置不合理』

图2-42 卧室床头开关插座安装位置不合理

③ 卫生间里的镜子要先考虑好尺寸，否则镜前灯很容易装高。

④ 卧室的空调出风口不要正对着床头。

⑤ 确定好门的开闭方向，开关不要装在门背后。

⑥ 灯尽量考虑双控。

⑦ 阳台上要考虑一个插座。

⑧ 空调洞要考虑向外倾斜，否则雨水会进来。

⑨ 开关、插座、灯具及家用电器的安装位置有无特殊要求。

⑩ 卫生间最好安装防溅插座。在卫生间一般不要装电话，容易受潮。

⑪ 家庭装修要量力而行。例如：射灯通常只有客人来时才打开，或逢年过节才用，除此通常不用。因此，对射灯的配置上应坚持能少则少的原则。相反，应该根据住房面积，按照专业电工的设计，再综合家庭实际电器数量，合理设置电源插座，并留有一些备用插座，以利将来扩容。

【特别提醒】

在装修施工之前，电工要根据业主的需求把电路粗略地画出来的，可以分析业主个人的生活习惯，确认好哪要装插座，灯又装哪，开关在哪设等，画出灯具点位图、插座布置图，这种图只是确认了位置，不涉及走线，如图2-43所示。

灯具点位图

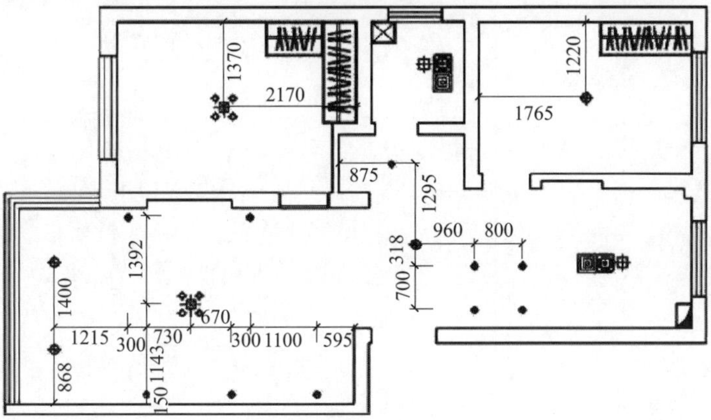

(a) 灯具点位

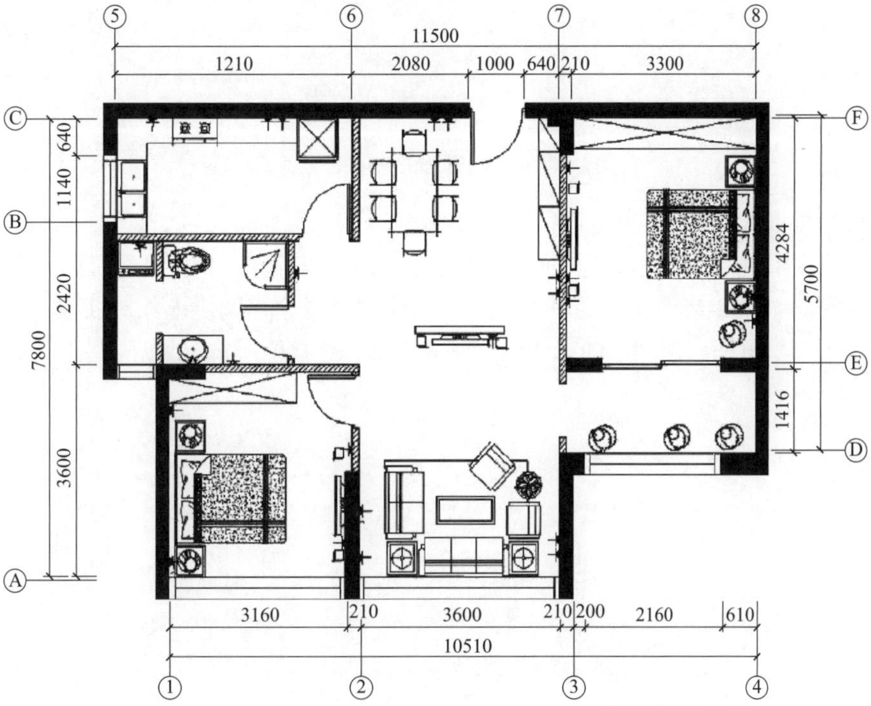

插座点位图1：100

(b) 插座布置

图2-43　灯具点位和插座布置图

2.1.4.2　现场设计配电回路

目前，家庭常用的配电回路有以下三种方式。

（1）依据电器类型安排配电回路

根据家用电器的类型，从室内配电箱分出普通插座、空调插座、照明灯具、电热器具、厨房电器等供电回路，如图2-44所示为某三室两厅配电回路图。虽然这种配电方式敷设线路长，造价高，但是供电稳定及有较高的安全性，某一类型的电器出现故障需要检修时，不会影响其他电器的正常供电。

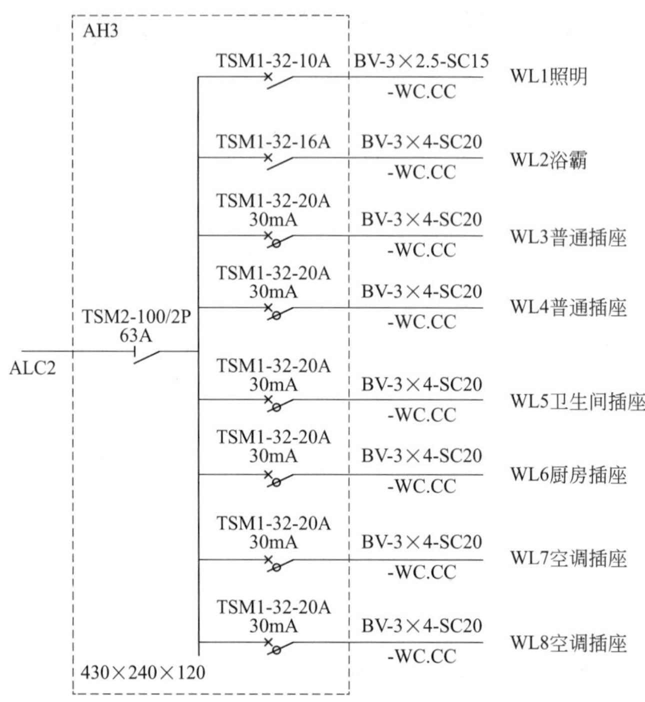

图2-44　依据电器类型安排配电回路

（2）依据供电区域安排配电回路

依据不同的供电区域安排配电回路，就是从室内配电箱分出客厅、餐厅、厨房、卧室、卫生间等回路，如图2-45所示。这种配电方式的优点是各个房间供电相对独立，敷设线路较短；缺点是某一供电回路出现故障，则该房间无电源，检修时不太方便。

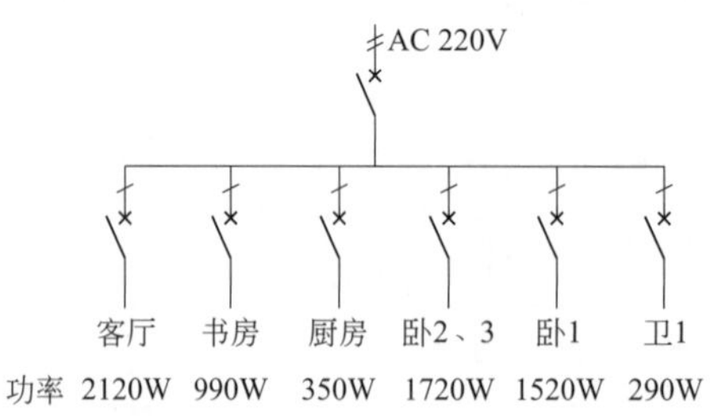

图2-45　依据供电区域安排配电回路

（3）依据实际情况合理安排配电回路

大功率电器（如空调、电热水器等）采用单独供电回路，其他电器的供电根据线路走向及用电器的功率等因素来考虑分配供电回路，如图2-46所示。这种方式配电灵活，节省投资，应用较多。

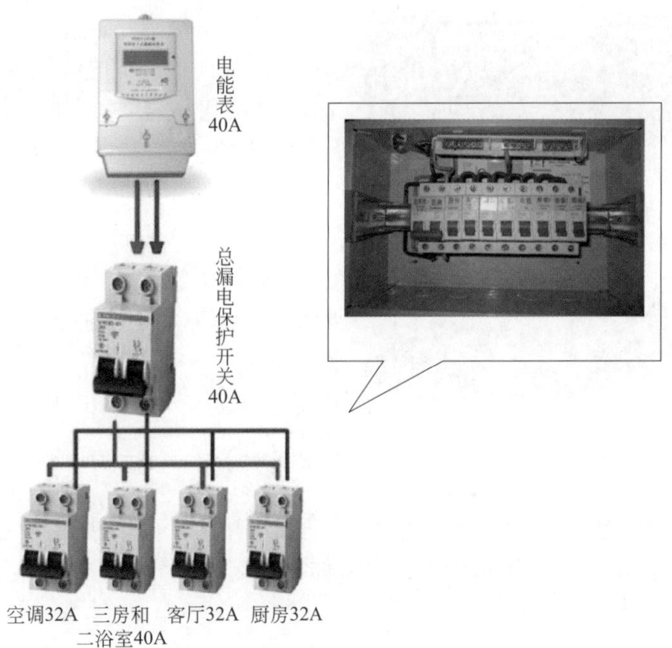

图2-46　根据实际情况混合安排配电回路

2.1.4.3　现场设计供电线路的走向

室内供电线路的走向有走顶、走地、走墙三种方式，应根据实际情况灵活应用。

（1）线路走顶

布线主要走顶上，这种布线方式最有利于保护电线，是最方便施工的方式，电线管主要隐蔽在装饰面材或者天花板中，不必承受压力，不用打槽，布线速度快，是非常好的一种布线方式。这种方式唯一的缺点就是家中需要走线的地方需要有天花板或者装饰面材才能实现这种布线方式。

线路走顶通常将照明线路敷设在屋顶，导线分支点安排在灯具底盒的内部，如图2-47所示。线路走顶的布线方式几乎适合于室内大多数照明灯具及浴霸的供电。

图2-47　线路走顶

（2）线路走地

布线主要走地上，这种布线方式的优点是对于家庭装修的环境没有特殊要求，不需要天花板

图2-48　线路走地

和装饰面材。缺点是，必须使用较为优良的穿电线管，因为地上的穿电线管将要承受人体还有家具的重量（管子表面上那层水泥并不能完全承重，因为它不完全是一个拱桥的形式，管子其实和水泥是一体的，所以必须自身要承担一定重量）。

线路走地是把线路敷设在地面，导线分支点安排在开关接线盒内部的布线方式，如图2-48所示。线路走地主要适合于低位安装的电源插座、开关、弱电线路等，但是，厨房、卫生间、阳台等容易进水受潮的地方不能采用这种布线方式。

（3）线路走墙

线路走墙就是在墙壁上开槽、将电线管预埋在线槽中，然后再敷水泥抹平的布线方式，如图2-49所示。线路走墙的工作量较大，对墙体有一定破坏作用，电工应与泥水工配合做好墙体的修补工作。

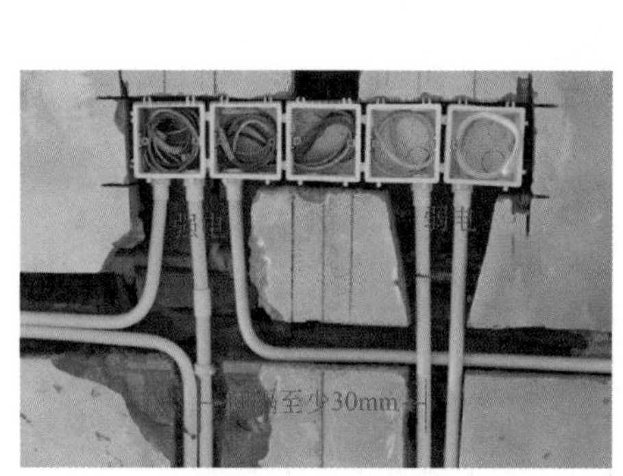

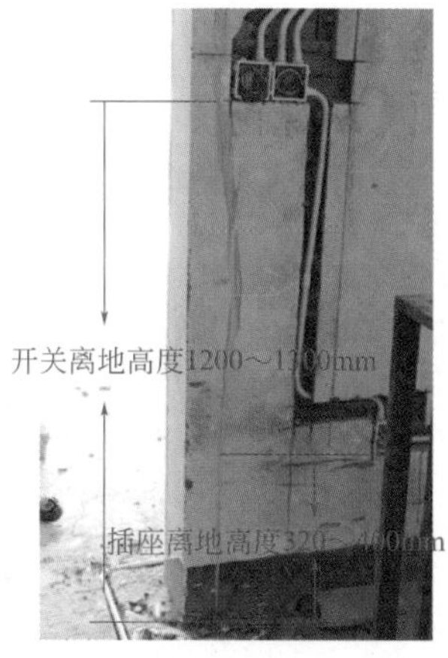

图2-49　线路走墙

这种布线方式的优点是电线管本身不需要承重，它的承重点在管子后面的水泥上。但缺点有三个：第一，线路较长；第二，墙壁上有大量的区域以后不能钉东西；第三，如果水泥工和漆工不能处理好墙面的开槽处，那么将来有槽的地方一定会出现裂纹。因此，这种布线方式主要作为走顶和走地的补充。

【特别提醒】

真正确认了点位图的位置以及要实施的时候，设计师会根据需求再加上自己的经验，深思熟虑后再进行电路布线设计。这个时候初期的一些设想很可能会被推翻，可能是因为走线有难度，也有可能是使用起来不方便等，所以建议这时候要多跟业主交流。如图2-50所示就是点位+基本的连线图，电工一拿到手就能看懂电路走向，然后在施工时同样要根据实际情况进行现场布线。

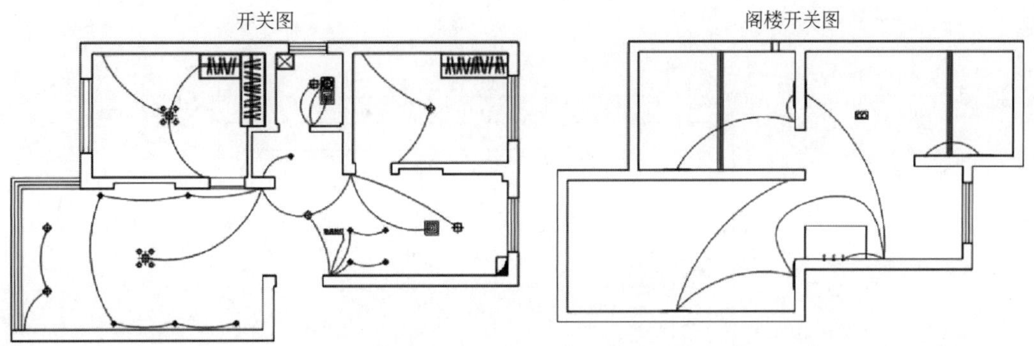

图2-50　开关插座布线图

最应该注意的是，厨房电路布置是要结合橱柜来做的。一般是在墙体改造好后由橱柜公司来初量尺寸，然后出具厨房水电布置图（平面图、立面图）。在此基础上，再根据自身需要进行修改。如图2-51所示为厨房水电布置图示例，如图2-52所示为橱柜插座布置图。

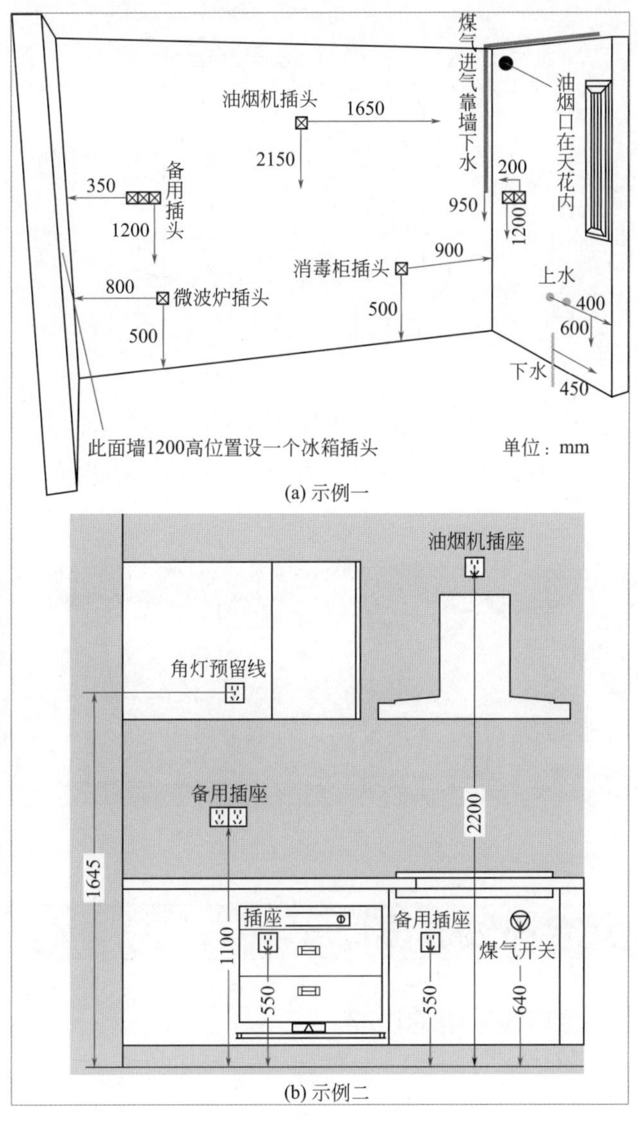

图2-51　厨房水电布置图

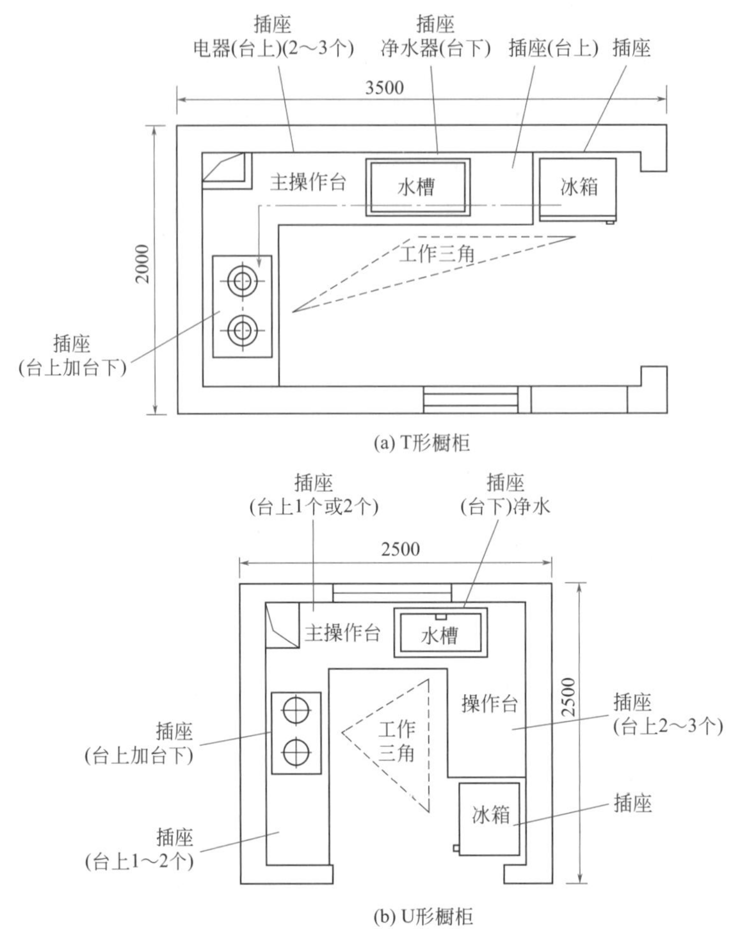

(a) T形橱柜

(b) U形橱柜

图2-52　橱柜插座布置图

2.2 家庭弱电系统规划与设计

2.2.1 家庭综合布线的设计

家装网络布线与拓展

2.2.1.1 家庭综合布线系统的功能

智能建筑电气技术包括强电和弱电两大类。目前，强电进入户内的配电箱已经解决了集中控制和管理问题；而载有语音、图像、数据等信息的信息源，由于涉及电信、广电、网络公司等多家管线，不但线路众多，而且日益复杂，给用户的使用、分布与维护带来诸多不便。因此，采用集成化的弱电集成产品来规范弱电布线已成为近年来家庭装修、实现智能建筑的必需项目。

随着现代科技的发展，智能化生活已经不再是梦想，当人们回到家中，轻轻一按手中的遥控板，灯光随即亮起，空调随着启动，窗帘自动拉起，一系列动作自动执行。出门在外的人可以用手机查看家中的安全情况。智能化的家电走进百姓家庭，为人们享受智能化生活带来了便利。而这一切信息化的基础都来自综合布线系统的支撑，智能家庭综合布线系统是区别物联网智能家庭与传统家庭的一个重要标准。

家庭综合布线系统是指将电视、电话、电脑网络、多媒体影音中心、自动报警装置等设计进行集中控制的电子系统，即家庭中由这些线缆连接的设备都可以由一个设备集中控制了。由于它们传输电压不高（一般在12V左右），故把像这类线缆组成的系统称为弱电布线系统。

家庭综合布线系统是家居智能化发展的必然产物，家庭综合布线已成为继水、电、气之后第四种必不可少的家庭基础设施，如图2-53所示。家庭综合布线系统可实现的功能见表2-6。

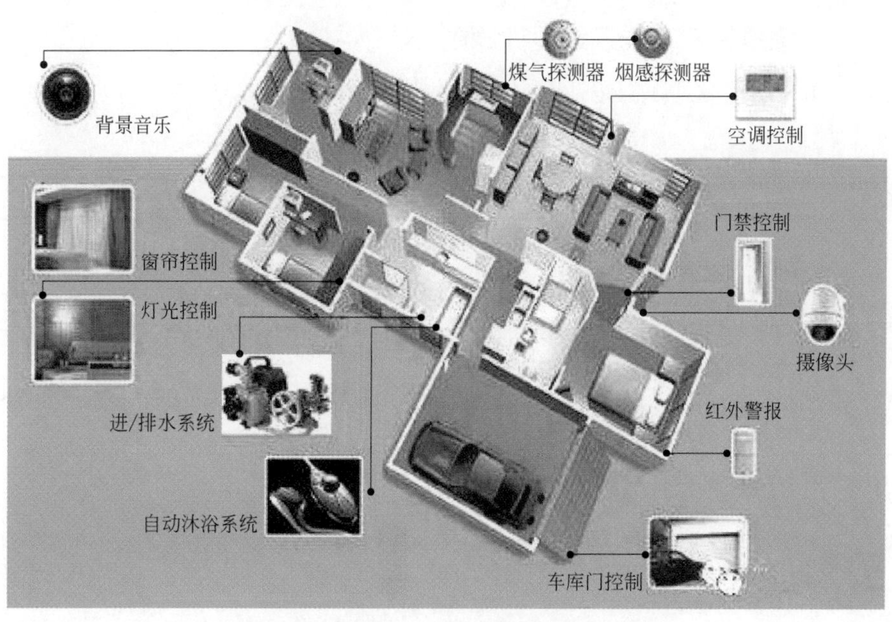

图2-53　家庭综合布线系统可实现的功能

表2-6　家庭综合布线系统可实现的功能

功能	说明
智能家电控制	家电的远程控制接口、一点控制多点、多点控制一点、多点控制多点、调光、传感器自动控制、时间控制、选台控制，以及以上控制的组合控制。 控制的电器包括灯、车库门、窗帘、排气扇、鱼缸、空调、音响、电视、DVD、卫星电视、电饭锅、摄像机、保险柜等
安全防范	防盗、火灾、燃气、紧急求助等报警；对讲、门禁、吓退等
视频监控	通过宽带网络平台，随时随地远程视频监视家里的情况，并且可以将影音信息进行存储和回放
智能娱乐	家庭影院、背景音乐、场景变换、宽带娱乐
水电气管理	实现家庭的水、电、气自动抄表

2.2.1.2 家庭综合布线系统的组成

一般的家庭综合布线系统主要由信息接入箱、信号线和信号端口组成。

信息接入箱的作用是控制输入和输出的电子信号。

信号线的作用是传输电子信号。

信号端口的作用是接驳终端设备，如电视机、计算机、电话机等。比较高级的信息接入箱还能控制视频、音频，如果所在的社区提供相应的服务，还可以实现电子监控、自动报警、远程抄水电燃气等一系列功能。

家用综合布线系统的分布装置主要由监控模块、电脑模块、电话模块、电视模块、影音模块及扩展接口等组成，功能上主要有接入、分配、转接和维护管理。根据用户的实际需求，可以灵活组合、使用，从而支持电话/传真、上网、有线电视、家庭影院、音乐欣赏、视频点播、消防报警、安全防盗、空调自控、照明控制、煤气泄漏报警、水/电/煤气三表自动抄送等各种应用。

如果选择成型的信息家电与智能家庭控制系统连接（包括网络家电，如网络电冰箱、网络微波炉等），则可实现整个居室的集中控制。

2.2.1.3 家庭综合布线系统设计原则

家庭综合布线系统设计原则包括四个方面的内容，见表2-7。

表2-7 家庭综合布线系统设计原则

设计原则		内容及说明
信息接入箱体定位原则		信息接入箱体一般有以下三种定位方式，可据实际情况选择。 ① 为方便与外部进线接口，综合布线箱体位置可考虑在外部信号线的入户处，一般在大门附近。 ② 因综合布线箱体的布线方式是星型布线，各信息点的连线均是从综合布线箱体直接连接，因此从节省线方面考虑，综合布线箱体可放在房子中央部位，但从方便管理家庭内信号考虑，要在外部信号线的入户处预留线缆连至综合布线箱体，以备将来的其他入户信号接入。 ③ 综合布线箱体可放在主人易管理的地方，从而可随时控制小孩房等其他房的信号通断，也需在外部信号线的入户处预留线缆连至综合布线箱体
开槽原则		① 为避免强电的干扰，强弱电线不可近距离平行，一般相隔40～50cm左右。 ② 根据用户的地面铺设材料，确定开槽是走地面还是走墙体。 ③ 相邻的面板底盒之间应留有空隙，以便于今后的面板安装。 ④ 通常外部进线并不与综合布线箱体配线箱在一起，进线需要进行接续才能进入综合布线箱体配线箱，因此在各接续点位置需留有底盒，以方便今后的查线和维修
布线原则	综合考虑	在布线设计时，应当综合考虑电话线、有线电视电缆、电力线和双绞线的布设。电话线和电力线不能离双绞线太近，以避免对双绞线产生干扰，但也不宜离得太远，相对位置保持20cm左右即可
	注重美观	家庭布线更注重美观，因此，布线施工应当与装修同时进行，尽量将电缆管理藏于地板或装饰板之下，信息插座也要选用内嵌式，将底盒埋藏于墙壁内
	简约设计	由于信息点的数量较少，管理起来非常方便，所以家庭布线无需再使用配线架。双绞线的一端连接至信息插座，另一端则可以直接连接至集线设备，从而节约开支，减少管理难度
	适当冗余	综合布线的使用寿命为15年，也许现在家庭由计算机控制的电器数量较少，但是没有人能够预测将来的家用电器会发展到什么程度，或许不需要几年的时间，所有的家用电器都可以借助于Internet进行管理。所以，适当的冗余是非常有必要的
端接原则		① 不同种类的线缆有其各自的连接方式，必须按标准连接各类线缆的接头。 ② 连接完毕后立即测试其是否畅通。 ③ 综合布线箱体内的线缆必须整理整齐，各接头做好相应标识，让综合布线箱体的整个操作界面清楚且一目了然

2.2.1.4 家庭综合布线的布线方式

综合布线是构建智能家庭的基础。就像盖房子一样，只有根基打得好，才有盖高楼的可能。目前技术比较成熟的几种家庭综合布线方式见表2-8。

表2-8　家庭综合布线的布线方式

布线方式	说明	特点
星形拓扑连接	采用星形拓扑结构给网络布线，用一个节点作为中心节点，其他节点直接与中心节点相连构成网络。 星形拓扑结构相对简单，便于管理，建网容易，是目前局域网普遍采用的一种拓扑结构。采用星形拓扑结构的局域网，一般使用双绞线或光纤作为传输介质，符合综合布线标准，能够满足多种宽带需求	（1）可靠性强 在星形拓扑结构中，由于每一个连接点只连接一个设备，所以当一个连接点出现故障时只影响相应的设备，不会影响整个网络。 （2）故障诊断和隔离容易 由于每个节点直接连接到中心节点，如果是某一节点的通信出现问题，就能很方便地判断出有故障的连接，方便地将该节点从网络中删除。如果是整个网络的通信都不正常，则考虑是否是中心节点出现了错误。 （3）成本高，所需电缆多 由于每个节点直接与中心节点连接，所以整个网络需要大量电缆，增加了组网成本
总线形拓扑连接	采用单根传输线作为传输介质，所有的设备都通过相应的硬件接口直接连接到传输介质或总线上，使用一定长度的电缆将设备连接在一起。设备可以在不影响系统中其他设备工作的情况下从总线中取下，任何一个站点发送的信号都可以沿着介质传播，而且能被其他所有站点接收。 总线形拓扑结构适用于计算机数目相对较少的局域网络，通常这种局域网络的传输速率在100Mbit/s，网络连接选用同轴电缆	（1）易于分布 由于节点直接连接到总线上，电缆长度短，使用电缆少，安装容易，扩充方便。 （2）故障诊断困难 各节点共享总线，因此任何一个节点出现故障都将引起整个网络无法正常工作。并且在检查故障时必须对每一个节点进行检测才能查出有问题的节点。 （3）故障隔离困难 如果节点出现故障，则直接要将节点除去，如果出现传输介质故障，则整段总线要切断。 （4）对节点要求较高 每个节点都要有介质访问控制功能，以便与其他节点有序地共享总线
电力线载波连接	电力线载波是电力系统特有的通信方式，电力线载波连接是指利用现有电力线，通过载波方式将模拟或数字信号进行高速传输的技术	电力线载波连接的最大特点是不需要重新架设线路，只要有电线，就能进行数据传递。但是电力线载波通信有以下缺点。 ①一般电力载波信号只能在单相电力线上传输；不利于远程控制。 ②电力线存在本身固有的脉冲干扰。 ③电力线对载波信号造成高削减。实际应用中，当电力线空载时，点对点载波信号可传输到几千米。但当电力线上负荷很重时，只能传输几十米
无线控制	随着个人数据通信的发展，功能强大的便携式数据终端以及多媒体终端的广泛应用，为了实现任何人在任何时间、任何地点均能实现数据通信及控制的目标，要求传统的有线控制向无线控制、由固定向移动、单一业务向多媒体发展，更进一步推动了无线控制的发展。无线控制产品逐渐走向成熟，并且正在以它的高速传输能力和其灵活性在这个信息社会发挥日益重要的作用。 现行的无线控制主要采用两种传输方式：红外（IR）和无线射频（RP）	①红外采用小于1μm的红外线作为传输媒质。红外信号要求视距传输，有较强的方向性，对邻近区域的类似系统也不会产生干扰，但由于它具有较高的背景噪声（如日光等），在室外使用会受到很大限制，适于近距离控制。 ②无线射频就是使用无线电作为传输媒质的方式，它覆盖范围大，发射功率较自然背景噪声低，而且这种局域网多采用扩频技术，具有良好的抗干扰性、抗噪声、抗衰落及保密性能。因此它具有很高的可用性，成为目前主流的无线控制方式

从市场角度来看，家庭智能市场可分为三块：新建住宅小区、个人新房装修、旧房改造。新建住宅区一般以小区为单位，要求联网报警、信息互动。小区在建设中实现智能化对

布线的要求不应以布线是否复杂为首要，而以可靠性为第一要求。在小区中实现家庭智能一般不宜实现得太复杂，不然验收和维护都将是大的问题。因此在小区中实现智能化应以星形连接为主。

个人新房装修要求实现比较个性化的家庭智能功能，但没有联网的要求。由于个人家装一般由装修公司来主推，因此对家庭内部的功能要求一般也较多，实现的点数也相应较多。这时除了对系统的可靠性要求还有扩展性的要求，由于这时布线不是什么大的问题，新房装修应尽量采用星形和总线两种方式。

旧房改造对布线的一般要求是以尽量少布线为首要，星形和总线两种布线方式有时显得力不从心，因此，旧房改造市场中电力线载波和无线应是主要的连接方式。

总之，作为一个实际的家居智能化系统，最佳的方案应该是各种布线方式可以混合使用的方案。例如安防尽量采用星形连接方式，同时也可以用总线的方式或者无线的方式作为补充。电力线载波很难用于安防探头的连接方式，因为无法解决停电时的信号传输问题。星形连接还是信息综合布线的最佳解决方案。灯光和除了信息类家电以外的电器如空调、电饭煲等的控制可以采用总线、电力线、无线或红外等方式。

2.2.1.5　家庭综合布线设计要点

布线是任何网络的关键因素之一，合理布线是建设智能家庭、数字家庭的必要条件之一。家庭综合布线设计要点见表2-9。

表 2-9　家庭综合布线设计要点

设计要点	说明
信息点数量的确定	通常情况下，由于主卧室通常有两个人，所以建议安装两个信息点，以便双方能同时使用计算机。其他卧室和客厅只需安装一个信息点，供孩子或临时变更计算机使用地点时使用。特别是拥有笔记本电脑时，更应当考虑在每个室和厅内都安装一个信息点。餐厅通常不需要安装信息点，因为很少会有人在那里使用计算机。如果小区预留有信息接口，应当布设一条从该接口到集线设备的双绞线，以实现家庭网络与小区宽带的连接。 另外，最好在居所中心和前后阳台的隐蔽的位置多布设2～3个信息点，以备将来安装无线网络的接入点设备，实现家庭计算机的无线网络连接，并可携带笔记本电脑到室外工作
信息插座位置的确定	在选择信息插座的位置时，也要非常注意，既要便于使用，不能被家具挡住，又要比较隐蔽，不太显眼。在卧室中，信息插座可位于床头的两侧；在客厅中，可位于沙发靠近窗口的一端；在书房中，则应位于写字台附近。信息插座与地面的垂直距离不应少于20cm
集线设备位置的确定	由于集线设备很少被接触，所以，在保证通风较好的前提下，集线设备应当位于最隐蔽的位置。需要注意的是，集线设备需要电源的支持，因此，必须在装修时为集线设备提供电源插座。另外，集线设备应当避免安装在潮湿、容易被淋湿和电磁干扰非常严重的位置
远离干扰源	双绞线和计算机应当尽量远离洗衣机、电冰箱、空调、电风扇，以避免这些电器对双绞线中传输信号产生干扰
电源分开	计算机、打印机和集线设备使用的电源线，应当与日光灯、洗衣机、电冰箱、空调、电风扇使用的电源线分开，实现单独供电，以保证计算机的安全和运行稳定
路由选择	双绞线应当避免直接的日晒，不宜在潮湿处布放。另外，应当尽量远离经常使用的通道和重物之下，避免可能的摩擦，以保证双绞线良好的电气性能

2.2.1.6　家庭综合布线方案的选择

随着住宅宽带网络的迅速发展和普及，现在家庭内的电话线、有线电视线、网络线、音响线、防盗报警信号线等线路也越来越多，纷繁复杂，因此家庭综合布线成为迫切的需求。随着宽带互联网的入户，许多以前只能想象的情景都将得到实现，家庭综合布线应该本着“实用为主、适当超前”的原则，根据自己的需求和消费能力，选择不同的解决方案，见表2-10。

表2-10　家庭综合布线方案

布线方案	说明
基础型方案	在主要厅、房内安装电话、网络、有线电视和影音出口
扩展型方案	在居室所有房间内安装电话、网络出口，在主要厅、室内安装有线电视和影音出口、家庭灯光自动控制和安防接口，布置门磁、煤气泄漏、烟雾报警、微波红外探测报警、可视、非可视对讲等
豪华型方案	在居室内所有需要和可能需要的位置安装电话、网络、有线电视和影音出口、家庭灯光自动控制以及安防接口，布置门磁、煤气泄漏、烟雾报警、微波红外探测报警、可视、非可视对讲、网络监控、家电远程控制等

2.2.1.7　两居室综合布线的设计

组建家庭网络综合布线，规划是关键。盲目组网，不但影响今后的使用效果，而且还会造成资金上的浪费。

组建有线网络的优势在于有线网络费用低，而且速度快，安全性好。有线网络使用双绞线电缆作为连接通道，传输的速度可以达到100Mbit/s以上，而且信号传输比较稳定，基本不会受外界因素的干扰。组建有线网络，因为布线比较零乱会影响房屋的装潢效果，所以如果是新房，可以在装修时一并施工，便可解决这个问题。

（1）确定组网方案

对于两居室的家庭用户来说，家里的电脑数量普遍都达到了3台或3台以上的水平，对于这种2～4台计算机同时上网的小型网络来说，一台宽带路由器是最好的选择。普通的宽带路由器交换端口一般都有4个，完全可以满足家庭用户的需要，所以只要在ADSL MODEM的基础上，加装一台宽带路由器，就可以实现有线网络环境。

（2）确定入户点位置

如果ADSL的接入点设计在玄关，可以把线路入户的地方作为整个家庭网络综合布线的核心，利用宽带路由器来实现共享上网，在入户点的墙体上做配电盒，把ADSL MODEM、宽带路由器以及各种线路集中起来。

（3）确定接入点位置

根据用户的需求和户型结构，确定接入点位置。例如，客厅在放沙发的位置和放电视的位置分别安装一个接口，两个卧室分别安装一个网络接口。在客厅安装两个网络接口，是为了提前为今后的数字网络的发展做准备。

两居室综合布线如图2-54所示，其中“●”表示信息点。

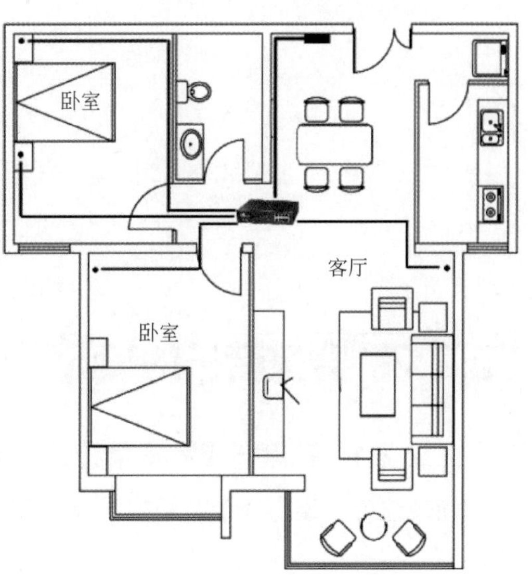

图2-54　两居室综合布线示例

（4）信息点设置

从住宅小区提供的信息插座引一条双绞线到集线设备处，以实现家庭网络的小区局域网接入。

客厅安装一个信息点，位于沙发一端或茶几附近较为隐蔽的位置，便于使用笔记本电脑在客厅办公或娱乐。

主卧室安装两个信息点，位于双人床两侧，方便双方能够同时使用笔记本电脑。

次卧室安装一个信息点，位于单人床床头或写字台附近，便于子女或来访客人使用。

（5）布线与安装

电话线与电源线分管铺设，彼此之间的距离为20cm。

将双绞线穿入PVC管，埋设在地板垫层。需要过墙时，在墙壁贴近地面处打洞。信息插座采用墙上暗装型，需在墙壁中埋设底盒。信息插座距地面距离为20cm，距电源插座的距离也为20cm。集线设备（集线器或交换机）安装在次卧室，建议选用5口桌面型设备，可以固定在写字台靠近床头的一侧，既节约空间、保证有适当的通风空间，同时又避免设备直接暴露影响美观。

2.2.1.8 三居室综合布线的设计

由于三居室的客厅通常比较大，所以可考虑在两侧的墙壁上分别安装一个信息点，均位于距窗口1～1.5m的隐蔽位置，便于同时接入计算机，如图2-55所示。综合布线的要求与两居室完全相同。三居室的走线方式与两居室相同。

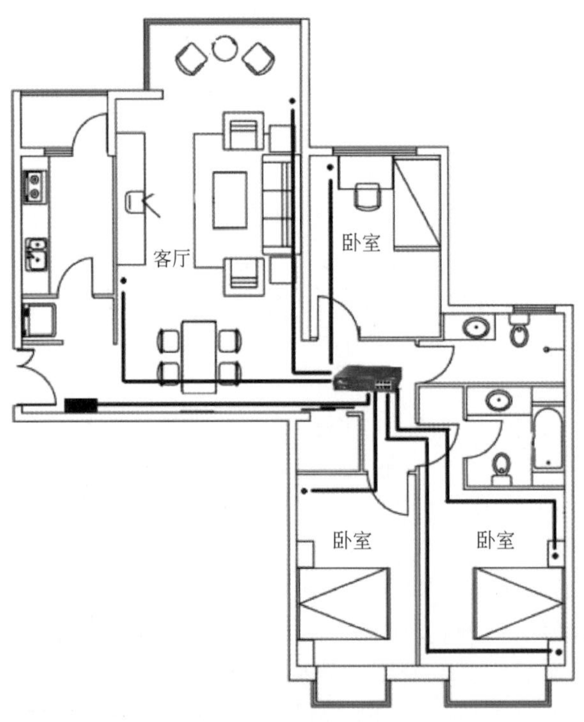

图2-55 三居室综合布线示例

2.2.2 背景音乐的设计

2.2.2.1 家庭背景音乐系统的作用

家庭背景音乐系统介绍

简单地说，家庭背景音乐就是在居室的任何一间房里，包括厨房、卫生间和阳台，均安装背景音乐线，通过多个音源，可以让每个房间都听到美妙的背景音乐。当然，如果有的房间不想听也完全可以，因为每间房都单独安装了终端控制器，可以独立控制这间房的开关，还可调节音量大小及享受自己的MP3。

即使在电脑、智能手机等视听设备非常普及的今天，背景音乐仍然具有其特殊的魅力。家庭背景音乐系统能让家庭成员简单方便地选择音源，在每个房间听到高品质、立体声音乐。在各个房间，只需在分控触摸屏、全功能触摸遥控器、移动智能终端或者iPad、iPhone等设备上进入数字音乐中，就能播放任何想听的音乐。这样，在厨房一边做菜一边欣赏轻音乐，在阳台晒着太阳听歌看书。还可把电脑网络上的动画、英语等无限资源，送到背景音乐系统中，为儿童成长营造一个良好的学习环境。家庭背景音乐系统的主要功能如图2-56所示。

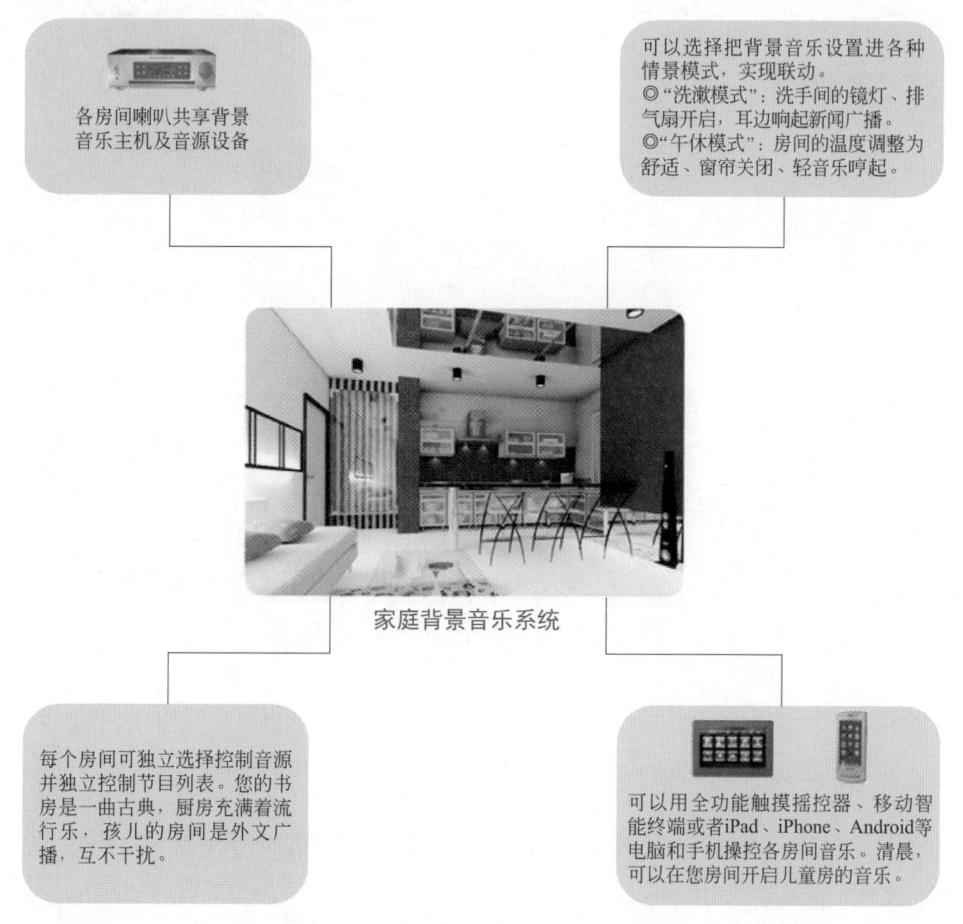

图2-56　家庭背景音乐系统的主要功能

2.2.2.2　家庭背景音乐系统的组成

家庭背景音乐系统主要包括音源、控制器和音箱三部分，如图2-57所示。

（1）音源部分

音源就是声音的源头，可简单理解为记录声音的载体，家庭背景音乐系统可以自由选择音源，电脑、电视、MP3、MP4、MP5等都可以作为音源。

（2）音箱部分

目前家庭背景音乐所采用的音箱主要有吸顶音箱、壁挂音箱（嵌入式）、平板音箱等几种，见表2-11。

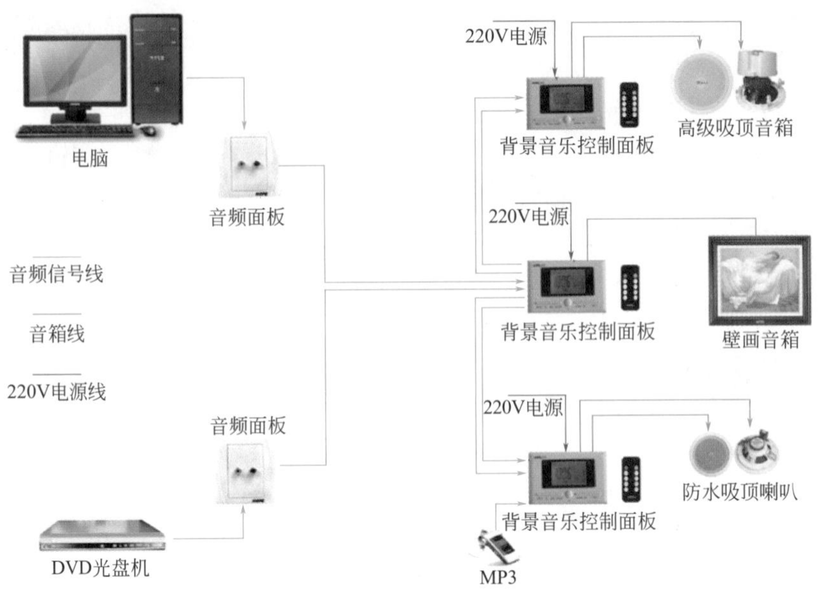

图 2-57　家庭背景音乐系统的组成

表 2-11　家庭背景音乐系统的音箱选用

音箱形式	图示	说明
吸顶音箱		吸顶音箱是目前使用比较多的一种音箱，它分为普通、同轴和高低音可调试三种。从音质上看，同轴和高低音可调试音箱的效果要好很多，价格也相应贵些。但如果房间没有吊顶，则无法使用吸顶音箱
壁挂音箱		目前壁挂音箱颜色多为白色，与墙壁搭配和谐。更重要的是，这种音箱在音质上比吸顶喇叭更好，受到很多高要求客户的欢迎。另外，壁挂音箱解决了没有吊顶的问题。但由于安装需要在墙上开口，导致工程量增大
平板音箱		又称为平面艺术扬声器，属于目前比较新的产品。发声方式区别于吸顶音箱的纸盆式结构，采用平面发音；其优点是可以个性化地定制画面，把环境与音箱完美结合到一起。在音质效果上，其声压分布很平衡，声场均匀，比吸顶音箱音色好。在安装上很简单，直接挂在墙面合适的位置即可

（3）控制器部分

家庭背景音乐控制器系统分为中央式和分体式两种。不同的控制器，其组成、功能等是有区别的，见表2-12。

表2-12　家庭背景音乐控制器的种类及区别

区别	种类	
	中央式	分体式
组成设备不同	一台中央主机，各音区的分区控制器，遥控器，音箱	各音区控制器，遥控器，音箱
音源不同	集合了各路音源输送到各音区控制面板	把音源直接集中到各个分区控制器上
功能不同	主要功能在主机上，分区面板上的功能仅对分区的音源、音效、音量等控制	每台分区控制器相当于把中央式的功能集合到分区控制器，主要功能都在分区控制器上
功率不同	功率较大	功率较小
节能环保不同	功率较大耗电量也相对较大；音量较大对邻居家势必造成噪声	功率较小，耗电量也较小
灵活性不同	灵活性较差。每个音区开机听音乐都得先开主机	灵活性较好。每个音区都有单独控制电源开关、音源，打开分区控制器就可以听音乐
性价比不同	价格昂贵，一般较同档次分体式产品至少高出四五倍	价格适中，符合大众消费理念

2.2.2.3　家庭背景音乐系统解决方案

背景音乐早期被应用于星级饭店、高级购物休闲等场所，播放的乐曲轻柔平缓，用来遮蔽环境噪声，创造和点缀出一种恬静轻松的休闲环境气氛。引入家庭的背景音乐一样甜美轻松，无强烈节奏感，与家庭影院的爆棚及大功率重金属效果截然不同。同时，家庭影院视听布设位置是固定的，主要功能是看影片，唱卡拉OK，体现的是一种动态的宏大的影视场景，而家庭背景音乐系统的布设可以辐射到整个家庭空间，也可以根据需要而定，主要功能是休闲逸情，体现的是一种恬静温馨的生活气氛。

许多看似非常复杂的背景音乐系统，其实并没有想象中那么复杂，只要具备一些基本的电工知识就可以设计出适合客户需求的背景音乐系统方案。根据房间的多少和需求的不同，可采用以下五种方案。

（1）单房间单音乐方案

这是家庭背景音乐系统中最基本的方案，适合餐厅、卧室、卫生间或厨房等空间，比如只考虑在餐厅用餐时听音乐，或者在厨房烹饪时收听广播，宜采用此方案，如图2-58所示。只需一台背景音乐、一台控制面板和若干只吸顶音箱即可，根据面积决定吸顶音响的数量：卫生间空间不大，1～2只即可；厨房或餐厅不超过20m^{2}的面积，建议采用2只；如果在30m^{2}左右，可考虑增加为4只。

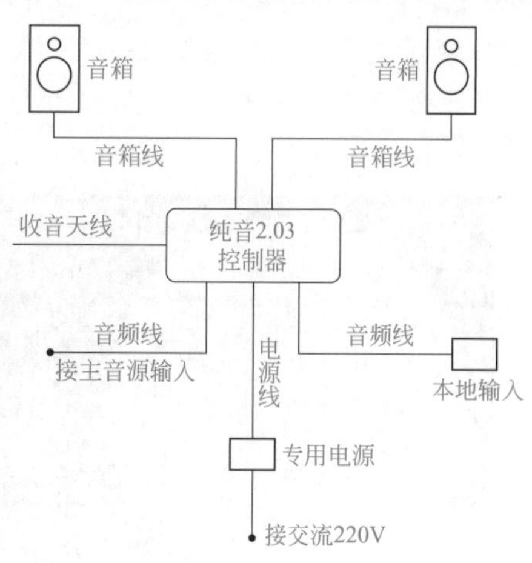

图2-58　单房间单音乐方案

（2）多房间单音乐方案

在需要音乐的房间装上吸顶音箱，功放同时控制多个房间，比如卫生间、餐厅、厨房、书房等，如图2-59所示。这个系统最重要的特点是可以通过音控开关分别控制各个房间的音量。需要音乐的房间就播放，没人的房间可直接关闭背景音乐。也可以各个房间同时播放，但仅限于相同的节目。这个系统的结构简单，施工不复杂，经济实用。

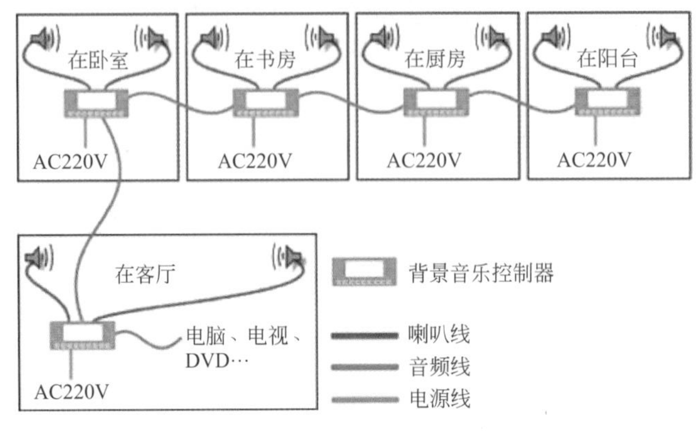

图2-59　多房间单音乐方案

（3）双房间多音乐方案

如果想同时在主人卧室听广播，孩子房间播放英语教学课程，那么可以选择本方案。这种方案就不能简单采用上面方案中的普通背景音乐功放，而需要选择可分区控制功放。这个系统最重要的特点是可以通过可分区控制功放分别控制各个房间的播放。

（4）多房间多音乐方案

此方案功能与方案三比较类似，但是更高级。各个房间都可以加入自己的节目，满足不同需求。各房间还设有开关，可单独控制音量、平衡、低音等。这个方案是在方案一叠加的基础上，通过几台背景音乐功放或者一台中央主机和若干只吸顶音箱来实现的，真正做到各房间各取所需，自得其乐，互不干扰。

（5）装修后音乐方案

装修后的音乐方案主要是面对房屋已经装修好，但又想实现家庭背景音乐效果，有音乐改造需求的家庭。这个方案同方案一类似，可以安装无线背景音乐功放，安装方便，无需布线，配合控制面板和吸顶音箱，即可实现背景音乐效果。

家庭背景音乐系统的音箱，一般选用3～6W无源音箱（即不带集成功放电路和供电电路的音箱），如图2-60所示。为了保证立体声效果，安装扬声器的时候需要考虑人在房间的活动特点。例如：在卧室，将扬声器安装在床头两侧；在书房，将扬声器安装在书桌两侧；在餐

图2-60　家庭背景音乐系统音箱

厅，可以考虑将扬声器安装在餐桌两侧。一般情况下，扬声器之间的距离保持在层高的1.5倍左右就会有比较好的立体声效果。

2.2.3　家庭安防系统的设计

2.2.3.1　家庭安防系统的组成

家庭安防系统介绍

家庭安防就是基于家庭安全的一种防范措施，利用物理方法或电子技术，自动探测发生在布防监测区域内的侵入行为，产生报警信号，并提示值班人员发生报警的区域部位，显示可能采取的对策。一般来说，家庭安防系统由视频监控系统、报警系统、隐私防范系统和警情处理系统四个部分组成，见表2-13。

表2-13　家庭安防系统的组成

组成	说明
视频监控系统	新一代的网络摄像头的像素在100万像素以上，具有360°旋转功能，可以拍照，可以录像，而且这些图像信息都会根据客户需要来存储在网络服务器。网络摄像头带有通话功能，等于安装了一部网络电话。 一般100m^{2}左右的房子，在大厅和厨房各安装一个摄像头即可，如果在每个房间都装上摄像头，则可做到全屋没有死角
报警系统	把各种传感器与摄像头集成联动，是当前家庭安防的一个创新。门磁、红外位移、烟雾探测器、燃气探测器、浸水探测器、紧急求助按钮等都可以与视频网关进行联动，任何一个地方触发告警，摄像头都会自动转向这里，并把短信和图像发送到手机和电脑
隐私防范系统	新一代的家庭安防系统采用了P2P的网络传输模式，所有视频不经过服务器转发，所以后台的工作人员看不到任何用户家里的情况；视频网关都带有密码，只有用户自己知道，自己才能修改；手机客户端也设有密码，只有用户自己知道
警情处理系统	当家中出现非法入侵或煤气泄漏等警情信息后，本地会发出声光报警信息，同时系统主机发送短信、彩信、抓拍现场图片，并把现场视频发给多个指定的用户手机；用户收到警情信息可第一时间拿起手机或电脑查看家中监控任意的画面，并可以通过手机或电脑对家中摄像机、报警器、智能家电进行控制，在手机上即可独立完成监控录像、防盗报警、智能家庭等功能

2.2.3.2　家庭防盗技术手段

家庭安防系统是预防盗窃、抢劫以及火灾等意外事件的重要设施。一旦发生突发事件，就能迅速通知主人，便于迅速采取应急措施，防止意外发生或者灾害扩大。

家庭安防系统利用主机，通过无线或有线连接各类探测器，实现防盗报警功能。主机连接固定线，如有警情，按照客户设定的手机或者拨号报警。

家庭安防系统一般由探测器（又称报警器）、传输通道和报警控制器三部分构成。报警（探测）器是由传感器和信号处理设备组成的，用来探测入侵者入侵行为或者烟雾，是由电子和机械部件组成的装置，是防盗报警系统的关键，而传感器又是报警（探测）器的核心元件。采用不同原理的传感器件，可以构成不同种类、不同用途、达到不同探测目的的报警探测装置。

目前许多家庭的防盗手段基本上是靠人防和物防（如防盗门、铁护栏等），如果采用技术防范手段，将会收到事半功倍的效果。

① 阳台、窗户、门厅过道等位置安装红外光栅报警装置，如图2-61所示。这种报警装置处于工作状态时，能发射肉眼看不见的红外光，只要人进入光控范围，装置便立即发出报警声响，如果有盗贼进入，用户能立即发现，而盗贼自己却不知道，往往束手就擒。

② 安装电磁密码门锁。安装这种锁，从外面开锁时需先按密码，否则无法开锁；若撬开，锁上报警装置会发出报警声响，这样即使家中无人也会吓破贼胆，达到“空城计”的效果，如图2-62所示。

图2-61 红外光栅应用示例

图2-62 防盗“空城计”

窗户安装磁控开关，一旦开窗就可发出报警信号。

③ 参加城市小区报警联网系统。用户安装这种报警设备后，如遇危险情况（如入室盗窃），报警器将通过预先设置好的防区自动发出报警，派出所的接警装置立即自动显示出用户的确切地址，民警即可迅速出警到达案发现场，抓获案犯。

2.2.3.3 家庭安防系统设计原则

家庭安防系统的设计应当从实际需要出发，尽可能地使系统的结构简单、可靠，设计时应遵循的基本原则如下：

① 可靠性原则。安防系统的可靠性是第一位的。在安防系统设计、设备选型、调试、安装等环节都应严格执行国家、行业的有关标准及公安部门有关安全技术防范的要求。即使工作电源发生故障，系统也必须处于随时能够工作的状态。

② 扩充性原则。系统应具备一定的扩充能力，以适应日后使用功能的变化。

③ 隐蔽性原则。传感器尽量安装在不显眼的地方，但在其受损时要易于发现。报警器应安装在非法闯入者不易察觉的位置，和报警器相连的线路最好采用暗敷设的方式进行。同时，用于目标保护的传感器探测角度和范围不能出现控制盲区，如图2-63所示。

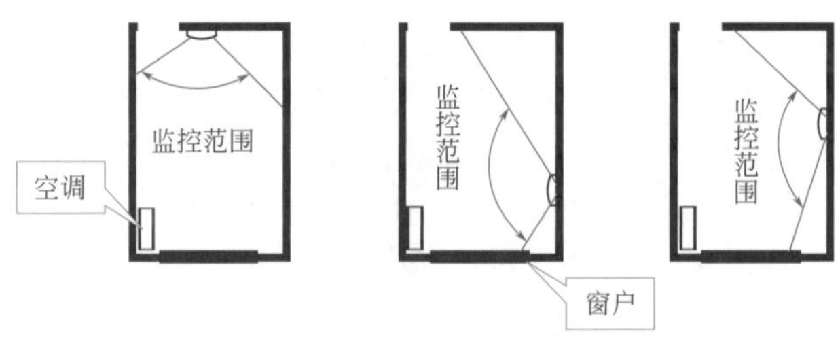

图2-63 传感器探测角度和范围

④ 安全性原则。安防系统的程序或文件要有能力阻止未授权的使用、访问、篡改，或者毁坏的安全防卫级别。硬件设备具有防破坏报警的安全性功能。

⑤ 经济性原则。在满足安全防范级别要求的前提下，在确保系统稳定可靠、性能良好的

基础上，在考虑系统的先进性的同时，按需选择系统和设备，做到合理、实用，降低成本，从而达到极高的性能价格比，降低智能家庭安全管理的运营成本。

⑥ 易操作性及实用性原则。采用多媒体监控系统，全中文友好界面，方便准确地提供丰富的信息，帮助和提示操作人员进行操作，易学易用。系统的操作简单、快捷、环节少以保证不同文化层次的操作者及有关领导熟练使用操作系统。系统有非常强的容错操作能力，使得在各种可能发生的误操作下，不引起系统的混乱。系统应支持热插拔，具有良好的维护性。

2.2.3.4　摄像机的选用

选用摄像机时考虑以下几点。

① 是否要有夜视功能。确定监控现场的照度（亮度）情况和是否需要夜间监控，如果某一个监控点的环境亮度比较低或需要晚上监控，就需要把这个监控点的摄像机确定为红外摄像机。不需夜视功能可选购普通摄像机，需要特殊功能（如旋转云台、变焦镜头）应购其他摄像机。

② 决定需要几个摄像机，确定摄像机影像品质。根据各个监控点的具体情况，确定每个监控摄像机的画面质量要求，并决定家庭监控系统摄像机的数量。

③ 是布线还是采用无线。利用家中的Wi-Fi确实省去摄像机布线的麻烦与不美观，但需要注意距离与障碍的问题。原则上水泥建材会缩短无线的传送距离，金属材料则会完全遮蔽无线信号，发射器（在摄像机端）与接收器（在主机端）要远离其他的电器以避免干扰。网络摄像机在监控前端不需要电脑来配合就可以通过因特网实现远程监控，不仅可以通过客户端软件查看，还可以直接通过IE来浏览。另外，大部分网络摄像机还支持移动侦测、录像、历史回放、抓拍等功能。如果采用视频线，往往要重新布线，成本高。

④ 摄像机的功能与价格。根据希望的画质、夜间的光线、要拍摄的距离以及价格等因素来选择合适的摄像机。

下面介绍几种适合普通工薪阶层家庭使用的家庭视频监控系统。

（1）网络摄像机

网络摄像机是一种结合传统摄像机与网络技术所产生的新一代摄像机，它可以将影像通过网络传至地球另一端，且远端的浏览者通过手机或者电脑即可监视其影像，如图2-64所示。IP网络摄像机是基于网络传输的数字化设备，网络摄像机除了具有普通复合视频信号输出接口BNC外，还有网络输出接口，可直接将摄像机接入本地局域网。

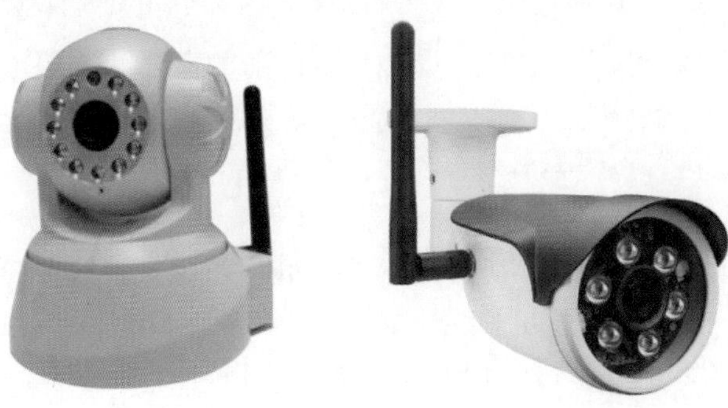

图2-64　家用网络摄像机

网络摄像机一般由镜头、图像、声音传感器、A/D转换器、声音、控制器网络服务器、外部报警、控制接口等部分组成。

（2）枪机和方形的摄像机

目前市面上成本最低的就是这两种监控摄像机，这类摄像机的缺点是不能改变焦距，视野有限，并且通常没有什么智能的功能。专业的应用中通常不会使用此类摄像机，但是对于家庭应用是比较合适不过的。

（3）使用数码相机，提供远程访问管理

这类监控系统目前仍然在发展当中，技术尚不成熟，系统出现问题的概率非常大，不建议家庭用户优先考虑使用。

2.2.3.5 红外入侵探测器和门磁的选用

目前国内市场上用于室内防盗的探测器，比较常见的有红外入侵探测器和门磁。在住宅所有的窗户旁安装红外入侵探测器，在进户门边安装门磁，实现住宅室内窗户及门的非法闯入监视。防盗系统正常情况下处于守候状态，当有人进入监视范围时，捕捉到盗情信息，触发报警单元。一旦报警信号产生，控制主机及时启动室内警号，并报警到指定电话号码；与小区控制中心连接的，则同时报警到小区监控中心，达到现场报警及远程报警的目的。

（1）红外入侵探测器

红外入侵探测器是目前应用最广的一种探测器，分为户内型和户外型。户内型有附墙式和吸顶式两种。附墙式又分为主动式与被动式两种，如图2-65所示。

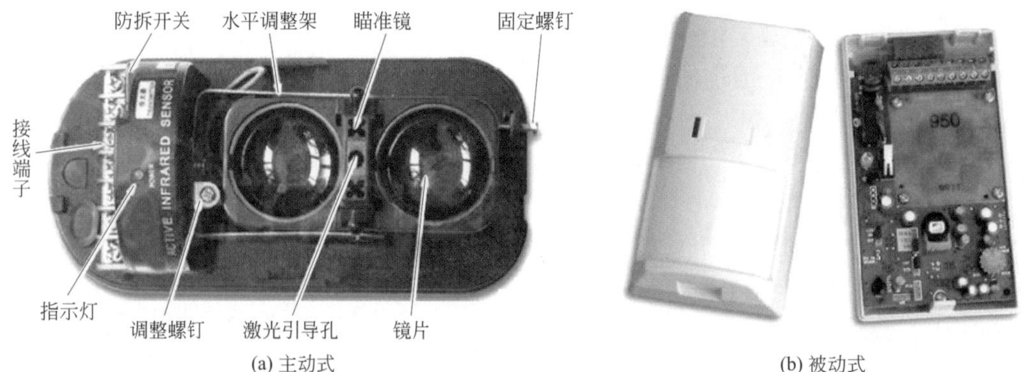

图2-65 红外探测器

① 主动式红外探测器一般包括两个设备，一个是主动发出红外光束的设备，另一个是接收器。当光束被遮挡时就会报警。主动式是在墙壁的一侧安装红外发光器，对面安装红外接收器，或安装反光镜，将红外光反射到接收器上。发光器有单源和双源之分，双源发光器需要两个接收器。主动式红外探测器既可以作为点警戒或线警戒，也可以构成光墙或光网形成面警戒。如图2-66所示为室内主动式红外报警器布置图。

② 被动式红外探测器是感测环境的红外辐射变化来发出报警信号的，它不需要红外发射器。人体的表面温度约为36℃，发出的红外波长集中在8 ～ 12μm范围内，当入侵者进入探测区后，引起红外辐射的变化，红外探测器接收后就发出报警信号。

被动式红外探测器安装在墙上、顶棚或墙角均可以。探测器对横向切割（即垂直于）探测区方向的人体运动最敏感，探测器布置时尽量利用这个特性以期达到最佳效果。如图2-67所示，A点布置的效果好，而B点正对大门，其效果差。

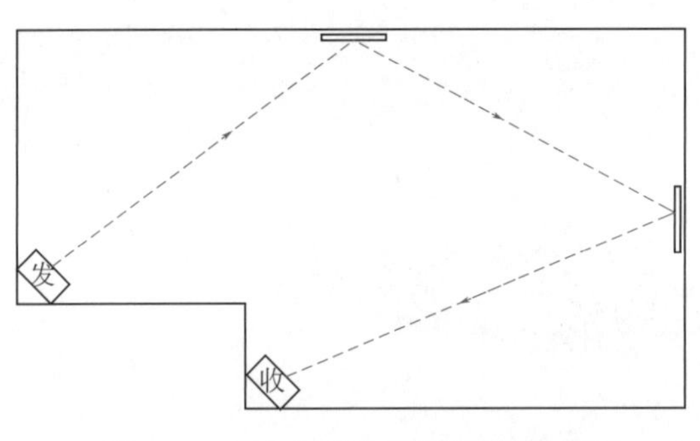

图2-66　室内主动式红外报警器布置图

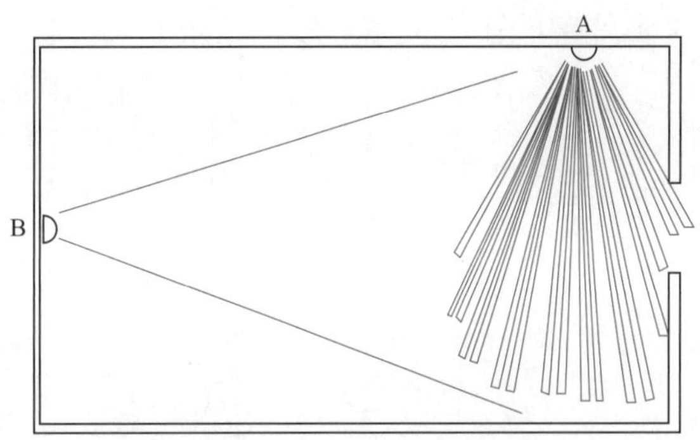

图2-67　被动式红外探测器的布置（一）

安装时，被动式红外探测器不要对准加热器、空调出风口管道。警戒区内最好不要有空调或热源，如果无法避免，则应与热源至少保持1.5m以上的间隔距离。探测器也不要对准强光源和受阳光直射的门窗。警戒区内注意不要有高大的遮挡物和电风扇的干扰，也不要安装在强电线路和设备附近。

被动式红外探测器布置时，还要注意探测器的探测范围和水平视角。如图2-68所示，可以安装在顶棚上（也是横向切割方式），也可以安装在墙面或墙角，但要注意探测器的窗口（菲涅尔透镜）与警戒的相对角度，防止死角。

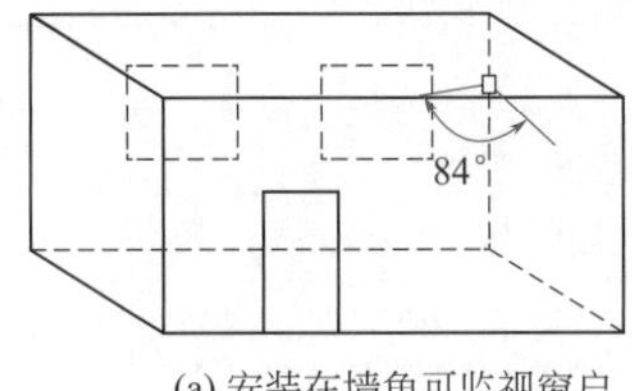

(a) 安装在墙角可监视窗户

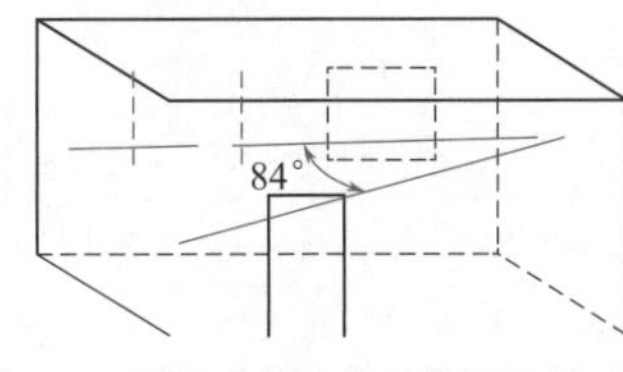

(b) 安装在墙面监视门窗

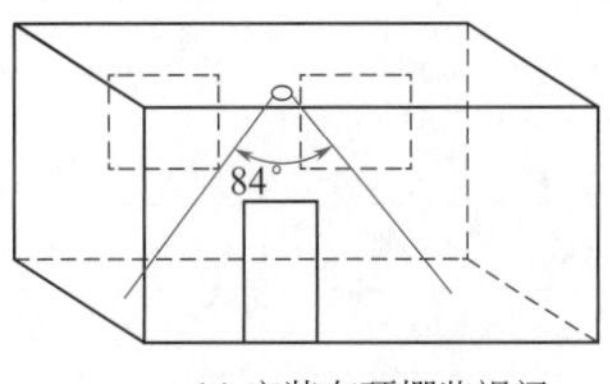

(c) 安装在顶棚监视门

图2-68　被动式红外探测器的布置（二）

如果安装在墙面或墙角，其安装高度应为2～4m，通常为2～5m。

室外型红外入侵报警探测器多使用主动式探测器，探测距离可达10～100m以上。用多个发射器和接收器相接可实现围栏式防护，也可构成防护墙或防护网。如图2-69所示为一种墙式主动红外报警器示意图。

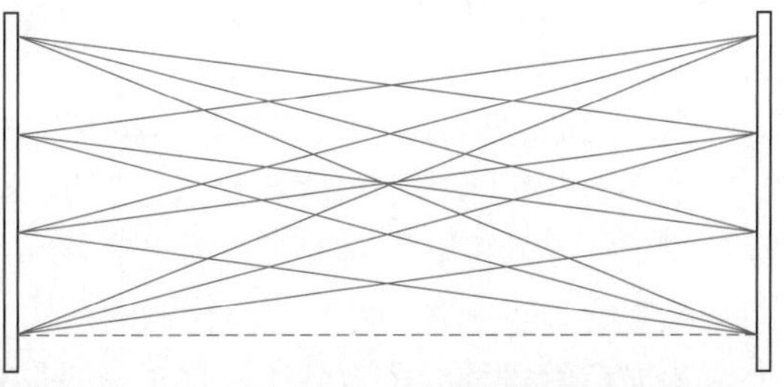

图2-69　墙式主动红外报警探测器示意图

【特别提醒】

在实际应用中，根据使用情况不同，合理选择不同防范类型的红外探测器，才能满足不同的安全防范要求。

（2）门磁

门磁可分为无线门磁和有线门磁，如图2-70所示。无线门磁一般由无线发射器和磁块两部分组成。将无线发射器和磁块分别安装在门框和门上沿，但要注意无线发射器和磁块相互

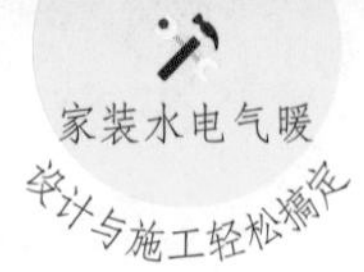

对准、相互平行，间距不大于15mm。

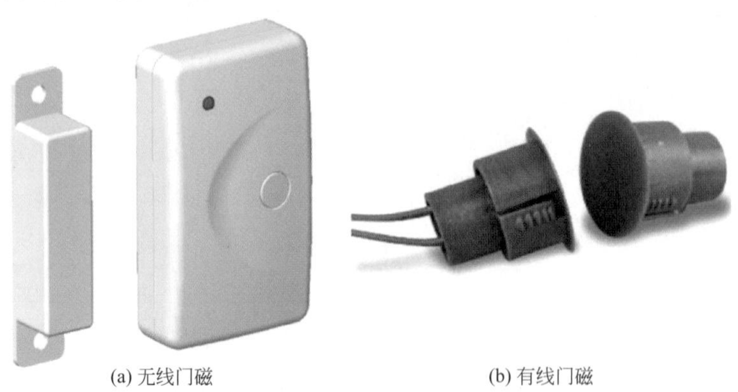
(a) 无线门磁　　(b) 有线门磁

图2-70　门磁

红外探测器安装使用时，应避免阳光、汽车灯光直射探头，须考虑窗帘飘动、家中宠物活动而引发的误报警。红外探测器各探头的功能见表2-14。

表2-14　红外探测器各探头的功能

探头名称	探头功能
红外探头	装在住户室内每个入口及窗口位置，当人非法进入时，红外探测器触发主机报警
气体泄漏探测器	安装在住户的厨房或厕所，一旦有气体泄漏，即触发主机报警
烟感探头	安装在客厅位置，当住户发生火灾时，探头探测到烟雾，即触发主机报警
紧急求助按钮	当家中有紧急事情发生如重病、有盗贼闯入，需要求助时按动紧急按钮，即触发主机报警
门磁探头	在门框上边中央位置或窗门边安装一对门磁，当有人非法打开大门或窗门时，即触发主机报警

2.2.3.6　家庭室内防盗系统设计方案的选择

在当今高速发展的社会中，人们对自身所处的环境越来越关心，居家安全已成为当今小康之家优先考虑的问题。

（1）根据房间情况确定需要防范的范围

如图2-71所示为某家庭容易入侵区域及位置示意图。通过分析，2个阳台和大门处于最容易受到入侵的位置；其次就是厨房、书房的窗户（由于书房和厨房在平时一般是无人状态，特别是晚上一般空置，容易成为窃贼的入口）；再次就是①主卧室、②儿童房和③卫生间。只要需要防范的区域心中有数了，就可以把防范区域的主次也确定下来（图中按防范的主次表示入侵位置）。

（2）确定防区和每个防区的防范方式及设备

在清楚容易受到入侵的位置和区域后，应该根据用户的周边环境、小区保安措施、家庭环境等因素以及用户的经济情况决定设防的点数（当然是对所有的容易入侵防区全部设防最好）。

① 经济型配置。在治安环境比较好或经济条件约束等情况下，可仅对①大门、②③阳台、④厨房、⑤书房进行设防。其中，大门、厨房、书房采用无线门磁探测器，客厅和卧室采用红外探测器进行布防，如图2-72所示。

所用设备：红外探测器（538F）2个，门磁探测器3个，主机1台（任配，这里以518K主机为例）。

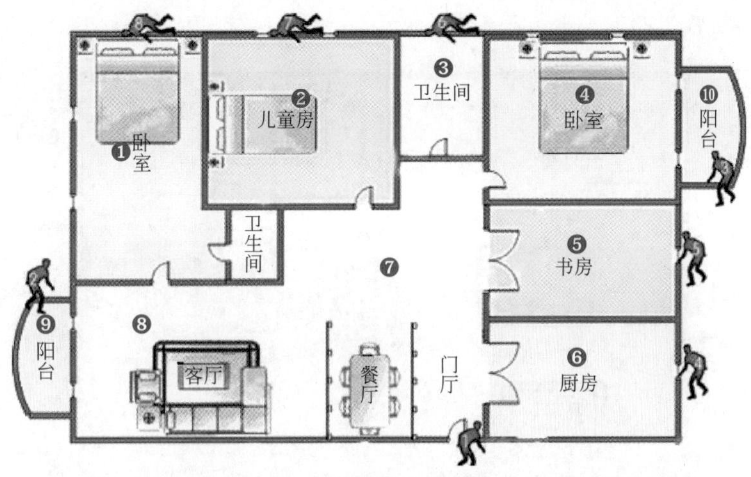

图2-71　容易入侵区域及位置示意图

图2-72　经济型红外探测器配置方案

经济型配置方案可实现的功能：在大门、书房、厨房的门和窗户被打开、撬开等使门扇或窗扇移位超过1cm的情况下，或者有人体在设防状态下从阳台进入④卧室和客厅，相应的探测器会驱动报警，主机在接收到报警信号后，在打开高音警号的同时，向主人手机、邻居电话等事先设定的电话拨号报警。

缺点：门磁探测器使用在窗户上时，在夏天不能打开窗户；卫生间和儿童房未能布防，存在隐患；538F探测器不适合有宠物的家庭。

② 基本型配置方案。在经济型配置的基础上，在儿童房、客厅、书房加装红外探测器各1个，在卫生间的窗户加装门磁1个，这样就完成了一个基本的家庭防盗系统，同时在关键的防区（大门、书房）安装了双重探测设备，如图2-73所示。

基本型配置所需设备：红外探测器（538F）5个，门磁探测器4个，主机1台。

基本型配置方案可实现的功能：在大门、书房、厨房、卫生间的门和窗户被打开、撬开等使门扇或窗扇移位超过1cm的情况下，或者有人体在设防状态下从阳台、儿童房、书房侵入，由于在大门和书房进行了双重设防，防范效果能得到有效保证。

缺点：所有的室内范围虽已经在防范之内，但被动的红外只能在侵入之后发现并报警，对阳台和窗户的周界防护不是十分得力。

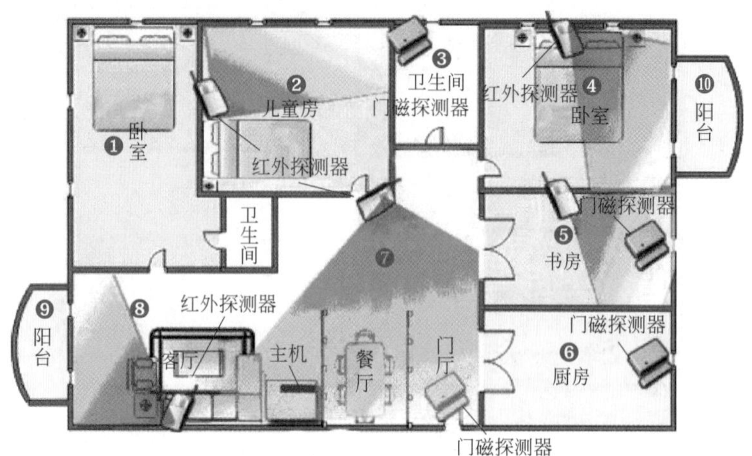

图2-73 基本型红外探测器配置方案

③ 功能型配置。为解决基本型配置不能对阳台和窗户进行更好的保护的问题，可在阳台和窗户加装红外对射栅栏，去掉部分室内红外探测器，如图2-74所示。

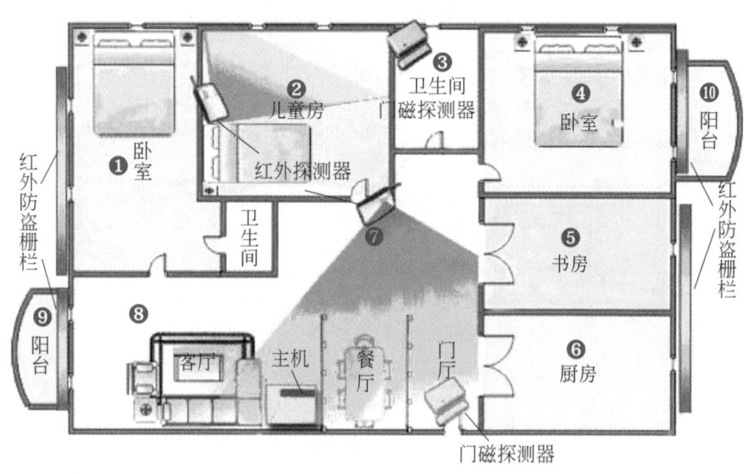

图2-74 功能型红外探测器配置方案

设备如下：红外对射栅栏4对，红外探测器（538F）2个，门磁探测器2个，主机1台。

功能型配置可实现的功能：在阳台和窗户外使用红外对射栅栏布防，能在有人靠近阳台和窗户的时候及时报警，据侵入者于室外，避免入侵者进入室内后与主人的正面冲突，更好地保障人身和财产安全。

缺点：室内采用普通探测器，鉴别能力有限，无视频监控功能和联动设备，报警的同时无法利用技术手段留存证据。

2.2.3.7 家庭紧急求助系统的设计

家庭紧急求助系统是指主人在家中遇到突发情况或紧急情况时，能简单、便捷地进行求助的终端设施，在各卧室和客厅处分别安装一个紧急按钮，有紧急情况时能很容易报警，家中的老人在急切需要帮助时也可以通过这个按钮进行求助，如图2-75所示。

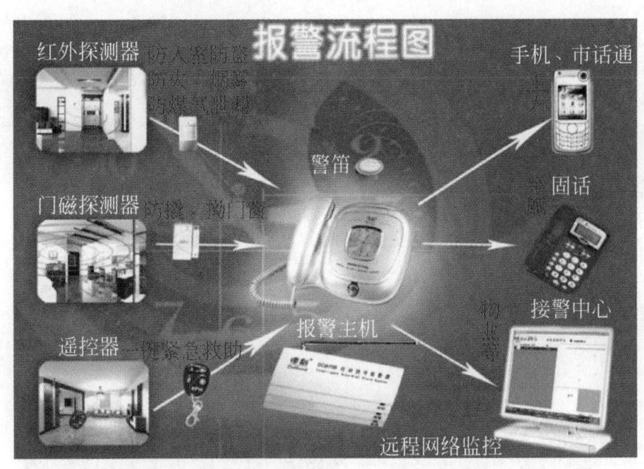

图2-75　家庭紧急求助系统

家庭紧急按钮与主机采用普通的电话线连接，应安装在卧室和客厅较隐蔽且很容易触摸到的地方。

比较先进的家庭紧急求助系统一般配置有遥控器（也称为呼救器），一旦面临突发疾病、遭遇险情等紧急情况，只需要按动呼救器按钮，一键呼叫，保安就会及时赶来，获得救助。

2.2.4　智能家居的设计

智能家庭是以住宅为平台，利用综合布线技术、网络通信技术、安全防范技术、自动控制技术、音视频技术将家庭生活有关的设施集成起来，构建高效的住宅设施与家庭日程事务的管理系统，它能提升家庭安全性、便利性、舒适性、艺术性，并实现环保节能的居住环境，如图2-76所示。

智能家居

智能家庭将让用户有更方便的手段来管理家庭设备，比如，通过触摸屏、无线遥控器、电话、互联网或者语音识别控制家用设备，更可以执行场景操作，使多个设备形成联动。此外，智能家庭内的各种设备相互间可以通信，不需要用户指挥也能根据不同的状态互动运行，从而给用户带来最大程度的高效、便利、舒适与安全。

与智能家庭含义近似的有家庭自动化、电子家庭、数字家园、家庭网络、网络家庭、智能家庭/建筑，在中国香港和台湾等地区，还有数码家庭等称法。

2.2.4.1　三室两厅智能家居方案设计

智能家庭系统由安全防范、照明控制、家电控制、电话远程控制、窗帘控制等5个子系统组成，各个子系统之间有联动关系，可以任意组合，非常方便。例如某三室二厅二卫一厨的房屋（建筑面积150m^2），应用户的要求，选择了照明控制系统与家电控制系统。

智能照明控制可通过面板手动控制或射频遥控器控制，也可以通过配合智能终端、电话远程控制器实现用电话（手机）远程控制；通过与遥控器的对码学习可以进行个性化情景灯光设置，创造不同场景氛围。

智能家电控制通过使用射频遥控器、电话远程控制器与智能插座及红外转发器的对码学习，可以方便地在家中的任何地方，对家中的电视、空调、电动窗帘等进行遥控，也可利用电话、手机实施远程控制。

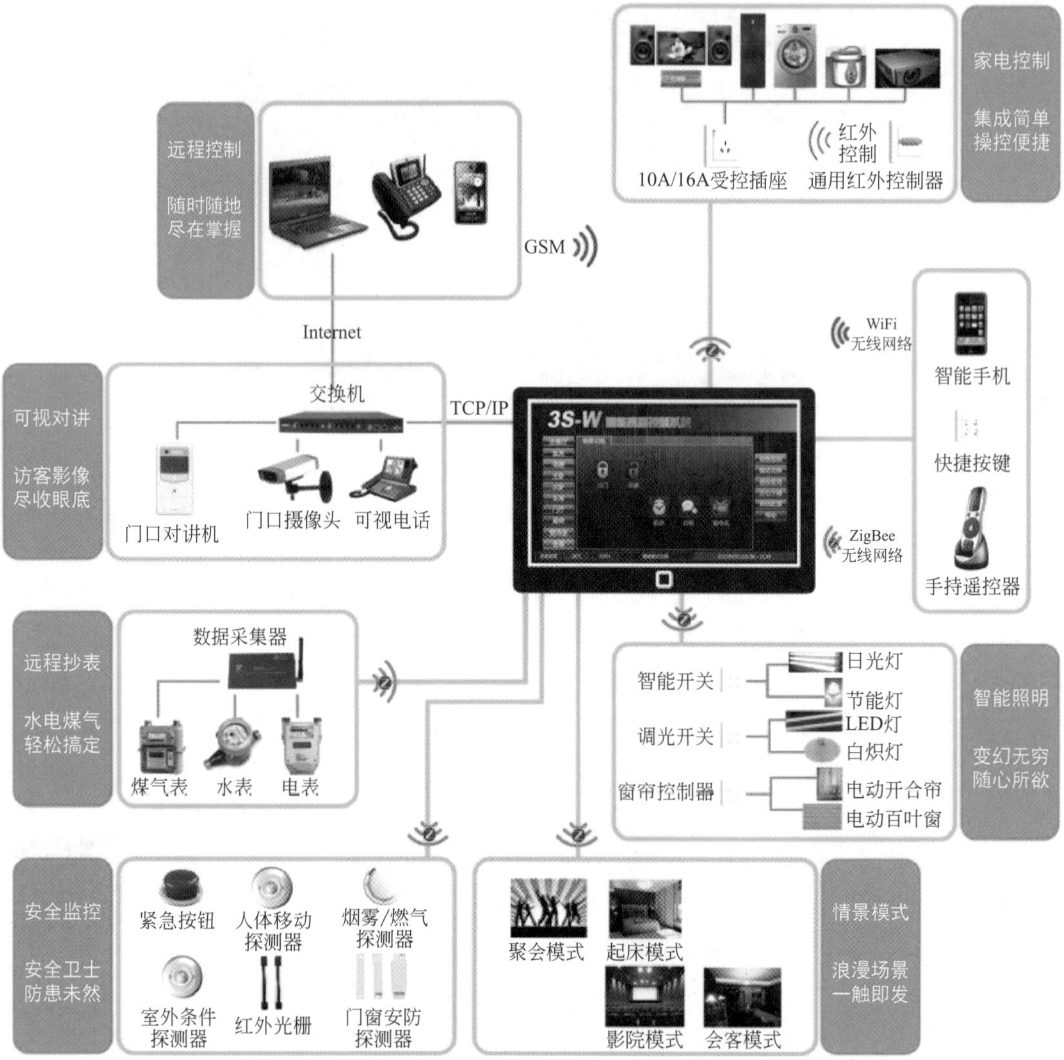

图2-76　智能家庭

下面介绍各个房间配置与功能。

（1）客厅

配备二位智能调光开关、智能灯光遥控器、单相智能插座、单相移动多功能智能插座、红外转发器、电话远程控制器。

① 智能调光开关。手动按键可直接开关家中的照明灯（白炽灯，荧光灯，LED灯），可随意进行个性化的灯光设置；电灯开启时光线由暗逐渐到亮，关闭时由亮逐渐到暗，直至关闭，有利于保护眼睛，又可以避免瞬间电流的偏高对照明所造成的冲击，能有效地延长照明的使用寿命。

智能调光开关带有记忆功能，主人将照明设置成自己喜欢的灯光氛围后，无论何时，只要重新开启，它就会自动调整到您所喜欢的灯光氛围；它还带有停电保护功能，当停电时自动切断电源；还带有夜光指示功能，可在黑暗中指示开关位置，如图2-77所示。

② 单相智能插座。智能插座是基于Wi-Fi网络通信，实现在任意时间、任何地点，都能通过手机或平板电脑上的App，随心所欲地控制插座是否通电的产品，如图2-78所示。可手

动、遥控或用电话远程控制器控制电视、饮水机等电源通断。

图2-77　智能调光开关

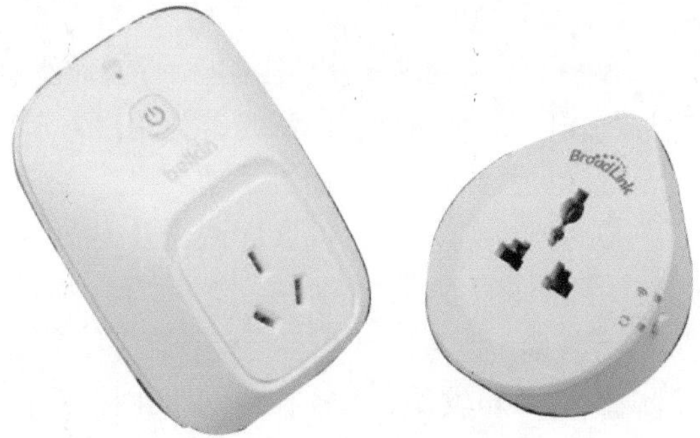

图2-78　单相智能插座

③ 单向移动多功能智能插座。可随插随用，可以通过手动、遥控器或电话远程控制器控制其电源的通断，如图2-79所示。

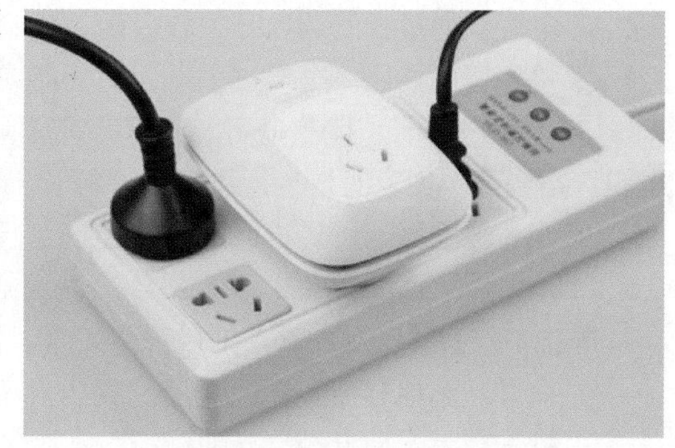

图2-79　单向移动多功能智能插座

④ 智能灯光遥控器。可通过与智能开关的对码学习，开关客厅、餐厅、卧室等处的所有电灯，可对灯光进行遥控调光，设置个性化的情景场景，创造出自然轻松的生活情调；通过与红外转发器的对码学习，可以直接遥控电视、空调、电动窗帘等家用电器。

⑤ 红外转发器。可遥控或网络化控制空调等电器的开启和关闭。

⑥ 电话远程控制器。可通过电话来控制家中的照明和电器。

（2）餐厅

餐厅配备一位智能调光开关。通过智能调光开关的调光设置，可以为用户进餐时营造出柔和的灯光氛围；也可通过遥控器或远程控制器控制开关。

（3）厨房

配备一位智能开关、单相智能插座。

① 智能开关。手动按键可直接开关，也可以通过遥控器或远程控制器控制开关。

② 单相智能插座。手动、遥控或网络来控制排烟机、电饭煲等电源通断。

（4）主卧室

配备二位智能调光开关（或二位移动式智能开关）、单相智能插座、8键遥控器、红外转发器。

① 智能调光开关。用户可依着自己的心情，将卧室灯光设置成一种温馨、浪漫的灯光氛围；电灯开启时光线由暗逐渐到亮，关闭时由亮逐渐到暗，直至关闭，有利于保护眼睛；当用户将照明设置成自己喜欢的灯光氛围后，无论何时，只要重新开启，它就会自动调整到所喜欢的灯光氛围。

② 单相智能插座。可手动、遥控或用网络来控制电视等电源通断。

③ 8键遥控器。它是主卧等六路的电灯或电器的开关。可设置按一个键，开启家中所有照明；临睡前，按一个键，关闭家中所有的照明灯具及卫生间的换气扇。

④ 红外转发器。遥控或网络化控制空调的开启和关闭。

（5）客卧室

配备一位智能调光开关、单相智能插座、迷你遥控器、红外转发器。

① 电灯。软启动、可调光，为用户营造出柔和、温馨的灯光氛围。

② 单相智能插座。通过手动、遥控器或网络来控制电视、音响等电源的通断。

③ 智能调光开关。同客厅调光开关功能一样。

④ 迷你遥控器。控制客卧、廊灯。临睡前，按一个键，关闭家中所有的照明灯具及卫生间的换气扇；起夜时，按一个键，卧室、卫生间的照明灯打开。

⑤ 红外转发器。可遥控或网络化控制空调的开启和关闭。

（6）书房

配备一位智能调光开关、单相智能插座、迷你遥控器和红外转发器。

① 电灯。通过智能调光开关软启动、可调光，可以为用户营造出柔和的读书灯光氛围。

② 单相智能插座。可通过手动、遥控器或网络来控制电器。

③ 迷你遥控器。控制书房、廊灯（客厅）。离家时按一个键，关闭家中所有的照明灯具、电视、空调等；回家时按一个键客厅灯打开。

④ 红外转发器。可遥控或网络化控制空调的开启和关闭。

（7）主卫

配备二位智能开关、16A单相智能插座。

① 电灯。本地自控、异地受控。

② 排气扇。本地自控、异地受控。

③ 16A单相智能插座。可通过遥控器或网络来控制热水器电源通断。

（8）客卫

配备二位智能开关、16A单相智能插座。

① 电灯。本地自控、异地受控。

② 排气扇。本地自控、异地受控。

③ 16A单相智能插座。可通过手动、遥控器或网络来关闭热水器。

（9）走廊

配备一位智能开关。电灯采用本地自控、异地受控的方式。

（10）玄关

配备红外感应探测器，对非法闯入者进行电话语音报警，以通知主人以及物业中心保安人员。

2.4.4.2 单户智能家居方案设计

（1）指导思想

家居智能化系统的硬件和软件应具有先进性，避免短期内因技术陈旧造成整个系统性能不高和过早淘汰。同时，应立足于用户对整个系统的具体需求，使家居智能化系统更具有实用性。

无论是系统设备、软件还是网络拓扑结构，都应具有良好的开放性。网络化要实现设备资源和信息资源的共享，用户可根据需求，对系统进行拓展或升级。

计算机网络选择和相关产品的选择以及系统软件设计要以先进性和实用性为基础，同时考虑兼容性。

随着社会的不断发展和进步，住宅小区物业管理智能化系统的规模、自动化程度会不断扩大和提高，用户的需求会不断变化。因此，系统的硬件和软件应充分考虑未来可升级性。

家居智能化系统建成后，应操作方便，适应不同层次住户的素质。同时系统应具有很高的可靠性和安全性。

（2）系统配置

本方案设计涵盖全宅照明及风扇网络自动化控制、智能灯光场景、家电万能遥控、防盗本地报警等系统，该方案配置智能遥控器1个、无线匙扣遥控器1个、自动生成“睡眠”“起床”的虚拟开关各1个。具体方案设计见表2-15。

表2-15　单户家居智能化系统系统配置

房间名称	设备	产品	说明
客厅	—	1个智能双联开关	定义为离家开关和回家开关，执行快捷操作
	九路吊顶灯光设备	1个智能场景开关，1个智能场景驱动器	智能灯光场景控制
	电视机、影碟机、音响、空调、遥控电风扇、电动窗帘	1个三功能智能网络转发器	房间照明自动控制；智能遥控器替代客厅所有家电设备的遥控器实现万能遥控；防盗监控；配合匙扣遥控器进行家庭网络布防、撤防操作
卧室一	顶灯和床头灯	1个智能双联开关	控制两路灯光，其中一路可调光
卧室二	顶灯和床头灯	1个智能双联开关	控制两路灯光，其中一路可调光
	—	1个系统电源	为家庭网络提供工作电源
	—	1个智能声音报警器	智能输出各种报警声响提示
餐厅	顶灯	1个智能单联开关	控制一路灯光，可调光
厨房	顶灯、排气扇	1个智能双联开关	控制一路灯光和一路风扇，其中一路可调光（或调速）
卫生间	顶灯	1个智能单联开关	控制一路灯光，可调光
阳台	顶灯	1个智能单联开关	控制一路灯光，可调光

注：各智能产品（包括智能插座开关、门磁、幕帘传感器）数量的多少请根据实际需要确定。更多房间住宅或多楼层住宅方案的设计同此原则。

（3）系统功能

本方案设计可控制全宅共18路灯光/风扇（包含智能灯光场景的9路灯光），其中有15路可调光（或调速），并可控制客厅的6台不同类型的红外家电，还有防盗本地声光报警功能。

智能灯光场景控制，可实现对客厅吊顶的9路灯具进行群控（智能场景开关接1路，场景驱动器接8路，每路可接1盏或多盏灯具），实现18种可调的灯光组合效果（即18种灯光场景，9路灯具的每一种亮度组合就是一种灯光场景）；通过智能场景开关或智能遥控器均可对灯光场景进行开、关、场景选择、场景调整等操作。

任何一个智能开关均可设置联锁动作对象，实现全开、全关或开几个设备的同时关闭其余的设备等等组合功能。

由于智能场景开关同时具备家庭网络定时控制器功能，因此任何一个智能开关均可设置“永久定时”“暂时定时”或“3min相对定时”动作。

无需任何设置，通过任何一个智能开关均可关闭同房间的所有灯光设备。

通过智能遥控器可对全宅任一处灯光（或风扇）进行本地或异地遥控开、关、调光（或调速）、设置定时等操作。

通过智能遥控器可对全宅任一个房间的所有灯光进行本地或异地遥控全开、全关、全调光、全定时操作。

通过智能遥控器上的快捷功能键，可同时打开或同时关闭全宅所有的灯光设备。

通过智能遥控器可对客厅的电视机、影碟机、音响、空调、遥控电风扇和电动窗帘进行本地或异地遥控操作。原家电遥控器除了特殊设置，基本可抛开不用，彻底摆脱需要频繁切换遥控器的烦恼；并且，由于三功能网络转发器集成有人体移动感应功能，在系统布防的状态下，可实现客厅的防盗监控，在系统撤防的状态下，可实现客厅灯光的自动控制（人来灯开，人走灯关）。

通过智能遥控器操作，用户无需记忆任何抽象的数字代码，老人小孩都会用。

通过无线匙扣遥控器可进行家庭网络的“布防”“撤防”以及“离家”“回家”快捷操作。

在系统布防状态下，三功能网络转发器监控到人体移动时，智能声音报警器会立即启动本地声光报警。

【法规摘编】

中华人民共和国住房和城乡建设部《住宅项目规范（征求意见稿）》（2019版）关于住宅电气配置的规定如下。

1.每套住宅设置的家居配电箱不应少于1个，家居配电箱的设置应符合下列规定：

1）家居配电箱底距离地面高度不应低于1.6m。

2）家居配电箱进线应采用铜芯线缆。且对于建筑面积小于或等于60m^{2}且为一居室的住户，家居配电箱的铜芯进线线缆的横截面积不应小于6mm^2；对于建筑面积大于60m^{2}的住户，家居配电箱的铜芯进线线缆的横截面积不应小于10mm^2。

3）家居配电箱应装设同时断开相线和中性线并具有隔离功能的电源进线开关电器。供电回路应装设短路和过负荷保护电器，电源插座回路均应装设剩余电流动作保护器。

2.住宅家居配电箱套内供电回路配置应符合下列规定：

1）每套住宅设置的照明回路不应少于1个；

2）装有空调的每套住宅设置的空调电源插座回路不应少于1个；

3）厨房设置的电源插座回路不应少于1个；

4）装有电热水器等设备的卫生间设置的电源插座回路不应少于1个；

5）除厨房、卫生间外，其他功能用房设置的电源插座回路不应少于1个。

3.每套住宅电源插座的设置要求和数量应符合表2-16的规定。所有插座均应采用安全型插座。

表2-16　每套住宅电源插座的设置要求及数量

序号	名称	设置要求	数量
1	起居室、兼起居的卧室	单相两孔、三孔电源插座	≥1
2	卧室、书房	单相两孔、三孔电源插座	≥2
3	厨房	单相两孔、三孔电源插座	≥2

续表

序号	名称	设置要求	数量
4	卫生间	单相两孔、三孔电源插座	≥1
5	布置洗衣机、冰箱、抽油烟机、排风机、电/燃气热水器、空调器及预留家用空调器处	单相三孔电源插座	≥1

注：表中序号1～4设置的电源插座数量不包括序号5专用设备所需的电源插座数量。

4.装有浴盆或淋浴的卫生间及厨房应做局部等电位连接。

5.每套住宅应设不少于1个家居配线箱，家居配线箱的设置应符合下列规定：

1）每套住宅应设信息网络系统，并应采用光纤到家居配线箱的方式建设；

2）每套住宅应设有线电视系统，每套住宅的电视插座不应少于1个；

3）信息设施系统的线路应预埋到住宅套内；

4）家居配线箱的进线管不应少于2根，有源家居配线箱应配置供电电源。

6.农村住宅建筑的防雷和接地保护应符合下列规定：电源进户处应设重复接地，接地电阻值不应大于10Ω；多层农村住宅建筑地面层应做防雷等电位。

7.住宅照明标准值应符合表2-17的规定。

表2-17　住宅照明标准值

<table>
<tr><th colspan="2">房间或场所</th><th>参考平面及其高度</th><th>照度标准值/lx</th><th>显色指数Ra</th><th>特殊显色指数Ra</th></tr>
<tr><td colspan="2">起居室</td><td>0.75m水平面</td><td>≥100</td><td>≥80</td><td>≥0</td></tr>
<tr><td colspan="2">卧室</td><td>0.75m水平面</td><td>≥75</td><td>≥80</td><td>≥0</td></tr>
<tr><td colspan="2">餐厅</td><td>0.75m餐桌面</td><td>≥150</td><td>≥80</td><td>≥0</td></tr>
<tr><td rowspan="2">厨房</td><td>一般活动</td><td>0.75m水平面</td><td>100</td><td>≥100</td><td rowspan="2">≥80</td></tr>
<tr><td>操作台</td><td>台面</td><td>≥150*</td><td>≥100</td></tr>
<tr><td colspan="2">卫生间</td><td>0.75m水平面</td><td>≥100</td><td>≥80</td><td>≥0</td></tr>
<tr><td colspan="2">走廊、楼梯间</td><td>地面</td><td>≥50</td><td>≥60</td><td>—</td></tr>
<tr><td colspan="2">车库</td><td>地面</td><td>≥30</td><td>≥60</td><td>—</td></tr>
</table>

注：*指混合照明照度。

第3章

水气暖规划设计

如果把家装比喻成一场战役，那么家装的前期设计就是这场战役的“作战方案”，是家装的“灵魂环节”。想要业主住得安心，必须了解水、气、暖改造装修设计要求，不然很容易影响到接下来的生活。例如暖气片安装位置不合理，既影响美观又不利于散热；又例如上水口的位置不合理，就会影响安装水槽。

3.1 水路规划设计

3.1.1 水路改造设计准备工作

水路改造是指根据装修配置、家庭人口、生活习惯、审美观念等对原有开发商使用的水路全部或部分更换的装修工序。水路改造设计是一个系统工程，在实施过程中需要把水电有关设计、施工、验收方面的知识结合起来参考。

家庭水路设计细节

（1）水路设计的准备工作

① 加强与业主沟通，考虑清楚与水有关的所有设备，比如热水器、净水器、厨宝（属于一种小型的电热水器）、软水机、洗衣机、马桶和洗手盆等，它们的位置、安装方式以及是否需要热水。

② 确定好热水器的种类，以避免临时更换热水器种类导致水路重复改造。常见热水器的种类及优缺点见表3-1。

表3-1　常用热水器优缺点比较

种类		优缺点	图示
燃气热水器（强排式）		是气、水、电一体化的燃气热水器，利用排风机将废气排出，可以有效地防止倒烟，在燃气热水器中应该是较安全的类型，但价格比较贵。强排式热水器的烟道比烟道式热水器要细得多，相对来说比较美观，但停电时不宜使用	
电热水器	速热式	在冷水流过热水器时即时加热，随用随加热。供给的热水虽燃流量有限，但可以做到连续供水	

续表

种类		优缺点	图示
电热水器	预热式	对热水器储水罐中的水进行加热，可以预先设置所需热水的温度，当水温高于设置温度时，热水器自动停止加热，当水温低于设置温度时，热水器自动开始加热。特点是供水流量大，水温稳定，不受热源波动和水压影响，但预热式热水器流量有限，连续供热水能力有限，且安装在室内时，占用空间比较大	
太阳能热水器		在阳光充足时可以使用太阳能加热水，当阳光不充足时，可以用电能加热水，既有利于节约能源，又方便使用，但安装条件会受到一定限制	

③ 合理规划淋浴、面盆、浴缸、墩布池、洗菜盆等出水口的位置。卫生间除了留洗漱盆、拖把池、马桶等出水口外，最好再接一个出水口，以方便接水冲地。

④ 洗衣机位置确定后，洗衣机排水可以考虑把排水管做到墙里面的形式，这样既美观又使用方便。

【特别提醒】

洗衣机地漏最好不要用深水封地漏，因为深水封地漏有一个普遍的特点就是下水慢。但洗衣机的排水速度非常快，排水量大，深水封地漏的下水速度根本无法满足，结果会直接导致水流倒溢。

一般家庭的卫生间离厨房位置比较近，如果安装燃气热水器，建议从厨房引热水到卫生间。

（2）水路改造设计遵循的原则

① 户内水路改造必须在装水表后进行，不得改动建筑主管道。

② 水路应尽量走“天”（天花板）不走地，以便于检修，如图3-1所示。

图3-1　水路尽量走“天”

③ 所有管路应遵循最短原则，横平竖直，减少弯路，禁止斜道。管路走向设计应合理，避免使用过多的90°弯头连接，以影响水流速度。排水管道应在顺水流方向保持千分之三到千分之五的坡度，以便于水流通畅，如图3-2所示。

图3-2　排水管道要有坡度

④ 水路、电路和燃气、暖气管道平行间距应大于30cm。

⑤ 冷、热水管不能同槽，间距不小于15cm，上下平行时上热下冷，左右平行时左热右凉，如图3-3所示。冷热水电的弯头必须处于同一平面，处于下水口上方。

⑥ 不得随意改变排水管、地漏及坐便器等废、污排水管性质和位置，如图3-4所示。

图3-3　冷热水管的分布

图3-4　不得随意改变排水管的性质和位置

⑦ 水路管道和电路管道同时走天花板或地面时，水路必须在电路之下，防止因为漏水而漏电，如图3-5所示。

图3-5　电路在上，水路在下

【特别提醒】

水路改造要严格遵守图纸上的设计进行，但是真正在实际操作过程中就要按实际情况来了，例如洗衣机、热水器等排水口的位置和尺寸要把握准，否则容易造成后期安装不上的失误。

客户要求做上水改造的时候，一定要考虑到是否需要下水管的改造，而且下水改造还需要协调物业公司，并涉及做防水等事宜。

3.1.2 厨房水路改造设计

（1）厨房布局

厨房水位设计

厨房水电布置，要根据厨房的平面图，确定橱柜的布置形式：一字形、L形和U形。

① 一字形厨房的布局如图3-6所示。水盆地柜布置在窗户位置；炉灶柜布置在烟道附近位置。炉灶柜上面装有抽油烟机，可方便将油烟近距离接入烟道管，直接排出。

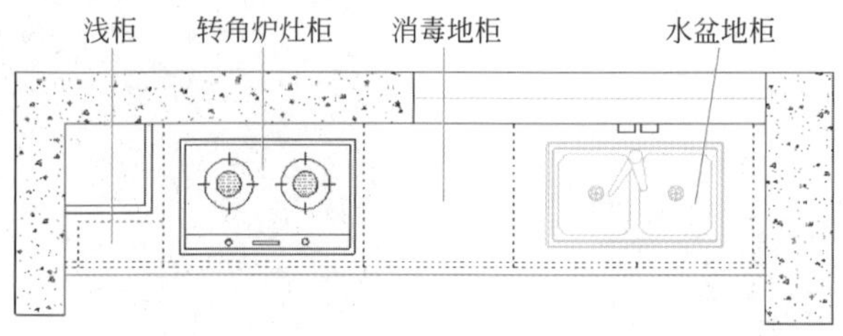

图3-6　一字形厨房平面布局图

② 一般L形厨房布局如图3-7（a）所示。水盆地柜布置在窗户位置；炉灶柜布置在烟道附近位置；水盆柜和炉灶柜如在转角位置，注意其主体部分不得设计在转角内，以免造成操作不便。面积较大的L形厨房可以增加岛台柜，如图3-7（b）所示。

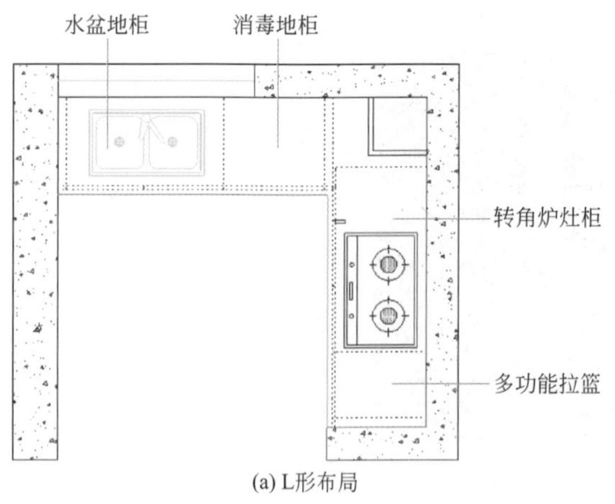

(a) L形布局

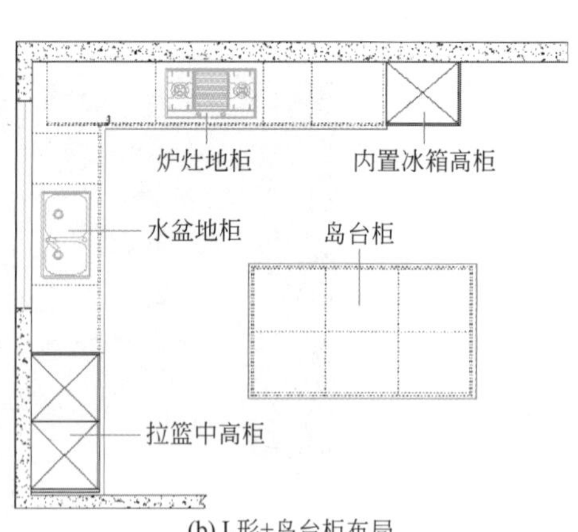

(b) L形+岛台柜布局

图3-7　L形厨房布局平面图

【特别提醒】

U形厨房布局方法同L形厨房。

（2）洗菜盆水位设计

① 洗菜盆进水口位置。冷热进水口水平位置的确定应该考虑冷热水口连接和维修的作业空间，同时要注意落地柜侧板和下水管的影响。一般布置在落地柜所在的背墙上，且离地高400～500mm，冷热水间距150mm。左右位置在落地柜中心为最好。

② 洗菜盆排水口位置。主要考虑排水的通畅、维修方便和落地柜的影响。一般定位在洗菜盆的下方比较合适，且离背墙的距离在200mm左右为佳。

洗菜盆的进排水口位置如图3-8所示。

图3-8　洗菜盆的进排水口位置

【特别提醒】

如果水表在厨房，设计水路时一定要把水表和总阀拉出来，装在打开橱柜门伸手可及的地方，以便于关水和查表、水表的连接、维修、查看作业空间。由水表接出来的水管，再分路接到各个地方，如图3-9所示。

（3）洗碗机水位设计

现在市面上的洗碗机主要有两种类型：独立式和嵌入式。这两种类型洗碗机的水位设计有所不同。下面介绍嵌入式洗碗机的水位设计。

① 洗碗机的进水口位置。进水口的位置位于洗碗机的邻柜，且高度距离地面200～500mm之间比较合适，如图3-10所示。

② 洗碗机排水口位置。一般安排在洗碗机机体的左或右侧柜（落地柜）的背墙上，千万不要安排在机体背墙上。一般情况是和洗菜盆的排水位一起共用一个排水，从洗菜盆的排水口处一起排出，如图3-11所示的方式一；如果洗碗机放置位置距离排水口较远，也可以使用单独的排水口，如图3-11所示的方式二。

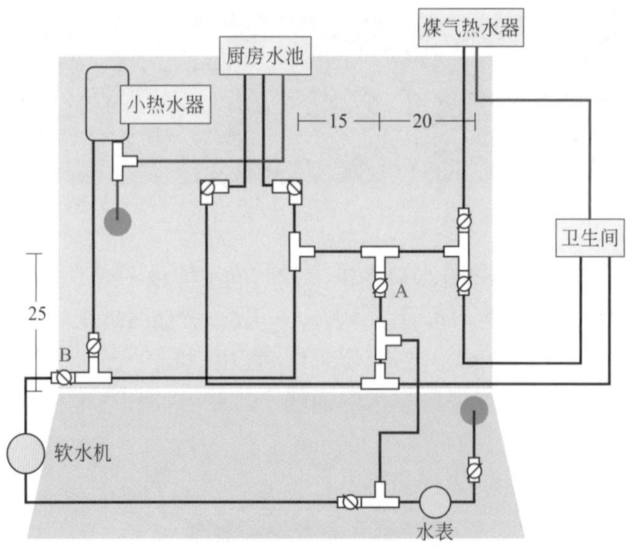

图3-9　某家庭水路布置图

图3-10　洗碗机的进水口位置

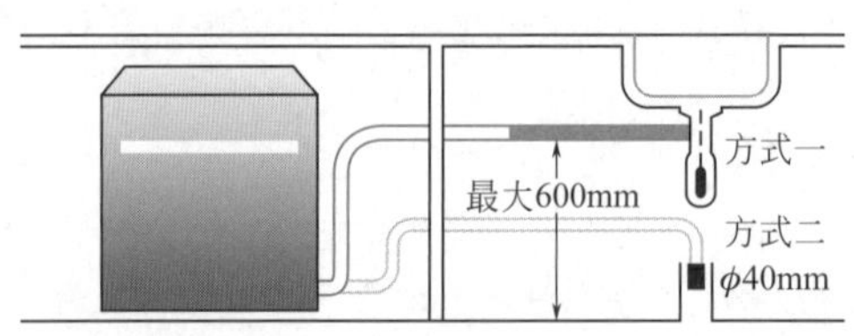

图3-11　洗碗机排水口

【特别提醒】

独立式洗碗机的下水位设计与洗衣机水位设计类似。

（4）热水器水位设计

热水器的安装位置一般在1500mm左右的高度，水位的高度在1200～1300mm，要比电源插座的位置低，布置水位要考虑热水器的尺寸问题及排气，尤其是在窗户附近安装热水器，如图3-12所示。

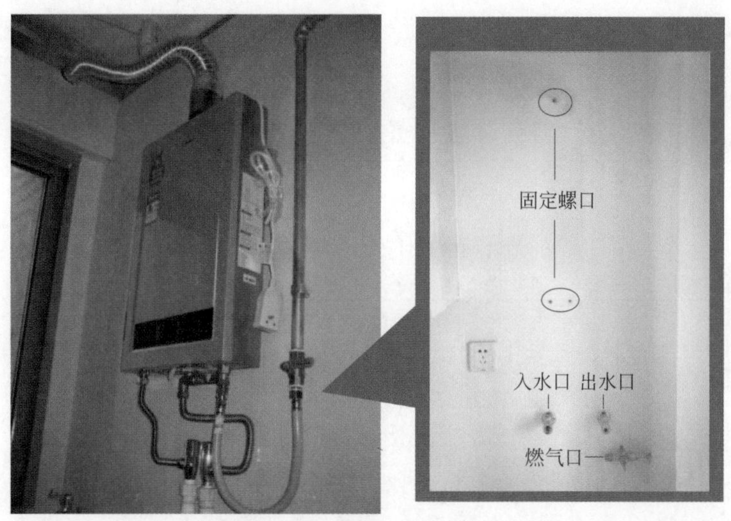

图3-12　热水器的水位设计

【特别提醒】

热水器、洗衣机等是否放在厨房，要根据厨房的面积大小与用户的生活习惯来定。

（5）其他用水设备的水位设计

水盆柜内若有净水等设备，需在水盆柜内预留备用插座，高度550mm，位于设备放置处水盆柜后面柜体侧板边距100mm处，如图3-13所示。水盆柜内另设置水源阀门最佳。

图3-13　水盆柜内安装的净水设备

（6）厨房水电定位实例

下面以L形厨房为例，介绍厨房水电定位的步骤及方法。

第一步：确定橱柜的摆放位置，如图3-14所示。

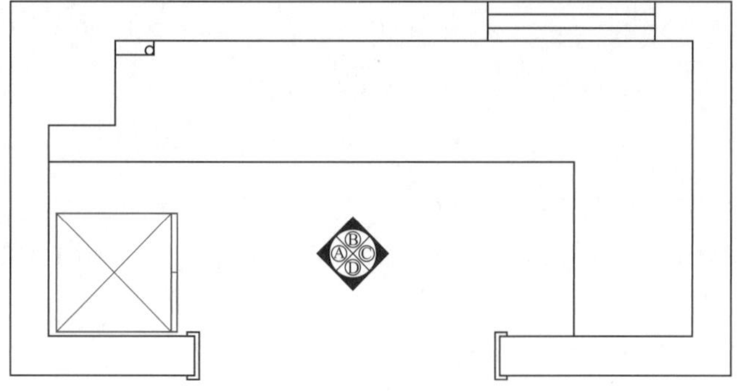

图3-14　橱柜摆放位置

第二步：确定灶、水槽、热水器的位置。灶的位置要考虑燃气管道的位置和切角的位置，如图3-15所示。

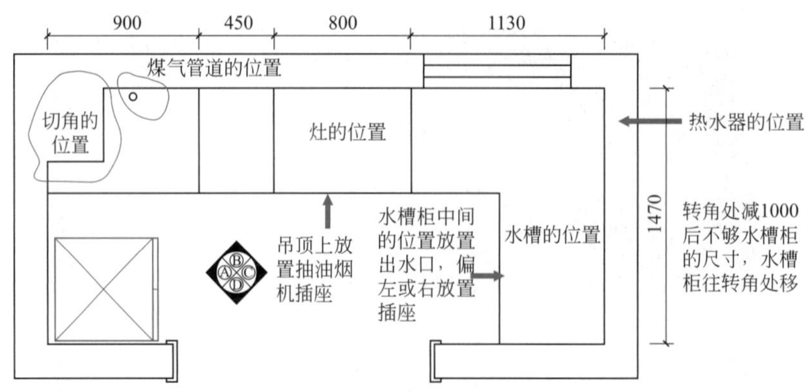

图3-15　确定灶、水槽、热水器的位置

第三步：根据柜子分布的水电图纸确定水电位，如图3-16所示。抽油烟机插座置于吊顶上，插座盒采用明盒，先不固定在墙体上，连接插座盒的电源线放长1.5m左右，抽油烟机插座可以从吊顶上引到油烟机的烟道中，抽油烟机插座的定位不受限制。

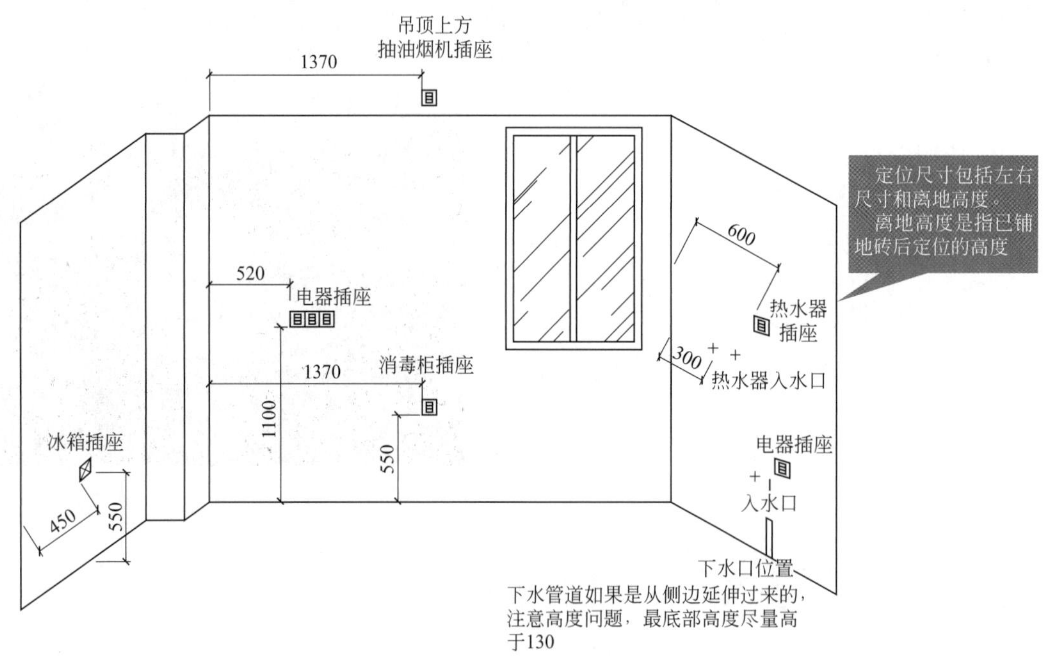

图3-16　厨房水电定位图

厨房水电定位的注意事项如下：

① 水位和电位布置时，要规避各种障碍物，如要避开侧板、阀门、开关等，免得给安装带来麻烦。

② 所有备用插座离水源及火源400mm以外，且露在外面的插座高度要一致，间距要协调。

③ 尽量避免在燃气管道及燃气表附近350mm处布置电源。

④ 厨房布置水电路，一定要遵循横平竖直原则，防止后期出现问题无法检修。

⑤ 离墙尺寸尽量为整数，方便预埋测量。尺寸标注从固定墙体起计，不要从管道等实际尺寸会变动的墙面起计。

【特别提醒】

U形水电布局方法与L形的橱柜布置一致。U形橱柜的转角有两处，可变性更多。若要用L形的橱柜布置的方案，只要确定好灶和水槽的位置布置厨房水电即可，另一侧可以在1100～1300mm的高度放置电器插座2～3个。

3.1.3　卫生间水路改造设计

卫生间水路改造的内容比较多：洗面盆、马桶、浴缸等和洗衣机的安装位置如何？是否需要热水管？地漏的下水道处理是否到位？这些都必须考虑清楚。

卫生间水路改造设计

（1）主卫水路改造设计

如果居室是双卫，则主卫是房主起居用的，因此洁具放置尽量简洁，满足最基本的要求即可，即浴缸或淋浴、洗手盆（尽量是台盆）、马桶、洁身器（选装），如图3-17所示。

① 洗浴方式的选择。双卫可以考虑装浴缸，但要根据房间的大小定制合适的浴缸。不建议选择冲浪浴缸，不实用，返修率高。

② 洗手盆的选择。现在的居室里很少有专门的梳妆台，一般都是在卫生间里解决梳妆问题，所以尽量考虑用台上盆。放一些化妆用品与洗浴用品比较方便，会使卫生间简洁。

③ 马桶的选择。选择马桶时主要考虑排水方式是下排还是后排，以便确定坑距（排水墙距）。下排的马桶一般有后300mm与后400mm之分，选择前将尺寸量好就可以了。

（2）客卫水路改造设计

客卫不但要满足基本的卫生间功能，有的家庭也要将洗衣机、拖布池都放在客卫，有的还要加装热水器，如图3-18所示。

① 手盆可以选择柱盆。因为客卫的功能多，限于空间可以考虑用柱盆。

② 洗浴选择淋浴，如果空间允许尽量考虑淋浴房，可以干湿分开。

③ 马桶的选择可以参考主卫。

④ 洗衣机的选择。滚筒与全自动洗衣机均可。需要注意的是，洗衣机不要与地漏共用一个下水，因为洗衣机放水的时候流量较大，很容易向上溢水。

⑤ 拖布池的选择。这个问题要参考卧室与客厅地面的铺设、卫生间的容量。如果地砖较多，最好安一个拖布池，比较方便。如果是木地板，可以不安装拖布池，预留1个水龙头便于用水桶接水。

⑥ 热水器的安装。热水器要考虑房子住人的数量以及有无浴缸为依据。如果有浴缸，电热水器不要选择80L以下的。如果只有两个人，50～60L就够用了。

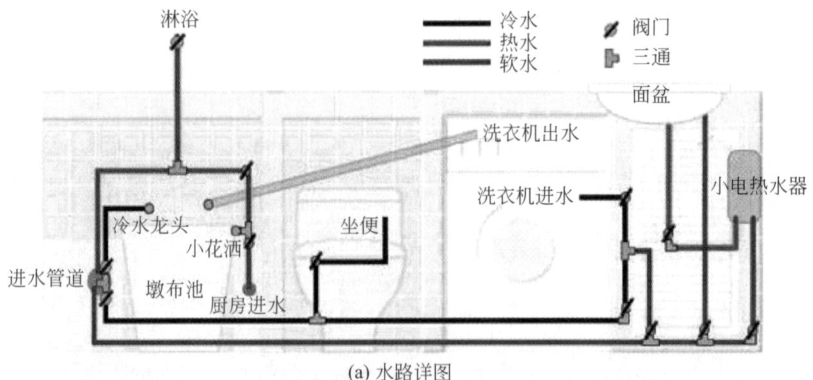

(a) 水路详图

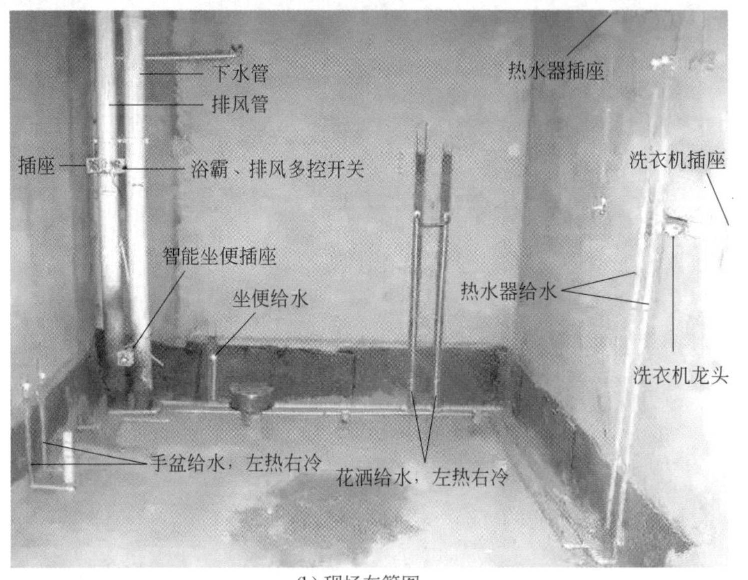

(b) 现场布管图

图3-17　主卫水路设计图

图3-18　客卫设计效果图

（3）卫生器具布置尺寸的要求

卫生间卫生器具的布局、给水和排水配件预留位置应合理，满足使用功能，如图3-19所示。普通住宅卫生器具的最小布置尺寸应满足如下要求：

① 马桶与对面墙壁的净距离应≥460mm，与旁边的墙面的净距应≥380mm，墙面有排水管时，则距离应≥500mm。

② 马桶与洗脸盆并列时，马桶的中心至洗脸盆边缘的净距离应≥350mm；马桶与洗脸盆相对时，马桶的中心至洗脸盆净距离应≥760mm。

③ 洗脸盆边缘至对面墙的净距离应≥460mm（对身体魁梧者最小应有560mm）；洗脸盆的边缘至旁边墙面的净距离应≥450mm；洗脸盆的上沿距镜子底部的距离≥200mm。

④ 浴盆，一般带裙边浴盆，常用的浴盆宽度为520～680mm（内部宽度），长度为1200～1500mm，浴盆裙边与坐便器中心距≥450mm。

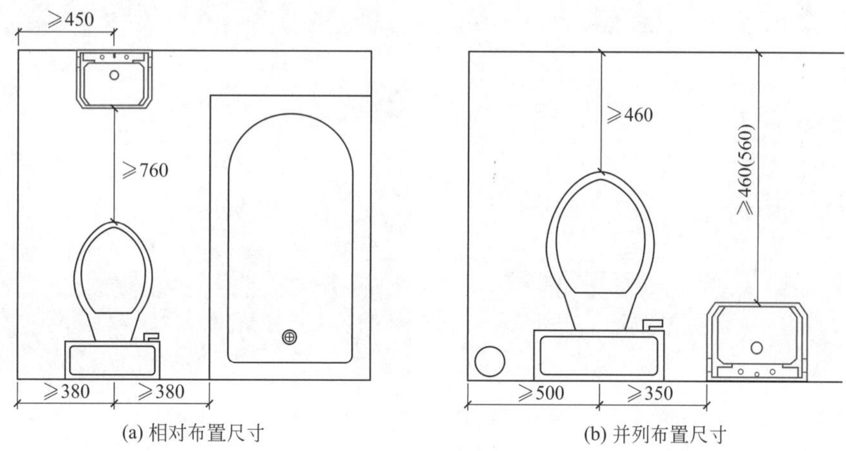

(a) 相对布置尺寸　　(b) 并列布置尺寸

图3-19　卫生器具的最小布置尺寸

如图3-20所示是卫生间水路设计不规范的几个案例，读者可引以为戒。

坐便配水口与排水预留洞位置应相互对应，否则会造成安装施工困难及使用不便，如图3-21所示。

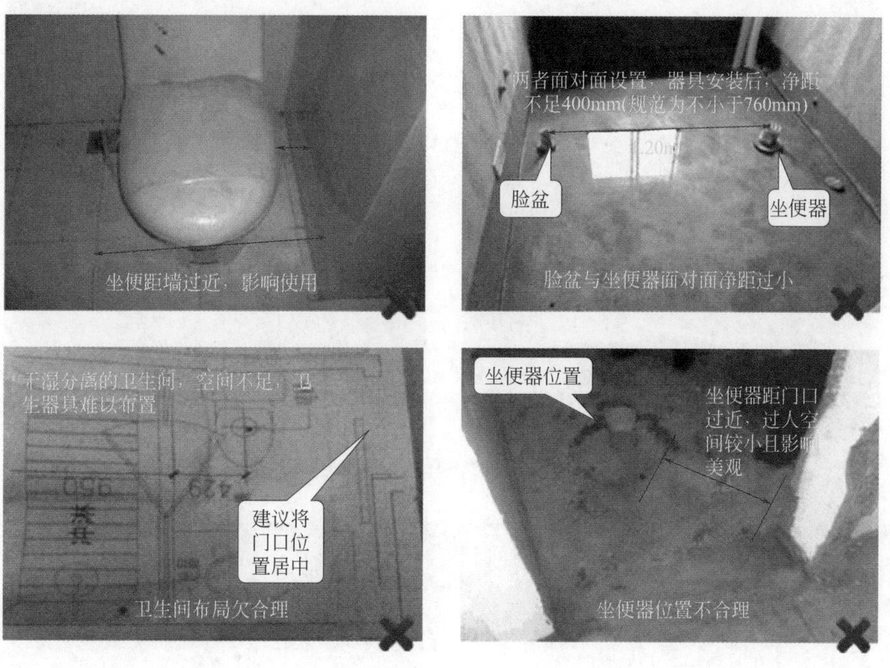

图3-20

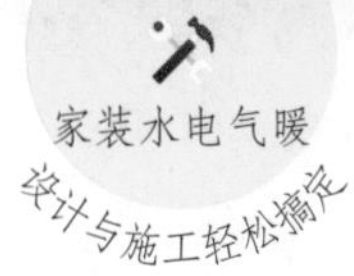

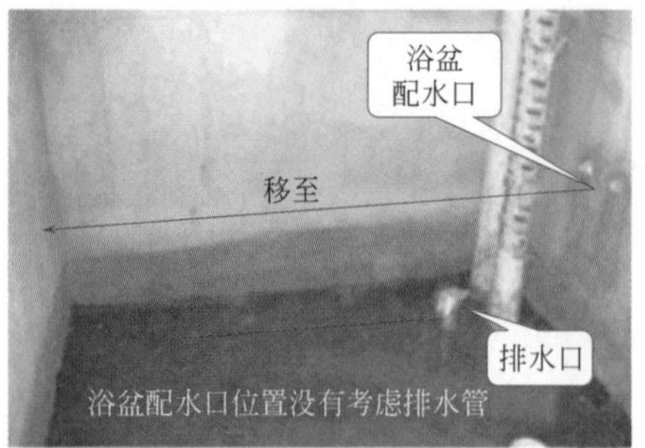

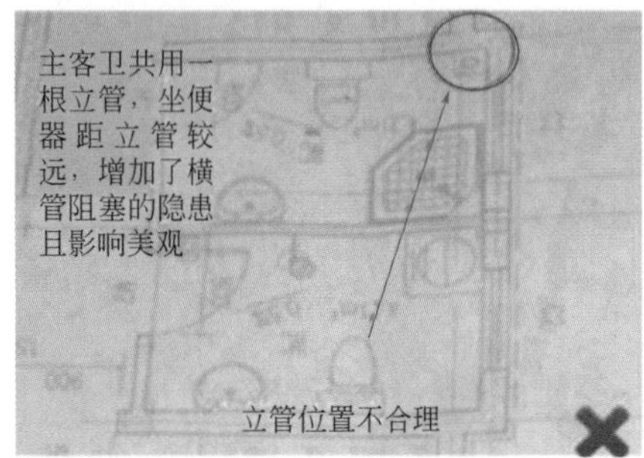

阳台设置洗衣机、未设计地漏

浴盆配水口位置没有考虑排水管

主客卫共用一根立管，坐便器距立管较远，增加了横管阻塞的隐患且影响美观
立管位置不合理

淋浴空间过小

图3-20　卫生器具布置不合理示例

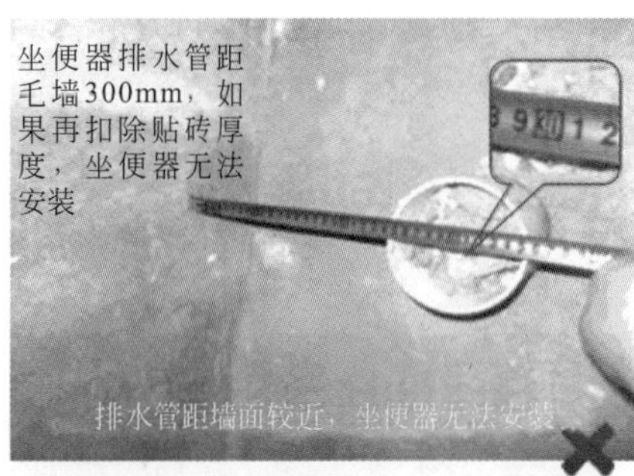

坐便器排水管距毛墙300mm，如果再扣除贴砖厚度，坐便器无法安装
排水管距墙面较近，坐便器无法安装

坐便配水口背离坐便器

淋浴配水口过于靠墙，使用不方便

图3-21　坐便位置设计不合理示例

【特别提醒】

卫生间地面一定别忘了做防水，特别是地面开槽的。淋浴区如果不是封闭淋浴房的话，墙面防水应该做到180mm高，以防以后“墙体出汗”。

3.2 燃气改造规划设计

燃气管道的安装关乎业主的生命财产安全，因此，国家及相关部门对此有一定的规范要求。燃气管道一般不能自行安装，先要报装，然后由燃气公司派人入户布管，最后由装修队按要求埋管。

3.2.1 燃气改造规划

（1）燃气管材的选用

家庭燃气管材质一般有镀锌管、不锈钢波纹管和铝塑管等，它们的优缺点比较如下：

家庭燃气管路改造

① 不锈钢波纹管。不锈钢波纹管是一种柔软而且耐压的管件。不锈钢波纹管除了柔软耐压外，还具有质量轻、耐腐蚀、耐高温等特点，目前许多地方的家庭燃气管采用不锈钢波纹管，如图3-22所示。

② 铝塑管。铝塑管的内外层都是一种特殊的聚乙烯材料，无毒环保而且质量轻盈，其“能屈能伸”的性质很适合应用在家庭装修中，如图3-23所示。铝塑管作为室内燃气管道能够经受强大的工作压力，而且由于管道可以延伸很长一段距离，需要接头的情况少，因此其对于气体的渗透率几乎接近于零。用铝塑管作为家庭煤气输送路线是安全可靠的，但要小心避免买到劣质的铝塑管，因为市场上劣质铝塑管受到碰撞时，很容易出现弯曲、变形，甚至是破裂的情况，威胁业主们的生命财产安全。

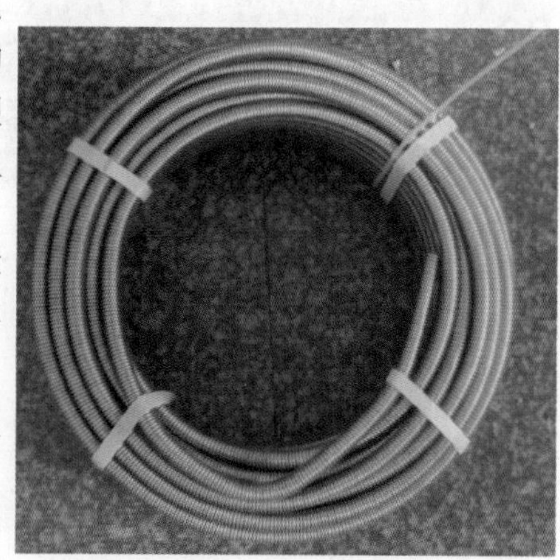

图3-22　不锈钢波纹管

③ 镀锌管。镀锌管是指在钢管表面进行镀锌的一种管道，有热镀锌管和电镀锌管之分。由于电镀锌管容易被腐蚀，通常采用的是热镀锌管。热镀锌管不仅有较高的耐腐性，而且使用寿命很长，不过由于其接口过多，施工麻烦，正逐步被市场所淘汰。

（2）家庭燃气改造规划须知

业主是不可以私自改造燃气管道的，如果要改必须经过物业和天然气公司等方面的专业人员批准，再进行改造安装。

① 国家规定燃气管线必须明设，不得密封。这样不仅有助于平时通风，降低事故的发生

概率，而且在管线出现故障时也方便工作人员进行维修。为了降低事故的发生，燃气管线宜短不宜长，尽量不要穿越卧室、客厅，如果必须穿越，务必要做好防护措施，例如在管线外再套一个管套，如图3-24所示。

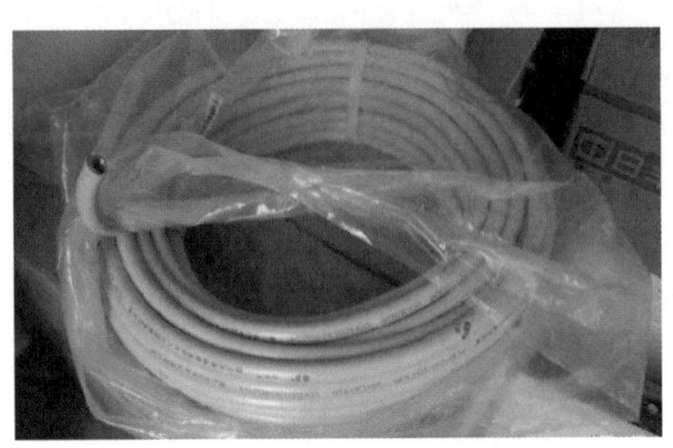

图3-23　铝塑管

图3-24　燃气管线宜短不宜长

② 用气计量表应放置在通风的位置。在装修中业主不得私自更换用气计量表，也不得擅自挪动它的位置。

③ 家庭燃具与管道的连接处应采用不锈钢管，不宜使用软管。如果使用胶管，其安全长度在1.5m以内。

④ 管道改造结束后需进行安全检查。

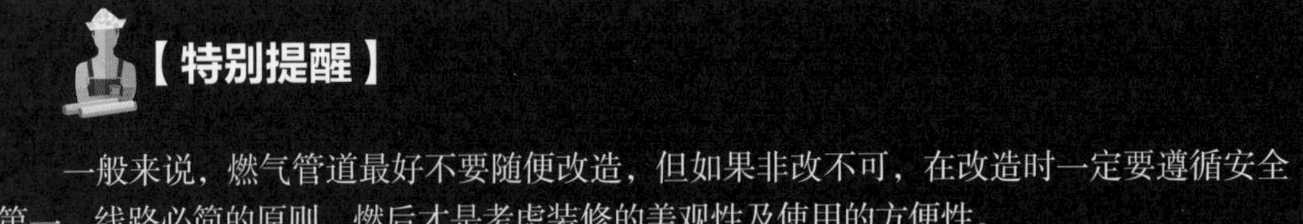

【特别提醒】

一般来说，燃气管道最好不要随便改造，但如果非改不可，在改造时一定要遵循安全第一、线路必简的原则，燃后才是考虑装修的美观性及使用的方便性。

若业主想要迁、移、改、装燃气表或燃气管道，得需要向燃气公司提出申请，然后由燃气公司上门勘察，并要结算勘察费。勘察人员会测量改装的尺寸，并以此为依据计算改装费用，然后会派人上门施工，施工完结算改装费。

3.2.2　燃气改造设计

3.2.2.1　燃气表安装位置的设计

燃气表严禁安装在有电源、电器开关及其他电器设备的橱柜里和潮湿的地方；若安装在橱柜内，应确保便于日后维修、拆装及插卡、检查、更换胶管和燃气阀门开关，如图3-25所示。

燃气表所在橱柜柜门上方应预留直径不小于2.5cm的通风孔或采用百叶门，确保通风良好；燃气表不防水，请勿用水清洗，注意防雨防潮；禁止将燃气管道及设施（阀门、燃气表）包封起来。

(a) 燃气表安装在墙上

(b) 燃气表安装在橱柜内

图3-25　燃气表安装位置的设计

3.2.2.2　管路设计

燃气立管在原厨房内时，原厨房不能改为它用，管道可直接安装在厨房里。燃气立管在厨房外墙附近时，必须便于维修工施工。

因特殊情况室内燃气管道必须穿越浴室、厕所、吊平顶（垂直穿）和客厅时，管道应无接口。室内燃气管应加设套管，套管管径应比气管管径大二档，气管与套管均应无接口。

（1）燃气管道与其他管道相遇的安全距离

① 水平平行铺设时，净距不宜小于150mm。

② 竖向平行铺设时，净距不宜小于100mm，并应位于其他管道的外侧。

③ 交叉铺设时净距不宜小于50mm。

（2）其他要求

电源插座、电源开关与天然气管道不得交叉，水平净距不小于150mm；燃气表、燃气阀门及管道接口正上方不应有电源插座。

3.2.2.3　燃气阀门的布置

若燃气灶下面是柜门，则阀门放置在柜体内，高度为500mm。如果燃气灶下面是拉篮或电器，则把阀门放在靠燃气灶柜隔壁的柜体内方便检修的位置。

3.2.2.4　燃气出口的布置

燃气出口应该布置在炉灶柜的背后，且要求离地高度在400～500mm之间。

3.2.2.5　燃气灶与燃气出口的连接

家用燃气灶一般采用胶管连接、金属软管连接、专用非金属软管连接、螺纹连接。

嵌入式家用灶应用金属管连接、专用非金属软管连接，如图3-26所示。

台式灶可用强化软管、两端带快速接头的软管连接；软管接头处应用专用卡箍紧固。

图3-26　燃气灶与燃气出口的连接

【特别提醒】

如果燃气管道大部分都包进橱柜里，最好留个燃气报警器插座，可以考虑将来或现在使用报警器。

3.3 家庭独立采暖系统设计

家庭独立供暖是指以户为单位的供暖方式。以燃气、电能为热源的第三代整体供暖方式，具有以单个家庭为单位进行供暖的灵活性。

3.3.1 水地暖系统设计

（1）水地暖系统简介

家庭采暖系统设计

水地暖全称低温热水地面辐射采暖，是指把水加热到一定温度（温度不高于60℃），利用热水循环泵强制循环锅炉和地板下盘管内的热水，通过地板发热而实现采暖目的的一种取暖方式，是一种对房间微气候进行部分调整的采暖系统。

水地暖系统由锅炉、集分水器、水管、温控器、多种阀门等组成，如图3-27所示。

水地暖系统地面的温度为25～29℃，室温通常为18～22℃。由于地暖是均匀加热整个地面，所以是所有采暖系统中最舒适的一种方式，因其舒适性高、隐蔽性强被广泛使用。供暖管道在地面下的位置如图3-28所示。

水地暖不单是家庭采暖的最优选择，而且还可以兼顾家庭生活热水，把资源利用最优化，所以更加节能。因为水地暖安装在地板里面，所以不占用室内的空间和装修的效果。

适用户型：面积较大的房间和大户型都比较适用。

【特别提醒】

安装水地暖系统会增加地面5～7cm高度，升温速度会需要一定的过程，对地面材质也会有一定的要求。水地暖的缺点是需要经常清洁保养、清除水垢等，比较费钱费时。

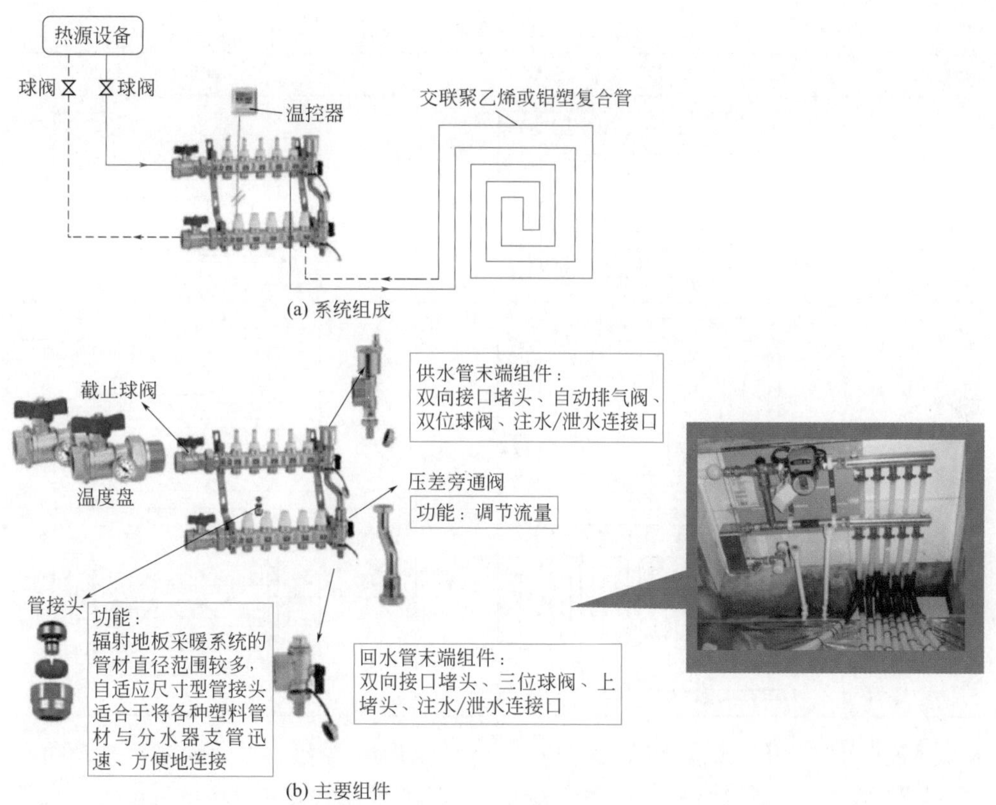

图3-27　水地暖系统

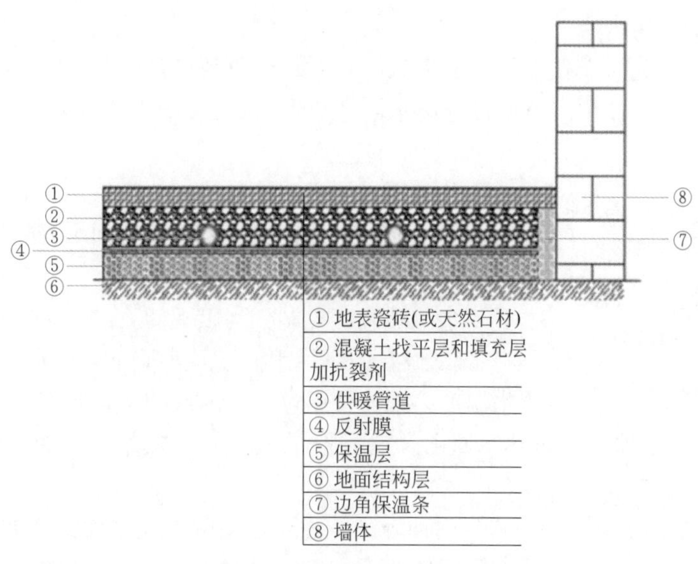

图3-28　供暖管道在地面下的位置

（2）水地暖的盘管方式

水地暖常用盘管方式有三种：螺旋型、迂回型、螺旋迂回型，见表3-2。其中使用最多的是螺旋迂回型和螺旋型。

表3-2　水地暖常用盘管方式

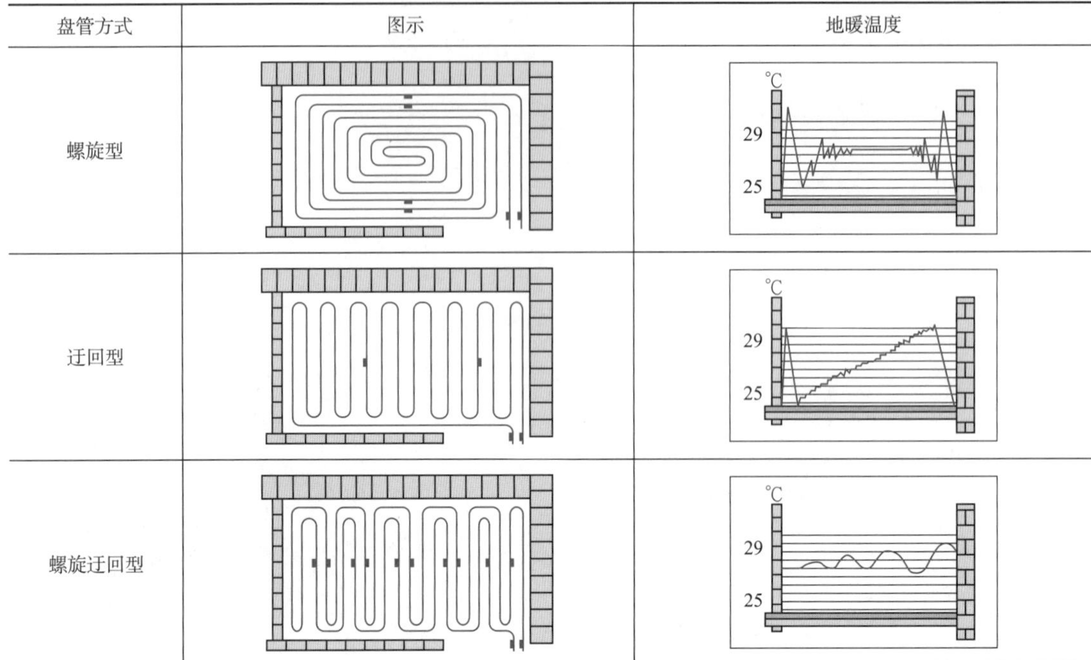

盘管方式	图示	地暖温度
螺旋型		℃ 29 25
迂回型		℃ 29 25
螺旋迂回型		℃ 29 25

从表3-2中可以看出，螺旋型盘管可以产生均匀的地面温度，并可通过调整管间距来满足局部区域特殊要求，是最常用的一种盘管方式。迂回型盘管方式产生的温度为一端高一端低，适用于在较狭小的空间内采用。由于房间结构复杂多样，螺旋迂回型盘管方式也经常被采用。

（3）水地暖的分集水器

分集水器用于优化系统各支路的流量分配，更好地控制热量均衡，并且起到各支路开关、系统泄水、自动排气的作用。可通过分集水器将地暖水管分成多路控制，比如一个房间一路，如图3-29所示。

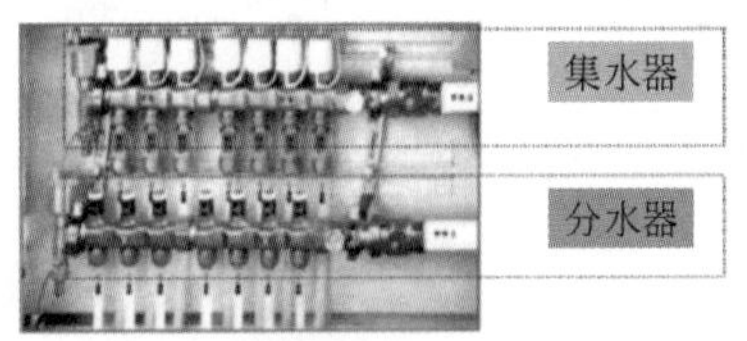

图3-29　分集水器

分水器：用于连接各路加热管供水管的配水装置。

集水器：用于连接各路加热管回水管的汇水装置。

（4）水地暖控制方式

水地暖温度控制分为以下两大部分：

① 设备控制供水温度及水流量。供水温度一般为额定供水温度；水流量通过设备内部的水泵启停控制。

② 室内温度控制器，通过热水是否流动控制散入房间的热量，从而达到室内温度的控制，如图3-30所示。

室内温度控制也可以分为区域控制和分区域独立控制两种控制模式，如图3-31所示。其中，区域控制模式适用于敞开式空间或客户习惯全开的场合，也可以单独调节某个区域的启闭；分区域独立控制模式适用于要求各个采暖区域可以单独启闭调温，达到更节能目的的客户。

（5）水地暖的铺设方法

现行水地暖的铺设有干式和湿式两种方法，见表3-3。

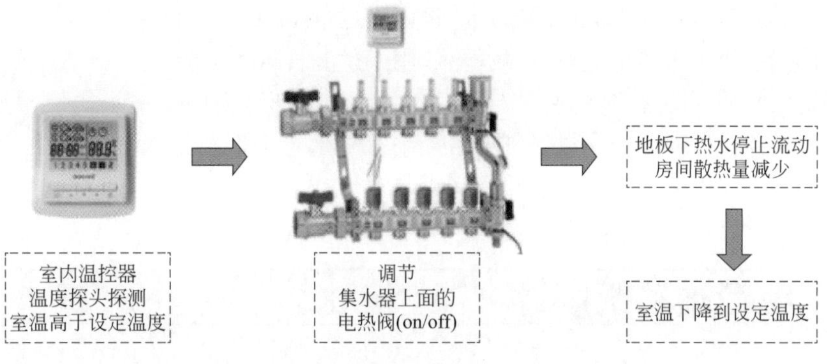

图3-30　室内温度控制器

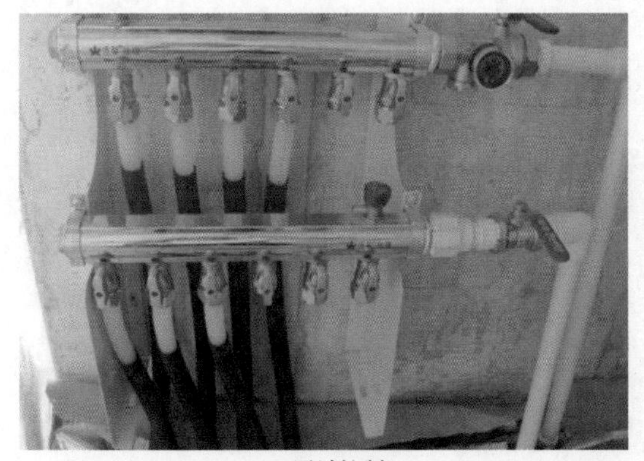

(a) 区域控制

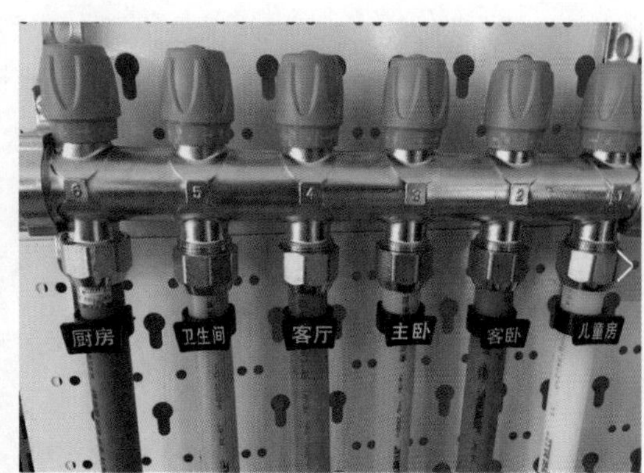

(b) 分区域独立控制

图3-31　室内温度控制模式

表3-3　水地暖的铺设方法

铺设方法	图示	说明
干式铺设法	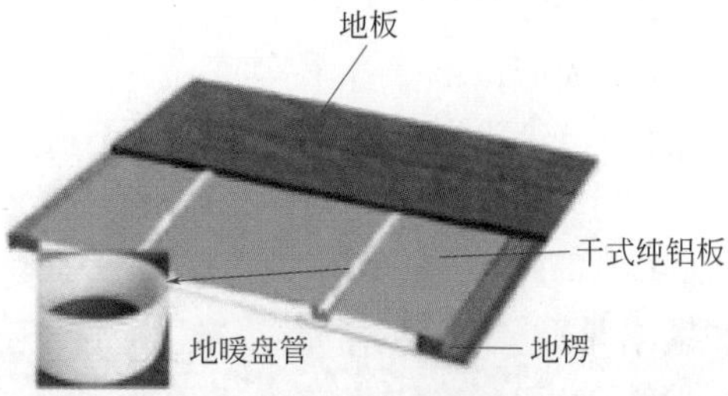 地板；干式纯铝板；地暖盘管；地楞	直接将管子嵌入专门的铺设磨具中，不需要填充层，安装简单，安装高度小。散热快，价格比较贵
湿式铺设法	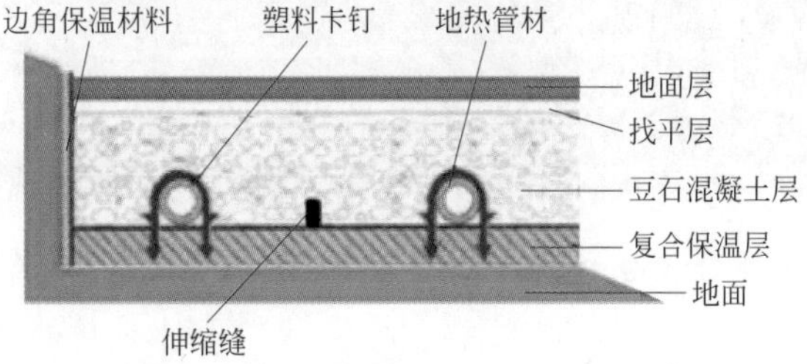 边角保温材料；塑料卡钉；地热管材；地面层；找平层；豆石混凝土层；复合保温层；地面；伸缩缝	铺设管路后需要进行水泥填充，安装高度比干式大，但储热好，施工费用低

（6）水地暖设计要求

① 地热管道规格按照国家有关标准分为*DN*16 ～ 20mm的PE-RE、PB等塑料材料。

② 连接在同一分集水器上的地暖管环路长度应尽量保持一致。

③ 分水器前的供水干管上应设置过滤器，用于过滤管路中的杂质。

④ 不同地面材质，散热量不同，按热导率大小来分首选大理石、瓷砖、实木复合地板。

⑤ 在地暖环路设计时，应尽量做到分室控制，避免与其他管线交叉。

⑥ 为确保回填层上表面不裂，地热管间距应大于100mm。

3.3.2 电地暖系统设计

3.3.2.1 电地暖简介

地暖设计基础知识

电地暖是将外表允许工作温度上限65℃发热电缆埋设地板中，以发热电缆为热源加热地板或瓷砖，以温控器控制室温或地面温度，实现地面辐射供暖的供暖方式，如图3-32所示。

图3-32 电地暖

电地暖的室内温度均匀，各处温度可按需调节，各个房间可自由、单独控制，节约能源；无噪声，无污染；智能运行，耗能低，热辐射供暖，效率高；不占用室内、室外任何空间。

适用户型：主要受家用电能表额定电流的限制，一般来说适用于六七十平方米的小户型。

【特别提醒】

与水地暖相比，电地暖的优势在于制热快，而且不需要后期的经常性清理与维护。其缺点是无法像水电暖一样产生生活热水，而且耗费的成本也比较高。

如果是大户型的家庭或场所（大于130m^2），最好使用水暖，成本较低；若是中户型或小户型，则建议选择电暖。

3.3.2.2 电地暖构成及原理

电热地暖与水地暖比较

电地暖系统由发热电缆、温控器、地面辅材等组成，如图3-33所示。发热电缆以电力为能源，利用合金电阻丝进行通电发热，来达到采暖或者保温的效果，通常有单导和双导之分。温控器安装的部位是建筑物的室内墙面，起到了通电和断电的作用，此外还可以设定温度。

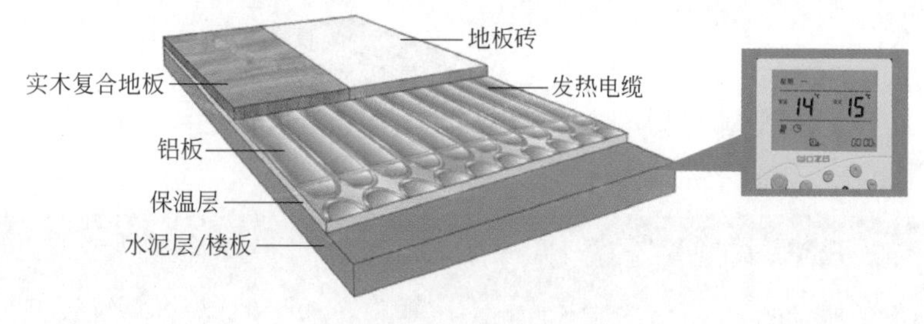

图3-33　电地暖系统的组成

发热电缆通电后，导体工作温度控制在40～70℃，通过地面（10～35℃）作为散热面，以辐射的方式向地面以上传递，使其表面温度升高，达到提高及保持室温的目的。

【特别提醒】

电地暖是现在最为舒适、健康并且日益普及的采暖方式，使用寿命为50年以上，家庭使用电地暖不仅可以在全部区域使用，也可以根据实际需要在局部使用，如家里的卧室或者客厅。

3.3.2.3　电地暖的设计

电地暖的发热电缆分为单导和双导两种，从电磁辐射的角度讲双导电缆比单导电缆的电磁辐射要小些，比较适合家庭地板采暖，而单导的电磁辐射要比双导的高一些，用于户外地板采暖系统较多。从设计安装来讲，单导要难一些，由于单导电缆的两端都要与温控器相连接，需要把电缆的末端合理地盘回来，这样就需要在设计时设计好，施工时掌握尺度。相比较起单导，双导就比较好施工，末端在哪里截止都可以。

（1）计算房间的热损失

一个房间的热损失包括通风热损失、空气侵入热损失及传导热损失（外墙、天棚、地板及门窗传导热损失之和）。根据相应数值计算出房间的总体热损失。

（2）确定所需安装的总功率

用计算的热损失，乘以一个修正系数（一般为1.2）得出该房间采暖所需的设计功率。

（3）计算采暖区域的地板面积

采暖区域地板面积为地热电缆的实际铺装面积，要减去室内有固定设施地方的面积（例如沙发、床、壁柜、碗柜、浴缸、壁炉等）。

（4）计算地热电缆铺装间距

用采暖区域地板面积除以所选发热电缆的长度，得出电缆的铺装间距。

（5）检查采暖区域地板单位面积功率

用选定地热电缆的实际功率除以采暖区域地板面积，得出采暖区域地板单位面积的缆铺功率，查验所得值是否适用。

（6）选择温控器

根据采暖区域的负载，即区域内应铺装地热电缆的实际功率和应用环境要求（单地温、单室温、双温双控），确定所需温控器。

（7）供电设计

发热电缆系统的供电方式，宜采用AC 220V供电。当进户回路负载超过12kW时，可采用AC 220V/380V三相四线制供电方式，多根发热电缆接入AC 220V/380V三相系统时应使三相平衡。

【特别提醒】

电地暖系统的功率一定要与房屋面积相匹配，不能过大或过小。

在入户配电箱中，应单独为电地暖系统设置断路器，以方便调试、检修，且不影响家庭正常使用其他电器设备。

3.3.3 暖气片系统设计

（1）暖气片系统的组成及原理

暖气片采暖是指以暖气片作为末端的采暖方式，其最大特点是升温快，即开即热，特别适用于南方地区间歇性采暖的需要。暖气片系统主要由壁挂炉、分水器、暖气片、管道组成，如图3-34所示。

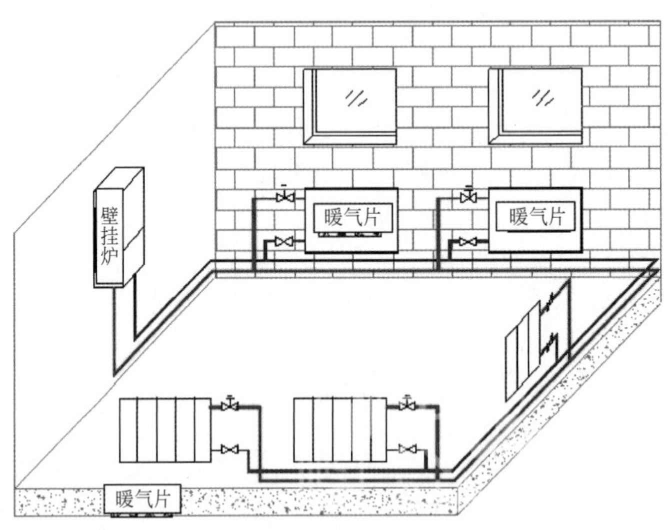

图3-34 暖气片系统

暖气片系统通常利用壁挂炉把水加热，水通过管道流经分水器，利用分水器把热水通过管道送往各个暖气片，热水流过暖气片，散发出自己的热量后，再通过回水管道返回壁挂炉，完成散热循环，如图3-35所示。

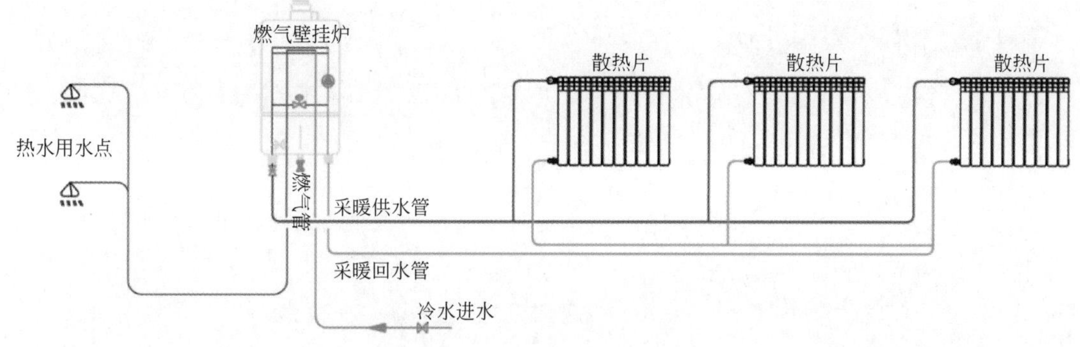

图3-35　暖气片系统工作原理图

（2）暖气片系统的种类

暖气片属于一种散热器，从连接方式上来看，暖气管道连接方式有串联和并联之分，还可细分为上进下出、对角连接，上进下出、同侧连接，底进底出等多种连接方式。

从安装效果上说，暖气片安装可分为明装和暗装，明装即暖气片装置在墙面的外表，进回水管道布管在房屋的吊顶、墙壁等能看到的地方；暗装是在土建完结之后水电安装之前，将管道埋在墙体或地板下，等竣工再挂暖气片的装置方法。

无论明装或暗装，暖气片安装都可以做到不破坏装修的整体布局而达到采暖的效果。

（3）暖气片系统的适用户型

小户型房间，面积在120m^{2}以内。

（4）暖气片与地暖供热效果对比

暖气片采暖则以对流为主，暖气片散发热空气，使房间内的冷暖空气形成对流从而达到采暖目的。暖气片采暖会随着位置与暖气片距离的加大，而产生温度递减，同一层面的温度温差较大，这一种感觉在大空间房间内尤其明显。由此看来暖气片的舒适感相对差些，但与空调制热相比要好一些。地暖的热量由下而上均匀辐射散热，符合“温足凉顶”的中医理论。在同一层面房间温度均匀，温差小，就会使人的舒适度刚刚好。如图3-36所示为暖气片与地暖供热效果对比。

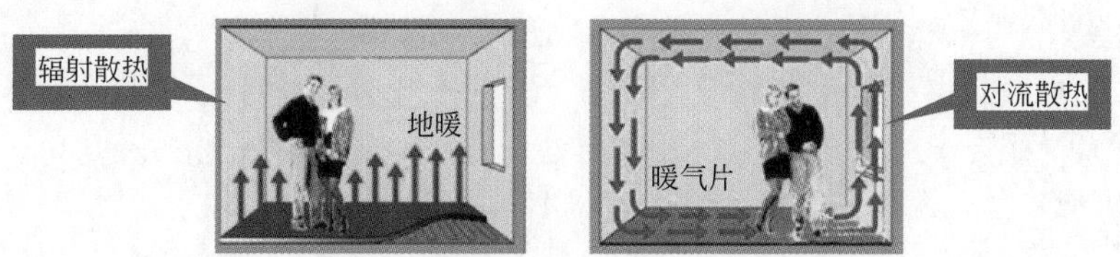

图3-36　暖气片与地暖供热效果对比

从节能效果上来看，地暖要比暖气片节能30%左右。

【特别提醒】

无论家庭采暖系统选用何种方式，都各有利弊。不能片面地说地暖好或者暖气片好，消费者家里到底适合安装地暖还是暖气片，理应根据家庭经济情况和使用习惯来选择采暖方式。

【法规摘编】

中华人民共和国住房和城乡建设部《住宅项目规范（征求意见稿）》（2019版）中关于给水排水、燃气、供暖的规定。

1.给水排水

（1）住宅用水点的给水压力不应小于用水器具要求的最低压力；入户管的给水压力不应大于0.35MPa。

（2）住宅厨房和卫生间的排水立管应分别设置。

（3）排水管道不应穿越卧室。

（4）住宅设有淋浴器和洗衣机的部位应设地漏或排水设施，其水封深度不应小于50mm；洗衣机废水不应排入雨水排水系统。

（5）住宅地下室、半地下室中卫生器具和地漏的排水管，不应与上部排水管连接。

（6）住宅建筑采用太阳能热水系统时，应符合下列规定：

1）太阳能热水系统应与建筑主体结构连接牢固；

2）应设置防水、密封和排水构造措施；

3）不得破坏住宅建筑屋面防水层及附属设施。

（7）住宅建筑的生活污水应达标排放。

2.供暖、通风和空调

（1）住宅集中供暖系统应以热水为热媒，并应有可靠的水质保证措施。供暖系统有冻结危险的部位应采取可靠的防冻措施。供暖系统应有热膨胀补偿措施。

（2）除电力充足和供电政策支持外，严寒地区和寒冷地区的住宅内不应采用直接电热采暖。

（3）当采用竖向通风道时，应采取防止支管回流和竖井泄漏的措施。

（4）住宅设有空调系统时，应设分室或分户温度控制设施。无外窗的住宅暗卫生间，应设通风设施，通风设施应防止回流。

（5）分体式空气调节器（含风管机、多联机）室外机的安装应符合下列规定：

1）应为室外机安装和维护提供安全和方便操作的条件。

2）室外机应安装牢固，并采取设空调平台等防止坠落或坠落伤人的措施。

3）应能通畅地向室外排放空气和自室外吸入空气；排出空气与吸入空气之间不应发生明显的气流短路。

4）室外机位的格栅应保障空调有效散热，应组织好冷凝水的排放，并采取防雨水倒灌及外墙防潮的构造措施。

5）对周围环境不应造成热污染和噪声污染。

3.燃气

（1）燃气管道不应敷设在住宅建筑卧室、暖气沟、进风道、排烟道、垃圾道和电梯井等内。除了专为设在卫生间内燃气热水器供气的表后支管外，其他燃气管道不得进入卫生间。

（2）燃气管道敷设在地下室、半地下室内时，应设通风、燃气泄漏报警或管道检漏等安全设施。

（3）使用燃气的住宅厨房应符合下列规定：

1）厨房与卧室、卫生间等应有隔墙；

2）厨房应有能自燃通风的条件；

3）应有满足燃气灶具安装、操作、检修和安全使用要求的位置和空间；

4）放置燃气灶具的灶台应采用不燃烧材料或难燃材料，当采用难燃材料时，应采取防火隔热措施。

（4）使用燃气的住宅，应至少按每套内设置1个双眼灶和1个燃气热水器配置供气设施。

（5）设置燃气热水器或燃气采暖热水炉的房间应符合下列规定：

1）应有满足安装、操作、检修和安全使用要求的位置和空间；并应设专用烟道将烟气排至室外或在外墙上留有通往室外的孔洞。

2）房间的净高不应低于2.2m，且不应与卧室、起居室等居住房间连通；并应有自燃通风或强制排风措施。

3）安装的墙面或地面应能承受所安装燃气热水器或燃气采暖热水炉的荷载，并应为不燃材料或难燃材料，且当安装在难燃材料构成的墙壁或地板上时，应采取有效的防火隔热措施。

4）安装燃气采暖热水炉的房间地面的最低点应设地漏，地漏及连接的排水管道应能满足排放高温热水及酸性水的要求。

5）应有燃气热水器或燃气采暖热水炉专用的电源插座。

（6）燃气燃烧器具的烟气应通过烟道排至室外，并应符合下列规定：

1）当多台设备合用1个竖向烟道排放烟气时，烟道的构造应有良好的防倒烟和防串烟功能。

2）水平烟道不应通过卧室。

3）排烟口的出口不应对着相邻建筑物的门窗洞口，并应采取防风措施。

4）燃气燃烧器具的排气筒、排气管应保持畅通，排烟口应设在烟气容易扩散的部位，且应远离室外空调新风口；排出的烟气不应窜入或回流至住宅建筑和相邻建筑物内。

（7）抽油烟机不应与燃气热水器或燃气采暖热水炉排烟合用1个烟道。

第4章

装修材料选用

装修质量在很大程度上取决于装修材料的质量。各种装修材料品牌多，质量参差不齐。选用装修材料最首要是考虑它的安全性与舒适性并重，同时兼顾其性价比。

4.1 电路材料选用

家庭及类似场所的电路安装材料主要包括以下几类：

① 电线类材料：包括单芯电线、网线、电话线、视频音频线、网络水晶头等；

② 电工辅料：包括穿线管、穿线管连接配件、暗盒、入盒接头锁扣、线卡、防水绝缘胶布、有线电视分线盒；

③ 配电箱及装置：包括强电配电箱、弱电配线箱，断路器、漏电保护器；

④ 开关：包括单开双控、双开双控、单开单控、双开单控等；

⑤ 插座：包括空调插座（16A）、普通插座（三孔）（10A）、防水插座、视频插座、电脑/电话插座、音响插座、白板等。

电路安装常用材料如图4-1所示。

图4-1　电路安装常用材料

4.1.1 室内装修电线的选用

4.1.1.1 绝缘电线简介

电线电缆简介

（1）绝缘电线的种类及用途

绝缘电线按固定在一起的相互绝缘的导线根数，可分为单芯线和多芯线。多芯线也可把多根单芯线固定在一个绝缘护套内。同一护套内的多芯线可多到24芯。平行的多芯线用“B”表示，绞型的多芯线用“S”表示。

绝缘电线按每根导线的股数分为单股线和多股线，通常6mm^{2}以上的绝缘电线都是多股线，6mm^{2}及以下的绝缘电线可以是单股线，也可以是多股线。人们又把6mm^{2}及以下单股线称为硬线；多股线称为软线。硬线用“B”表示，软线用“R”表示。

电线常用的绝缘材料有聚氯乙烯和聚乙烯两种，聚氯乙烯用“V”表示，聚乙烯用“Y”表示。

常用的绝缘电线的种类及用途见表4-1。

表4-1　常用绝缘电线的种类及用途

型号	名称	主要用途
BX	铜芯橡胶线	固定敷设用
BV	铜芯聚氯乙烯塑料线	
BVV	铜芯聚氯乙烯绝缘、护套线	
RVS	铜芯聚氯乙烯型软线	灯头和移动电器设备的引线
RVB	铜芯聚氯乙烯平行软线	
AV、AVR、AVV	塑料绝缘安装线	电器设备安装
KVV、KXV	控制电缆	室内敷设
YQ、YZ、YC	通用电缆	连接移动电器

（2）绝缘电线的结构

绝缘电线一般由电线芯和绝缘层两部分构成。

① 电线芯。电线芯按芯线硬度分，有硬型、软型和特软型（用于移动式电线的芯线）。按电线的线芯数量分，有单芯、双芯、三芯、四芯、多芯等。装修电路最常用的是单芯铜电线和多芯铜电线如图4-2所示。

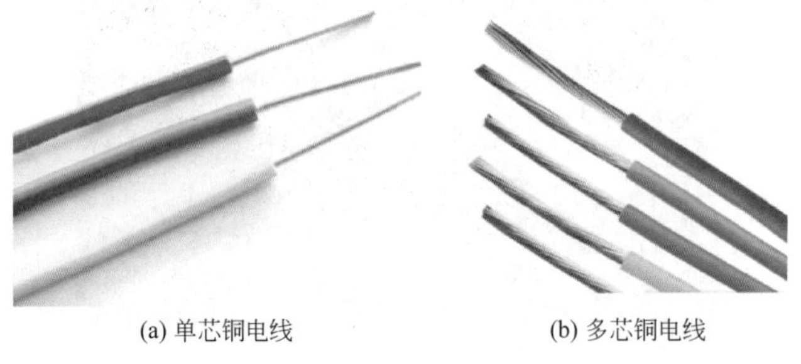

(a) 单芯铜电线　　(b) 多芯铜电线

图4-2　绝缘铜电线

② 绝缘层。绝缘层一般由包裹在电线芯外的一层橡胶、塑料等绝缘物构成，其主要作用在于防止漏电和放电。

（3）电线的型号

绝缘电线的型号一般由四部分组成，如图4-3所示，绝缘电线型号的含义见表4-2。例如，RV-1.0表示标称截面1.0mm^{2}的铜芯聚-氯乙烯塑料软电线。

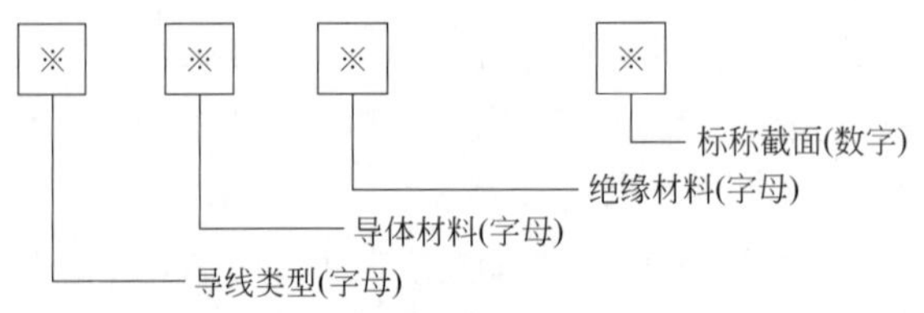

图4-3　绝缘电线的型号表示法

表4-2　绝缘电线型号的含义

类　型	导体材料	绝缘材料	标称截面
B：布线用电线	L：铝芯 （无）：铜芯	X：橡胶 V：聚氯乙烯塑料	单位：mm^2
R：软电线			
A：安装用电线			

（4）电线的连接方法

截面积为10mm^2及以下的单股铜芯线和单股铝芯线可直接与设备、器具的端子连接，如图4-4（a）所示；截面积为2.5mm^2及以下的多股铜芯线的线芯应先拧紧搪锡或压接端子后再与设备、器具的端子连接；多股铝芯线和截面积大于2.5mm^2的多股铜芯线的终端，除设备自带插接式端子外，应焊接或压接端子后再与设备、器具的端子连接，如图4-4（b）所示。

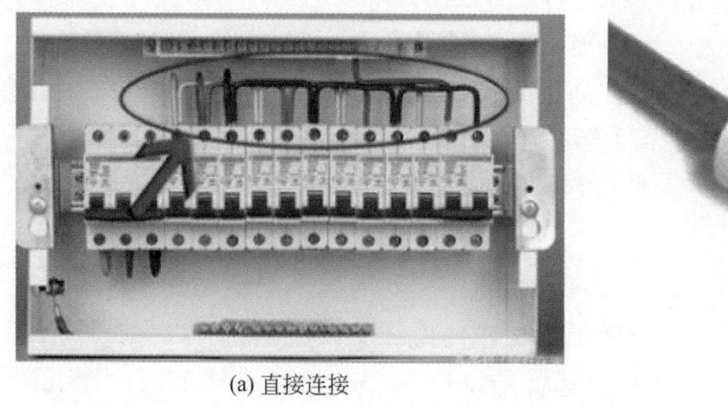

(a) 直接连接　　(b) 端子连接

图4-4　电线连接

4.1.1.2　选用电线应考虑的几个要素

电线的选用要从电路条件、环境条件和机械强度等多方面综合考虑。

（1）电路条件

① 允许电流。允许电流量，也称安全电流或安全载流量，是指电线长期安全运行所能够承受的最大电流。

影响电线能承受最大电流的内在因素如下：

一是电线的横截面积。选用电线时主要要考虑电线使用时会不会严重发热造成事故，电线的横截面积与通过的电流有直接对应的倍数关系。装修时常用到的2.5mm^2、4mm^2电线，其实也就是说的电线的横截面积。常用铜芯线的直径见表4-3。

表4-3　常用铜芯线的直径

横截面积/ mm^2	直径/mm	横截面积/ mm^2	直径/mm
1	1.13	2.5	1.78
1.5	1.37	4	2.25
6	2.76	10	3.5

二是电线的导体材质。常见电线的两种材质是铜和铝，通过混合合成也出现了铜包铝或者其他合成电线，但是与铜和铝分不开，这两种材质相比的话，铜的导电性能要比铝的导电性能高，所以在我们装修买电线的时候一般会问是不是纯铜线。

三是电线的绝缘层。作为电线来说，必须要有绝缘层，虽然不是直接影响电流的因素，但是在一定程度上还是会对电流有影响的，也会抑制电线的导电性，电线的绝缘层也受材质、厚度和阻燃性影响。

影响电线所承受最大电流的外在因素如下：

一是室内的温度和湿度。

二是电线布线的密度。若在一根穿线管内穿很多根电线，会形成电线的临近效应，降低电线的载荷量；电线布置过于密集，也会使电线的温度增高。

三是电线的长度。电线的长度越长，电线的电阻就会越大。

a.选择电线时，必须保证其允许载流量大于或等于线路的最大电流值。

b.允许载流量与电线的材料和截面积有关。电线的截面积即电线的粗细，又叫线径，单位是平方毫米，通常简称为“平方”或“方”。电线的截面积越小，其允许载流量越小；反之，截面积越大其允许载流量越大。截面积相同的铜芯线比铝芯线的允许载流量要大。

c.允许载流量与使用环境和敷设方式有关。电线具有电阻，在通过持续负荷电流时会使电线发热，从而使电线的温度升高，一般来说，电线的最高允许工作温度为65℃，若超过这个温度，电线的绝缘层将加速老化，甚至变质损坏而引起火灾。因敷设方式的不同，工作时电线的温升会有所不同。

② 电线电阻的压降。电线很长时，要考虑电线电阻对电压的影响。

③ 额定电压与绝缘性。使用时，电路的最大电压应小于额定电压，以保证安全。

所谓额定电压是指绝缘电线长期安全运行所能够承受的最高工作电压。在低压电路中，常用绝缘电线的额定电压有250V、500V、1000V等，装修电路一般选用耐压为500V的电线。

（2）环境条件

① 温度。温度会使电线的绝缘层变软或变硬，甚至造成短路。因此，所选电线应能适应环境温度的要求。

常用铜芯线在不同温度下所能承受的最大电流见表4-4。一般家用电线常用的是BV、BV-1、BVR塑料铜芯电线，通常温度不能超过70℃。在实际使用过程中明显发热，则说明有过流现象，存在安全隐患。温度过高，电线的绝缘层会开始炭化。

表4-4　常用铜芯线在不同温度下所能承受的最大电流

线截面积/mm^2	铜线温度/℃			
	60	75	85	90
	电流/A			
2.5	20	20	25	25
4.0	25	25	30	30
6.0	30	35	40	40
8.0	40	50	55	55

② 耐老化性。一般情况下线材不要与化学物质及日光直接接触。

（3）机械强度

机械强度是指电线承受重力、拉力和扭折的能力。

在选择电线时，应该充分考虑其机械强度，尤其是电力架空线路。只有足够的机械强度，才能满足使用环境对电线强度的要求。为此，要求居室内固定敷设的铜芯电线截面积不应小于2.5mm²，移动用电器具的软铜芯电线截面积不应小于1mm²。

此外，电线选材还要考虑安全性，防止火灾和人身事故的发生。易燃材料不能作为电线的敷层。具体的使用条件可查阅有关手册。

电线的材质不同，其导电性能、强度和化学稳定性都有差异。目前常用的电线有铜芯线和铝芯线。下面简要介绍家庭装修使用铜芯电线好还是铝芯电线好，两者有什么区别。

铝的电阻率为26.548Ω•m，铜的电阻率为16.78Ω•m，可见，铝的电阻率是铜的1.5倍。这就导致了铝芯电线的功耗损耗比较大，发热比较严重，影响电的利用率。

每平方毫米铝芯线可载电负荷0.6～1kW，而每平方毫米铜芯线可载电负荷1～1.5kW。

铜芯电线柔韧性很好，弯曲方便，抗疲劳强。而铝芯电线在弯曲时容易折断。例如，4mm²铜芯线的抗拉强度相当于35mm²铝芯线。

铝质电缆非常容易氧化，从而使电阻变大，降低电线负载，容易发生安全问题。而铜芯电线则稳定性非常好，不易氧化和腐蚀，容易焊接，其使用寿命一般为15年左右。

通过以上介绍，铜芯电线跟铝芯电线的区别非常明显，这就是为什么国家标准《住宅设计规范》GB 50096强制规定，室内导线应采用铜线。这也是现在家庭普遍使用铜芯电线的原因。另外，电线是穿在管道中隐藏在墙体内的，如果出现了问题修复起来是非常困难的。因此，电工要向客户讲清楚，在家庭电线方面不要省那么一点钱，应尽量选择铜芯线。

4.1.1.3　电线截面积大小的选择

家装电线选用

（1）根据允许载流量选择电线的截面积

在不需考虑允许的电压损失和电线机械强度的情况下，可只按电线的允许载流量来选择电线的截面积。

在电路设计时，常用电线的允许载流量可通过查阅电工手册得知。500V塑料绝缘线在空气中敷设、长期连续运行的安全载流量见表4-5。

表4-5　500V塑料绝缘线安全载流量

标称截面/mm²	导电线芯结构		载流量/A							
			明线		钢管布线（2根）		塑料管布线（2根）		软线	
									单芯	双芯
	根数	直径/mm	铜	铝	铜	铝	铜	铝	铜	铝
0.50									8	7
0.75									13	10.5
0.80									14	11
1.00	1	1.13	17		12		10		17	13
1.50	1	1.37	21	16	17	13	14	11	21	17
2.00	1	1.60							25	18
2.50	1	1.76	28	22	23	17	21	16	29	21
4.00	1	2.24	37	28	30	23	27	21		
6.00	1	2.73	48	37	41	30	36	27		
10.00	7	1.33	65	61	56	42	49	36		
16.00	7	1.70	91	69	71	55	62	48		

铜导线的安全载流量是根据所允许的线芯最高温度、冷却条件、敷设条件来确定的。一般铜导线的安全载流量为5～8A/mm^2，铝导线的安全载流量为3～5A/mm^2。如：2.5mm^2 BVV铜导线安全载流量的推荐值2.5mm^2×8A/mm^2=20A；4mm^2 BVV铜导线安全载流量的推荐值4mm^2×8A/mm^2=32A。

国际标准规定电线电缆使用寿命不低于70年。目前在户内常用的有2.5mm^2、4mm^2、6mm^2、10mm^{2}四种截面积的铜线。普通住宅进户线采用的铜芯电线的截面积不应小于10mm^2，中档住宅为16mm^2，高档住宅为25mm^2。分支回路采用铜芯电线，截面积不应小于2.5mm^2。

大功率电器如果使用截面积偏小的电线，往往会造成电线过热、发烫，甚至烧熔绝缘层，引发电气火灾或漏电事故。因此，在电气安装中，选择合格、适宜的电线截面积非常重要。

（2）根据负载功率选择导线截面积

家庭一般负载分为两种，一种是电阻性负载，一种是电感性负载。

① 电阻性负载的功率计算公式

$$P=UI$$

例如：某1.5mm^{2}导线的载流量为22A，求该导线最大能接多大功率的电器。

$$P=UI=220\text{V}\times 22\text{A}=4840\text{W}$$

反之，如果已知所需功率，我们根据上面的公式求电流。

例如：要接在220V电源上的10kW的电器，求要用多大截面积的导线。

$$I=P/U=10000\text{W}\div 220\text{V}=45.5\text{A}$$

查表4-5可知，要用6mm^{2}的铜芯线。

② 电感性负载（如日光灯）的功率计算公式：

$$P=UI\cos\phi$$

其中日光灯负载的功率因数$\cos\varphi$=0.5。

不同电感性负载功率因数不同，统一计算家庭用电器功率时可以将功率因数$\cos\varphi$取0.8。例如某一个家庭所有用电器总功率为6000W，则最大电流是$I=P/(U\cos\varphi)$=6000/（220×0.8）=34（A）但是，一般情况下，家里的电器不可能同时使用，所以加上一个公用系数，公用系数一般为0.5。所以，上面的计算应该改写成：

$$I=P\times \text{公用系数}/(U\cos\varphi)=6000\times 0.5/(220\times 0.8)=17(\text{A})$$

也就是说，这个家庭总的电流值为17A。则总闸断路器不能使用16A，应该用大于17A的。

【特别提醒】

某一线径电线的额定载流量是固定的，假如实际电流超这个数值，就有可能发生过热、烧毁等故障。

4.1.1.4 铜芯线类型的选择

（1）BVR线与BV线的选择

常用电线的类型很多，常用电线的代表符号有BV、BVR、BVVB、RVV。从图4-5中可以明确地看到BV、BVR、BVVB、RVV的外观和结构上的区别。

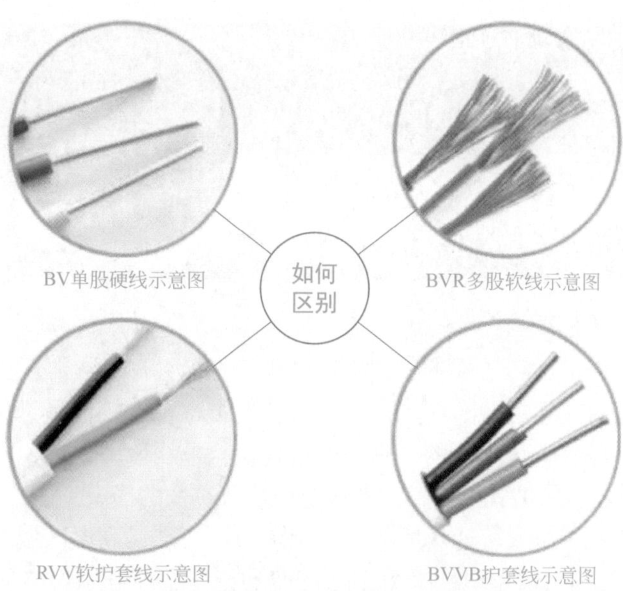

图4-5　常用电线的区别

家庭装修过程中，一般最常用的是BV线，就是一根铜丝的单芯线，由于比较硬，也叫硬线。BVR是多股软线，由多股粗细均匀的铜线组成，由于比较软，也叫软线。BVR铜芯线与BV铜芯线的主要参数见表4-6。

表4-6　BVR铜芯线与BV铜芯线的主要参数

标称截面/mm²	线芯根数-线径/mm	最大外径/mm	参考质量/（kg/km）	20℃导体电阻最大值/（Ω/km）
1.5（A）	1-1.38	3.3	20.3	12.1
1.5（B）	7-0.52	3.5	21.6	12.1
2.5（A）	1-1.78	3.9	31.6	7.41
2.5（B）	7-0.68	4.2	34.8	7.41
4（A）	1-2.55	4.4	47.1	4.61
4（B）	7-0.85	4.6	50.3	
6（A）	1-2.76	5.0	66.3	3.08
6（B）	7-1.04	5.2	71.2	
10	7-1.35	6.7	119	1.83

注：表中A代表BV单股铜芯，B代表BVR多股铜软线。

在穿线施工时，BVR铜芯线由于硬度较低，在多根线同时穿管时容易转弯；BV铜芯线由于硬度较大，在多根线同时穿管时不容易转弯。

房屋装修最好选用BVR铜芯线，因为多股线的载流量要比单股线大，使用中安全系数也大一些。当然，购买成本要高一些。

BVVB为护套线，由2根或3根BV线用护套套在一起。二芯、三芯护套线一般用于作明线，多用于工地上施工用，装修不太能用到，三芯护套线可用于柜式空调上。

RVV为软护套线，由2根或3根BVR线用护套套在一起，一般用于作明线或者电器的电源线。

【特别提醒】

现在许多铝芯线会在线芯表面镀一层黄色的材料，俗称铜包铝线，看起来也是黄色的。区别方法有：一是刮开表层，铜芯线还是原色，铝芯线就现出白色；二是用打火机烧，铜芯线的火焰是蓝色的，铝芯线的火焰是白色的。

（2）阻燃电线与耐火电线的选择

阻燃电线是指在规定试验条件下，试样被燃烧，在撤去试验火源后，火焰的蔓延仅在限定范围内，残焰或残灼在限定时间内能自行熄灭的电缆。根本特性是：在火灾情况下有可能被烧坏而不能运行，但可阻止火势的蔓延。通俗地讲，电线万一失火，能够把燃烧限制在局部范围内，不产生蔓延，保护其他各种设备，避免造成更大的损失。

在一些比较特殊的场所或普通场所的某一个地方，特别是高温区域或有可能引起火灾的区域（如厨房），建议选用阻燃电线。大多数的普通绝缘电线和阻燃电线在外观上没有明显区别，但国内的阻燃电线会在印字内容上加上“ZR”字样。ZA为A级阻燃，ZB为B级阻燃，ZC为C级阻燃。阻燃电线与普通电线的阻燃性能比较如图4-6所示。

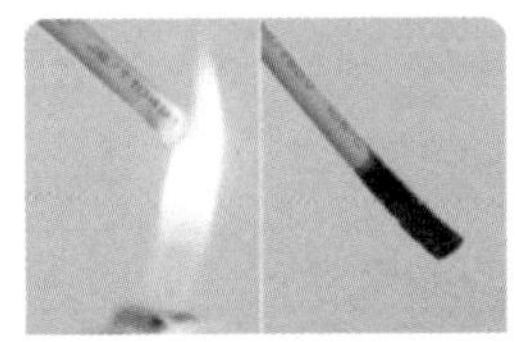

(a) 阻燃电线

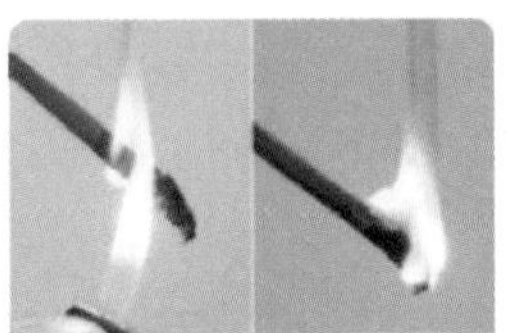

(b) 普通电线

图4-6　电线阻燃性能比较

BVR电线根据所选用的材质不同，可分为阻燃电线（ZR-BVR）、耐火电线（NH-BVR）、低烟无卤电线（WDZ-BVR）。其中，低烟无（低）卤电线在火焰燃烧情况下产生极少量的烟雾，释放的气体不含卤（低卤）元素，无毒（低毒）。当火灾发生时，可大大减少对仪器、设备和人体的危害。

NHBV是铜芯聚氯乙烯绝缘电线，在聚氯乙烯绝缘层和铜线之间有一层绝缘耐火材料，即使塑料外皮被烧坏，也会因耐火层的存在而不会引起短路，如图4-7所示。NHBV适用于电器仪表设备及动力照明固定布线用。

图4-7　NHBV耐火电线

【特别提醒】

耐火电线NHBV与阻燃电线ZRBV的主要区别是：耐火电线在火灾发生时能维持一段时间的正常供电，而阻燃电线不具备这个特性。

4.1.2　电线采购量的估算

（1）简明计算方法

装修时，电线采购量的估算方法比较多，许多电工师傅都总结出了很实用的经验，下面介绍其中的一种电线采购量估算方法。

① 确定门口到各个功能区（主卧室、次卧室、儿童房、客厅、餐厅、主卫、客卫、厨房、阳台1、阳台2、走廊）最远位置的距离，把上述距离量出来，就有*A*、*B*、*C*、*D*、*E*、*F*、*G*、*H*、*I*、*J*、*K*共11个数据（单位：m）。

② 确定各功能区灯的数量（各个功能区同种灯具统一算1盏），各功能区插座数量，各功能区大功率电器数量（没有用0表示）。

③ 计算。一般单芯铜芯线为（100±0.5）m/卷，根据计算结果，即可得出采购各种电线的长度，见表4-7。

表4-7　装修电路铜芯线采购量估算

电线规格	$1.5mm^2$电线长度/m	$2.5mm^2$电线长度/m	$4mm^2$电线长度/m
各功能区电线长度计算	（*A*+5）×主卧灯数 （*B*+5）×次卧灯数 （*C*+5）×儿卧灯数 （*D*+5）×客厅灯数 （*E*+5）×餐厅灯数 （*F*+5）×主卫灯数 （*G*+5）×客卫灯数 （*H*+5）×厨房灯数 （*I*+5）×阳台1灯数 （*J*+5）×阳台2灯数 （*K*+5）×走廊灯数	（*A*+2）×主卧插座数 （*B*+2）×次卧插座数 （*C*+2）×儿卧插座数 （*D*+2）×客厅插座数 （*E*+2）×餐厅插座数 （*F*+2）×主卫插座数 （*G*+2）×客卫插座数 （*H*+2）×厨房插座数 （*I*+2）×阳台1插座数 （*J*+2）×阳台2插座数 （*K*+2）×走廊插座数	（*A*+4）×主卧大功率电器数量 （*B*+4）×次卧大功率电器数量 （*C*+4）×儿卧大功率电器数量 （*D*+4）×客厅大功率电器数量 （*E*+3）×餐厅大功率电器数量 （*F*+3）×主卫大功率电器数量 （*G*+3）×客卫大功率电器数量 （*H*+3）×厨房大功率电器数量 （*I*+2）×阳台1大功率电器数量 （*J*+2）×阳台2大功率电器数量 （*K*+2）×走廊大功率电器数量
总长度	上述结果之和×2	上数结果之和×3	上述结果之和×3

例如，某三室二厅二卫一厨房一阳台的房子，*A*、*B*、*C*、*D*、*E*、*F*、*G*、*H*、*I*、*J*、*K*的实际测量数据分别为12m、12m、15m、7m、4m、12m、4m、6m、15m、0m、8m。各功能区灯的数量都为1，各功能区插座的数量都为2，各功能区大功率电器数量都为1。根据表中的公式计算，其结果为：$1.5mm^2$线需要300m（3卷），$2.5mm^2$线需要702m（7卷），$4mm^2$线需要387m（4卷）。

目前，新房装修一般采用铜芯单股线或铜芯多股线（用量与铜芯单股线一致），用套管敷设在墙内（暗敷设）。$1.5mm^2$的铜芯线用于走灯线，$2.5mm^2$的铜芯线用于开关插座，$4mm^2$的铜芯线用于空调线等大功率的电器，双色地线用于电器的漏电保护。

如采用铜芯单股线（BV）或BVR，以$100m^2$的房屋面积装修为例，电线用量的大致数量见表4-8。$1.5mm^2$花线用作接地线，$1.5mm^2$红、蓝线用作照明线，$2.5mm^2$用作插座线，$4mm^2$

用作空调等大功率插座线。

表 4-8　100m² 套房装修电线用量

型号规格	中档装修/卷	中高档装修/卷
BV1.5	3（红、蓝、花线各1）	4～5
BV2.5	4（红、蓝各2）	4～5
BV4	2（红、蓝各1）	2～3
BV2.5（双色线）	2	2

购买电线和购买其他装修材料一样，有一个重要原则：宜少不宜多。买少了可以再买，买多了容易浪费钱财。

（2）经验法

根据大量的工程施工实践经验，总结出常用户型电线推荐用量见表4-9。

表 4-9　常用户型电线推荐用量

户型示例	套内面积 /m²	照明用线（BV1.5mm²）/m	插座用线（BV2.5mm²）/m	空调/热水器用线（BV4mm²）/m	进户总线（BV6mm²）/m	中央空调（BV6mm²）/m
	40～60	200	300	60	50	—
	60～80	300	450	150	50	60
	80～110	400	600	150	50	60

续表

户型示例	套内面积/m^2	照明用线（BV1.5mm^2）/m	插座用线（BV2.5mm^2）/m	空调/热水器用线（BV4mm^2）/m	进户总线（BV6mm^2）/m	中央空调（BV6mm^2）/m
	110～150	500	600	300	50	60

【特别提醒】

电线一卷长度为100m，正负误差0.5m。有的商家也提供零剪电线，这种短段电线满足了部分用户少量购买电线的需求。

布线时，火线一般是黄色、绿色、红色；零线为蓝色；地线是黄绿双色线。

4.1.3　穿线管的选用

穿线管全称建筑用绝缘电工套管，俗称电线管，是一种用来穿电线、防漏电的套管。穿线管用于室内正常环境和在高温、多尘、有振动及有火灾危险的场所；也可在比较潮湿的场所使用；不得在特别潮湿，有酸、碱、盐腐蚀和有爆炸危险的场所使用。

4.1.3.1　穿线管种类的选择

为了更好地保护电线，如今人们在电气施工时，电线往往是穿管铺设的。常用的电线导管主要有金属穿线管、塑料穿线管和穿线软管三种。

家装穿线管选用

（1）金属穿线管

在建筑工程中，金属导管按管壁厚度可分为厚壁导管和薄壁导管，其种类如下：

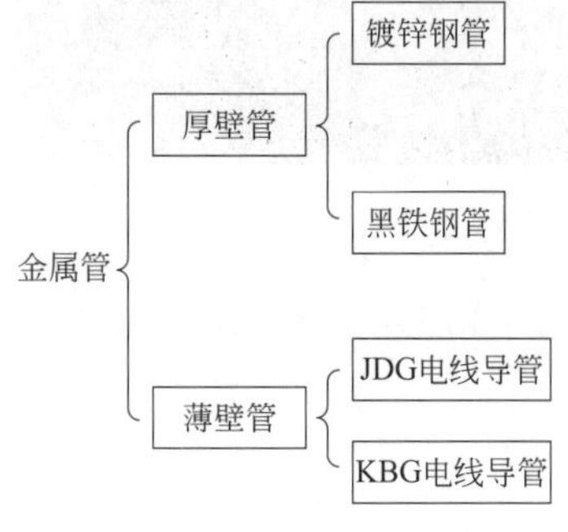
金属管
厚壁管
镀锌钢管
黑铁钢管
壁厚大于2mm。标注方式：公称直径DN15、DN20、DN25、DN32、DN40、DN50、DN60、DN80、DN100、DN125等等
DN既不是内径，也不是外径，是内径与外径的中间的一个数值
薄壁管
JDG电线导管
KBG电线导管
壁厚小于2mm。标注方式：标称直径φ16、φ20、φ25、φ32，φ指的是电线导管的外径，有冷镀锌和热镀锌之分

高档住宅、公共场所等场所可选用金属穿线管，但施工时工作量较大，工时费较高。

（2）塑料穿线管

用作电线导管的塑料管主要是PVC管和PE管。

① PVC管是以聚氯乙烯树脂为主要原料，加入其他添加剂经挤出成型，用于2000V以下工业与建筑工程中的电线电缆保护的导管，如图4-8所示。

PVC管价格实惠，绝缘性能好，有着更好的冷弯性能，常温下即可人工将穿线管一次性弯曲成所需角度，无需做其他处理，是性价比最为优越的通用型材料。其缺陷是热稳定性和抗冲击性较差，无论是硬性还是软质PVC使用过程中容易产生脆性。

阻燃型PVC管具备良好的阻燃性能和绝缘性能，如图4-9所示。离开火焰30s内即会自熄；且管材可承受AC 2000V、50Hz交流电而不会被击穿，绝缘电阻更是超过100MΩ。一般家庭装修选择PVC管完全能够满足安全用电的需要。

图4-8 PVC穿线管

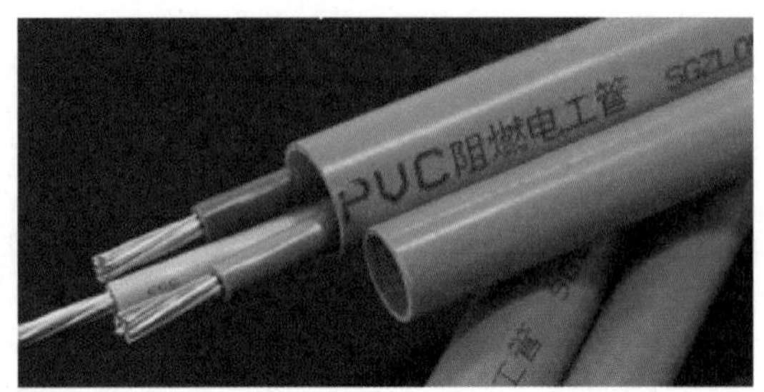

图4-9 阻燃型PVC穿线管

② PE电力电缆管是以聚乙烯为主要原料，加入适当助剂，经挤出方式加工成型的保护套管，如图4-10所示。使用高性能PE管的好处：耐腐蚀、抗冲压、机械强度高、使用寿命长、电气绝缘性能优良。

图4-10 PE穿线管

PE管在装修工程中常用于室外花园、顶花园和现浇楼层的电线管路预埋，它对管基不均匀沉降地下运动和载荷有较强的适应抵抗能力，设计寿命可达50年以上，可确保线路运行安全可靠。

（3）穿线软管

穿线软管一般用于设备末端，电气工程中使用的穿线软管有包塑金属软管、塑料波纹管和玻璃纤维编织绝缘套管，如图4-11所示。软管的柔软性比较好。根据有关规定，照明工程中软管长度不超过1.2m。

(a) 包塑金属软管

(b) 塑料波纹管

(c) 玻璃纤维编织绝缘套管

图4-11　常用穿线软管

4.1.3.2　PVC穿线管的选用

（1）PVC穿线管厚度的选用

PVC穿线管按照特性可分为L型（轻型）、M型（中型）、H型（重型），见表4-10。室内装修时应根据需要来选择，例如，在墙壁内应选用中型PVC穿线管，在有可能受到重物挤压的地方就应选用重型PVC穿线管。

表4-10　PVC穿线管的类型及用途

标识	含义	用途及说明	施工条件
205	轻型穿线管	明装穿线管，壁厚很薄，承压能力很差	-5℃以上施工
305	中型穿线管	多用在墙内暗埋穿线管，承压能力一般	-5℃以上施工
405	重型穿线管	壁厚很厚，一般在楼板挤压或重物压盖地区用	-5℃以上施工
215	轻型穿线管	壁厚与应用条件与205相同，生产配方不同，整体管材性能较好	-15℃以上施工
315	中型穿线管	壁厚与应用条件与305相同，生产配方不同，整体管材性能较好	-15℃以上施工
415	重型穿线管	壁厚与应用条件与405相同，生产配方不同，整体管材性能较好	-15℃以上施工

公称外径分别为16mm、20mm、25mm、32mm、40mm的产品厚度，见表4-11。

表4-11 常用PVC穿线管的厚度

外径规格/mm	厚度/mm					
	轻型		中型		重型	
	标准值	允许差	标准值	允许差	标准值	允许差
16	1.00	+0.15	1.20	+0.3	1.6	+0.3
20	—	—	1.25	+0.3	1.8	+0.3
25	—	—	1.50	+0.3	1.9	+0.3
32	1.40	+0.3	1.80	+0.3	2.4	+0.3
40	—	—	1.80	+0.3	2.0	+0.3

不同场所使用PVC穿线管有不同的要求。

① 对于暗敷于墙体内、埋敷于地下的线管，以及普通民房装修用线管，须采用具有一定的阻燃性能，同时满足物理力学性能要求的PVC穿线管。

② 对于火灾危险性较高的场所，如宾馆、饭店、商场（大型超市）、图书馆、歌舞娱乐场所等公众聚集场所的吊顶及地板内的线路进行穿管保护时，因其顶棚地板内有较多可燃、易燃材料，应当选用燃烧性能级别较高的阻燃PVC穿线管。

③ 对于消防用配电线路、火灾自动报警系统电气线路，应当强制要求使用满足公安消防部门规定的阻燃PVC穿线管。

【特别提醒】
室内装修穿线管应选用阻燃型PVC线管，其管壁表面应光滑，且应有合格证书。

判断PVC管壁厚度的简单方法：用脚踩一下，不会被踩瘪的PVC线管就是好的，如图4-12所示。

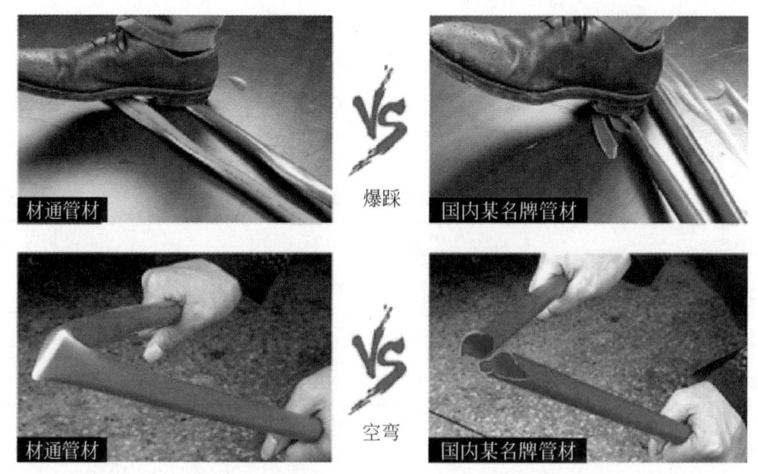

图4-12 判断PVC管管壁厚度的简单方法

（2）PVC穿线管规格的选用

选择穿线管的管径大小，不但要看能不能使电线穿得进，而且要留有足够的空隙，使电

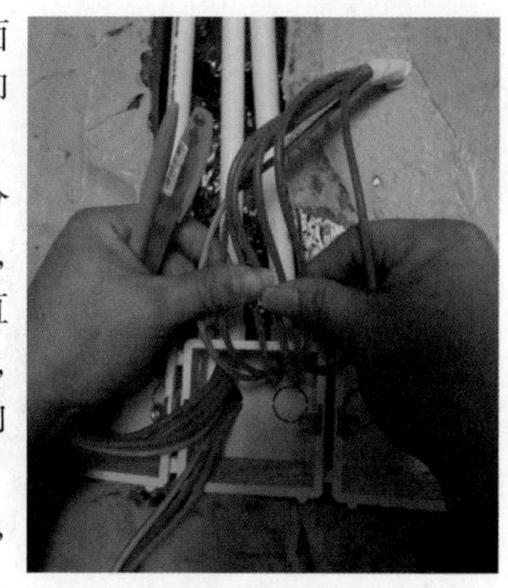

图4-13　电线总截面积不应超过管内截面积的40%

线在通过大电流时产生的热量能散发掉。一般电线的总截面积（包括绝缘外皮）与穿线管截面积之比为1/3 ～ 1/2，即40%左右。严禁电线把穿线管堵实，如图4-13所示。

家庭室内装修常用的PVC穿线管有 4分管和6分管。4分管也就是直径16mm的线管，6分管也就是直径20mm线管，两种型号在铺设线管时都要用到。穿过线管的电线少就用直径16mm的，穿过线管的电线多就用直径20mm的。操作时，管内穿几根线，应遵循管内的电线的总截面积不应超过管内径截面积的40%的规定。

下面举例说明：穿线管的管径为16mm，壁厚为0.85mm，计算能够穿线的根数。先求线管内半径

$$r=(16-0.85\times2)\div2=7.15\ (\mathrm{mm})$$

线管横截面积

$$S=\pi r^2=3.14\times7.15\times7.15=160.52\ (\mathrm{mm}^2)$$

一根2.5mm^{2}的电线，加上绝缘皮，直径为3.5mm。由此算出，该电线的横截面积为9.6mm^2。

那么，一根直径16mm穿线管内，能够穿过2.5mm^{2}电线的数量为

$$160.52\times40\%\div9.6=6.69\text{根}\approx6\text{根}$$

同理，可算出一根直径16mm穿线管内4mm^{2}的电线能够穿过3根。

上面只是举一个简单的例子，穿线管的直径不同，能够穿过电线的数量也不同。

总之，一般电话线、照明控制线或电线截面积在1.5mm^{2}的多用直径16mm的线管（4分管）。超过1.5mm^{2}的线，就要使用直径20mm的线管（6分管）。在地面瓷砖下面敷设的穿线管应选用中型管或者重型管进行预埋；在墙壁或吊顶内敷设的线路可以选用轻型管进行预埋。

4.1.3.3　穿线管的用量估算

装修时穿线管的用量与房屋室内面积大小以及电路设计的复杂程度等因素有关。

国家标准只对PVC穿线管的质量、厚度有要求，没有对其长度进行规定，生产多长的管道由企业自己决定。常用电线穿线管的标准长度有3.33m、3m、2.8m。

一般来说，80m^{2}两室一厅的住房需要用穿线管90m左右，100m^{2}三室一厅的住房需要用穿线管130m左右。

4.1.3.4　PVC穿线管配件选用

PVC穿线管的生产厂家一般标配有直接、弯头、三通等配件，用于管路直接连接或分支连接。PVC穿线管的安装配件如图4-14所示。

在施工时如线管长度不够，可用直接进行连接，如图4-15所示。直接应按PVC管的直径尺寸来选配，直接的长度一般为PVC管内径的2.5 ～ 3倍，直接的内径与PVC管外径有较紧密的配合，装配时用力插到底即可，一般情况不需要涂黏合剂。

PVC管明敷设时，管路分支连接可选用三通、弯头、分线盒，固定穿线管应选用管卡，如图4-16所示。

PVC管暗敷设时，管路分支连接可选用分线盒，不能使用三通。

PVC管与开关插座及配电箱的底盒连接时，要使用杯疏，如图4-17所示。各地的叫法不一，有的称为锁扣，或者称为盒接，安装时一扭即可固定。

图4-14 常用PVC穿线管配件

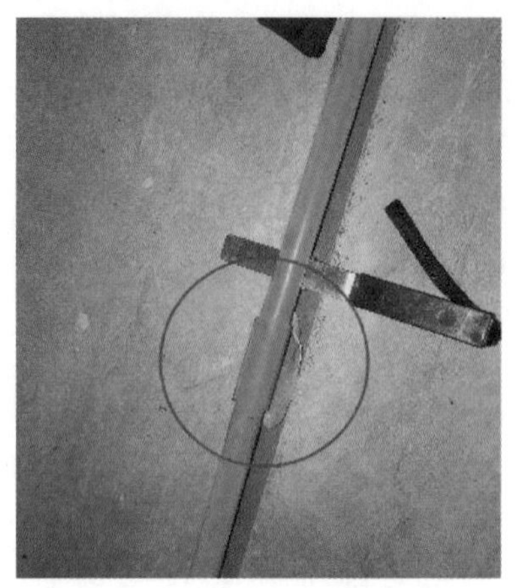

图4-15 直接应用示例

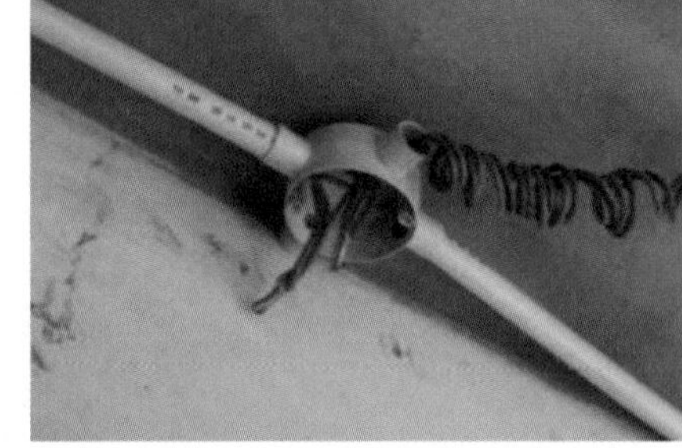

图4-16 分线盒应用示例

图4-17 杯疏应用示例

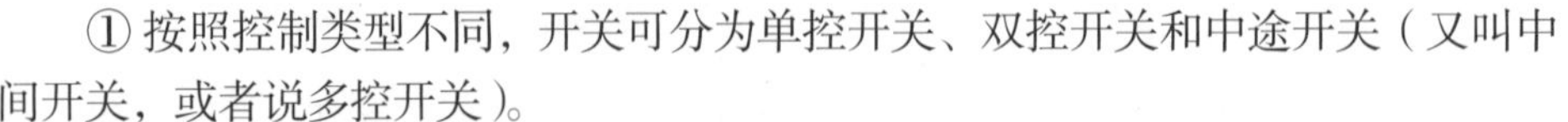

4.1.4 墙壁开关的选用

4.1.4.1 墙壁开关的种类

墙壁开关选用

墙壁开关是指安装在墙壁上使用的电器开关，主要用于控制照明灯或插座。

① 按照控制类型不同，开关可分为单控开关、双控开关和中途开关（又叫中间开关，或者说多控开关）。

② 按控制极数不同，开关可分为单开、双开、三开和四开。所谓几开，就是指开关上有

几个按键。开关是几开也可以叫几联或几极。一般情况下是1～4开，当然不排除一些厂家生产五开的。

③ 按规格尺寸不同，可分为86型、118型、120型。国内多数地区均使用86型开关。

4.1.4.2　根据需要选择电源开关

（1）单控开关

单控开关在家庭照明电路中是最常见的，也就是一个开关控制一件或多件电器，根据所连电器的数量又可以分为单控单联（俗称单开）、单控双联（俗称双开）、单控三联（俗称三开）、单控四联（俗称四开）等多种形式，见表4-12。

表4-12　常用单控开关的应用

开关名称	实物图	接线示意图
单开		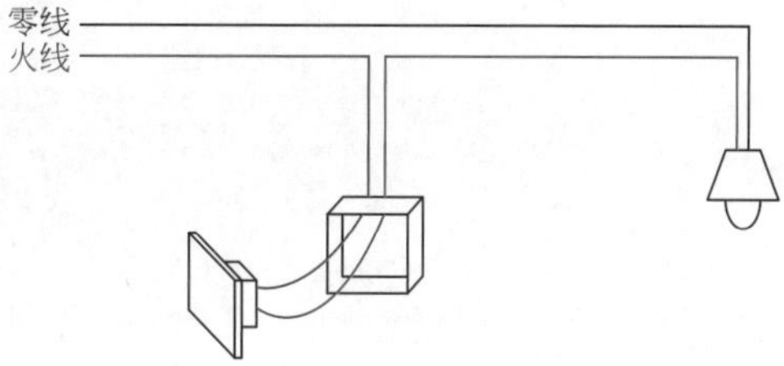 零线 火线
双开		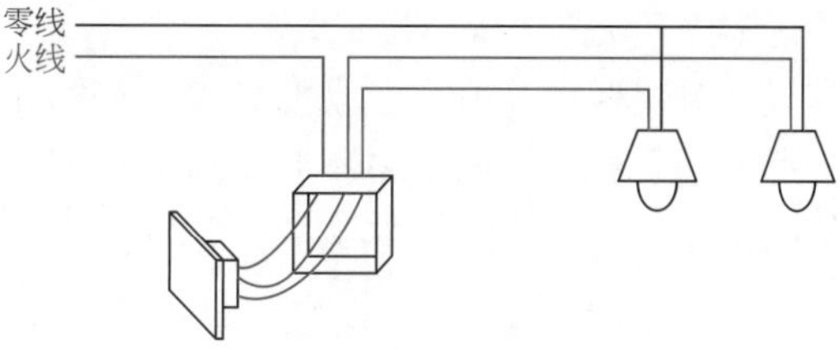 零线 火线
三开		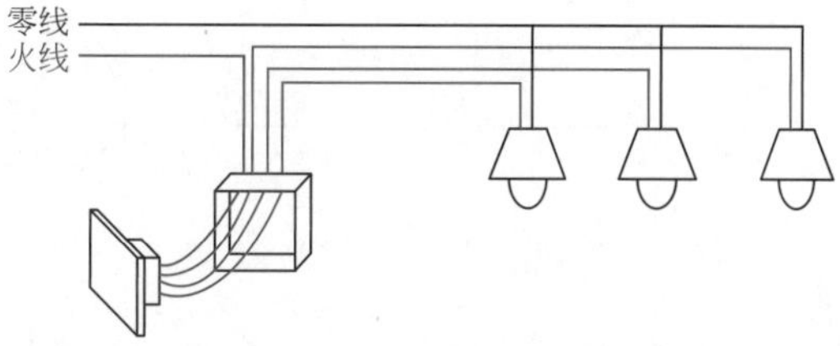 零线 火线

单控开关有两个接线柱，分别接进线和出线。在开关启/闭时，有接通或断开两种状态，从而使电路变成通路或者断路。

（2）双控开关

双控开关可以在两个不同的位置控制同一个灯或电源。灯可以在一个地方开，另一个地方关，反过来也一样。

双控开关实际上就是两个单刀双掷开关串联起来后再接入电路，有3个接线端，分别为L1、L2和L，L为静触点（公共端），L1、L2为动触点，如图4-18所示。按下面板按键时，L与L1接通时则与L2断开；L与L2接通时则与L1断开。

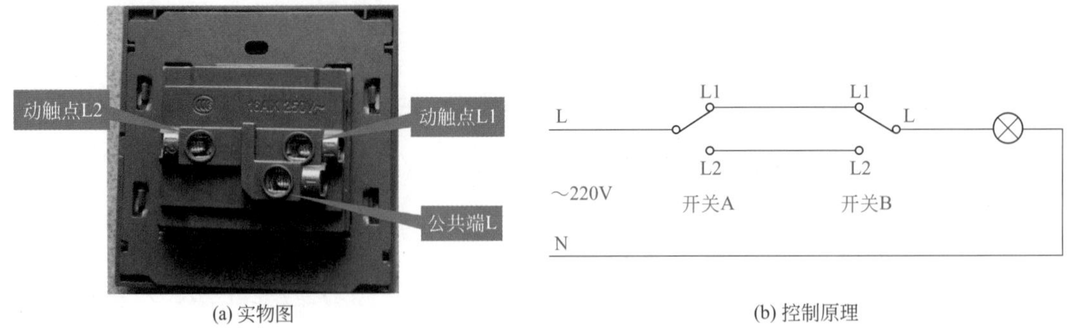

(a) 实物图　　(b) 控制原理

图4-18　双控开关

从接线端数量上看，单控开关有2个接线端，双控开关则有3个接线端，如图4-19所示。

图4-19　单控开关和双控开关的区别

（3）多控开关

多控开关又叫中途开关，主要是配合双控开关使用的。如果在两个双控之间装一个中途开关，那就是三控，如图4-20所示；两个双控之间装了两个中途开关，那就是四控；依此类推，可以在许多不同的位置控制同一盏灯。

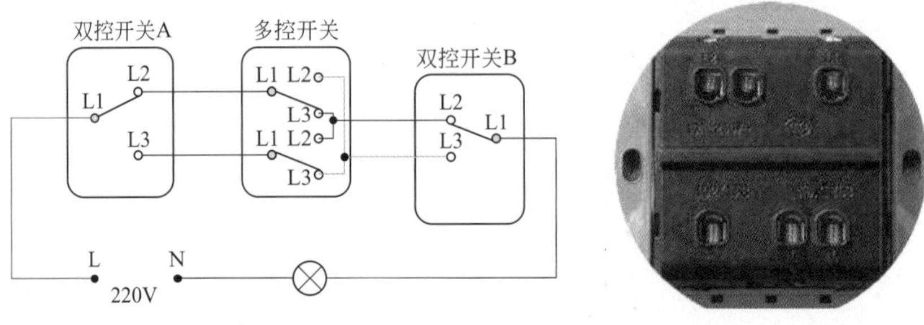

图4-20　中途开关应用举例

（4）夜光开关

在开关面板上带有荧光或微光指示灯，便于夜间寻找开关的位置，如图4-21所示。

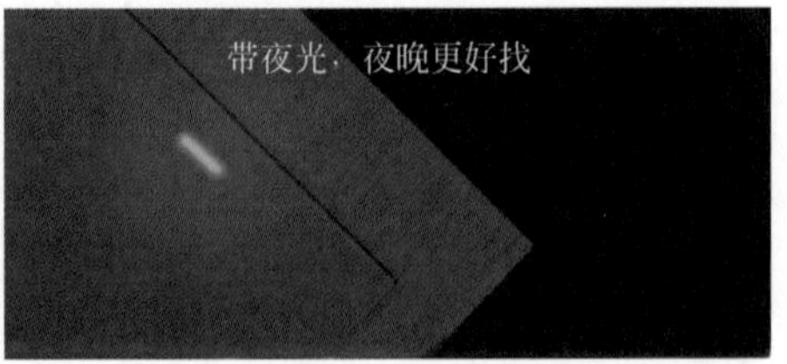

图4-21　夜光开关

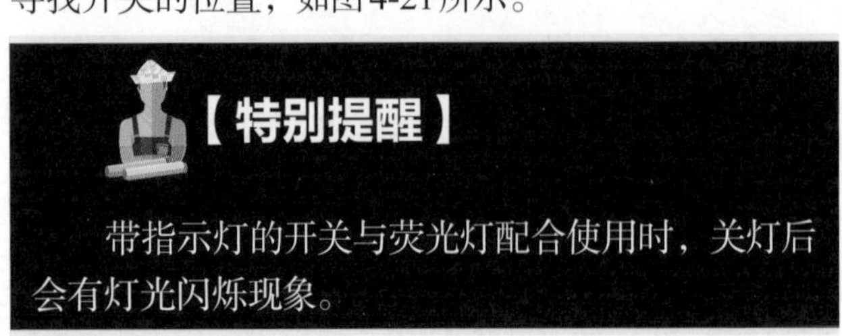

【特别提醒】

带指示灯的开关与荧光灯配合使用时，关灯后会有灯光闪烁现象。

（5）调光开关

调光开关能满足人们对灯光亮度调制的不同需求。调光开关可用来开关灯，并可通过旋钮调节灯光的强弱，如图4-22所示。调光开关按调光方式可分为晶闸管调光开关和PWM式调光开关。

【特别提醒】

调光开关一般不能与节能灯配合使用。

（6）插座带开关

插座带开关可以控制插座的通断电，也可以单独作为开关使用，如图4-23所示。多用于常用电器处，如微波炉、洗衣机等，还可用于镜前灯。

图4-22　调光开关

图4-23　插座带开关

（7）自动开关

常用的自动开关有触摸延时开关、声光控延时开关、人体红外感应开关等，如图4-24所示。

(a) 触摸延时开关

(b) 声光控延时开关

(c) 人体红外感应开关

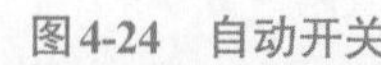

图4-24　自动开关

【特别提醒】

现在技术含量较高的是智能墙壁开关，主要有免布线开关、触摸开关、延时开关、遥控开关、声控开关等。免布线开关的每个随意贴相当于遥控器，可以贴到不同位置来控制这个灯，从而实现多地控制一盏灯，如图4-25所示。此类开关的缺陷是：性能不够稳定，价格较高。

图4-25　免布线开关

4.1.5　墙壁插座的选用

（1）墙壁插座类型的选用

墙壁插座选用

室内装修常用的墙壁插座有三孔插座（有10A和16A两种，有带开关和不带开关的区别）和五孔插座（10A），如图4-26所示。

(a) 三孔插座

(b) 五孔插座

图4-26　三孔插座和五孔插座

10A插座以五孔插座居多，可用于室内1800W以内的家用电器取电。

16A插座一般为三孔，可用于室内3000W以内的电器取电，如图4-27所示。家庭中功率比较大的电器主要有壁挂式空调机、电热油汀、电热水器、电磁炉等。

图4-27　16A插座和插头

【特别提醒】

10A的三孔插座和16A的三孔插座的插孔距和孔宽都是不一样的，二者不能通用。10A插座的L与N的孔距大约为8mm，16A插座L与N的孔距大约为10mm。10A插座的宽度大约为8mm，16A插座的宽度大约为9mm。因此，这两种插座不能混用，电工在安装时一定要注意区分。使用普通的插头不能插入16A的插座，使用16A的插头同样也不能插入10A的普通插座。

带USB接口的插座具有电源适配器的功能，也具有插座的功能。插座可给日常家用电器设备提供220V电源，同时其USB插座在需要使用时可提供输出5V、1～2A直流电源给日常电子产品（如手机、平板电脑、数码相机等）充电，如图4-28所示。

图4-28　带USB接口的插座

（2）墙壁插座规格尺寸的选用

墙壁插座按规格尺寸可分为86型、118型、120型。120型常见的模块按大小分为1/3、2/3、1位三种。118型常见的模块以1/2为基础标准，在一个横装的标准118mm×74mm面板上，能安装下两个1/2标准模块。模块按大小分为1/2、1位两种。86插座能安装一个标准模块。不同规格开关插座的优缺点比较见表4-13。

表4-13　不同规格开关插座的优缺点比较

项目	86型	118型	120型
图示			
外形尺寸	方形，86mm×86mm	118mm×74mm，可装1个或2个功能件，也称小盒； 155mm×74mm，可装3个功能件，也称中盒； 197mm×74mm，可装4个功能件，也称大盒	120mm×74mm，可装1个或2个功能件，也称小盒； 156mm×74mm，可装3个功能件，也称中盒； 200mm×74mm，可装4个功能件，也称为大盒； 120mm×120mm，可装4个功能件，也称方盒
优点	通用性好，弱电干扰小	组合灵活，外形美观	与118型类似，可自由组合
缺点	缺乏灵活性，插口少	弱电干扰比86型差，不够牢固	弱电干扰稍差，不够牢固

【特别提醒】

为了美观，同一套住房内所安装的开关和插座应外形尺寸相同。不能混合使用不同规格尺寸的开关插座。

目前在实际安装使用中，120型、118型模块有逐渐通用的趋势。所以一个面板，既可以装3个标准1/3模块，又可以装两个1/2模块。

带USB接口的插座，尺寸和普通的插座是一样的。

（3）空白面板和防水盒的选用

空白面板用来封蔽墙上预留的查线盒或弃用的开关插座孔。开关/插座防水盒安装在开关/插座上，起防水作用，如图4-29所示。

(a) 空白面板

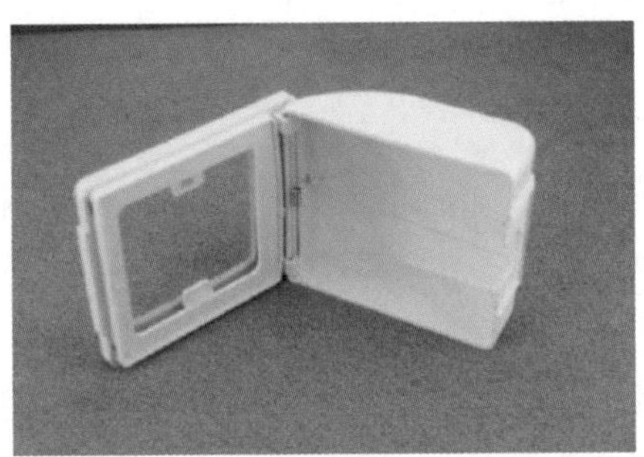

(b) 防水盒

图4-29　空白面板和防水盒

【特别提醒】

影响开关插座质量的因素主要有：一是产品外壳的材料（尿素树脂材料较好）；二是铜材的纯度；三是开关触点（通常有纯银和银锂合金两种，银锂合金较好）。

4.1.6　开关插座底盒的选用

（1）86型底盒

墙壁开关插座底盒选用

86型底盒，正方形，内部空间大，接线相对比较容易。它与墙体接触面积大，一旦用砂浆糊实，便不会松动。当多个底盒要并排安装时，可以利用连接件，确保安装的高度一致。86底盒的安装孔距都是60mm，如图4-30所示。

（2）118型底盒

118型底盒内部的优点就是可以自由组合，可根据实际需要选择几位，这样不但节省底盒成本，而且还方便施工。缺点是空间相对狭小，接线较长比较麻烦。

118型底盒根据不同的位数、不同的长度，安装孔距分别为83.5mm、121mm、160.5mm，如图4-31所示。

(a) 单盒

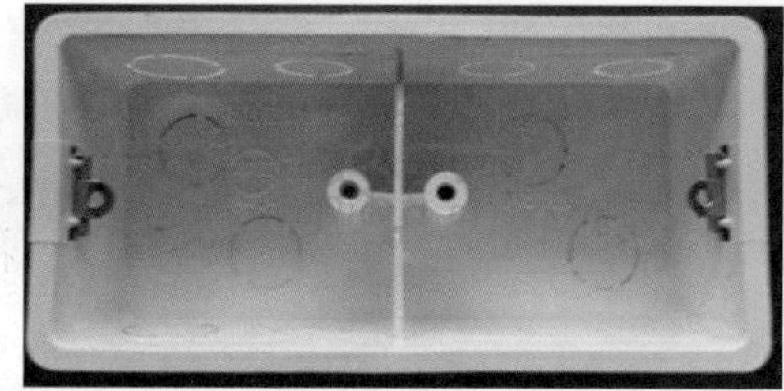
(b) 双联盒

图4-30　86型底盒

118型与86型双联、
三联底盒的区别在
于安装孔距不同

图4-31　118型底盒

（3）120型底盒

如图4-32所示，基础型底盒的尺寸为120mm×70mm（高度×宽度），安装孔距为83.5mm，称为小板。还有一种称为大板，其外形尺寸是120mm×120mm。

(a) 小板

(b) 大板

图4-32　120型底盒

【特别提醒】

开关插座底盒的规格应与所选用的开关插座配套。120型与118型底盒的区别是：120型的开关插座是竖起来装的。

4.1.7　等电位端子箱的选用

等电位端子箱选用

（1）等电位端子箱的作用

等电位的含义是将设备等外壳或金属部分与地线连接，使其没有电位差。

局部等电位端子箱用于住户的带洗浴设备的卫生间内，将洗浴设备及相关插座进行接地，如图4-33所示。

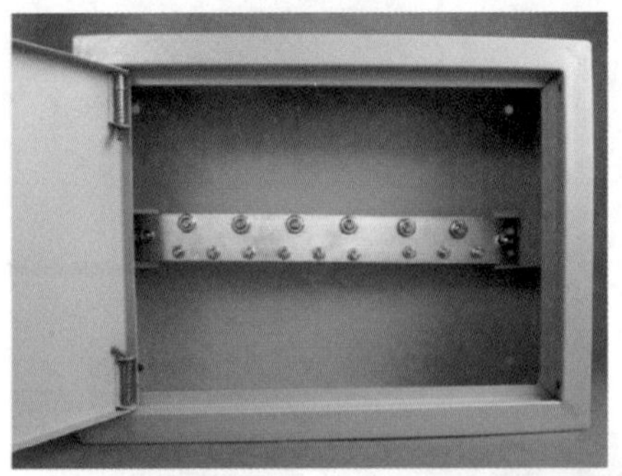

图4-33 局部等电位端子箱

（2）卫生间等电位端子箱的选用

等电位连接端子箱分为M型（明装型）和R型（暗装型）两种结构。卫生间做局部等电位连接一般选用R型等电位端子箱。

等电位连接端子箱的外壳材质有铁皮和塑料两种，铁皮一般都采用了表面喷塑处理。

等电位连接端子箱的端子板材质有铜、铝、铁，其表面已经做了镀锌处理。

【特别提醒】

卫生间的金属地漏、扶手、浴巾架、肥皂盒等孤立物品，可不做等电位连接。

4.1.8 室内配电器件的选用

4.1.8.1 低压断路器的选用

家用小型断路器选用

低压断路器旧称低压自动开关或空气开关。它既能带负电荷通断电路，又能在短路、过负荷和低电压（或失压）时自动跳闸。

低压断路器按灭弧介质不同，可分为空气断路器和真空断路器等；低压断路器按用途不同，可分为配电用断路器、电动机保护用断路器、照明用断路器和漏电保护断路器等。

（1）断路器系列的选用

照明电路中用的小型断路器主要用于交流50Hz或60Hz，额定电压400V以下，额定工作电流为63A以下的场所。家庭线路中，常用的断路器有DZ系列小型断路器和C系列小型低压断路器，如图4-34所示。

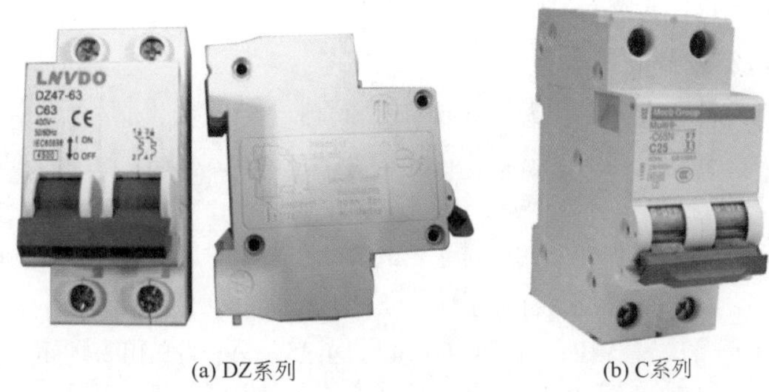

(a) DZ系列　　(b) C系列

图4-34　家用断路器

① DZ系列小型断路器。一种具有过载与短路双重保护的限流型高分断小型断路器，可作为线路过载和短路保护使用。同时，可在正常情况下频繁地通断电器装置和照明线路。DZ系列断路器（带漏电保护的小型断路器）常见的有以下型号/规格：C16、C25、C32、C40、C60等规格，其中C后面的数字表示脱扣电流，即起跳电流，例如C32表示起跳电流为32A，一般安装6500W热水器要用C32，安装7500W、8500W热水器要用C40的断路器。

DZ47-60A C25的含义如下：

DZ ——“自动”的反拼音；

47 ——设计序号（还有很多系列，基本都是厂家命名的）；

60A——框架等级为60A；

C ——照明类瞬时脱扣电流；

25 ——脱扣电流为25A。

② C系列断路器。适合照明线路使用，可保护线路。体积小，安装方便，使用灵活。脱扣电流一般是额定电流的5～10倍左右，就是说当电流为5～10倍额定电流时跳闸，动作时间小于等于0.1s。

【特别提醒】

一般情况下，家用都选择C系列断路器，不能选用DZ系列的断路器。因为DZ系列的断路器属于动力类型，过载后延迟跳闸，可用于防止电动机启动电流大而跳闸的场合。

（2）断路器脱扣电流的选择

家庭安装断路器主要用来保护电线及防止火灾，要根据敷设电线的大小选配断路器，而不是根据电器的功率选配断路器。如果断路器选用太大就不能保护电线，当电线超载断路器仍不会起跳，就会为家庭安全带来隐患。

① 家用配电箱总开关：一般选择二极（即2P）40A、63A小型断路器，带漏电或不带漏电均可。

② 插座回路：一般选择16A、20A的漏电保护开关。但厨房、卫生间需要25A左右的漏电保护开关。

③ 照明回路：一般选择10A、16A小型断路器。

④ 空调回路：1～1.5P一般选择16～25A的小型断路器；3～5P柜机需要25～32A断路器，10P左右的中央空调需要使用40A左右的断路器。

（3）断路器极数的选用

因为电力系统有不同的接线方法，如单相二线制、三相三线制、三相四线制等，所以要有不同级数的断路器。但它们的功能是相同的，就是控制正常时的分断以及电路发生过载短路故障时分断电路。

断路器按极数可分为单极（1P）、二极（2P）、三极（3P）和四极（4P）等，分别用来控制一条线、两条线、三条线、四条线的通断。

常用断路器有1P、1P+N、2P、3P和4P，如图4-35所示。1P和2P一般用于220V的电路；3P和4P一般用于380V的电路。

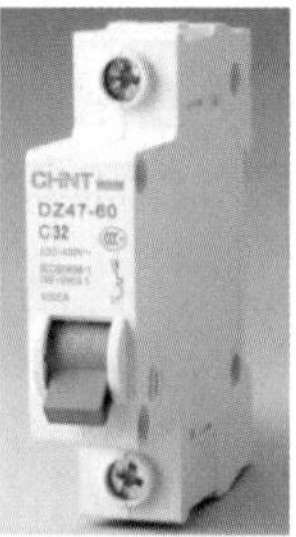

(a) 1P断路器

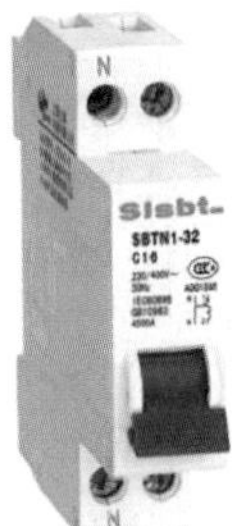

(b) 1P+N断路器

(c) 2P断路器

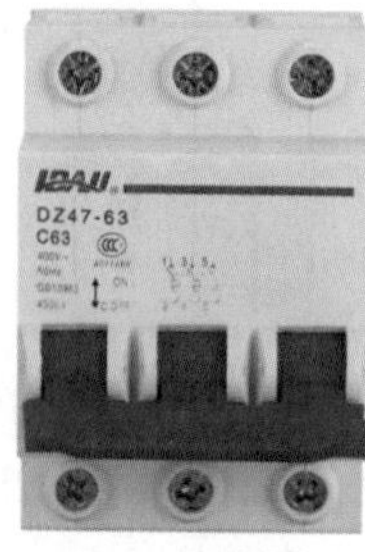

(d) 3P断路器

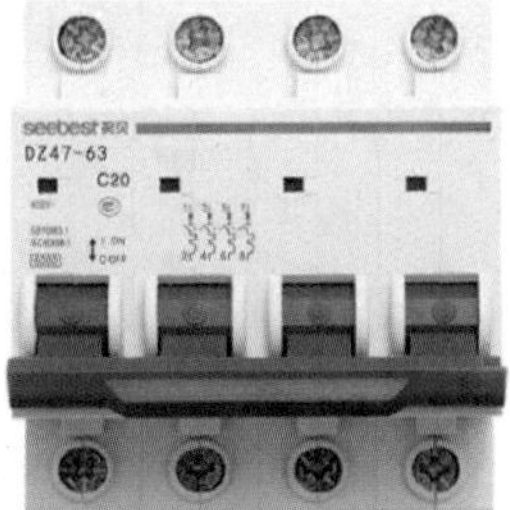

(e) 4P断路器

图4-35 家庭常用断路器

① 1P断路器：开关宽度为18mm，单极开关，用于控制一根火线。

② 1P+N断路器：开关宽度与1P宽度（18mm）相同，用于同时控制一火一零。

③ 2P断路器：开关宽度为1P的2倍，即36mm，用于同时控制一火一零。

④ 3P断路器：控制三相交流电的火线，用于控制电动机、风机、水泵等380V的负载。

⑤ 4P断路器：在三相四线制电路中，用于控制带零线的380V电器，如开水器、热水器等。

【特别提醒】

220V电路中，一般用2P断路器作总电源保护，用1P断路器作分支路保护。

4.1.8.2 漏电断路器的选用

漏电断路器与普通断路器一样可将主电路接通或断开，而且具有对漏电流检测和判断的功能。当用电回路中发生漏电或绝缘破坏时，漏电断路器可根据判断结果将主电路接通或断开。

漏电断路器还可分为电压型和电流型两种。家用漏电断路器属于电流型漏电断路器，也称剩余电流保护器。

一般居民住宅，应选用灵敏度较高的漏电断路器，在回路中安装动作电流为30mA、动作时间在0.1s之内的漏电断路器，用于防止人体直接触电。

对于在水中工作的电器设备（如花园水池中的灯具、水泵等），应安装动作电流为6～10mA、动作时间在0.1s之内的漏电断路器，用于人体间接接触电器的触电防护。

单相漏电断路器的结构如图4-36所示。

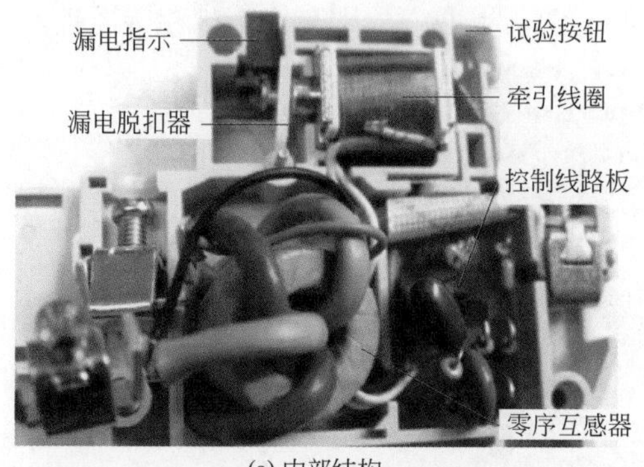

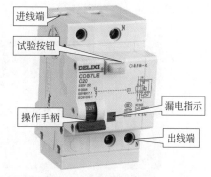

(a) 内部结构

(b) 外部结构

图4-36　单相漏电断路器的结构

【特别提醒】

220V单相电路应选用单相二极漏电断路器；380V三相电路应选用三极漏电断路器。当线路中既有单相用电设备又有三相用电设备时，应选用三极四线漏电断路器或四极四线漏电断路器，如图4-37所示。

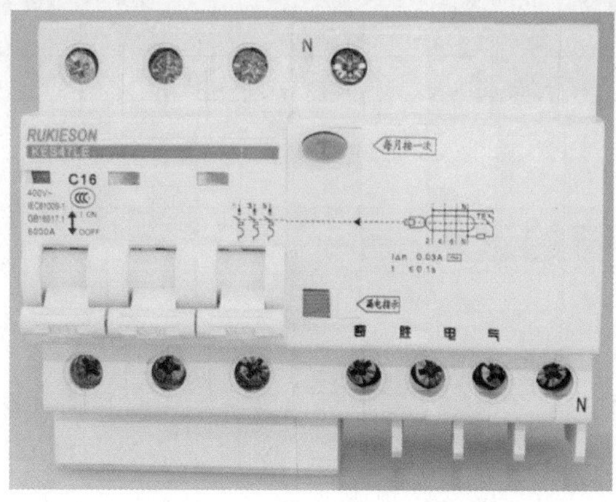

图4-37　三极四线漏电断路器

4.1.8.3 室内配电箱的选用

家用配电箱选用

配电箱是装修强电用来分路及安装断路器的箱子，配电箱的材质一般是金属的，前面的面板有塑料的也有金属的。面板上还有一个小掀盖便于打开，这个小掀盖有透明的和不透明的。

家用配电箱一般有两种：明装配电箱和暗装配电箱。明装配电箱安装在墙上，采用开脚螺栓（胀管螺栓）固定，螺栓长度一般为埋入深度（75～150mm）、箱底板厚度、螺母和垫圈的厚度之和，再加上5mm左右的“出头余量”。暗装配电箱嵌入墙内安装，在砌墙时预留孔洞应比配电箱的长和宽各大20mm左右，预留的深度为配电箱厚度加上洞内壁抹灰的厚度。在埋配电箱时，箱体与墙之间填入混凝土即可把箱体固定牢。

配电箱有多种规格，典型家庭及类似场所用配电箱的结构如图4-38所示，中间是一根导轨，用户可根据需要在导轨上安装断路器和插座；上、下两端分别有接零排和接地排。

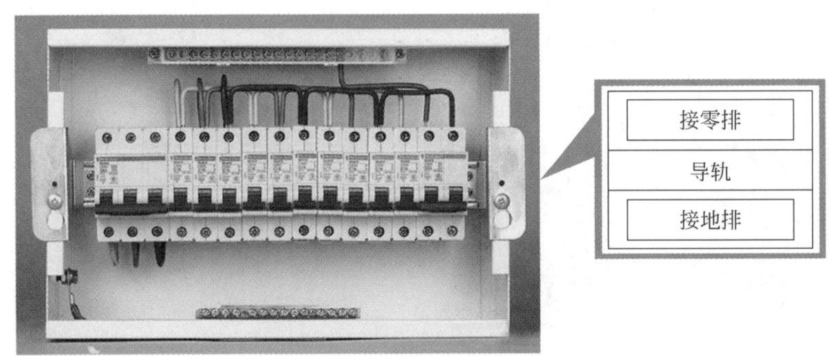

图4-38 家用配电箱的结构

家用常用PZ30型配电箱，可根据实际需要进行选择。配电箱的规格要根据居室线路回路而定，小的有四五路，多的有十几路。选择配电箱之前，要先设计好电路回路，再根据断路器的数量，以及是1P还是2P，计算出配电箱的规格型号。通常配电箱里的位置应该留有富裕，以便以后增加电路用。

一般小户型使用12位开关的配电箱，中大户型使用24位开关的配电箱。

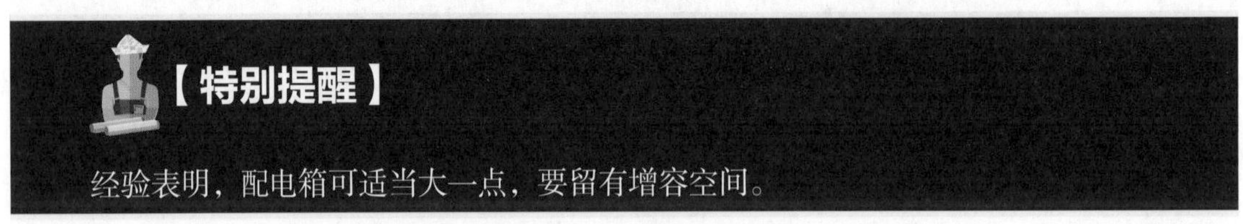

【特别提醒】

经验表明，配电箱可适当大一点，要留有增容空间。

4.1.9 弱电器材的选用

4.1.9.1 弱电箱的选用

家庭弱电线材选用

弱电箱也称为信息箱，是专门用于家庭弱电系统的布线箱，如图4-39所示。一般用于现代家居装修中，如网线、电话线、电脑显示器的USB线、电视的VGA色差线等都可以放置其中。

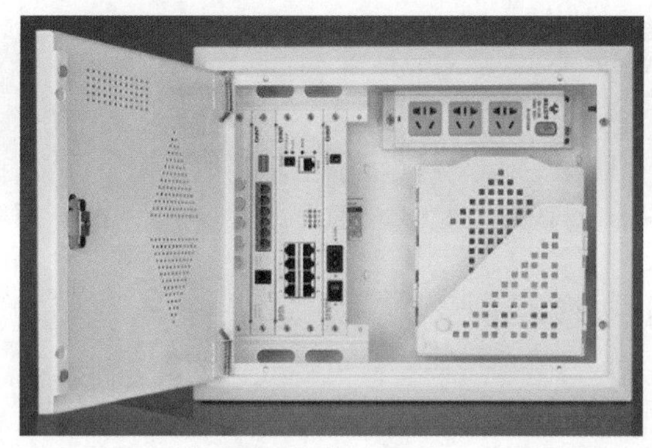

图4-39　弱电箱

在选择弱电箱之前，首先要确定家中需布置哪些线材、弱电箱中需安放哪些设备，在这些设备中哪些设备是有源设备。如果弱电箱中有源设备（如路由器、Modem等）较多，最好选择“多居室”弱电箱，这样，箱内的市电与设备能隔离开来，避免市电对弱电信号的干扰，也可防止漏电窜入信号线导致家电损坏。分仓放置有源设备，还可以加大设备的散热面积，避免有源设备过分集中导致温度上升，影响设备运行稳定性。

由于现在许多小区都是光纤入户，因此应选择面板为ABS材质的弱电箱，因为金属面板会屏蔽光纤信号传输。若需要将无线路由器放置在弱电箱中，则需要预留天线外置孔。

专业的弱电箱解决方案厂家会提供不同的配套方案给不同需求的用户。

【特别提醒】

现代信息技术日新月异，应尽可能选用大一点的箱体，预留30%～40%的箱体空间，以便今后加入更多的家居智能化模块。

传统弱电箱散热性能差，近年来比较流行选用带风扇系统的智能弱电箱，可较好地解决弱电箱内部设备的散热问题。

4.1.9.2　电话线的选用

随着人们经济水平的提高，手机的广泛使用代替了家里的固定电话。但还有许多家庭是固定电话与手机并用的。

电话线由铜芯线构成，芯数不同，其线路的信号传输速率也不同，芯数越高，速率越高。电话线的国标线径为0.5mm。

电话线一般分为2芯、4芯、6芯，如图4-40所示。

图4-40　电话线

2芯线标准的水晶头是RJ32。分别称为A线、B线，没有正负极的区别。

4芯线适用于公司或部分集团电话使用。

6芯线适用于数字电话使用。

【特别提醒】

家用一般买2芯的电话线，如果多个房间需要安装电话可考虑4芯电话线。

4.1.9.3 电视信号线的选用

电视信号线通常称为闭路电视线或有线电视线，正规名称为同轴电缆，如图4-41所示。同轴电缆具有双向传输信号的功能，既可单向传送，又可单向接收。信号频宽很高，可以用于宽带上网。

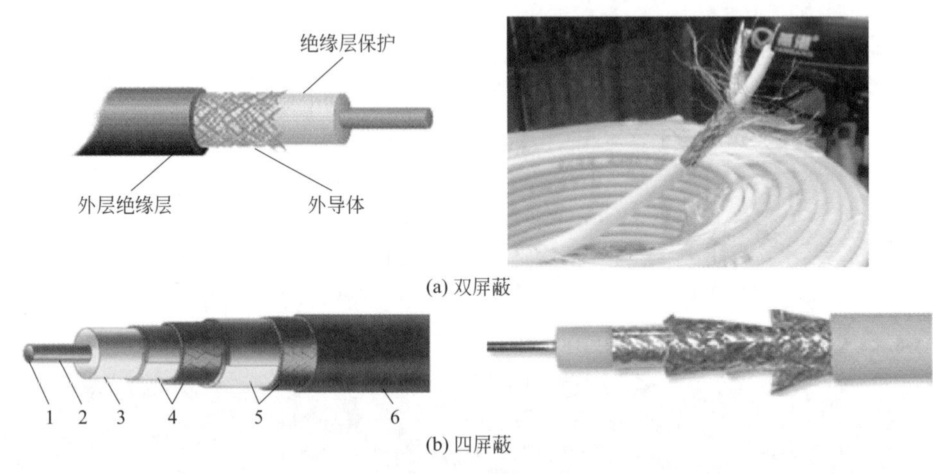

(a) 双屏蔽

(b) 四屏蔽

图4-41 同轴电缆

1—内导体；2—PE胶；3—PE发泡绝缘；4—自粘铝箔+编织网；5—非自粘双面铝箔+编织网；6—护套

目前有两种广泛使用的同轴电缆。一种是50Ω同轴电缆（采用四屏蔽），用于数字信号传输。由于多用于基带传输，也叫基带同轴电缆；另一种是75Ω同轴电缆（采用双屏蔽），用于模拟信号传输。

广电网络在新建楼盘中，都是采取光缆信号到小区、集中分配到户的方式安装有线电视工程的。按照国家标准，应保证每户入户信号电平在（64±4）dB。在新房装修中要保证有线电视信号质量，必须选购正规厂家生产的有线电视器材（要求有入网证），同轴电缆一定是四屏蔽的。

4.1.9.4 网线的选用

目前常用的双绞线（通常叫网络线）有五类线、超五类线和六类线，如图4-42所示。

(a) 五类线　(b) 超五类线　(c) 六类线

图4-42 常用双绞线

五类线的标识是“CAT5”，带宽100M，适用于百兆以下的网；超五类线的标识是“CAT5E”，带宽155M，是目前的主流产品；六类线的标识是“CAT6”，带宽250M，用于架设千兆网，是未来发展的趋势。

不同规格的网络线还有屏蔽和非屏蔽之分。屏蔽网络线多了一层金属编织屏蔽网，一般应用在电磁干扰比较强的地方（如强电场、磁场、大功率电机集中处等）。合格的超五类线本身抗干扰能力已经不错了，所以一般不必盲目追求屏蔽线。

目前，家庭网络布线基本上都在采用超五类或六类非屏蔽双绞线。剥开超五类网线，可以看到里面有8根细线两两缠绕，另外有1条抗拉线，线对的颜色与五类双绞线完全相同，分别为白橙、橙、白绿、绿、白蓝、蓝、白棕和棕。裸铜线径为0.51mm（线规为24AWG），绝缘线径为0.92mm，UTP电缆直径为5mm。

4.1.9.5　水晶头的选用

水晶头是网络连接中重要的接口设备，是一种能沿固定方向插入并自动防止脱落的塑料接头，用于网络通信，因其外观像水晶一样晶莹透亮而得名为水晶头。室内装修常用的水晶头有RJ11和RJ45两种，如图4-43所示。

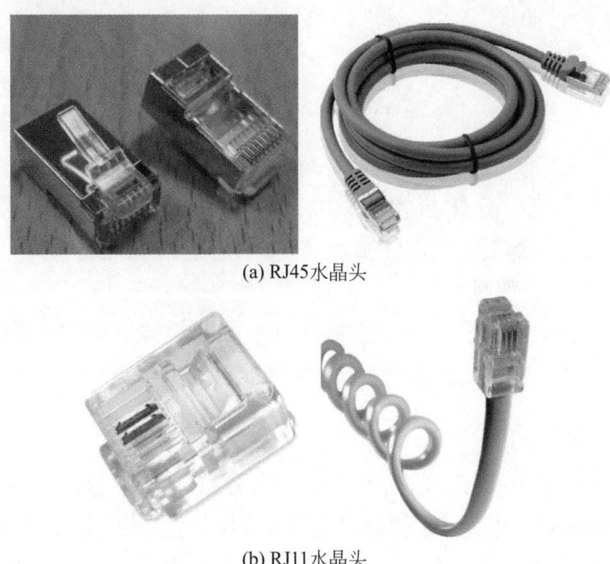

(a) RJ45水晶头

(b) RJ11水晶头

图4-43　水晶头

RJ11水晶头和RJ45水晶头很类似，但只有4根针脚（RJ45为8根）。在计算机系统中，RJ11主要用来连接Modem调制解调器。日常应用中，RJ11常见于电话线。

双绞线的两端必须都安装RJ45水晶头，以便插在网卡（NIC）、集线器（Hub）或交换机（Switch）的RJ45接口上，进行网络通信。

近年来流行使用金属弹片水晶头，弹片可以单独拆卸，解决了塑料弹片容易断裂或容易失去弹性的问题，如图4-44所示。

4.1.9.6　音箱线的选用

音箱线由高纯度无氧铜作为导体制成，此外还有用银作为导体制成的，损耗很小，但价格昂贵，只有专业级才用到银线，所以普遍使用的是铜制的音箱线，如图4-45所示。

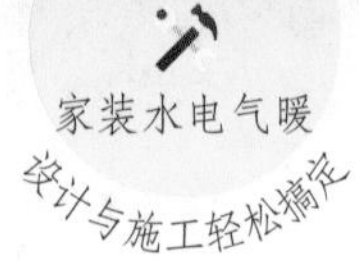

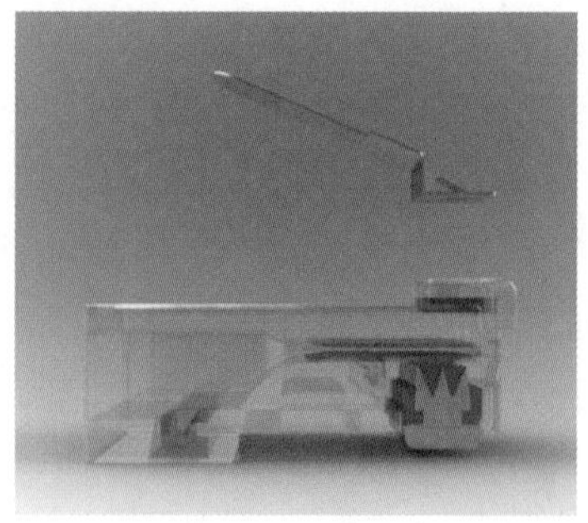

图4-44　金属弹片水晶头

图4-45　音箱线

音箱线用于家庭影院中功放和主音箱及环绕音箱的连接。

音箱线常用规格有32支，70支，100支，200支，400支，504支。这里的“支”也称“芯”，是指组成该规格音箱线的铜丝数量，如100支（芯）就是由100根铜芯组成的音箱线。芯数越多（线越粗），失真越小，音效越好。

一般来说，主音箱、中置音箱应选用200支以上的音箱线。环绕音箱用100支左右的音箱线；预埋音箱线如果距离较远，可视情况用粗点的线。

4.1.9.7　同轴音频线的选用

同轴音频线用于传输双声道或多声道信号（杜比AC-3或者DTS信号），两根为一组，每一组2芯，内芯为信号传输，外包一层屏蔽层（同时作为信号地线），其中芯线表皮一般区分为红色和白色，其中红色用来接右声道，白色用来接作左声道，如图4-46所示。

图4-46　同轴音频线

选择同轴音频线时主要先看其直径，过细的线材只能用于短距离设备间的连接，对于长距离传输会因线路电阻过大导致信号损耗过大（特别是高频），同时还要注意屏蔽层的致密度，屏蔽层稀疏的极易受到外界干扰，当然其铜质必须是无氧铜，光亮、韧性强是一个显著的特征。

4.1.9.8 视频线的选用

视频线用于传送视频复合信号，如DVD、录像机等信号，一般和同轴音频线一起预埋，统称AV信号，这类信号线传送的是标准清晰度的视频信号，如图4-47所示。

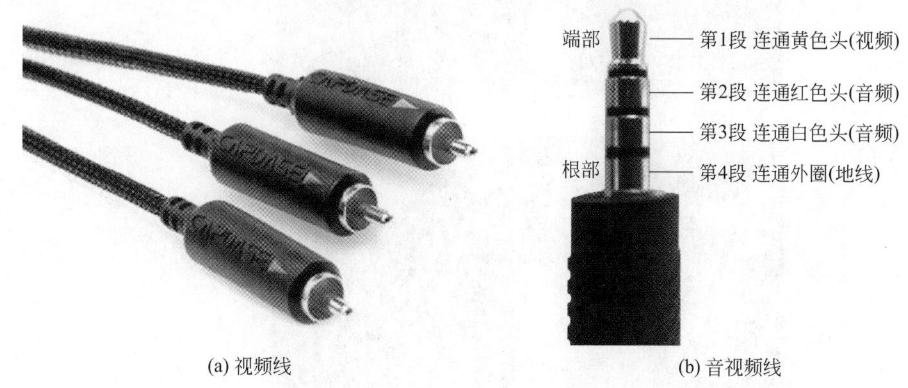

(a) 视频线　　(b) 音视频线

图4-47 视频线和音视频线

4.1.9.9 监控器线缆的选用

通信线缆一般用在配置有电动云台、电动镜头的摄像装置上。一般采用2芯屏蔽通信电缆（RVVP）或3类双绞线UTP，每芯截面积为0.3～0.5mm^2。

控制电缆通常指的是用于控制云台及电动可变镜头的多芯电缆。控制电缆提供的是直流或交流电压，而且一般距离很短（有时还不到1m），基本上不存在干扰问题，因此不需要使用屏蔽线。

4.1.9.10 弱电插座的选用

（1）有线电视信号插座的选用

有线电视（TV）插座有普通电视插座、宽频电视插座和带分支电视插座三种供选择。

① 普通电视插座，一般传输频率在5～750MHz之间，只能满足模拟电视信号（700MHz以下）的频率宽度，不建议安装这种插座，如图4-48所示。

图4-48 普通电视插座

② 宽频电视插座，能传输5～1000MHz的信号，可用于数字电视信号传输。从插座的结

构上来看，宽频电视插座已不再采用传统的插拔式，而是使用英式的螺旋式接口，这样可以使插座的接触更加紧密和可靠，如图4-49所示。装修时，一般应选用宽频插座，相应的同轴电缆的头也要用螺旋式的。

图4-49　宽频电视插座

（2）网线插座的选用

网线插座（WN）是指有一个或一个以上网线接口可插入的插座，通过它可插入网线，便于与电脑等设备接通，如图4-50所示。

图4-50　网络插座

网线插座的布置应根据室内家用电器和家具的规划位置进行，并应密切注意与建筑装修等相关专业配合，以便确定网线插座位置的正确性。

现在家庭中大多使用双绞线（即一般的网线），一般分为T568A和T568B两种线序，信息模块端接入方式分T568A模块和T568B模块两种方式，两种端接方式所对应的接线顺序如图4-51所示。

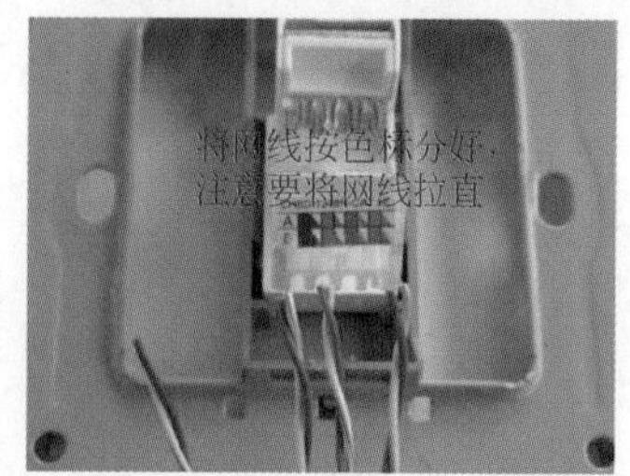

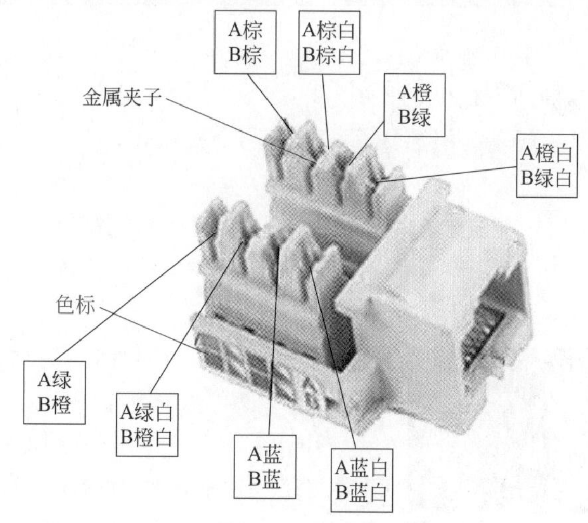

图4-51　网络插座接线

（3）电话插座的选用

电话插座（TP）就是能够插入电话线的插座，通过电话线的连接，能够与电话设备进行联通，如图4-52所示。

图4-52　电话插座

一个电话插座可以有一个或多个插口。电话插座一般是2芯或者4芯的RJ11水晶头。

（4）电话网络双口插座的选用

电话网络双口插座，在同一面板上能同时连接电话和网络两个终端的插座，如图4-53所示，在安装空间有限时可选用这种插座。

图4-53　电话网络双口插座

4.2 水路气路材料选用

4.2.1 管材的选用

家庭水路改造，需要用到的水管有冷水管、热水管、下水管等。而从材质上看，一般有铝塑管、UPVC管和PPR管。

水管燃气管选用

天然气气路常用的管材有燃气用铝塑管、燃气用金属软管。

（1）UPVC管

UPVC管是一种以聚氯乙烯（PVC）树脂为原料，不含增塑剂的塑料管材，它具有耐腐蚀性和柔软性好的优点，其管内壁光滑，液体在内流动不会结垢，因而其输送能力不会随运行时间的增强而下降。

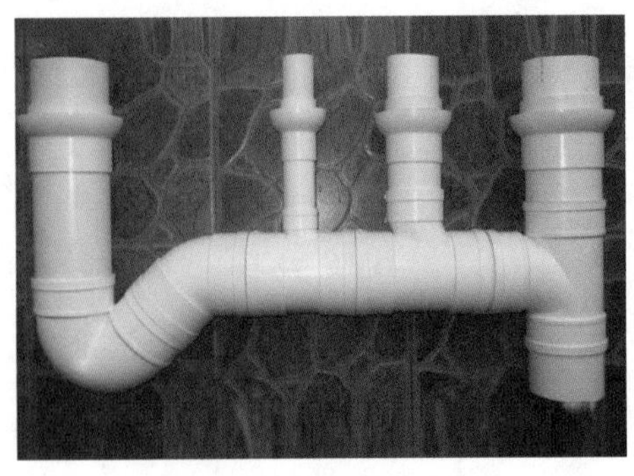

图4-54　UPVC排水管

UPVC管通常用作排水管道用，如图4-54所示。

（2）铝塑管

铝塑管有五层，内外层均为聚乙烯，中间层为铝箔层，在这两种材料中间还各有一层黏合剂，五层紧密结合成一体，如图4-55所示。它的优越性能在于：具有稳定的化学性质，耐腐蚀，无毒无污染，表面及内壁光洁平整，不结垢，重量轻，能自由弯曲，韧性好，具有独特的环保及节能优势。

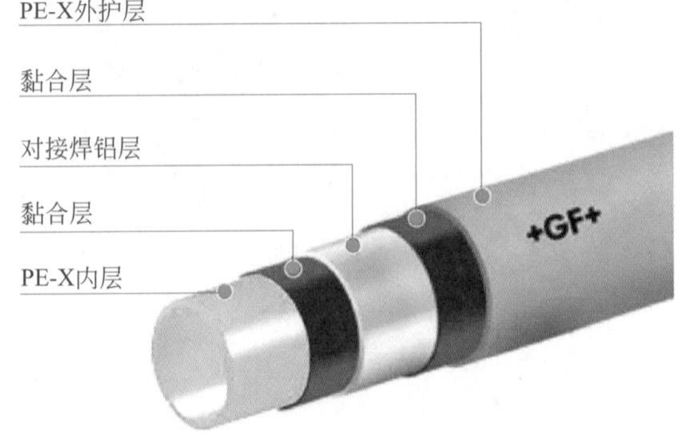

图4-55　铝塑管

铝塑管按用途分类有普通饮用水管、耐高温管、燃气专用管。

铝塑管是市面上较为流行的一种管材。其质轻、耐用而且施工方便，其可弯曲性更适合在家装中使用。冷水管、热水管、天然气管、暖气管道都可以使用该类管材，但长期作为热水管时会造成渗漏。

专用铝塑管的天然气管道是铝塑复合管，以焊接铝管为中间层，内外层均为聚乙烯塑料，铝层内外采用热熔胶粘接，通过专用机械加工方法复合成一体的天然气管道。

（3）PPR管的选用

PPR管的正式名为无规共聚聚丙烯管，具有节能节材、环保、轻质高强、耐腐蚀、内壁光滑不结垢、施工和维修简便、使用寿命长等优点，是目前家装工程中采用最多的一种供水管道，既可以用作冷水管，也可以用作热水管，如图4-56所示。

图4-56　PPR水管

用于冷水（≤40℃）系统，选用静液压应力*PN*1.0～1.6MPa管材、管件；用于热水系统（≥70℃），选用静液压应力*PN*2.0MPa管材、管件。

PPR管道分冷热水管2种。冷水管管壁薄，热水管管壁厚。

经验表明，冷水管用ϕ25mm，热水管用ϕ20mm。先说冷水，从墙面出来的内丝弯头都是ϕ20mm的，也就是说，各种龙头的出水口是ϕ20mm的，用ϕ25mm的管在多点同时分流用水时，水流不变小。热水之所以要考虑ϕ20mm的管子，这是从能源节约角度来考虑的，因为家庭两个卫生间同时洗澡的概率本来就不大，再加上热水本来是中和冷水来调温的，对热水的用水量不如冷水这么大。所以，热水用ϕ20mm是比较合适的。

一般而言，家庭选用2.3mm或2.8mm管壁厚度的PPR管即可满足需要。暖气选用S3.2以上的PPR管，水管选用S4的PPR管。

【特别提醒】

要根据当前自来水压力来选择PPR管的承压度，一般有1.6MPa、2.0MPa，管壁厚度有2.3mm、2.8mm、3.5mm、4.4mm等，不是承压越高、厚度越大就好，只要够用就行了。一般而言，2.3mm或2.8mm的管壁，1.6MPa承压就足够家用了。

（4）燃气用金属软管

天然气金属软管是由波纹管、网套、接头三部分组成的，其主体是波纹管。软管的工作温度范围为-196～600℃。天然气金属软管的两端是靠法兰连接的，法兰的材质采用碳钢或者不锈钢，如图4-57所示。

【特别提醒】

天然气金属软管可用于天然气、液化石油气等气源通入燃气具的管道连接之用。

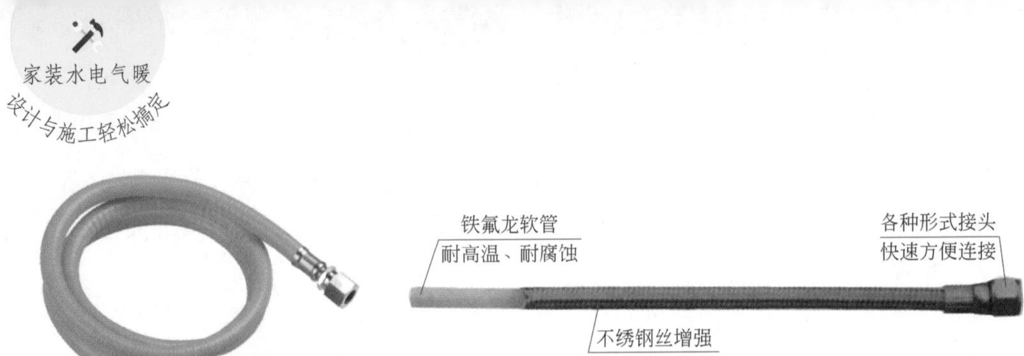

图4-57　不锈钢燃气用金属软管

4.2.2　配件选用

水管燃气管管件选用

（1）PPR水管阀的选用

现在许多家庭都是使用的PPR水管，常用阀门有截止阀、双活接球阀和角阀，如图4-58所示。选择阀门既要求密封效果好，又要求操作灵活。

(a) 截止阀

(b) 双活接球阀

(c) 角阀

图4-58　PPR水管阀

① 在选择阀门时，一定要注意检查阀门的密封效果。在实际产品中，阀门密封有多种形式，如软密封、硬密封、阀板密封、阀体密封、面密封、线密封等等。不管采用什么样的密封形式，均不能影响到密封效果。

② 阀门操作是否灵活也是很重要的。操作灵活不仅体现在选择哪一种传动方式上，还体现在与传动机构相关的部件的加工精度上。

（2）PPR管其他管件的选用

安装PPR管时，主要管件有各种互通连接头、弯头、堵头、过桥弯以及内丝、外丝接头等，如图4-59所示。

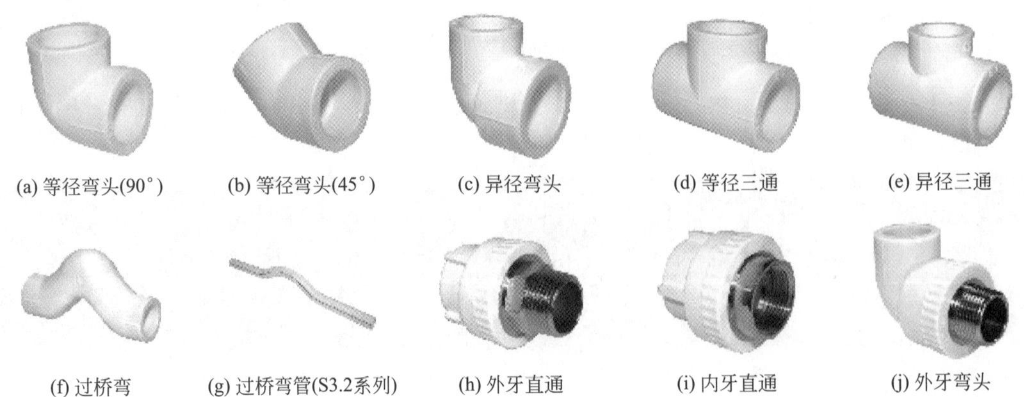
(a) 等径弯头(90°)　(b) 等径弯头(45°)　(c) 异径弯头　(d) 等径三通　(e) 异径三通
(f) 过桥弯　(g) 过桥弯管(S3.2系列)　(h) 外牙直通　(i) 内牙直通　(j) 外牙弯头

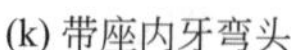
(k) 带座内牙弯头

(l) 内牙弯头

(m) 内牙三通

(n) 外牙三通

(o) 外牙活接

图4-59　PPR管常用管件

PPR管常用管型号规格及说明见表4-14。

表4-14　PPR管常用管件型号规格及说明

产品名称	图示	型号规格	使用说明
等径直通		S20	两端接相同规格的PPR管。 例：S20表示两端均接直径20mm的PPR管
		S25	
		S32	
异径直通		S25×20	两端接不同规格的PPR管。 例：S25×20表示一端接直径25mm的PPR管，另一端接直径20mm的PPR管
		S32×20	
		S32×25	
堵头		D20	用于相关规格PPR管的封堵。 例：D20表示封堵直径20mm的PPR管
		D25	
		D32	
等径弯头（90°）		L20	两端接相同规格的PPR管。 例：L20表示两端均接直径20mm的PPR管
		L25	
		L32	
等径弯头（45°）		L20（45°）	两端接相同规格的PPR管。 例：L20（45°）表示两端均接直径20mm的PPR管
		L25（45°）	
		L32（45°）	
异径弯头		F12-L25×20	两端接不同规格的PPR管。 例：F12-L25×20表示一端接直径25mm的PPR管，另一端接直径20mm的PPR管
		F12-L32×20	
		F12-L32×25	

续表

产品名称	图示	型号规格	使用说明
等径三通		T20 T25 T32	三端接相同规格的PPR管。 例：T20表示三端均接直径20mm的PPR管
异径三通		T25×20 T32×20 T32×25	三端均接PPR管，其中一端变径。 例：T25×20表示两端均接直径25mm的PPR管，中间接直径20mm的PPR管
过桥弯		W20 W25	两端接相同规格的PPR管。 例：W20表示两端均接直径20mm的PPR管
过桥弯管（S3.2系列）		W20（L） W25（L） W32（L）	两端接相同规格的PPR管件
外牙直通		S20×1/2M S20×3/4M S25×1/2M S25×3/4M S32×3/4M S32×1M	一端接PPR管，另一端接内牙。 例：S20×1/2M表示一端接直径20mm的PPR管，另一端接1/2in（1in=2.54cm）内牙
内牙直通		S20×1/2F S20×3/4F S25×1/2F S25×3/4F S32×3/4F S32×1F	一端接PPR管，另一端接外牙。 例：S20×1/2F表示一端接直径20mm的PPR管，另一端接1/2in外牙
外牙弯头		L20×1/2M L20×3/4M L25×1/2M L25×3/4M L32×3/4M L32×1M	一端接PPR管，另一端接内牙。 例：L20×1/2M表示一端接直径20mm的PPR管，另一端接1/2in内牙
带座内牙弯头		L20×1/2F（Z） L25×1/2F（Z）	一端接PPR管，另一端接外牙。该管件可通过底座固定在墙上。 例：L20×1/2F（Z）表示一端接直径20mm的PPR管，另一端接1/2in外牙

续表

产品名称	图示	型号规格	使用说明
内牙弯头		L20×1/2F L20×3/4F L25×1/2F L25×3/4F L32×3/4F L32×1F	一端接PPR管，另一端接外牙。 例：L20×1/2F表示一端接直径20mm的PPR管，另一端接1/2in外牙
内牙三通		T20×1/2F T25×1/2F T25×3/4F T32×1/2F T32×3/4F T32×1F	两端接PPR管，中端接外牙。 例：T20×1/2F表示两端接直径20mm的PPR管，中间接1/2in外牙
外牙三通		T20×1/2M T25×3/4M T32×1/2M T32×3/4M×32	两端接PPR管，中端接内牙。 例：T20×1/2M表示两端接直径20mm的PPR管，中间接1/2in内牙
外牙活接		F12-S20×1/2M（H） F12-S25×3/4M（H） F12-S25×1M（H） F12-S32×1M（H） F12-S40×1/4M（H） F12-S50×1/2M（H） F12-S63×2M（H）	用于需拆卸处的安装连接，一端接PPR管，另一端接内牙。 例：F12-S20×1/2M表示两端接直径20mm的PPR管，中间接1/2in内牙
内牙活接		F12-S20×1/2F（H） F12-S25×3/4F（H） F12-S32×1F（H）	用于需拆卸处的安装连接，一端接PPR管，另一端接外牙。 例：F12-S20×1/2F（H）表示一端接20mm的PPR管，另一端接1/2in外牙
等径活接		F12-S20×20（H） F12-S25×25（H） F12-S32×32（H）	用于需拆卸处的安装连接，可拆卸结构，两端接PPR管
内牙直通活接		S20×1/2F（H2）	用于需拆卸处的安装连接，一端接PPR管，另一端接外牙，主要用于水表连接

续表

产品名称	图示	型号规格	使用说明
内牙弯头 活接		L20×1/2F（H2）	用于需拆卸处的安装连接，一端接PPR管，另一端接外牙，主要用于水表连接

常用水管管件的作用见表4-15。

表4-15　常用水管管件的作用

序号	名称	作用
1	直接	又称为套管、管套接头，当一根水管不够长的时候可以用来延伸管子。在使用的时候，要注意和水管的尺寸相匹配
2	弯头	是用来让水管转弯的，因为水管自己是笔直的，不能弯折，要改变水管的走向，只能通过弯头来实现。常规分为45°和90°弯头
3	内丝和外丝	是配套使用的，连接龙头、水表以及其他类型水管时会用到，而家装中大部分用到的都是内丝件
4	三通	分为同径三通和异径三通，顾名思义，就是连接三个不同方向的水管用的，当要从一根水管中引出一条水路的时候使用
5	大小头	是连接管径不同的两根管材使用的，直接、弯头和三通都有大小头之分
6	堵头	是水管安装好后，用来暂时封闭出水口而用的，在安装龙头的时候会取下，在使用堵头时要注意大小要和对应的管件所匹配
7	绕曲弯	也叫过桥，当两根水管在同一平面相交而不对接时，为了保证水管的正常使用，我们用绕曲弯过渡，就像拱桥一样，通过平面的避让来避过水管的直接相交
8	截止阀	启闭水流
9	管卡	固定水管位置，防止水管移位
10	S弯 P弯	一般用于水斗和下水管连接，都具有防臭的功能，S弯一般用于错位连接；P弯则用于除臭连接，其作用是防堵、防臭

（3）燃气专用铝塑管管件的选用

燃气专用铝塑管的管件主要有直接头、三通接头、弯接头和燃气阀等，如图4-60所示。

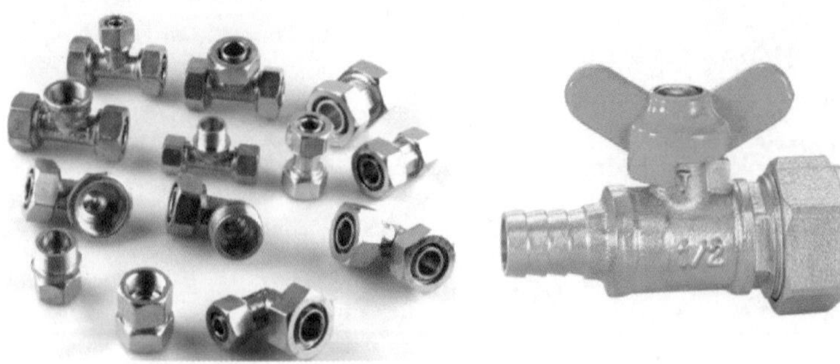

(a) 接头　　(b) 燃气阀

图4-60　燃气专用铝塑管管件

【特别提醒】

选用管材接头时，要注意区分是内丝还是外丝。

4.3 地暖材料选用

4.3.1 水地暖材料的选用

地暖材料选用

（1）管材种类的选用

用于水地暖的管材要求具有易弯曲、抗老化、耐腐蚀、抗渗氧、耐温、耐压、不结垢、水阻力及膨胀系数小等特性。《辐射供暖供冷技术规程》（JGJ 142—2012）对地暖中可以使用的管材做了如下规定：其种类分别为交联聚乙烯管（PE-X管）、耐热聚乙烯管（PE-RTⅠ、PE-RTⅡ管）、无规共聚聚丙烯管（PP-R管）、聚丁烯管（PB管）、铝塑复合管（对接焊式、搭接焊式）、无缝铜管等。每一种管材都有各自的性能特点，按设计规范正确选定其结构尺寸（壁厚），才能保证其50年的使用寿命。常用水地暖管材有PE-X管、铝塑管、PE-RT管、PB管，见表4-16。

表4-16　常用水地暖管材比较

管材名称	图示	说明
PE-X管		特点是低温韧性好，耐高温，抗应力开裂性好，但是热塑性能较差，不能用热熔焊接方法连接和修复，只能采用金属管件机械连接，长期使用易发生漏水
铝塑管		耐压强度高，使用寿命长。热膨胀系数小，抗渗氧，品质极佳。缺点是成本较高，柔韧性不如纯塑管，同时导热性能较差

续表

管材名称	图示	说明
PE-RT管		保留了PE-X管的优点，管材可以通过热熔焊接，接头可靠，不易发生渗漏，柔韧性和耐低温性能很好，并且材料价格适中，性价比较高，是目前地暖采料的通用管材
PB管		特点是耐压性能高，耐高温和低温性能好，抗冲击性能好，容易弯曲而不反弹，是几种地暖管材中最柔软的。原料价格最高，是其他品种的一倍以上，当前在国内应用较少
PP-R管		特点是耐高温性能好、力学性能好和连接性能优越，无毒、卫生，是生活热水与散热器系统用管的理想管材，但由于其耐低温冲击性能差，使得在地暖用管方面应用较少

（2）管材固定材料的选用

① 地热绑线：固定管材较牢，回填混凝土后很快烂掉。

② 塑料扎带：固定管材稍差，回填混凝土有时地面会露出扎带。

③ 塑料卡钉：容易损坏保温层和辐射层，降低保温效果。

（3）保温材料的选用

① 聚苯乙烯保温板（EPS）。国家标准要求（密度）20kg/m^{3}以上，厚度20mm，热导率较低，吸水率小。通常在市场上都达不到这种密度，17～18kg/m^3、厚度15～17mm算是比较好的。

② 挤塑聚苯乙烯保温板（XPS）。密度大于42kg/m^3，挤压成型，较脆，适宜地面平整的地热铺装，造价较高。

以上两者都应选择阻燃材料。

③ 地热棉。地热棉一般用于空调安装隔音材料，热导率高，地暖不建议使用。但洗浴场所等要求使用年限较短的场所，或自有住宅阁楼、别墅的上层也可以使用。

（4）铁网的选用

铁网的作用：便于管材固定，使管距更均匀、更平直；使回填豆石混凝土变型应力得以分散，使地面减少裂纹产生，保护保温层不塌陷，起混凝土的骨架作用，铁丝粗一些的铁网较好。

市场上的铁网规格为1m×2m，铁网铁丝直径分为1.5mm、1.6mm、1.7mm、1.8mm、2.0mm、2.3mm、2.8mm等。

（5）辐射膜的选用

辐射膜的基材为无纺布的较好，纸质的差一些，作混凝土地面时易受潮湿损坏；纯铝箔较好，化学真空镀层的差一些。

（6）分水器的选用

地暖分水器是水系统中用于连接各路加热管供、回水的配集水装置，其功能主要是增压、减压、稳压、分流四项。分水器全套配件如图4-61所示。

目前市场上分水器的材质有普通铜质、不锈钢、PP-R等。一般选用纯铜的分水器，耐腐烂；也可选用不锈钢的分水器；绝对不能用铸铁的分水器。

地热管与分水器的卡套连接处，胶圈密封的胶圈易老化，寿命短；直接铜件连接的寿命长。

PP-R主管路双塑活节球阀较好，寿命较长，方便更换，阀门可换；全塑的不好，易损坏，不易更换。

（7）过滤器的选用

过滤器模锻的铜体应无沙眼，内部的过滤网为不锈钢的较好。铁质过滤网的易锈蚀，寿命短。

（8）铜配件的选用

锻制的铜配件较好，型材加工的铜配件质量差一些。

（9）地热地板的选用

由于地热采暖的特殊性是以整个地面的均匀热辐射作为散热系统，因而在地热采暖环境下，对地热地板要求较高：首先具备很好的散热性；其次具有良好的耐热性，长期耐高温不变形，尺寸稳定，含水率低；最后是绿色环保，确保使用健康安全。建议使用窄条较薄的地热地板，一是散热较好，二是受热变形不明显。地热地板如图4-62所示。

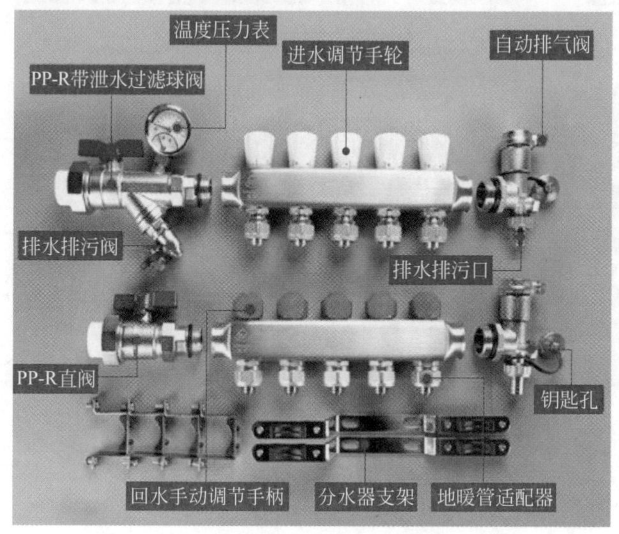

图4-61　地暖分水器全套配件

图4-62　地热地板

4.3.2 电热地暖材料的选用

（1）金属电阻丝电缆线地暖

金属电阻丝电缆线地暖以电阻丝发热，它的金属发热电缆的芯线为具有正电阻温度系数的金属合金丝，线性额定功率为18W/m，如图4-63所示。另外还有双导与单导之分，但因其有较强的电磁辐射，目前基本不采用。

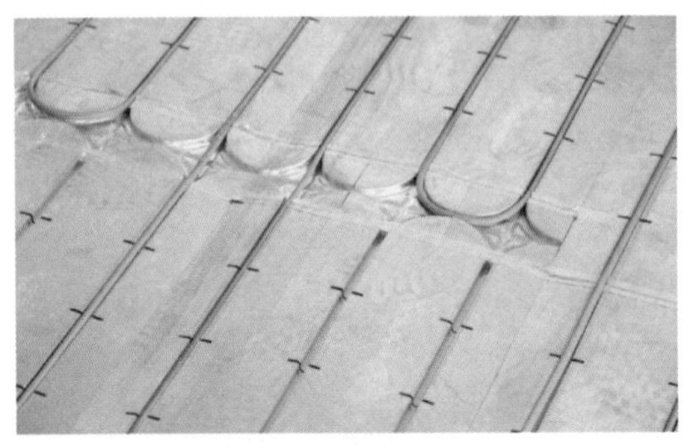

图4-63 金属电阻丝电缆线

（2）碳纤维电缆线地暖

碳纤维电缆线与电阻丝电缆线外观与发热类型都非常相似，主要区别在于发热体把电阻丝换成了碳纤维丝，有效避免了有害的电磁辐射，具有高效、美观、经济等优点，目前是安装瓷砖类地板使用电地暖的主要产品，如图4-64所示。

（3）碳纤维电热膜地暖

碳纤维电热膜地暖发热体也是碳纤维，主要使用在木地板下面，具有发热快、占层高少、高效、节能等优势，如图4-65所示。

图4-64 碳纤维电缆线地暖

图4-65 碳纤维电热膜地暖

【特别提醒】

电地暖的辅助材料有绝缘板、钢丝网、尼龙带、反光膜等。一般来说，由于电地暖的辅助材料埋在地下，所以选择耐腐蚀性好的辅助材料是非常必要的，如果不耐腐蚀，很容易损坏。良好的电地板采暖可以减少热量损失，可以提高电地板采暖的效果并节省电力。目前市场上的电热辅料质量有好坏，价格当然有很大差异。

第5章

室内电路安装

家装电气布线的线路有很多，如照明线路、通信线路、网络线路、影音线路等，不同种类的线路的布置方法及要求是不同的。我们先要学会看懂装修电气图，才能进行正确定位、开槽、布线施工。同时，室内布线的施工设计要对给排水管道、热力管道、风管道以及通信线路布线等位置关系给予充分考虑。

5.1 学会看装修电气图

电气照明图纸的特点是：各种装置或设备中的元部件都不按比例绘制它们的外形尺寸，而是用图形符号表示，同时用文字符号、安装代号来说明电气装置和线路的安装位置、相互关系和敷设方法。

室内装修施工常用的图纸有原始结构图、平面布置图、顶面布置图、立面图、照明布置图、配电系统图、插座布置图和效果图。

5.1.1 看原始结构图

原始结构图是水、电、气、暖设计图纸的基础，通过看原始结构图可以了解以下信息：房间的具体开间尺寸，墙体厚度，层高，房间梁柱位置尺寸，门窗洞口的尺寸位置，各项管井（上下水、煤气管道、空调暖管、进户电源）的位置、功能、尺寸等项目，如图5-1所示。

电气照明识图基础

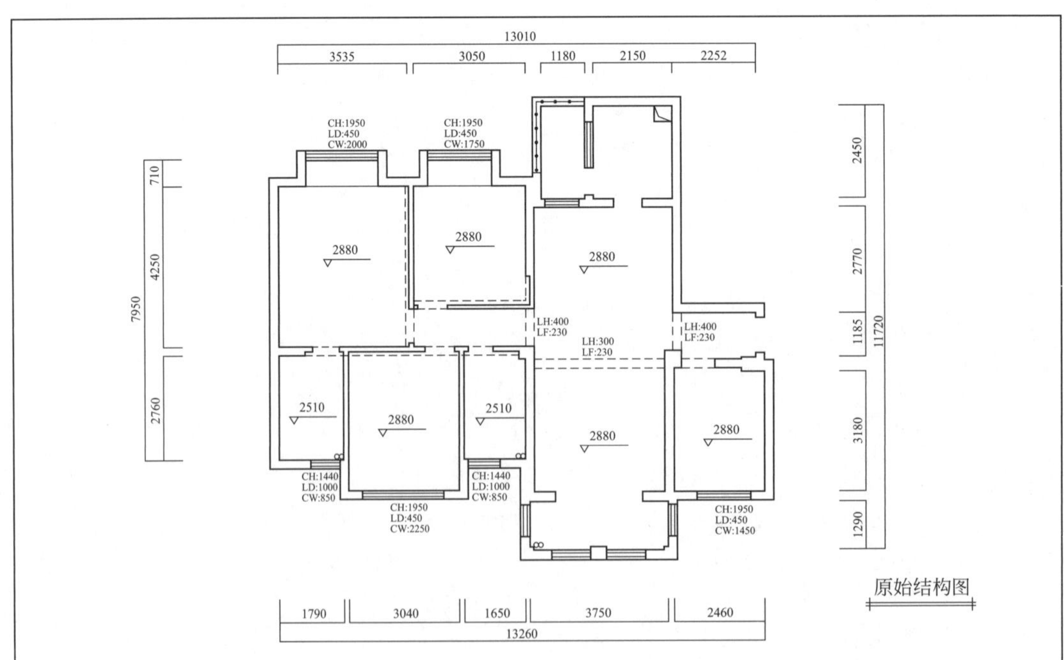

图5-1　原始结构图

5.1.2　看电气照明布置图

5.1.2.1　常用电气照明符号及标注

识读照明平面图

初学者要看懂电气照明布置图，首先得掌握常用的电气照明符号。当在图纸上看到某个图形符号时，就要联想出该图形符号所代表的是怎样一个电气设备或具体意义。

（1）线路敷设表示法

电气图中导线的敷设方式及敷设部位一般用文字符号标注，见表5-1。表中代号E表示明敷设，C表示暗敷设。

表5-1　导线敷设方式及敷设部位文字符号

序号	导线敷设方式和部位	文字符号	序号	导线敷设方式和部位	文字符号
1	用塑料线槽敷设	PR	8	穿金属软管敷设	CP
2	穿水煤气管敷设	RC	9	沿墙面敷设	WE
3	穿穿线管敷设	TC	10	沿顶棚面或顶板面敷设	CE
4	穿聚氯乙烯硬质管敷设	PC	11	在能进入的吊顶内敷设	ACE
5	穿聚氯乙烯半硬质管敷设	FPC	12	暗敷设在梁内	BC
6	穿聚氯乙烯波纹管敷设	KPC	13	暗敷设在柱内	CLC
7	用塑料夹敷设	PCL			

（2）灯具的类型及文字符号

灯具的类型及文字符号的表示法见表5-2。

表5-2　灯具的类型及文字符号

灯具类型	文字符号	灯具类型	文字符号
普通吊灯	P	吸顶灯	D
花灯	H	防水、防尘灯	F
柱灯	Z	陶瓷伞罩灯	S
投光灯	T	壁灯	B

（3）灯具的标注法

在电气图中，照明灯具标注的一般方法如下。

$$a\text{-}b\frac{c\times d\times L}{e}f$$

式中　a——灯具数；

b——型号或编号；

c——每盏灯的灯泡数或灯管数；

d——灯泡容量，W；

L——光源种类；

e——安装高度，m；

f——安装方式。

（4）照明电器安装方式及代号

照明电器安装方式及代号表示法见表5-3。

表5-3　照明电器安装方式及代号表示法

安装方式	拼音代号	英文代号
线吊式	X	CP
管吊式	G	P
链吊式	L	CH
壁吊式	B	W
吸顶式	D	C
吸顶嵌入式	DR	CR
嵌入式	BR	WR

（5）照明开关的图形符号

照明开关在电气平面图上的图形符号见表5-4。

表5-4　照明开关在电气平面图上的图形符号

序号	名称		图形符号
1	开关，一般符号		
2	带指示灯的开关		
3	单极开关	明装	
		暗装	
		密闭（防水）	
		防爆	
4	双极开关	明装	
		暗装	
		密闭（防水）	
		防爆	
5	三极开关	明装	
		暗装	
		密闭（防水）	
		防爆	

注：除图上注明外，开关选用250V、10A，面板底距地面1.3m。

5.1.2.2　室内平面布置图

平面布置图在工程上一般是指建筑物布置方案的一种简明图解形式。我们通过看室内平面布置图可以从图纸上了解家具、家用电器的分布位置以及室内“交通”路线，如图5-2所示。

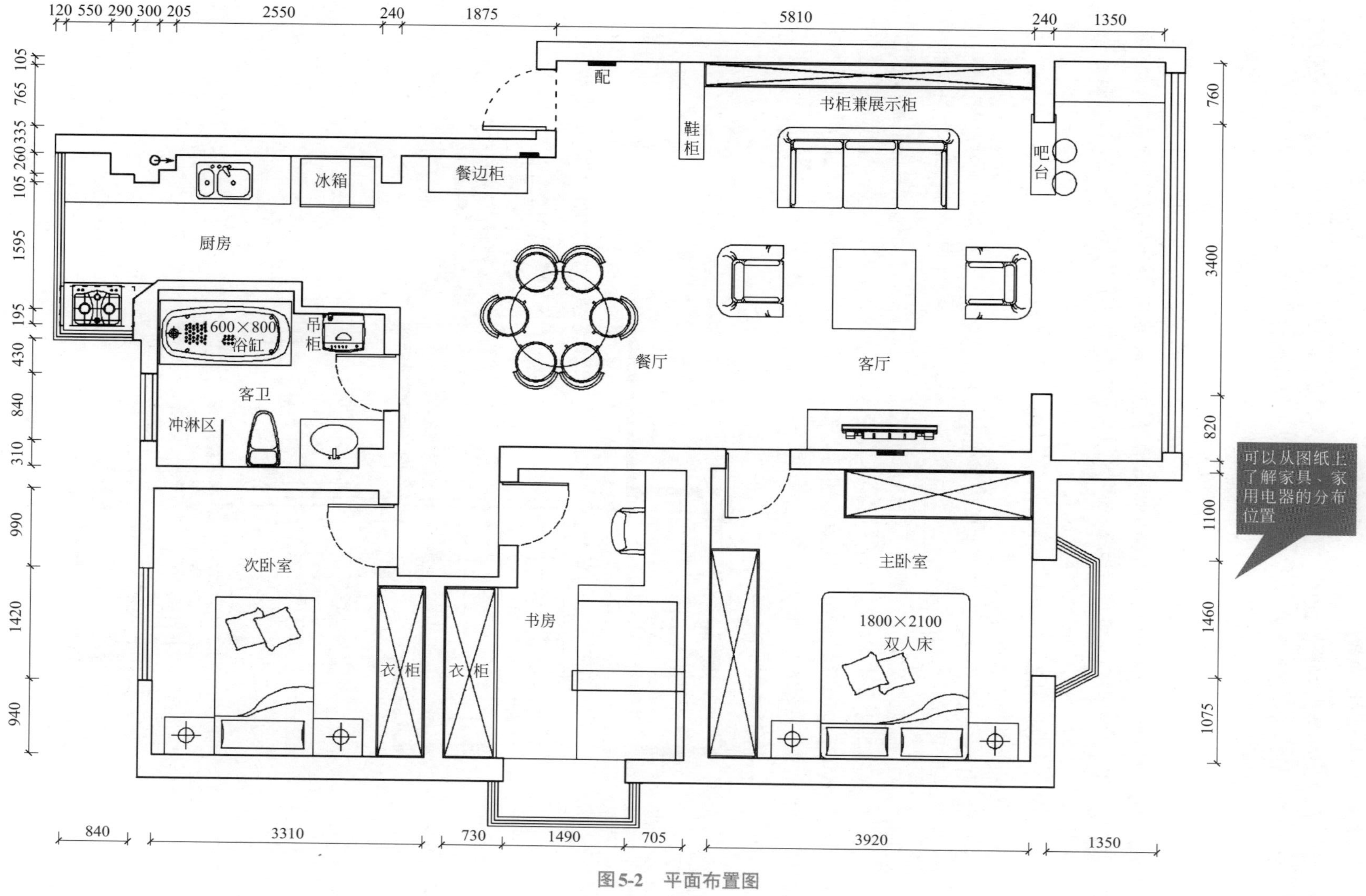

可以从图纸上了解家具、家用电器的分布位置
配
鞋柜
书柜兼展示柜
吧台
冰箱
餐边柜
厨房
600×800浴缸
吊柜
客卫
冲淋区
餐厅
客厅
次卧室
衣柜
衣柜
书房
主卧室
1800×2100双人床
120 550 290 300 205
2550
240
1875
5810
240
1350
105 765 335 260 105
1595
195
430
840
310
990
1420
940
760
3400
820
1100
1460
1075
840
3310
730
1490
705
3920
1350

图5-2　平面布置图

5.1.2.3 照明布置图

照明布置图又称为照明平面图，是在住宅建筑平面图上绘制的实际配电布置图。描述的主要对象是照明电气电路和照明设备，通常包括以下主要内容。

① 电源进线和电源配电箱及各分配电箱的形式、安装位置，以及电源配电箱内的电气系统。

② 照明电路中导线的根数、型号、规格（截面积）、电路走向、敷设位置、配线方式、导线的连接方式等。

③ 照明电光源类型、照明灯具的类型、灯泡灯管功率、灯具的安装方式和安装位置等。

④ 照明开关的类型、安装位置及接线等（照明平面图上不能表现灯具、开关、插座等的具体形状，只能反映照明设备的具体位置）。

⑤ 插座及其他日用电器的类型、容量、安装位置及接线等。

⑥ 照明房间的名称及照度等。

安装照明电气电路及用电设备，需根据照明电气布置图进行。有了照明布置图，我们就能知道整座房子或整个房间的电气布置情况：在什么地方需要安装什么形式的灯具、插座、开关、接线盒、吊扇调速器及空调器、电热器、电冰箱、彩电、计算机、厨房电器等家用电器；采用怎样的布线方式；导线走向如何，导线根数多少；采用何种导线，导线的截面积以及导线导管的管径多大等。此外，从图中还可以看出：住宅是采用保护接地还是保护接零，以及防雷装置的安装等情况。

照明布置图如图 5-3 所示。

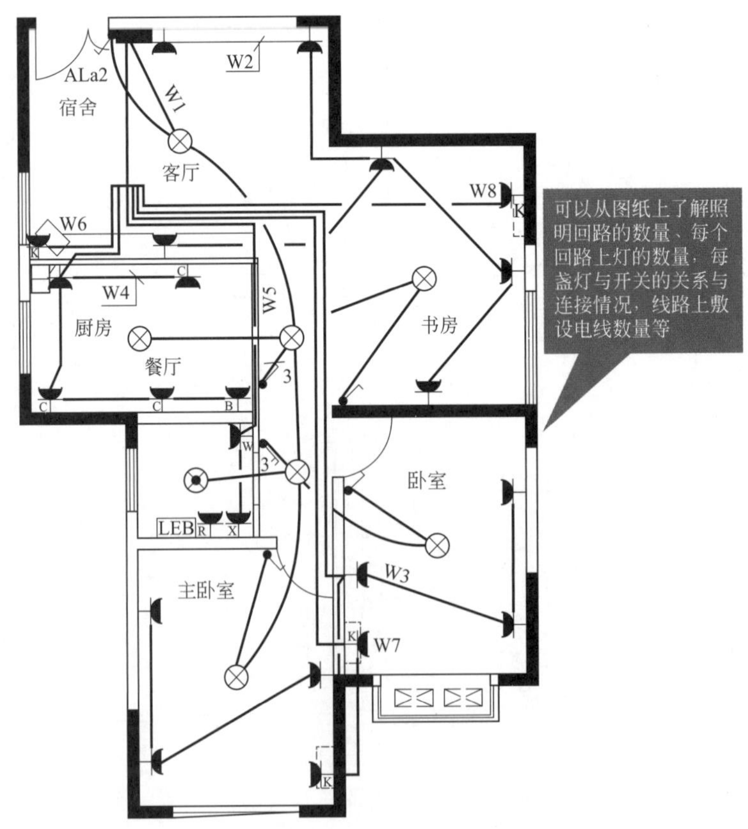

图 5-3 照明布置图

看懂照明平面图才能布置灯具穿线，可是要做到这一点也并不容易，因为设计图纸上的电气照明平面图与实际接线图上的表示法有一定的区别。表5-5列出了七种实例，对照照明平面图和实际接线图，可以看出，随着开关控制灯具数量的不同，放线根数也不一样。

表5-5　照明平面图和实际接线图对比

项目	照明平面图	实际接线图
一个开关控制一盏灯	AC 220V 电源 单极开关 双极开关	零线 相线
一个开关同时控制两盏灯		
在一个开关同时控制两盏灯中加插座		
两个开关分别控制两盏灯		
分别在两地控制同一盏灯		
在两地分别由一开关控制两盏灯		
在三处控制同一盏灯		

【特别提醒】

在灯具放线时，如果图纸上已标注出导线根数（即图中灯具之间以短斜线段标注根数），在安装时即可据此放线；如果没有标注根数，则需要电工独立思考来完成放线工作。

5.1.2.4 顶面布置图

顶面布置图表现了对天花板从下向上的仰视效果。可以从图纸上了解天花板的大小及造型以及顶面灯具的分布形式、数量、灯具的款式，如图5-4所示。

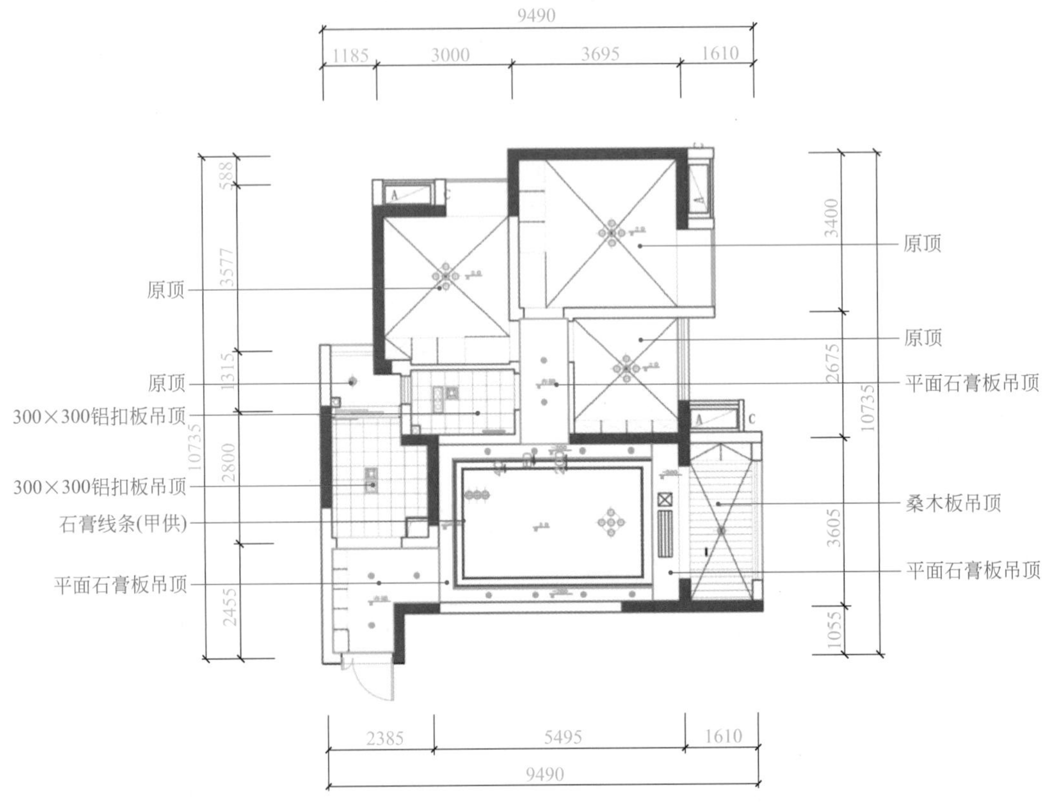

图5-4 顶面布置图

顶面布置图主要包括以下内容：

① 吊顶的形状、大小及照明的位置。

② 吊顶的造型、吊顶的标高与材质。

③ 换气扇、顶装空调、顶面灯具的分布形式、数量等。

④ 附有灯具、空调等图样。

5.1.2.5 插座布置图

通过看插座布置图，可以从图纸上了解以下信息：

① 插座回路的数量以及各个回路的功能名称。

② 每个插座回路上的插座数量及种类。

③ 每个插座的安装位置。

④ 插座电线的敷设方式及路径。

⑤ 插座的图形符号。

插座在电气平面图上的图形符号见表5-6。

表5-6　插座在电气平面图上的图形符号

<table>
<tr><th>序号</th><th colspan="2">名称</th><th>图形符号</th><th>备注</th></tr>
<tr><td rowspan="4">1</td><td rowspan="4">单相插座</td><td>明装</td><td></td><td rowspan="8">①除图上注明外，选用250V 10A。
②明装时，面板底距地面1.8m；暗装时，面板底距地面0.3m。
③除具有保护板的插座外，儿童活动场所的明暗装插座距地面均为1.8m。
④插座在平面图上的画法为 隔墙</td></tr>
<tr><td>暗装</td><td></td></tr>
<tr><td>密闭（防水）</td><td></td></tr>
<tr><td>防爆</td><td></td></tr>
<tr><td rowspan="4">2</td><td rowspan="4">带接地插孔的单相插座</td><td>明装</td><td></td></tr>
<tr><td>暗装</td><td></td></tr>
<tr><td>密闭（防水）</td><td></td></tr>
<tr><td>防爆</td><td></td></tr>
<tr><td rowspan="4">3</td><td rowspan="4">带接地插孔的三相插座</td><td>明装</td><td></td><td rowspan="8">①除图上注明外，选用380V 15A。
②明装时，面板底距地面1.8m；暗装时，面板底距地面0.3m</td></tr>
<tr><td>暗装</td><td></td></tr>
<tr><td>密闭（防水）</td><td></td></tr>
<tr><td>防爆</td><td></td></tr>
<tr><td rowspan="4">4</td><td rowspan="4">带中性线和接地插孔的三相插座</td><td>明装</td><td></td></tr>
<tr><td>暗装</td><td></td></tr>
<tr><td>密闭（防水）</td><td></td></tr>
<tr><td>防爆</td><td></td></tr>
<tr><td>5</td><td colspan="2">多个插座（示出三个）</td><td>3</td><td rowspan="2">①除图上注明外，选用250V 10A。
②明装时，面板底距地面1.8m；暗装时，面板底距地面0.3m。
③除具有保护板的插座外，儿童活动场所的明暗装插座距地面均为1.8m</td></tr>
<tr><td>6</td><td colspan="2">具有保护板的插座</td><td></td></tr>
</table>

【特别提醒】

不同用途及规格的开关、插座的图形符号，有的差异比较小，识图时要注意仔细分辨清楚，否则在施工时容易张冠李戴，影响工程进度。

如图5-5所示为某家庭插座布置图。

【特别提醒】

在查看插座布置图时，需要注意的是插座的位置、数量，位置的安排要根据实际使用的方便性安排，综合考虑门窗、家具的安排，不能让插座被门窗遮蔽，影响正常使用。

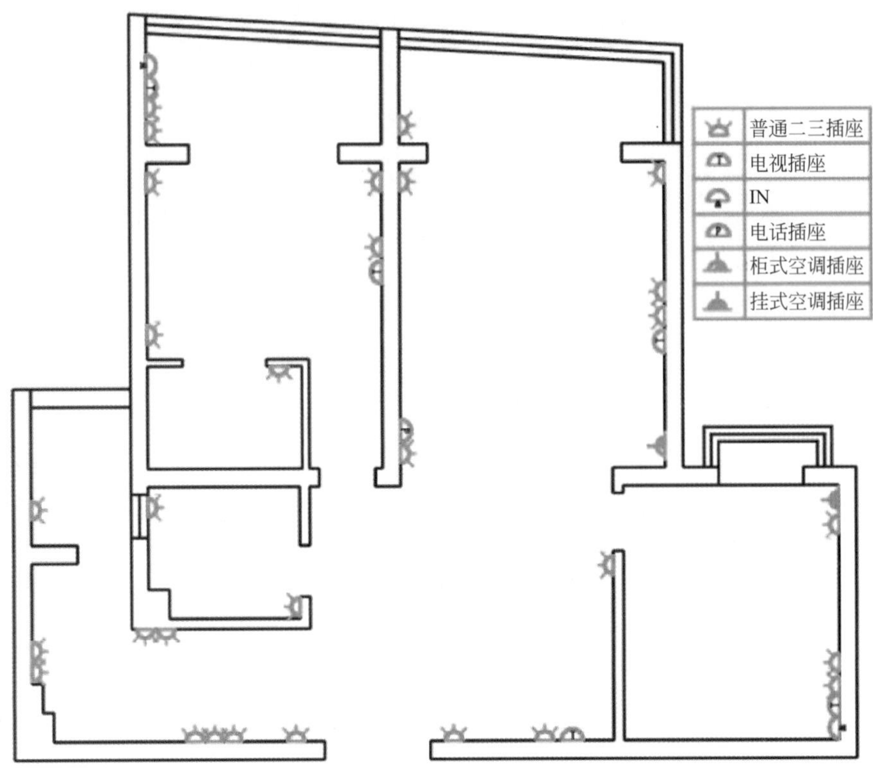

图5-5　某家庭插座布置图

5.1.2.6　立面图

通过看立面图，可以从图纸上了解墙面、衣柜、储物柜等的尺寸大小及造型，壁灯、筒灯的安装数量及位置，如图5-6所示。

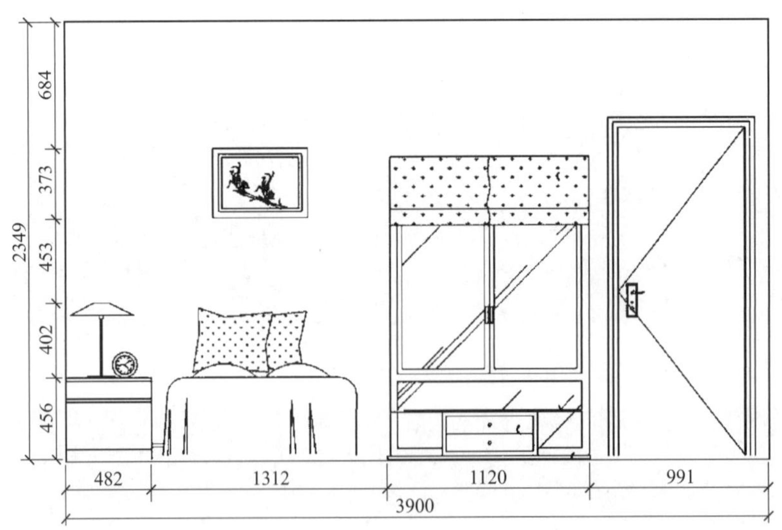

图5-6　卧室立面图示例

5.1.3　看配电系统图和效果图

识读照明系统图

5.1.3.1　线路标注法

在电气配电图中，线路标注的一般格式为

$$a\text{-}d\text{-}e \times f\text{-}g\text{-}h$$

式中　a——线路编号或功能符号；

d——导线型号；

e——导线根数；

f——导线截面积，mm^2；

g——导线敷设方式的符号；

h——导线敷设部位的符号。

如图5-7所示为线路标注格式的示例。

图中，线路标注“1MFG-BLV-3×6+1×2.5-K-WE”的含义是：第一号照明分干线（1MFG）；铝芯塑料绝缘导线（BLV）；共有4根线，其中3根截面积为$6mm^2$，1根截面积为$2.5mm^2$（3×6+1×2.5）；配线方式为瓷瓶配线（K）；敷设部位为沿墙明敷（WE）。

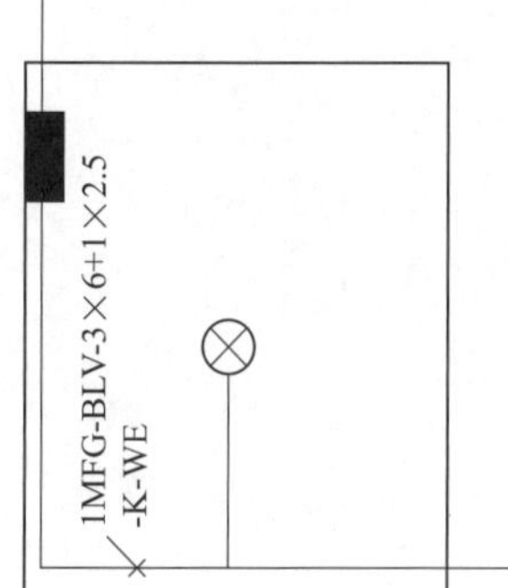

图5-7　线路标注格式示例

5.1.3.2　配电系统图

（1）照明配电系统图的画法

照明配电系统图一般按用电设备的实际连接次序画图，不反映其平面布置。通常有两种画法，如图5-8所示。一种画法是多线图，例如配电线路有4根线，就画4根线。另一种画法是单线图，例如单相、三相都用单线表示；一个回路的线如用单线表示时，则在线上加斜短线表示线数，加3条斜短线就表示3根线，2条斜短线表示2根线。对线数多的也可画1条斜短线加注几根线的数字来表示。

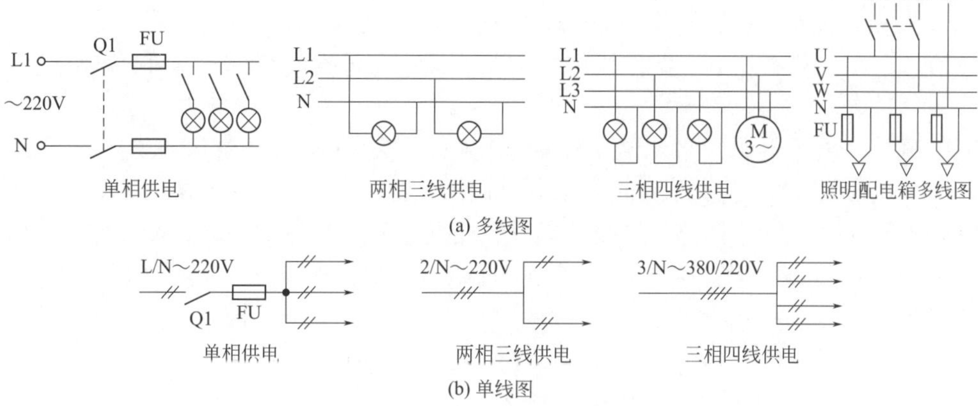

图5-8　配电箱系统图的两种画法

（2）照明配电系统图的主要内容

照明配电系统图是示意性地把整个工程的供电线路用单线连接形式准确概括的电路图，它不表示相互的空间位置关系。如图5-9所示的照明配电系统图所表达的主要内容如下：

① 电源进户线、各级供电回路，表示其相互连接形式。

② 配电箱型号或编号，总照明配电箱及分照明配电箱所选用计量装置、开关和熔断器等器件的型号、规格。

③ 各供电回路的编号，导线型号、根数、截面积和线管直径，以及敷设导线长度等。

④ 照明器具等用电设备或供电回路的型号、名称、计算容量和计算电流等。

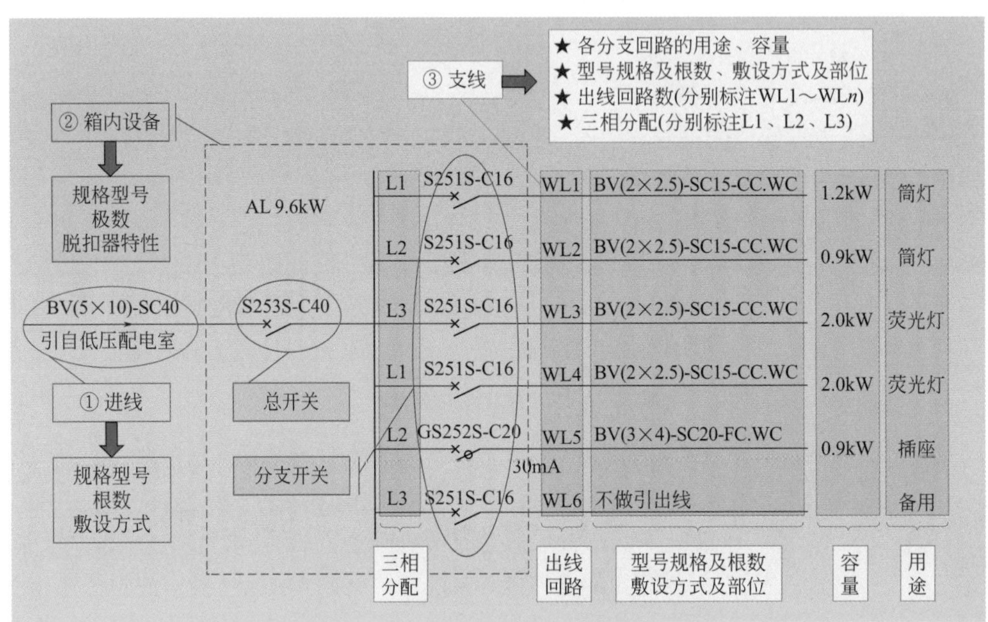

图5-9 照明配电系统图表达的主要内容

某二室二厅配电系统图如图5-10所示。配电箱ALC2位于楼层配电小间内。从配电箱ALC2向右引出的一条线进入户内墙上的配电箱AH3。户内配电箱共有八条输出回路。

WL1回路为室内照明回路，导线的敷设方式标注为：BV-3×2.5-SC15-WC.CC，采用三根规格是2.5mm^{2}的铜芯线，穿直径15mm的钢管，暗敷设在墙内和楼板内（WC.CC）。为了用电安全，照明线路中加上了保护线PE。如果安装金属外壳的灯具，应对金属外壳做接零保护。

WL2回路为浴霸电源回路，导线的敷设方式标注为：BV-3×4-SC20-WC.CC，采用三根规格为4mm^{2}的铜芯线，穿直径20mm的钢管，暗敷设在墙内和楼板内（WC.CC）。

WL3回路为普通插座回路，导线的敷设方式标注为：BV-3×4-SC20-WC.CC，采用三根规格为4mm^{2}的铜芯线，穿直径20mm的钢管，暗敷设在墙内和楼板内（WC.CC）。

WL4回路为另一条普通插座回路，线路敷设情况与WL3回路相同。

WL5回路为卫生间插座回路，线路敷设情况与WL3回路相同。

WL6回路为厨房插座回路，线路敷设情况与WL3回路相同。

WL7回路为空调插座回路，线路敷设情况与WL3回路相同。

WL8回路为另一条空调插座回路，线路敷设情况与WL3回路相同。

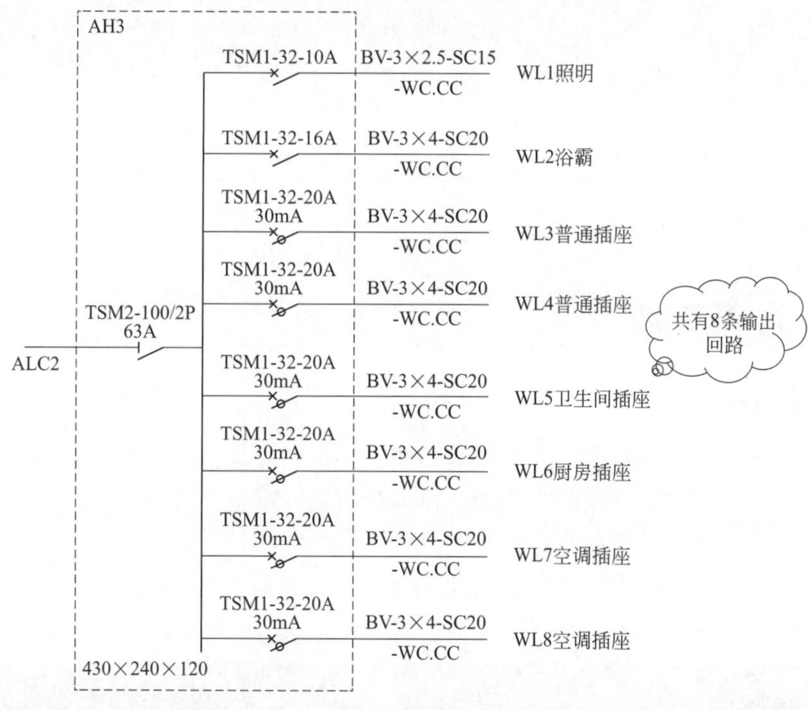

图5-10　二室二厅配电系统图

【特别提醒】

初学者在了解了图纸的种类及作用后，看图纸时，可以将配电系统图与其他图纸相对照来分析。例如，客厅中照明的种类及数量就可以对照效果图以及顶面布置图来分析。

5.1.3.3　效果图

可以从效果图上了解室内各种装饰的最终效果，包括颜色、造型、灯光效果等，如图5-11所示为某家庭装修效果图。

(a) 客厅餐厅

(b) 主卧室

图5-11　某家庭装修效果图示例

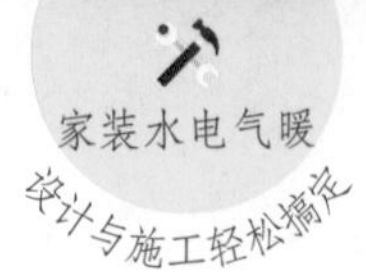

5.2 强电线路安装

5.2.1 准备工作

5.2.1.1 线路定位

线路定位施工

正确合理的线路定位不但可以节省装修材料，还可以减少布线的工作量。线路定位应根据室内电气布线平面图，同时结合各种家具、家用电器摆放布置示意图综合考虑，确定合理的管路敷设路径及走向。

线路定位方法是：用铅笔、直尺或墨斗等工具，将线路走向和暗盒的位置清晰地标注出来，如图5-12（a）所示。比如，开关、插座、灯等根据要求进行定位。

(a) 定位

(b) 弹线

图5-12　线路定位与弹线

用弹线法确定开槽位置的方法是：用一条沾了墨的线，两个人每人拿一端，将墨线弹在地上或者墙上，目的是确定水平线或垂直线，如图5-12（b）所示。

【特别提醒】
电路改造要先画线后开槽，施工不能偷懒。

5.2.1.2 线路定位的四种方案

目前家装公司单位对电路定位主要有以下四种方案，其工艺各有千秋。

（1）横平竖直铺设线管

横平竖直铺设线管，其优点是美观，特别适用于线路明敷设。横平竖直暗敷设线管虽然美观，但会增加线路总长度，穿线和换线都很困难，如图5-13所示。

图5-13　横平竖直铺设线

（2）单管单线铺设线管

采用单管单线铺设线管，优点是线路散热好，缺点是线路复杂，成本很高，如图5-14所示。

图5-14　单管单线铺设线管

（3）两点一线铺设线管

点对点，两点一线铺设线管，优点是可减少弯点、缩短线路、降低成本，电线容易抽动；缺点是线路比较凌乱，不美观，如图5-15所示。

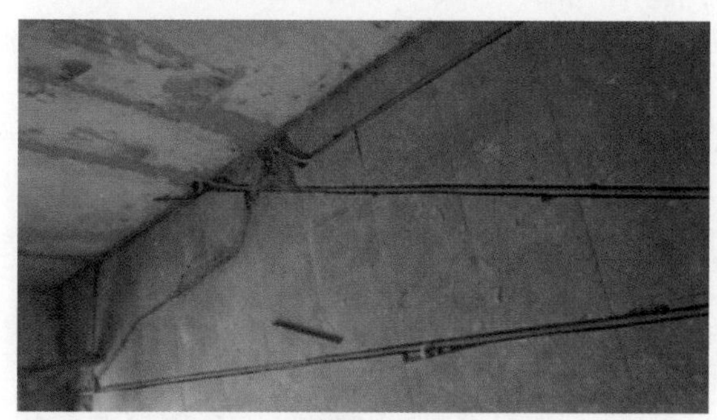

(a) 墙面点对点

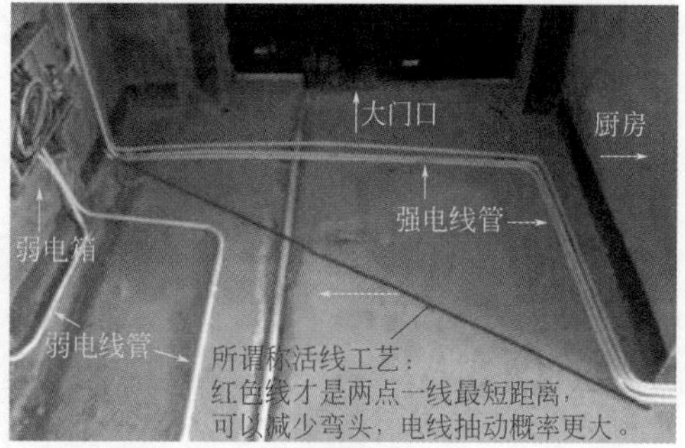

(b) 地面点对点

图5-15　两点一线铺设线管

（4）大弧弯铺设线管

采用大弧弯铺设线管，优点是可确保线管在铺设中不出现死角弯，穿线、换线都容易，这是近年来很流行的一种铺设线管方式，如图5-16所示。

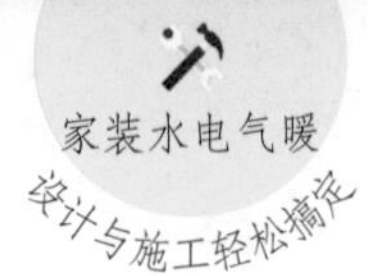

图5-16 大弧弯铺设线管

【特别提醒】

大弧弯铺设管路，不仅适用于电线暗敷设，也适用于水路敷设。虽然大弧弯管子路径比小弧弯水管路径要长一些，但是无论是出水速度还是出水量，都要相对来说略胜一筹。

5.2.1.3 线路定位的内容

（1）标高控制线定位

标高控制线通常采用激光水平仪定位。其方法是：

① 调整激光水平仪的中心高度，要注意其与地面应保持至少50cm的距离而且应在一个闭合的空间内进行操作。

② 顺着激光水平仪投射的激光在墙面上形成的光影，使用墨斗弹墨线形成一圈闭合墨线，这就是所谓的标高控制线。激光水平仪工作原理如图5-17（a）所示。

标高控制线定位后，每个房间都以此定位线为准，后续的装修施工过程中所使用标高及尺寸控制线均以此线为标准基线，如图5-17（b）所示为1m标高控制线。

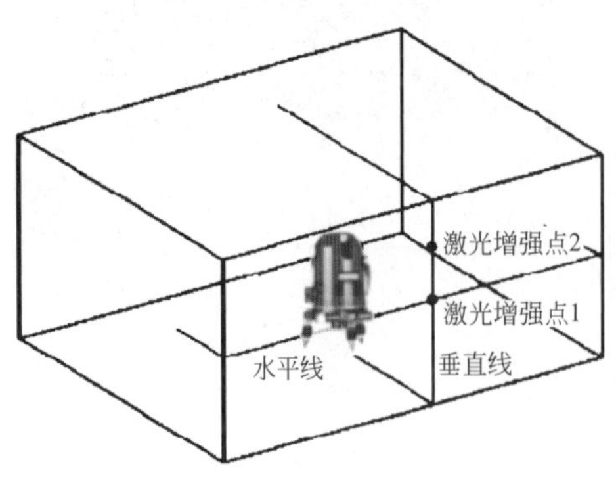

(a) 激光水平仪定位

(b) 在墙面上弹出闭合的墨线

图5-17 标高控制线定位

（2）确定开关、插座、灯具的位置

施工前，水电工要结合设计师施工图纸，与业主充分沟通，了解业主需求，了解墙体格局改造情况，明确床的尺寸，开关插座的型号等信息，局部区域配以实物模型摆放，或在墙地面标注出来，确定沙发电视背景墙的方向及餐桌餐厅背景墙的位置等物品摆放位置。最终确定开关、插座、灯具在各个居室的具体安装位置，将水路、电路改造线路一次性安排到位，与此同时把预埋暗盒位置做好标记，如图5-18所示。

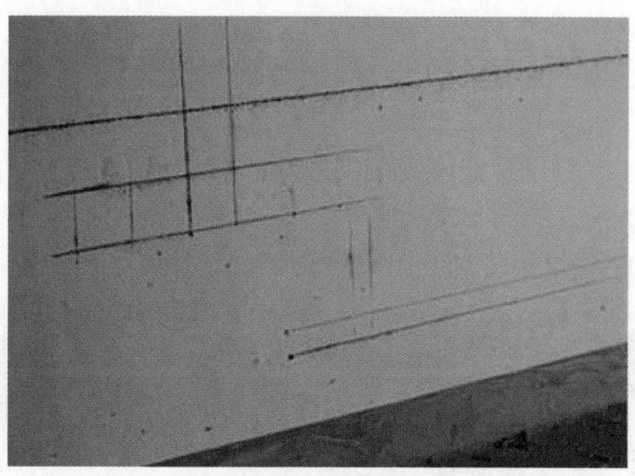

图5-18　开关、插座安装位置定位标记

（3）确定管路走向

确定预埋穿线管路的具体走向，并做好走线标记，如图5-19所示。

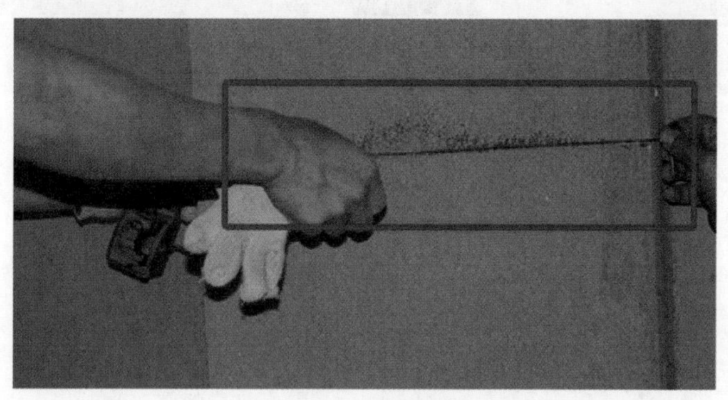

图5-19　预埋管路的标记

【特别提醒】

穿线管路走向应把握“两端间最近距离走线”原则，禁止无故绕线，保持相对程度上的“活线”。无故绕线，不但增大线路改造的开支（因为是按长度算钱），且易造成人为的“死线”情况发生，如图5-20所示。

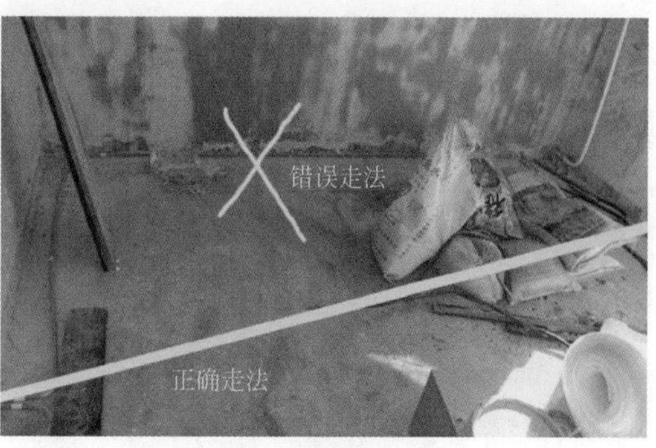

图5-20　严重绕线示例

5.2.1.4 水电管路开槽

水电管路开槽施工

（1）管路开槽原则

水电管路有吊顶排列、墙槽排列、地面排列及明管安装等几种情形。如图5-21所示，管路开槽必须遵循以下三个原则。

① 水电管路最好是“走顶不走地，走竖不走横”，开槽遵循路线最短原则。

② 不破坏原有强电原则（主要针对的是旧房电气线路改造）。

③ 不破坏建筑物防水原则。

此外，还应尽量开竖槽，减少或避免开横槽。

（2）开槽宽度的确定

根据电气平面图规定的电线规格及数量，确定使用PVC 管的数量及管径大小，进而确定槽的宽度，如图5-22所示。一般来说，开槽宽度比管道直径大20mm；如果是多根管道，则每个管道之间考虑10mm的间距。

图5-21 管路开槽三原则

图5-22 测量开槽宽度

（3）开槽深度的确定

一般来说，开槽深度比管道直径大10～15mm，保证两边补槽时砂浆能补满管缝隙，防止管道位置空鼓。

一般水电管的管径为*DN*15～25mm，只有少部分才会大于*DN*25mm。水电管开槽宽度和深度可以参考表5-7予以确定。

表5-7 水电管开槽宽度和深度 mm

管径	单管		双管	
	开槽宽度	开槽深度	开槽宽度	开槽深度
*DN*15	35	30	60	30
*DN*20	40	35	70	35
*DN*25	45	40	80m	40
*DN*32	52	47	94	47

【特别提醒】

开槽深度要按照管道的规格来确定，不能开得过深。

如果墙面的钢筋较多，可以开浅槽，在贴砖时加厚水泥层。

房屋顶面预制板开槽深度不能超过15mm。

（4）暗盒的开槽

常用的暗盒（底盒）有开关插座暗盒、灯头盒，其尺寸规格如图5-23所示。开关插座暗盒有单盒和双盒之分。

型号规格	86型暗盒			灯头盒	
	单盒	拼装型	双盒	接线柱式	铁扣式
外型尺寸	79mm×79mm×47mm		156mm×70mm×50mm	72mm×68mm×47mm	

图5-23　常用暗盒的规格

开孔时，应根据暗盒的尺寸在墙面开出稍大一点的空洞。一般来说，86型暗盒的开槽深度为55～60mm，长宽为75mm左右即可。

（5）开槽方法

传统的墙面开槽，要先割出线缝后再用电锤凿出线槽，这种方法不但操作复杂，效率低下，费工费时，而且对墙体损坏也较大。近年来采用水电安装自动开槽机，一次操作就能开出施工所需要的线槽，速度快，不需再用其他辅助工具，一次成型，是旧房明线改暗线、新房装修、电话线、网线、有线电视、水电线路等理想的开槽工具。

如图5-24所示，水电开槽机平均每分钟可开槽3～5m。开槽深度为20～55mm。可调节开槽宽度，直线段为16～55mm，曲线段的尺寸可任意调节。

图5-24　水电开槽机开槽

使用时，根据开槽的深度和宽度，先调节好水电开槽机的设置，接通电源，在墙面上沿着画好的布线图推动开槽机。注意不要压得太厉害，阻力太大容易烧掉电机。

当然，如果装修公司没有水电开槽机，也可以使用电锤、云石切割机等电动工具来开槽。常用的操作方法是先用云石机开槽，再用电锤剔槽，有时候也可以用錾子或者钢凿来剔槽，如图5-25所示。

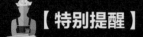

【特别提醒】

开槽时，冷热水管之间一定要留出间距。因为热水经过热水器加热后在循环过程中热量会流失。如果冷热水管紧靠一起，冷水也在循环，热水管的热损失会更严重。

开槽时由于灰尘较大，应戴上口罩、护目镜、帽子，做好劳动保护。

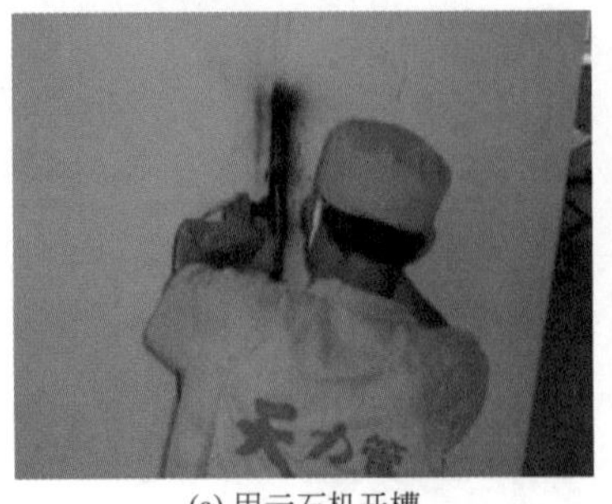

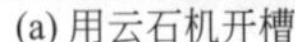
(a) 用云石机开槽

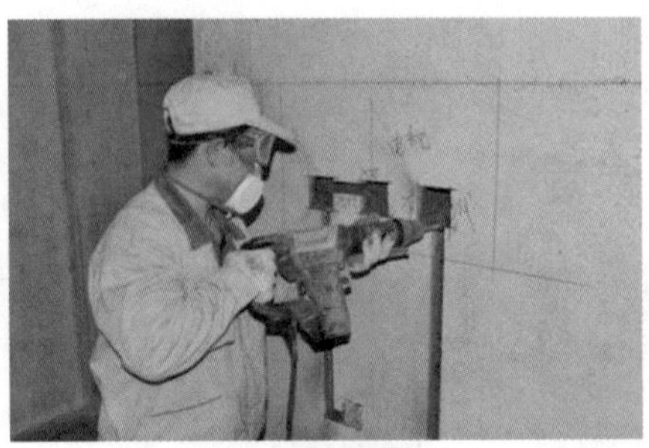

(b) 用电锤剔槽

(c) 用錾子剔槽

图5-25　几种常用开槽方法

（6）开槽禁忌

不允许在承重墙上横向开槽。因为承重墙是支撑上部楼层重量的墙体（在工程图上为黑色墙体），打掉会破坏整个建筑结构。开了横槽的承重墙，就像被金刚石划过的玻璃，遇到强地震很容易断裂，如图5-26所示。

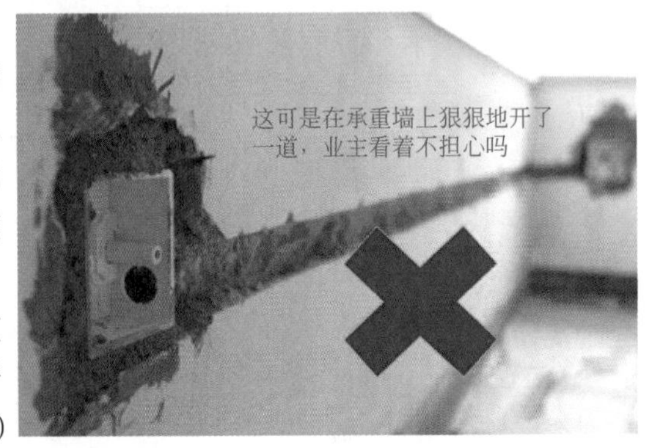

图5-26　承重墙上不允许横向开槽

原则上，非承重墙（指不支撑上部楼层重量的墙体，只起到把一个房间和另一个房间隔开的作用，非承重墙都比较薄，一般在10cm左右）横向开槽不超过50cm；内保温墙横向开槽不超过100cm。

管路走地面是否要开槽，要根据地面装饰材料和方式来进行选择。

① 地面直接铺强化复合地板：此种铺设方式地面已经找平，铺上防潮布后，直接铺强化地板。因此，这种情况下的地面线管敷设必须开地槽，并且用水泥抹平，在2m范围内高度误差不得超过3mm。

② 搭骨架强化复合地板和实木地板：因骨架有3cm高度，如木质骨架多采用3cm×3cm的木条，这种情况下就不用开地槽，走ϕ20mm的PVC线管很方便，只是会适当增加搭骨架的工作难度。

③ 地板砖铺设：因地板砖铺设先要打一层3～5cm的泥沙层，线管可直接埋在里面。所以这种情况下也不必开线槽。

【特别提醒】

除了承重墙不允许横向开槽外，还严禁在梁、柱及阳台的半截墙上开槽。室内不能开槽的地方如图5-27所示。

地面开线槽后要防止漏水，因此要在水泥砂浆抹平以后，在表面涂抹一层防水涂料把水泥接缝遮盖。

5.2.1.5　钻穿墙洞

水电施工时，除梁、柱、剪力墙（即混凝土墙）外，砖砌的墙均可用冲击钻开孔洞，如

图5-28所示。注意，要选较长的冲击钻头，孔径要比穿的管子稍微大一点。

图5-27　室内不能开槽的地方

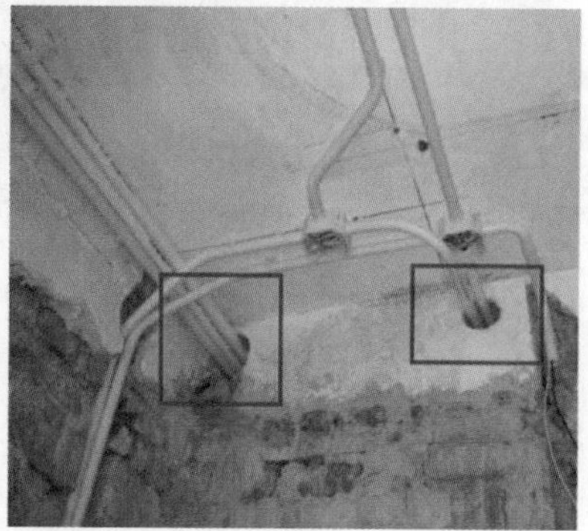

图5-28　线管穿墙洞

穿墙洞尺寸要求：单根水管的墙洞直径为6cm；如果走两根水管，墙洞直径为10cm或打2个直径为6cm的墙洞分开走。

【特别提醒】

电线穿墙时必须要套穿线管，不允许直接将电线穿入墙洞中。

5.2.2 PVC穿线管敷设

5.2.2.1 PVC穿线管截断

PVC穿线管弯曲

配管前应根据每段管子所需的长度进行截断。截断PVC管子可使用钢锯条锯断、管子剪剪断。不论是用哪种方法，都应该一切到底，禁止用手来回折断。切口应垂直，切口的毛刺应清理干净。

用管子剪剪断PVC穿线管如图5-29所示，操作时先打开PVC管子剪的手柄，把PVC穿线管放入刀口内，握紧手柄，边转动管子边进行裁剪，刀口切入管壁后，应停止转动，继续裁剪，直至管子被剪断。截断后，可用截管器的刀背将切口倒角，使切断口平整。

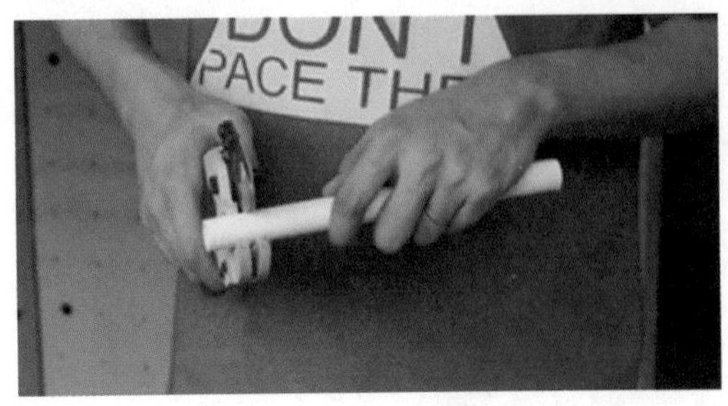

图5-29　用管子剪剪断PVC穿线管

管径32mm及以下的小管径穿线管，一般使用管子剪截断管材。截断PVC管前，应计算好长度。

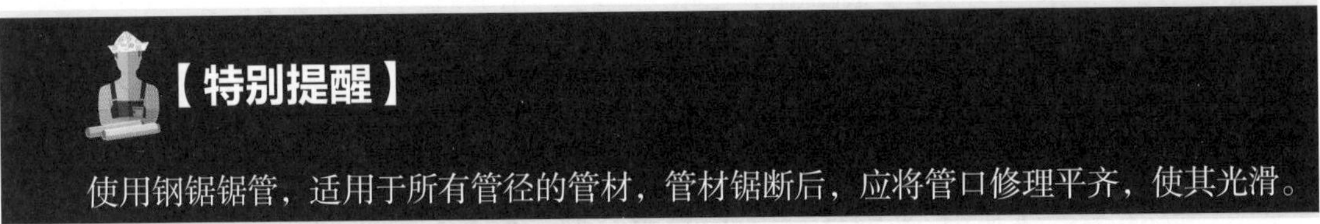

【特别提醒】

使用钢锯锯管，适用于所有管径的管材，管材锯断后，应将管口修理平齐，使其光滑。

5.2.2.2　PVC穿线管弯曲

管径32mm以下的穿线管可采用冷弯，采用的工具是弯管弹簧。操作步骤及方法见表5-8。

表5-8　PVC穿线管的弯曲

步骤	方法	图示
1	将弯管弹簧插入管子中需要弯曲的部位	
2	两手抓住弯管弹簧两端位置用力慢慢弯曲管子，或者用膝盖顶住被弯曲部位，逐渐弯曲成所需要的弯度	
3	取出弯管弹簧	

在实际弯曲时应比所需弯度小15°左右，待管子回弹后，检查管子弯曲度是否符合实际要求，若符合可抽出弹簧，若不符合，可再进行弯曲至符合实际要求弯度，再抽出弹簧。

当弹簧不易取出时，可一边逆时针转动弹簧，一边外拉，当管材较长时，可在弹簧两端系上绳子或细铁丝，弯曲管子后取弹簧时，可两边拉绳子，一边拉，一边慢慢放松，将弹簧取出。

【特别提醒】

PVC管弯曲角度，明敷设时应大于4倍管的外径；暗敷设时，应大于6～10倍管的外径，如图5-30所示。

弯管角度应大于90°，不能出现90°的直角弯头。

不同管径的管子要配不同规格的弹簧，防止管子弯瘪。

5.2.2.3　PVC穿线管敷设

PVC电线管暗敷设布线

（1）地面明敷设PVC穿线管

穿线管在地面上敷设时，如果地面比较平整，垫层厚度足够，穿线管可直接放在地面上。为了防止地面上的线管在其他工种施工过程中被损坏，在垫层内的线管可用水泥砂浆进行保护，如图5-31所示。

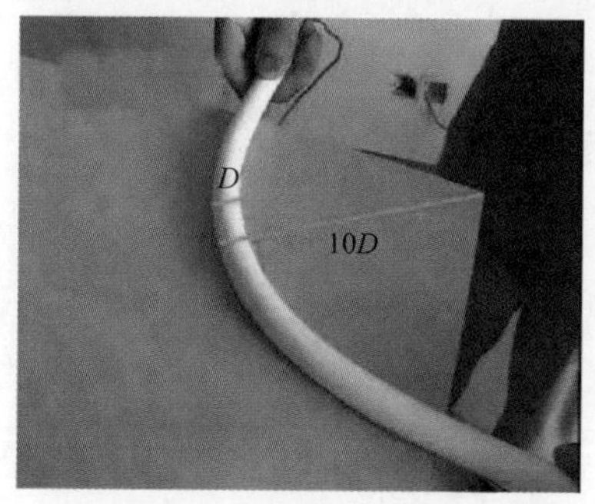

图5-30　穿线管弯曲角度

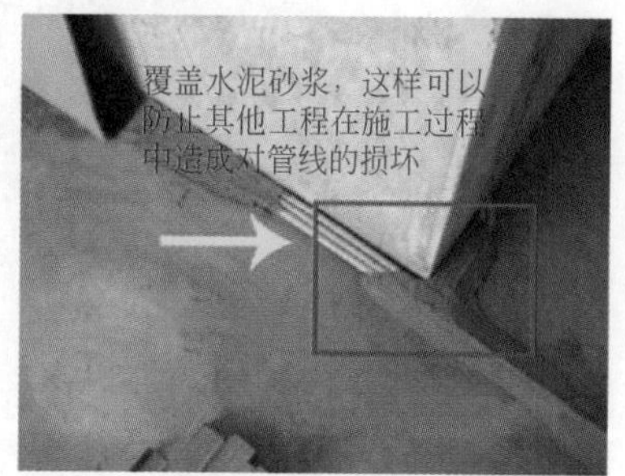

图5-31　地面敷设穿线管的保护措施

为了防止线管移位，也可以在地面上用管卡钉来固定PVC穿线管。

【特别提醒】

在敷设穿线管时，电工一定要充分理解设计意图，按图施工，合理优化组合线路，关键部位必须预留备用管线，出现堵塞情况时可以“曲线救急”。

（2）墙面暗敷设PVC穿线管

在墙面上暗敷设PVC穿线管时，需要先在墙面上开槽。开槽完成后，将PVC穿线管敷设在线槽中。PVC穿线管可用管卡固定，也可用木榫进行固定，再封上水泥使线管固定，如图5-32所示。

【特别提醒】

敷设PVC穿线管时，操作要细心，不能出现如图5-33所示的“弯头”。

图5-32　墙面上敷设PVC穿线管

图5-33　穿线管不能有死弯头

（3）在吊顶内明敷设PVC穿线管

根据JGJ 15—2008民用电气设计规范的要求，建筑物顶棚内应采用难燃型刚性塑料导管或线槽布线。

吊顶内的穿线管一般采用明管敷设方式，但不得将穿线管固定在平顶的吊架或龙骨上，接线盒的位置正好和龙骨错开，这样便于日后检修，如图5-34所示。

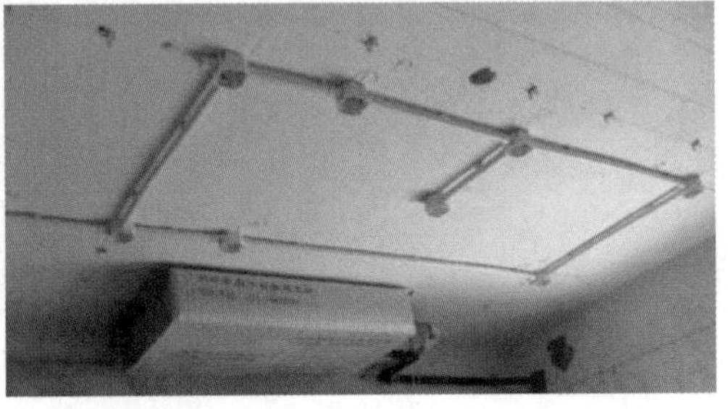

图5-34　在吊顶内敷设PVC穿线管

吊顶内的预留接头要用软管保护，软管的长度不能超过1m，如图5-35所示。

固定穿线管时，如为木龙骨可在管的两侧钉钉，用铅丝绑扎后再用钉钉牢。如为轻钢龙骨，可采用配套管卡和螺钉固定，或用拉铆固定。

在卫生间、厨房的吊顶敷设穿线管时，要遵循“电路在上，水路在下”的原则，如图5-36所示。这样做可确保日后有漏水事件发生时，不会殃及电路、及出现更大的损失，安全性得到了保障。

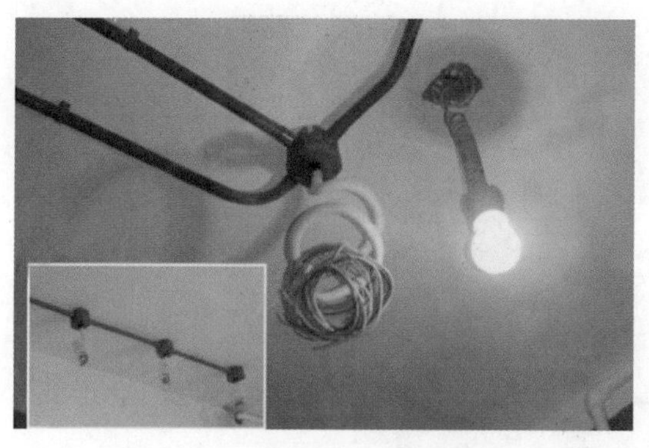

图5-35　预留接头要用软管保护

图5-36　水路与电路的处理

受力的灯头盒要用吊杆固定，应在导线管进盒处及弯曲部位两端150～300mm处加固定卡固定。

【特别提醒】

固定PVC穿线管的要求如下：

① 地面PVC穿线管每间隔1m必须固定。

② 地槽PVC穿线管每间隔2m必须固定。

③ 墙槽PVC穿线管每间隔1m必须固定。

5.2.2.4　开关插座底盒预埋

接线暗盒预埋

开关插座必须按照测定的位置进行安装固定。开关插座底盒的平面位置必须以轴线为基准来测定。

① 先将水泥、细砂以1∶2比例混合，加水，再一次混合，不能太稀，也不能太干。把水泥砂浆铲到灰桶里，备用。

② 用灰刀把水泥砂浆放到槽内后，将暗盒进穿线管方向的敲落孔敲下，再把暗盒按到槽内，按平，目视暗盒水平放正后，等待0.5h左右（时间长短与天气温度有关），水泥砂浆处于半干的状态时，就可以用木批把浆磨平。底盒预埋的方法如图5-37所示。

【特别提醒】

开关插座暗盒预埋的注意事项如下：

① 安装暗盒时，一般让螺钉孔左右排列，以便面板开关插座的安装。

② 如果两个或者多个86型暗盒并排装在一起，则底盒之间要求有一定的间距。

③ 安装暗盒施工中尽量不宜破坏暗盒的结构，结构的破坏容易导致预埋时盒体变形，对面板的安装造成不良影响。

④ 要安装平整稳固，盒子安装完整不变形。

⑤ 开关插座暗盒并列安装时，要求高度相等，允许的最大高度差不超过0.5mm。允许偏差0.5mm（可通过吊坠线检测暗盒的垂直度）。

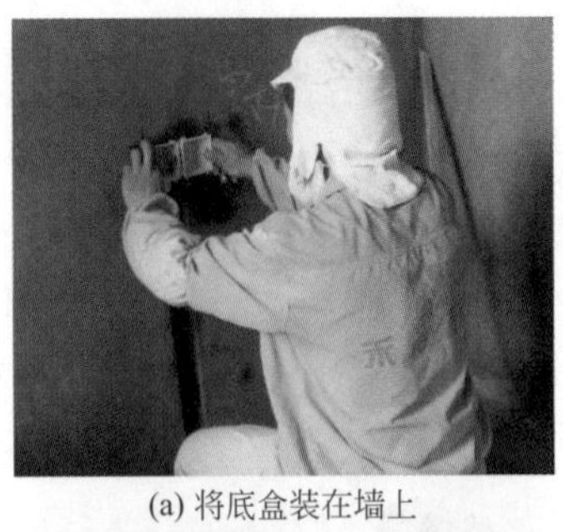
(a) 将底盒装在墙上

(b) 位置矫正

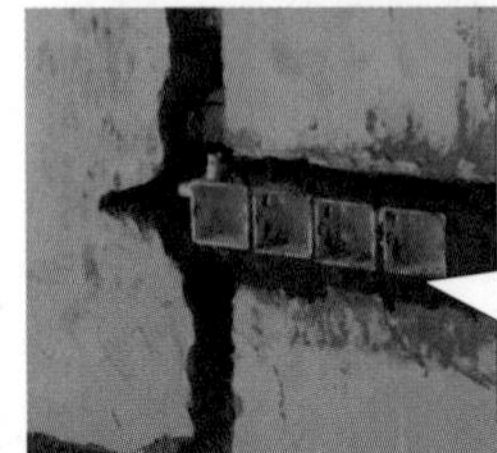

要点：端正，平整划一，与墙面保持平整，不得凸出墙面，相邻底盒的间距一致

(c) 用水泥固定

图5-37　开关插座底盒的预埋

5.2.2.5　电箱底盒预埋

室内电箱有强电箱和弱电箱两种。下面介绍弱电箱底盒的预埋步骤及方法，强电箱和弱电箱底盒的预埋步骤及方法相同。

① 考虑到入户线缆的位置和管理上的方便，弱电箱一般安装在住宅入口或门厅等处。按照施工规范，箱体底部离地面应为30～50cm（强电箱底部离地面应不少于180cm）。

② 在墙体上按箱体的长宽深留出预埋洞口。

③ 将箱体的敲落孔敲开［若没有敲落孔的位置，可使用开孔器开孔，如图5-38（a）所示］，尽可能地从箱体上下两侧进出线，将进出箱体的各种穿线管与箱体连接牢固，并建议将箱体接地。

(a)

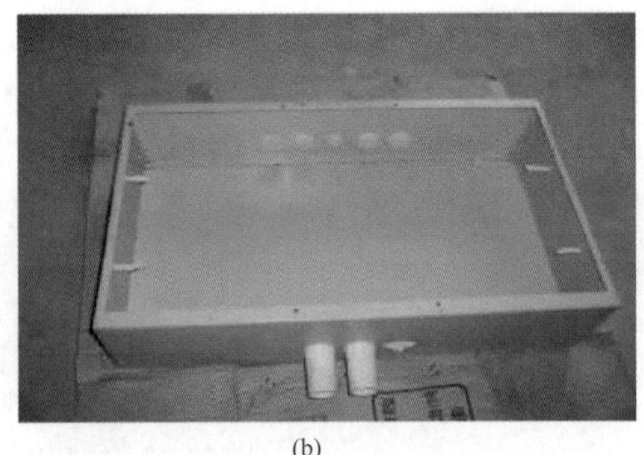
(b)

图5-38　电箱开孔

④ 把箱体放入墙体预留的洞口内用木楔、碎砖卡牢，用水平尺找平，使箱体的正端面与墙壁平齐，然后用水泥填充缝隙后与墙壁抹平，如图5-39所示。

⑤ 墙面粉刷完成后，即可将门和门框安装到箱体上，将门框和门与箱体用螺钉固定，并注意门框的安装保持水平。

图5-39　电箱固定

5.2.2.6　穿线管的连接

（1）穿线管加长连接

室内装修时，PVC穿线管一般采用管接头或套管连接。其方法是：将管接头或套管（可用比连接管管径大一级的同类管料作套管）及管子清理干净，在管子接头表面均匀刷一层PVC胶水后，立即将刷好胶水的管头插入接头内，不要扭转，保持约15s不动，即可贴牢，如图5-40所示。

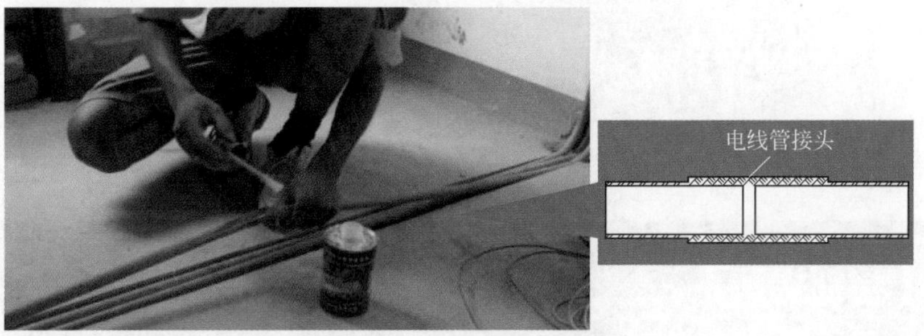

图5-40　PVC穿线管的连接

【特别提醒】

连接前，注意保持粘接面清洁。预埋穿线管连接时，禁止采用三通，否则后期无法维护，如图5-41所示。

反面教材：某二手房装修业主家
不能把连接水管的方法用来连接电线管！

图5-41　电线穿线管连接禁止采用三通

（2）穿线管与接线盒的连接

因为装修用的电线是穿过穿线管的，所以在电线的接头部位（比如线路比较长，或者穿线管要转角）就需采用接线盒作为过渡用。穿线管与接线盒连接，线管里面的电线在接线盒中连起来，所以接线盒起到保护和连接电线的作用。

PVC穿线管与接线盒的连接方法是：先将入盒接头和入盒锁扣紧固在盒（箱）壁，用力将管子插入接头（插入深度宜为管外径的1.1～1.8倍），拧紧锁紧螺母，如图5-42所示。

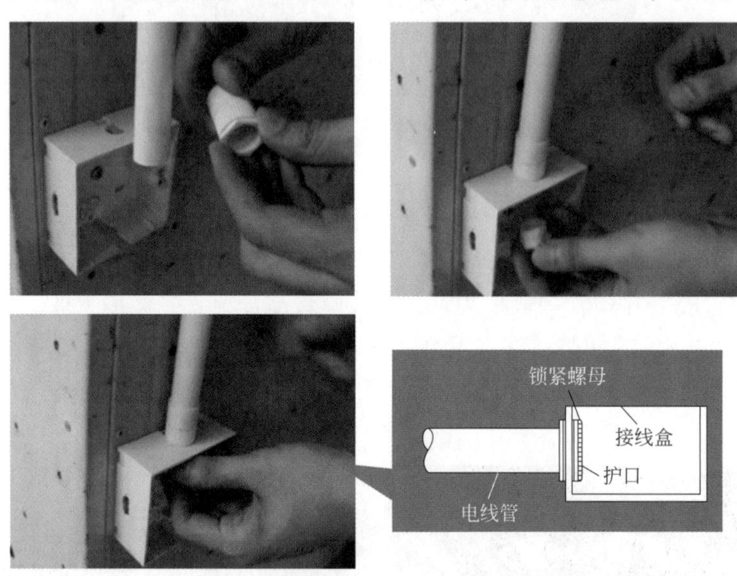

图5-42　PVC穿线管与接线盒的连接方法

【特别提醒】

管进盒（箱）连接时，一定要使用杯梳；管进入盒（箱）时，应一管一孔，不许开长孔。厨房卫生间等潮湿场所的管与管、管与盒（箱）连接时，连接件要涂胶水，接口要牢固密封。

5.2.3　穿线

5.2.3.1　穿线管内穿线的技术要求

把绝缘导线穿入穿线管内敷设，称为管内穿线。这种配线方式比较安全可靠，家装电路一般都采用这种配线方式。下面介绍管内穿线的技术要求。

管内穿线

① 穿入穿线管内的导线不得有接头和扭结，不得有因导线绝缘性能损坏而新增加的绝缘层。如果导线接头不可避免，只允许在分线盒中有线路接头，如图5-43所示。

② 用于不同回路的导线，不得穿入同一根穿线管子内。但以下几种情况例外：

a.同一交流回路的导线，必须穿于同一线管内。（因为交流回路有干扰，导线就像天线一

图5-43　分线盒中的线路接头

样，会接收其他交流回路的干扰。如果穿于同一管内，接收的干扰是相同的，通过共模滤波就可以抑制干扰。）

b.同类照明灯的几个回路，可穿入同一根管内。

c.电压为65 V以下的回路。

③ 穿线管内导线的总面积（包括外护层）不应超过管子内截面积的40%。如果将截面积之和超过标准的多根导线穿入同一根管，很容易造成管内没有足够的空隙，使导线在线管中通过较大电流时产生的热量不能散发掉，从而存在容易老化、发生火灾的隐患，如图5-44所示。

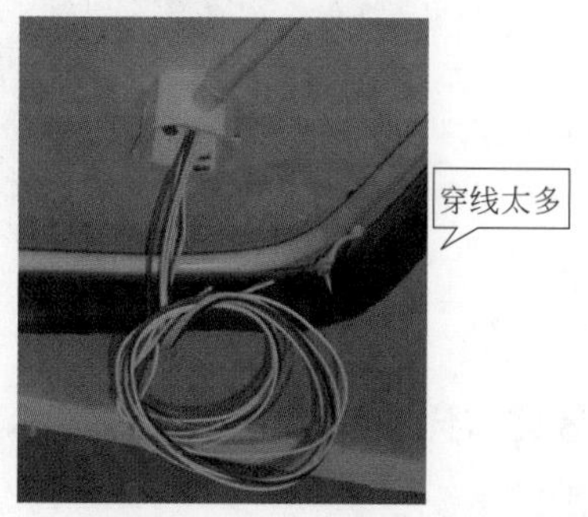

图5-44　管内电线截面积的规定

④ 穿于垂直管路中的导线每超过一定长度时，应在管口处或接线盒中将导线固定，以防下坠。

⑤ 管内穿线必须分色。一般配线火线宜用红线，零线宜用蓝线（或者黄色），接地保护线应用黄绿双色线，如图5-45所示。

⑥ 严禁裸线“埋墙”，如图5-46所示。有一些施工人员，利用业主的信任或不了解，将电线不套穿线管直接埋入墙内，这是非常典型也是比较容易发现的

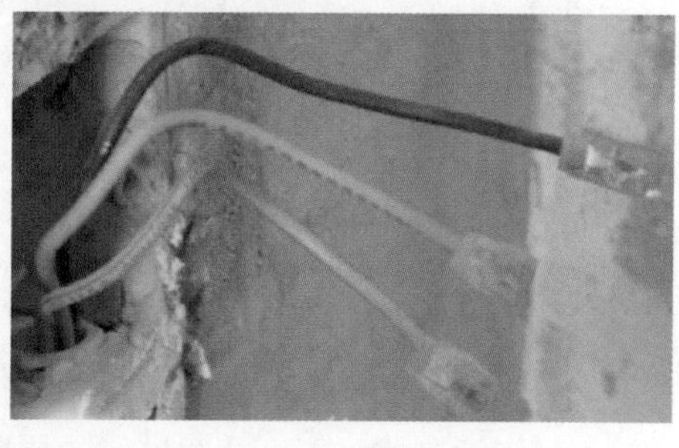

图5-45　穿线管穿线必须分色

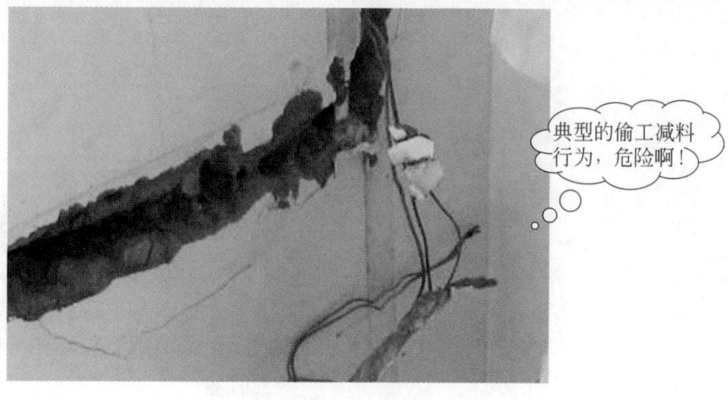

图5-46　严禁裸线“埋墙”

偷工减料行为，这样做的后果是使得电线容易老化和破损，且无法换线，造成维修的难度加大。

⑦ 严禁强弱电共管穿线，如图5-47所示。有些特殊的弱电电线，也不能共用一个线盒。比如：网络线和电视线穿在一起，也会产生一定的电磁干扰。

⑧ 导线预留长度不宜太长或者太短，如图5-48所示。具体预留长度可参考5.2.3.2穿线步骤及方法、(3)放线及断线第④条。

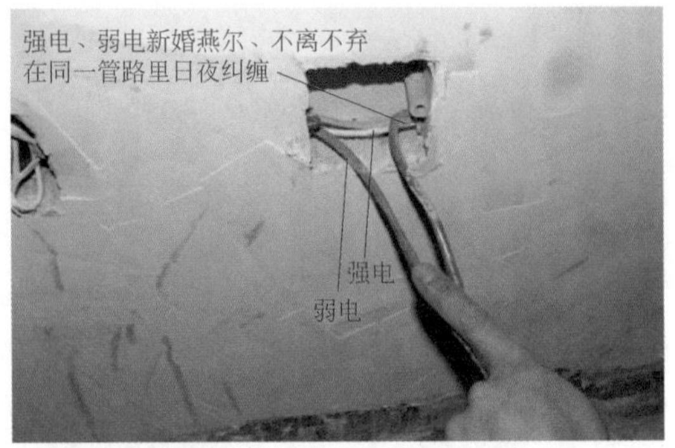

图5-47　严禁强弱电共管穿线

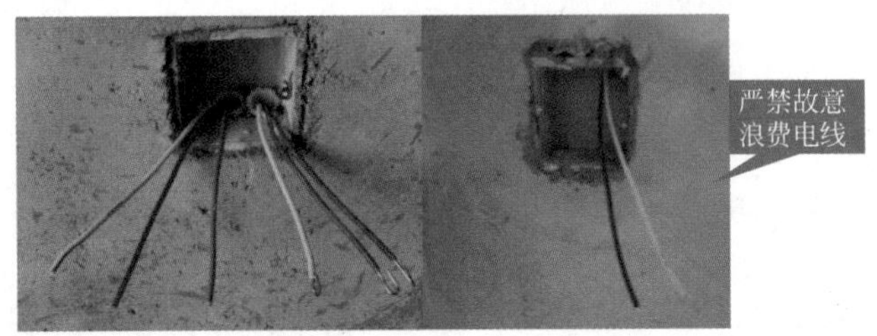

图5-48　导线预留长度应合适

5.2.3.2　穿线步骤及方法

(1) 选择导线

① 应根据设计图纸要求，正确选择导线规格、型号及数量。

② 相线、零线及保护地线的颜色应加以区分。要求在同一套住宅内不得改变导线的颜色。

③ 穿在管内绝缘导线的额定电压不低于450V。

(2) 扫管和穿带线

清扫管路的目的是清除管路中的灰尘、泥水。

清扫管路的方法：将布条两端牢固地绑扎在带线上，两人来回拉动带线，将管内杂物清除干净。

所谓带线，其实就是用于检查管路是否通畅和作为电线的牵引线的钢丝线。带线采用ϕ2mm的钢丝制成。下面介绍带线的使用方法。

① 先将钢丝的一端弯成不封口的圆圈，再利用穿线器将带线穿入管路内，在管路的两端应留有10～15cm的余量，如图5-49所示。

图5-49　穿带线

② 当穿带线受阻时，可用两根钢丝分别穿入管路的两端，同时搅动，使两根钢丝的端头互相钩绞在一起，然后将带线拉出。

【特别提醒】

在管路较长或转弯较多时，可以在敷设管路的同时将带线穿好。

（3）放线及断线

① 放线前，应根据施工图对导线的规格、型号及颜色进行再一次确认。

② 放线时，导线应置于放线架上进行放线，如图5-50（a）所示。如果没有放线架，也可以将成盘导线打开后从外圈开始放线，如图5-50（b）所示。

(a) 放线架

(b) 成盘导线放线

图5-50　放线架和成盘导线放线

③ 放线时，应边放边整理，不应出现挤压背扣、扭结、损伤绝缘等现象，并将导线按回路绑扎成束，绑扎时要采用尼龙绑扎带，不允许使用导线绑扎，如图5-51所示。

④ 剪断导线时，导线的预留长度应按以下四种情况考虑：

a. 接线盒、开关盒、插销盒及灯头盒内导线的预留长度应为12～15cm。

b. 强电箱和弱电箱内导线的预留长度应为配电箱体周长的1/2。

c. 出户导线的预留长度应为150cm。

⑤ 公用导线在分支处，不可剪断导线而直接穿过。

（4）导线与带线的绑扎

① 导线根数较少，例如2～3根，可将导线前端绝缘层削去，然后将线芯直接插入带线的盘圈内并折回压实，绑扎牢固，使绑扎处形成一个平滑的锥形过渡部位，如图5-52所示。

②导线根数较多或导线截面较大时，可将导线端部的绝缘层削去，然后将线芯斜错排列在带线上，用绑线缠绕绑扎牢固，使绑扎接头处形成一个平滑的锥形过渡部位，便于穿线。

（5）带护口和穿线

① 穿线管（特别是钢管）在穿线前，应首先检查各个管口的护口是否齐全，如有遗漏或破损，应补齐和更换。

② 管路较长或转弯较多时，要在穿线的同时往管内吹入适量的滑石粉。

③ 两人穿线时，应配合协调，在管子两端口各留一人，一人负责将导线束慢慢送入管内，另一人负责慢慢抽出引线钢丝，要求步调一致，如图5-53所示。PVC穿线管线路一般使用单股硬导线，单股硬导线有一定的硬度，距离较短时可直接穿入管内。

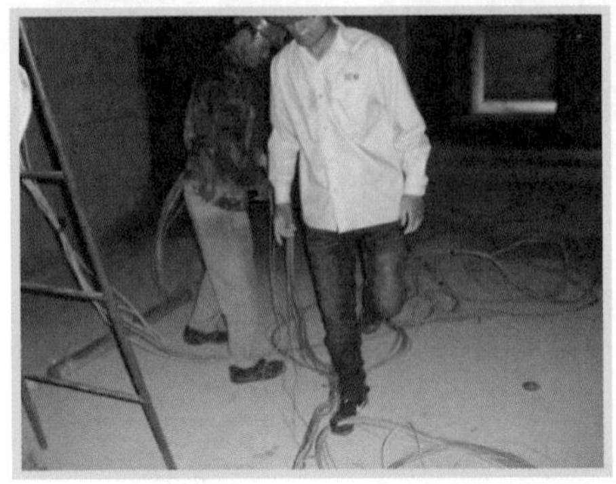

图5-51　边放线边整理

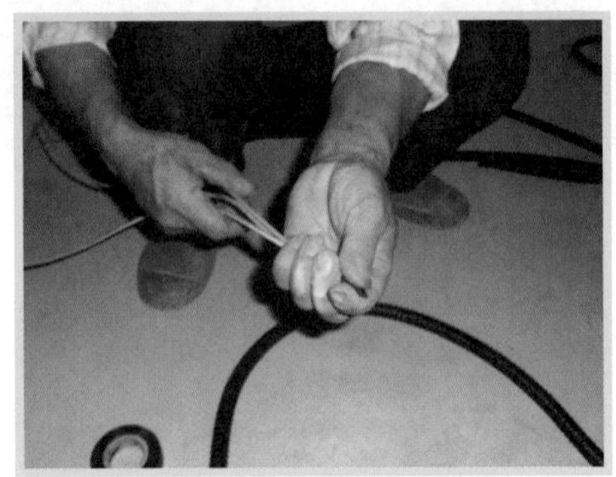

图5-52　导线与带线的绑扎

图5-53　两人配合穿线

多根导线在穿线过程中不能有绞合，不能有死弯。

【特别提醒】

以上介绍的穿线方法是比较常用的传统的方法，近年来许多家装电工采用如图5-54(a)所示的穿线器来穿线，操作简便。先将穿线器穿入穿线管中，把电线头卡在穿线头上[如图5-54(b)所示]，在另一端向外拉穿线器[如图5-54(c)所示]，即可将电线穿入穿线管中，省时省力，一个人就可以进行穿线操作。

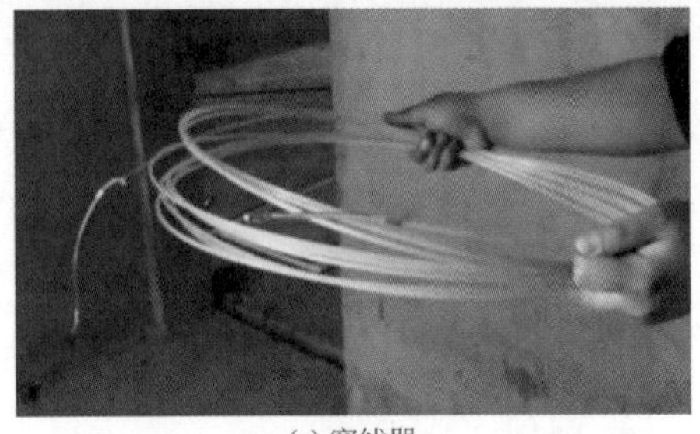

(a) 穿线器

(b) 电线头卡在穿线头上

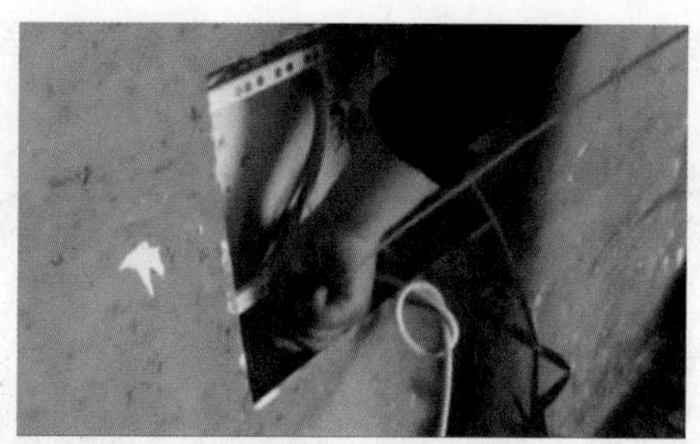

(c) 拉出穿线器

图5-54　穿线器穿线

还有的家装公司配置了穿线机，电工用穿线机穿线，可大大提高工作效率，一个人就可以完成穿线工作，如图5-55所示。

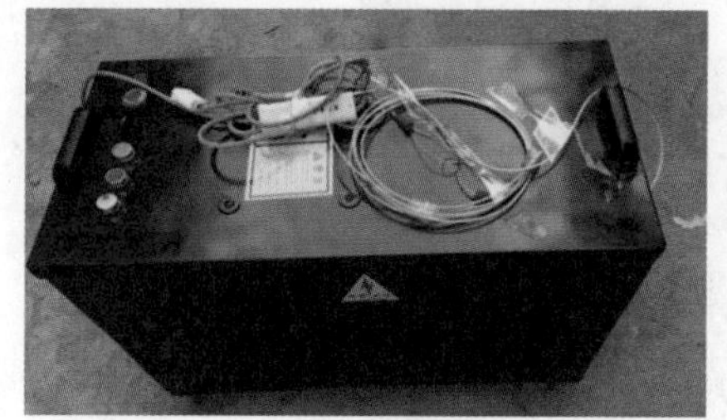

(a) 全自动穿线机

(b) 手持式穿线机

图5-55　穿线机

（6）剪断导线

剪断导线时，导线的预留长度前文已经讲述，此处不再重复。

（7）导线连接及并头处理

线头缠绕圈数不少于6圈，压回头，多余的剪断，如图5-56（a）所示；再对导线接头进行烫锡处理，如图5-56（b）所示；最后，对接头进行包缠，先用PVC绝缘胶带包缠［图5-56（c）］，再用黑胶带包缠严密，如图5-56（d）所示。

【特别提醒】

在开关、插座内甩线时，不准许用跳线，可用电线并头的方法连接，如图5-57所示。

(a) 线头缠绕

(b) 接头烫锡

图5-56

(c) 包缠PVC带

(d) 包缠黑胶带

图5-56　导线连接及并头

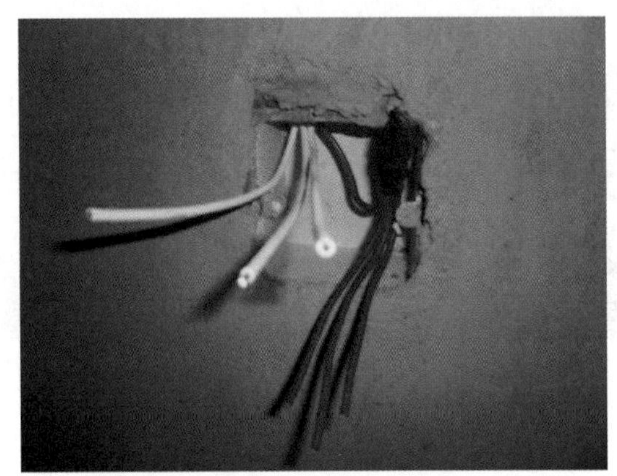

图5-57　底盒内甩线

5.2.4　电路布线质量检测

电路布线质量检测

（1）直观检查

① 管路连接紧密，明配穿线管排列整齐；穿线管弯曲处无明显褶皱。

② 盒、箱设置正确，固定可靠，穿线管进入盒、箱处顺直。用锁紧螺母固定的管口，管子露出锁紧螺母的螺纹为2～3扣。

③ 导线的规格、型号必须符合国家标准规定和设计要求，线路走向合理，色标正确，如图5-58所示。

④ 盒、箱内清洁无杂物，导线排列整齐，并留有适当余量。导线在穿线管内无接头，包扎严密，绝缘良好，线芯无损伤。

（2）线路通断的检测

在线路的一端将两根线短路，用指针式万用表的电阻挡（$R\times1$）或数字万用表的通断挡在线路的另一端测量线路是否导通。如不通，即为断路，如图5-59所示。

线路导通的电阻，应小于1～2Ω。如电阻过大，说明电线铜芯杂质偏高，电线易发热，用久了电线老化会发生短路，很多火灾因此而起。

（3）线路短路的检测

线路的通断测量合格后，再测线路是否短路。方法是：用指针式万用表$R\times10\text{k}\Omega$挡测量同一穿线管内任意两线间的电阻，正常时应为无穷大。如果在潮湿气候时，有0.5MΩ以上的电阻值也属正常；如果电阻值为几十至几百欧姆，甚至为0，说明这两根导线短路，应查明原因后重新穿线。

图5-58　导线的规格与型号检查

图5-59　万用表检查线路通断

（4）线路绝缘摇测

线路绝缘摇测应选用500V绝缘电阻表（俗称兆欧表）。一般线路绝缘摇测有以下两种情况：

① 电气器具未安装前进行线路绝缘摇测时，首先将灯头盒内导线分开，开关盒内导线连通。摇测应将干线和支线分开，一人摇测，一人应及时读数并记录。摇动速度应保持在120r/min左右，读数应采用1min后的读数，如图5-60所示。

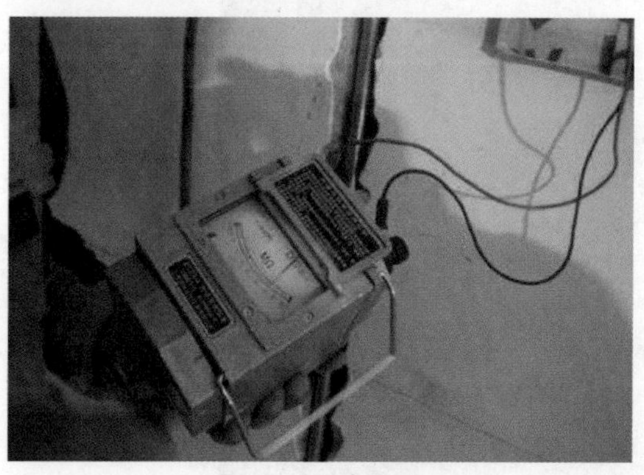

图5-60　线路绝缘摇测

② 电气器具全部安装完在送电前进行摇测，应先将线路上的开关、刀闸、仪表、设备等用电开关全部置于断开位置，摇测方法同上所述，确认绝缘摇测无误后再送电试运行。

【特别提醒】

一般各回路的绝缘电阻值不小于0.5MΩ为正常。测试结果要做好记录，以便竣工后归档。

5.3 弱电线路安装

5.3.1 弱电线路安装技术要求

家庭弱电布管施工

（1）家庭弱电施工总体要求

① 各弱电子系统布线均用星形结构。

② 用2～3根进线穿线管将有线电视线、电话线、网线的入户线都接入综合弱电箱中，用出线穿线管连接信息箱与各个房间内的信息插座。

③ 所敷设暗管（穿线管）一般应采用阻燃型PVC穿线管。所敷设线路上存在局部干扰源，且不能满足最小净距离要求时，应采用钢管。

④ 电源线与各种弱电线不得穿入同一根管内。

⑤ 强弱电布线严禁共管共盒，强弱穿线管应尽量保持间距（国家标准要求间距50cm以上，特殊情况下至少达到30cm以上），且不能交叉，以避免干扰，如图5-61所示。

图5-61　强弱电布线有间距要求

强弱电不得已交叉时，要做好屏蔽处理措施，如图5-62所示。

⑥ 不同系统、不同电压、不同电流类别的线路不应穿在同一根穿线管内或电线线槽的同一槽孔内。

⑦ 确保线缆通畅。

a.网线、电话线的测试：分别做水晶头，用网络测试仪测试通断。

b.有线电视线、音视频线、音响线的测试：分别用万用表测试通断。

c.其他线缆：用相应专业仪表测试通断。

图5-62　强弱电的屏蔽措施

（2）弱电布线施工要点

① 根据弱电设备的安装位置，确定管线走向、标高及插座的位置。所有插座距地高度至少在30cm以上。

② 暗盒接线头预留长度30cm。

③ 弱电施工中暗线敷设必须配穿线管。

④ 弱电施工时，电源线与通信线不得穿入同一根穿线管内。

⑤ 弱电敷设一般采取地面直接布管方式。如有特殊情况需要绕墙或走顶，必须事先在协议上注明不规范施工或填写《客户认可单》方可施工。

（3）弱电配线箱安装的技术要求

家用弱电箱安装

弱电箱分为明装型和暗装型，家庭一般采用暗装型弱电配线箱。

① 考虑到网络入户线缆的位置和管理上的方便，弱电配线箱一般安装在住宅入口或门厅等处。

② 弱电配线箱至各个信息点（电话、宽带、ITV、有线电视等）需预埋相应规格及数量的PVC穿线管做保护，根据线缆数量选用$\phi 17$～25mm等不同规格的型材。

③ 居家布线应以星形方式组网，信息箱至信息点之间应单根直放线缆，中间不得有接头，线缆敷设时避免打圈、浸水和异物损坏。线缆规格应与模块型号相匹配。

④ 为便于安装维护，箱体底部离地面高度应不小于30～50cm，线穿入信息箱的箱体内，需预留300mm的冗余，在信息盒内需预留150mm的冗余，如图5-63所示。

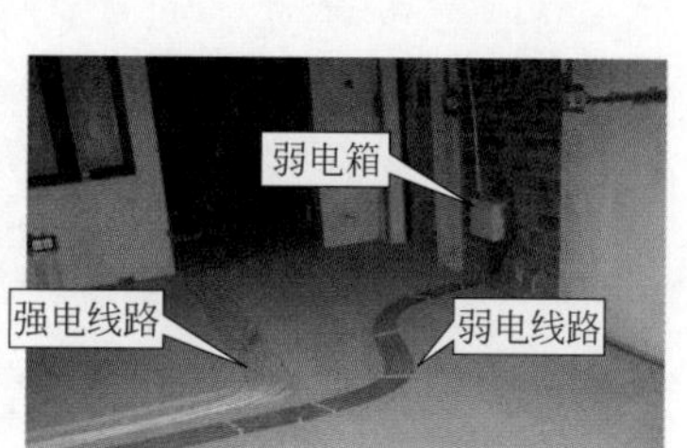

图5-63　家庭弱电配线箱安装位置示例

⑤ 每一根线缆建议在ONU箱一端放置所对应的房间和位置的标识牌，以利于以后的安装和维护。

5.3.2 有线电视线路敷设

（1）家庭有线电视布线须知

有线电视系统预埋施工的技术要求与强电部分有关内容相同，具体施工时须注意以下问题：

① 家装有线电视系统要用合格的同轴屏蔽电缆线。

② 电视信号线不能与电话线或网络线同穿一根PVC穿线管。

③ 根据国家标准，电视线及电源插座的水平间距不应小于50cm。

④ 若信号线要分支，应采用分配器，不能采用分支器，如图5-64所示。安装分配器的位置不能封死，以方便将来维修。

图5-64　有线电视分配器安装示例

⑤ 电视信号线的中间不允许有接头。

电视信号分支器一般用在用户接入口，分配器一般用于在户内分配网络。分支器和分配器的接线方法不同，如图5-65所示。

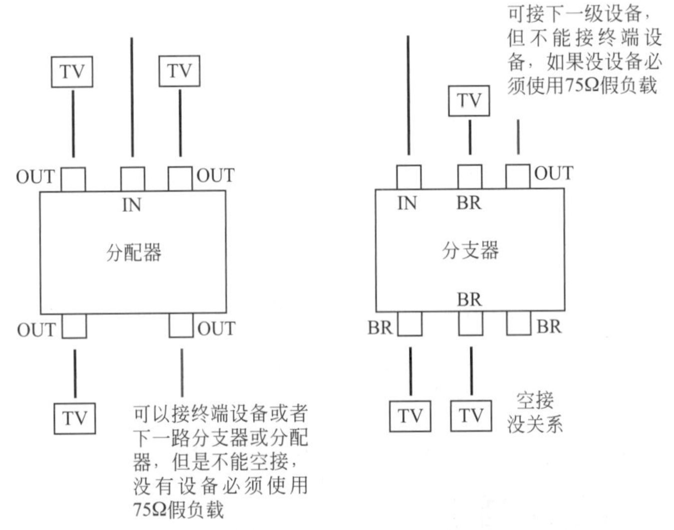

图5-65　分支器和分配器的不同接线方法

（2）有线电视布线方式

家庭有线电视布线一般采取星形布线法（集中分配），多台电视机收看有线电视节目时，应使用专业布线箱或采用视频信号分配盒，把进户信号线分配成相应的分支到各个房间，如图5-66所示。

现代家居装修，一般要求电视电缆暗敷设。其电缆一般采用SKY75-5同轴电缆，单独穿一根PVC20穿线管敷设。如果使用分配器，分配器应放在弱电箱中，同轴电缆应穿穿线管敷设，以便检修。

F头制作

（3）安装分配器

安装电视信号分配器时，应注意输入（IN）和输出端（OUT），进线应接在输入端（IN），到其他房间的电缆应接在输出端（OUT），如图5-67所示。

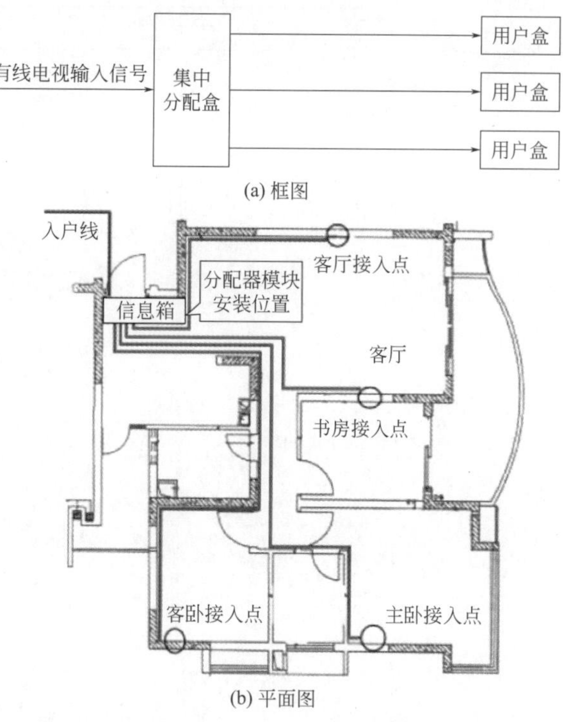

图5-66　有线电视星形布线

FL10-5型插头的连接方法如图5-68所示，其操作方法及步骤见表5-9。

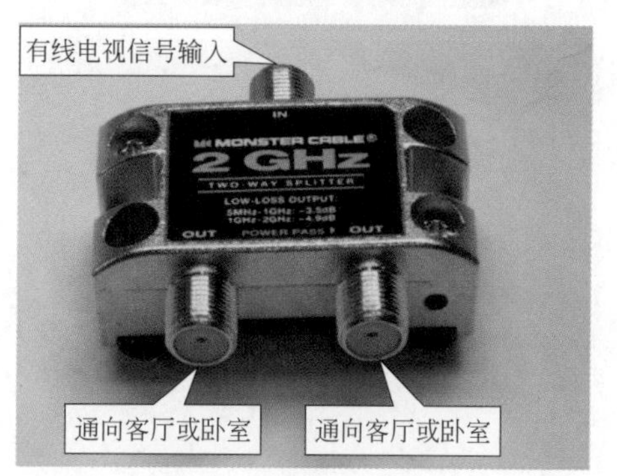

图5-67　分配器的连接

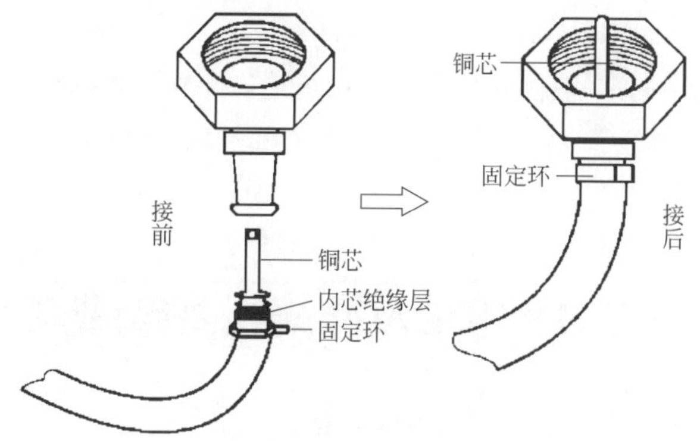

图5-68　FL10-5型插头的连接方法

表5-9　FL10-5型插头的连接方法及步骤

步骤	操作方法	图示
1	将电视信号同轴电缆的铜芯剥出10～15mm，并套上固定环	

续表

步骤	操作方法	图示
2	将F头插入电缆中	
3	将固定环固定在F头尾头处，并用钳子压紧固定环	
4	剪掉多余的铜芯，与F头螺母平面齐平	

如果有两台电视机，可选二分配器，其损耗一般按4dB（分贝）计算。当有三台电视时，尽量不要选择三分配器或四分配器（其损耗一般按8dB计算），原因是三、四分配器损耗太大。这种情况可选择分支器（或串接分支器）。

5.3.3 电话及网络线路布线

5.3.3.1 电话线布线

电话线采用星形布线法，所有通话点的线材均在交换机或布线箱里进行信号交换。如果使用交换机，交换机应布置在干燥易散热且不影响居室美观的偏僻处，但应注意检查维护是否方便。

如果要使用ADSL上网，最好将户外电话线拉到ADSL调制解调器所在的位置，然后通过分离器再拉线到其他各处，这样可以很方便地使电话线路接在ADSL调制解调器的后面，如图5-69所示。

使用三口分离器时，进户电话线通过分离器分别接电话机和ADSL Modem，多个电话机可以并接在分离器的Phone口上，如图5-70（a）所示；使用二口分离器时，入户电话线直接与ADSL Modem连接，分离器安装在每个电话机上，如图5-70（b）所示。

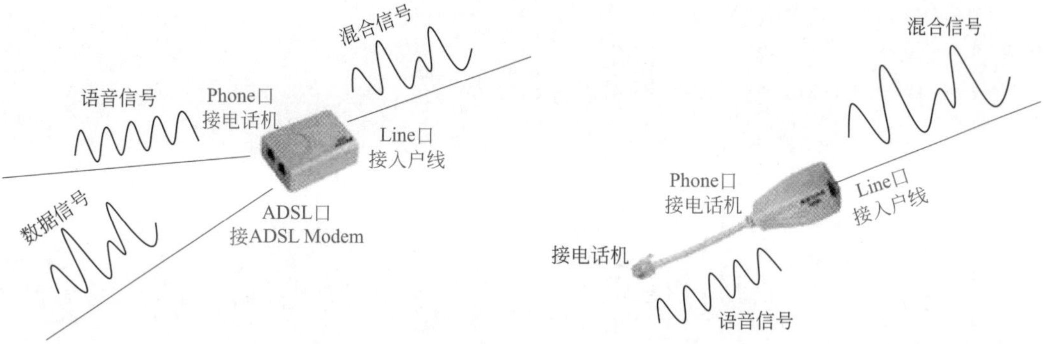

(a) 三口分离器

(b) 二口分离器

图5-69　分离器

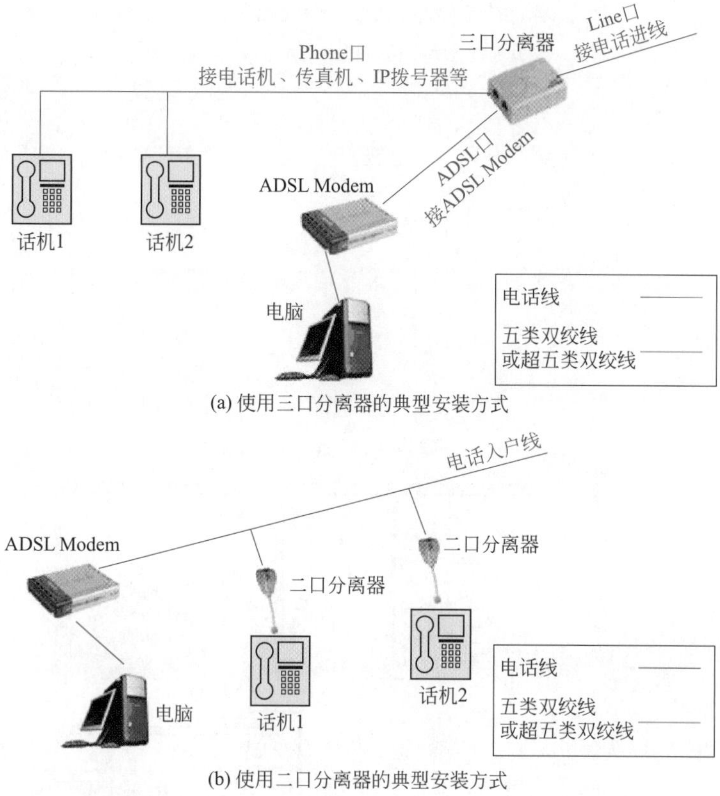

(a) 使用三口分离器的典型安装方式

(b) 使用二口分离器的典型安装方式

图5-70　兼顾电话和ADSL上网的典型安装线路

5.3.3.2　家庭网络布线

家庭网络布线

家庭中的网络传输同样采用星形布线法，宽带入户后经信息箱（弱电箱）或家用交换机向居室中所有的信息终端辐射。合理确定网络布线的走向，既满足就近原则，还要避免强电电路对其的电磁干扰。

理想的家居网络布线结构如图5-71所示。如果是信息箱较大且布线较完善的情况，可把ADSL Modem（带路由器）放入信息箱，使得整个家庭网络结构简单清晰。

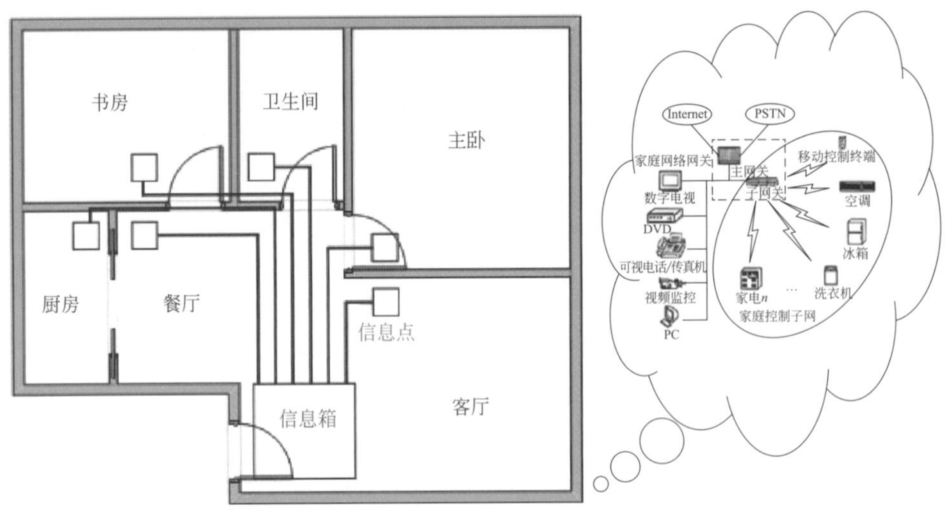

图5-71　理想的家居网络布线结构

（1）客厅

一般情况下，只需部署电话线与有线电视线。若要开通IPTV（交互式网络电视），通常首选客厅，所以需要部署网络节点。

（2）书房

一定要部署电话线与网络线，可以考虑部署IPTV节点，若把该房间作为客卧，需要部署有线电视线。

（3）主卧

一定要保证有电话线与有线电视线。若要看IPTV，则需要部署网络节点。

典型ADSL和IPTV布线结构如图5-72所示。

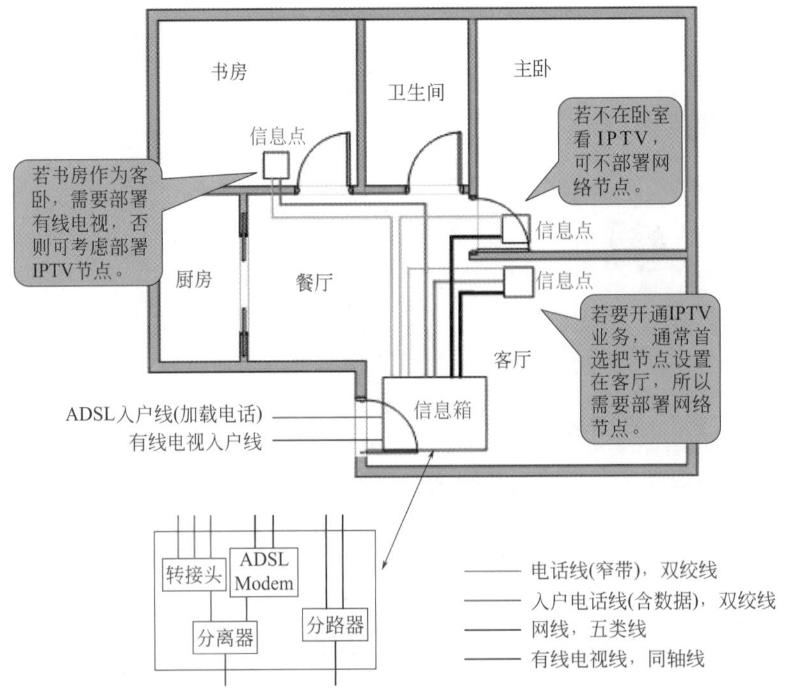

图5-72　典型ADSL和IPTV布线结构

5.3.4 弱电插座端接

所谓端接即终端连接，就是将信号线直接连接到墙壁上的终端暗盒中。

网线模块（插座）接线

5.3.4.1 网线插座端接

网线插座又称为网线模块或信息插座，是用来插接电脑的专用插座。网线插座由两部分组成，即面板和8位信息模块，如图5-73所示。8位信息模块嵌在面板上，用来接线，接线时可以把模块取下，接好线后卡在面板上。

信息插座采用统一的RJ-45标准，4对双绞线电缆的8根芯线，按照一定的接线方式接在信息插座上，称为端接。

端接信息插座需要的主要工具有网线水晶头卡钳、网线连接测试仪和剪线钳，如图5-74所示。端接信息插座的步骤及方法如下。

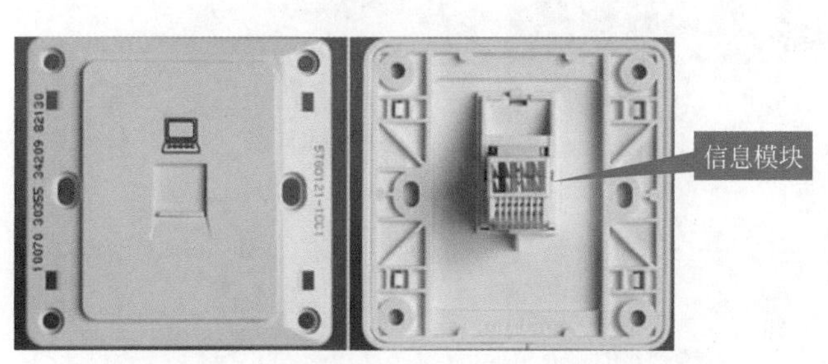

图5-73　网线插座

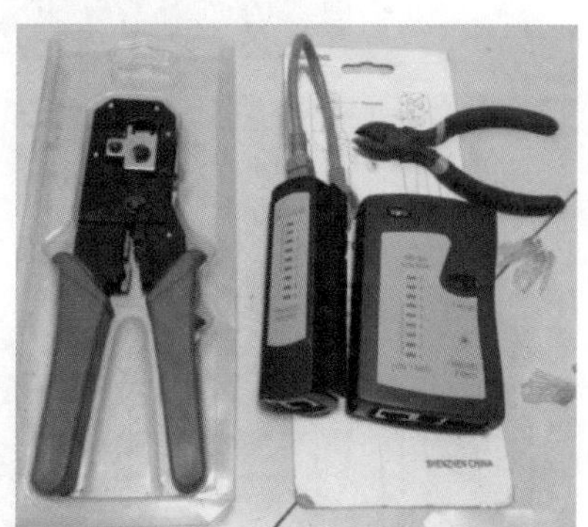

图5-74　端接信息插座的工具

（1）剥网线

把双绞线从布线底盒中拉出，先剥削电缆的外层绝缘皮，然后用剪刀剪掉抗拉线，如图5-75所示。剥网线时请用专业网线钳，线盒内网线剥离长度为3cm为宜，太短时不好操作。

（2）取出模块

将信息模块的RJ-45接口取下来，向下置于桌面、墙面等较硬的平面上。通常情况下，模块上同时标记有T568A和T568B两种线序，电工应当根据布线设计时的规定，与其他连接设备采用相同的线序，如图5-76所示。

图5-75　剥网线

图5-76　信息模块

(3)配线

分开网线中的4对线对，但线对之间不要拆开。按照模块上所指示的线序，稍稍用力将导线一一置入相应的线槽内。按照模块上所指示的线序，逐一将线色相同的网线，一一卡在独立的卡槽内，然后合上压紧即可，减去余线，最后将模块安装到座子上，如图5-77所示。

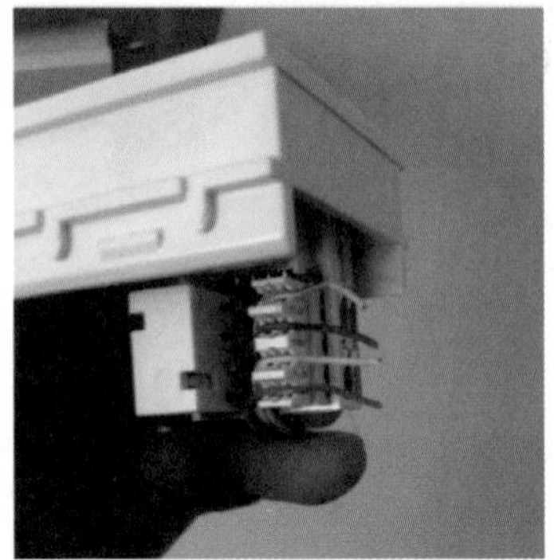

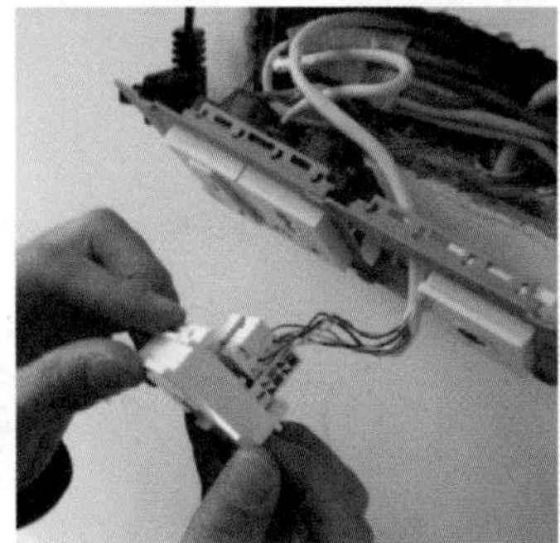

图5-77　配线与安装

【特别提醒】

配线时，双绞线的色标和排列方法应按照统一的国际标准进行连接。

T568A的排线顺序从左到右是：白绿、绿、白橙、蓝、白蓝、橙、白棕、棕。

T568B的排线顺序从左到右是：白橙、橙、白绿、蓝、白蓝、绿、白棕、棕。

T568A和T568B的线对排列不同之处其实就是1和3、2和6号线的位置互换一下。线对颜色编码见表5-10。

表5-10　线对颜色编码

线对	T568A线号	颜色	缩写	T568B线号
1	4/5	蓝/白蓝	BL/W-BL	4/5
2	3/6	白橙/橙	W-O/O	1/2
3	1/2	白绿/绿	W-G/G	3/6
4	7/8	白棕/棕	W-BR/BR	7/8

5.3.4.2　路由器（网线）水晶头的端接

网线水晶头接线

① 线序：白橙、橙、白绿、蓝、白蓝、绿、白棕、棕，如图5-78所示。

② 连接测试仪：查看灯线序是否正常，如图5-79所示。

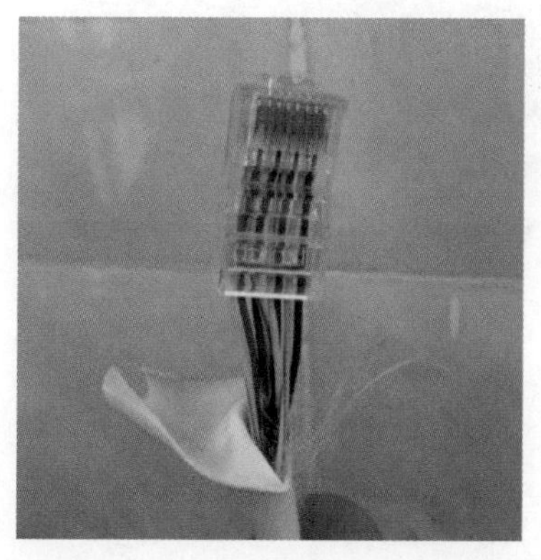
图5-78　路由器（网线）水晶头接线

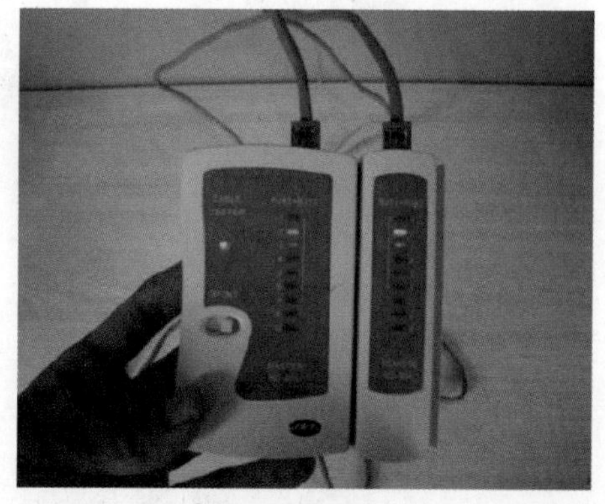
图5-79　测试

5.3.4.3　电话插座的端接

电话线水晶头端接

电话线只需要2线就可以通信。电话插座有2芯和4芯两种，如图5-80所示。2芯是走模拟电话信号（即现在市话使用模式），4芯是走数字电话信号；家里装潢布线一般排2条网线，一条网络一条电话（费用相差不多）。通电话传输只需要中间2芯，按标准接线顺序，通常是红色和绿色两根线。

图5-80　电话插座

2芯电话插座接线时，直接将两根电话线不分极性接到插座的接线柱上即可。如果水晶头是4芯的，只要将2条线接到中间2芯就可以了。

5.3.4.4　有线电视插座的端接

有线电视插座端接

① 电缆线的裁剪与剥削。外皮护套裁的长度：16.5mm；屏蔽金属网层到外皮护套的长度：8.5mm；内绝缘层到屏蔽金属网的长度：2mm；铜芯到内绝缘层的长度：6mm。如图5-81所示。

② 电缆线连接到插座上，拧紧螺钉，如图5-82所示。

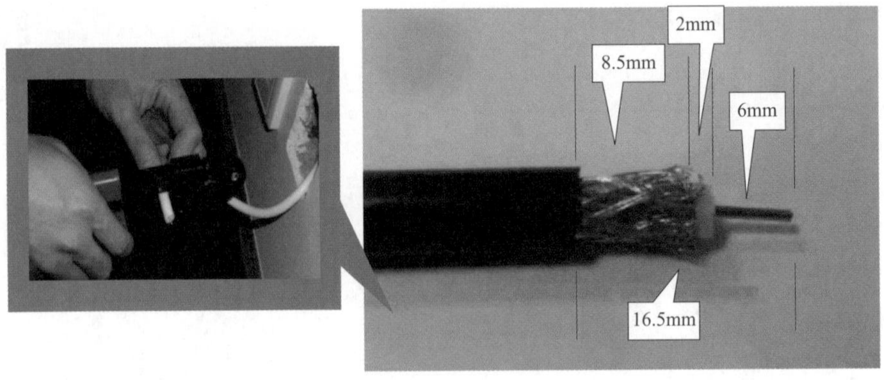

图 5-81　线裁剪与剥削

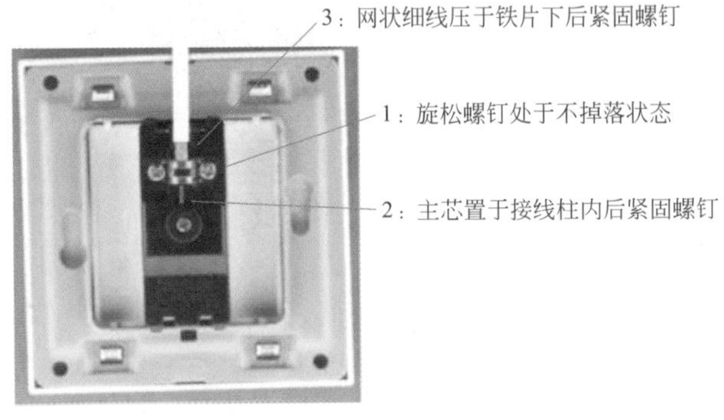

图 5-82　电缆线连接到插座上

5.3.5　背景音乐系统布线

（1）施工设计

家庭背景音乐系统主要由前端设备、后端设备、调音开关等组成，如图 5-83 所示。

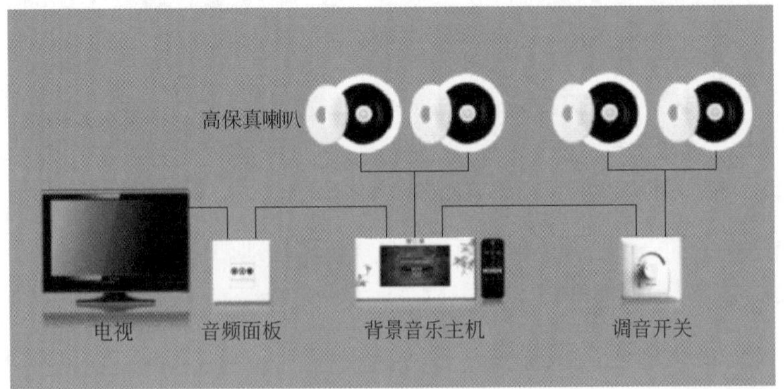

图 5-83　家庭背景音乐系统的组成

家庭背景音乐系统的前端设备主要是扬声器（高保真喇叭）。可根据声场设计及现场情况确定广播扬声器的高度及其水平指向和垂直指向，注意应避免由于广播扬声器的安装不当而产生回声。

家庭背景音乐系统的后端设备主要是背景音乐主机（音频功率放大器）。

家庭背景音乐系统施工分为三个阶段：第一是入户设计，与客户沟通设计方案并了解客户有无特殊需求；第二是在基础装修开始前，进行房间布线；第三是安装和调试。

家庭背景音乐一般采用的是单声道听音系统，立体声系统的听音范围比较小，只在两个音箱中间的位置才能感受到立体声效果。由于背景音响一般都是在做着其他什么事的时候为了营造氛围调节心情听的，不大可能坐在一个地方不动，所以背景音响都只做单声道设计。用于背景音响控制的音量开关就是86型面板。背景音响的喇叭是并联的，布线的实际做法跟强电的布线方式是一样的。

（2）背景音乐系统布线

家庭背景音乐系统采用星形放射状布线结构，主机是系统的中心。如果家庭音乐播控主机和辅助音源不摆放在一起，辅助音源和主机之间还需要布好音频线（最好有屏蔽，且距离不要超过5m）。

家庭背景音乐主机接线

背景音乐的布线方法与照明线路的布线方法一致。即从音源处（一般为家庭音响的摆放处）直接放线到需要放置背景音乐喇叭的房间，进入一个预制的开关暗盒（用于控制音量），再从开关盒中分出线路直接到吊顶的喇叭上。最后将每个房间放置音响线路汇集到音源处，统一接入功放。

如果说在每个房间预留两个喇叭，需要双声道，则在布线时就需要每个房间布两根线路，一个左声道一个右声道。

某家庭背景音乐布线如图5-84所示，某家庭客厅背景音乐布线施工如图5-85所示。

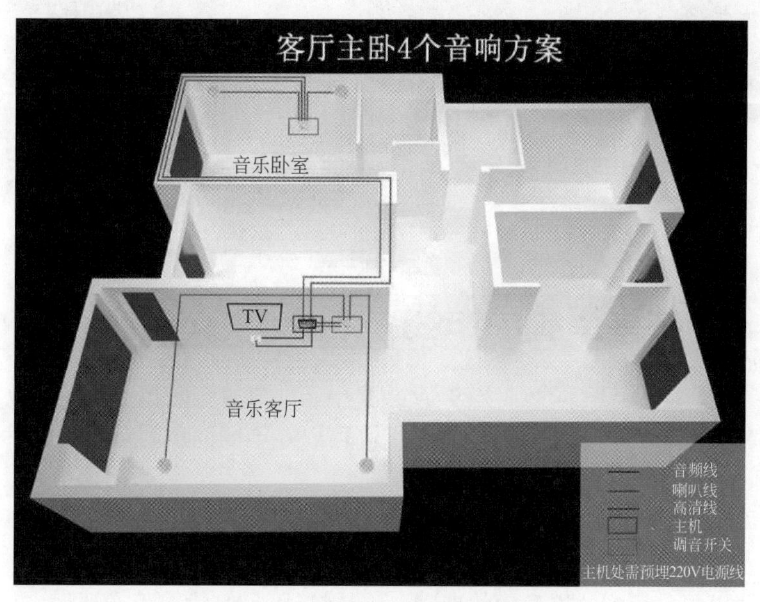

图5-84　某家庭背景音乐布线示意图

（3）器材安装

将吸顶喇叭或者壁挂音箱置于每个房间的四角或两角，并分别在各房间装上背景音乐控制器，如图5-86所示。

控制器和扬声器安装

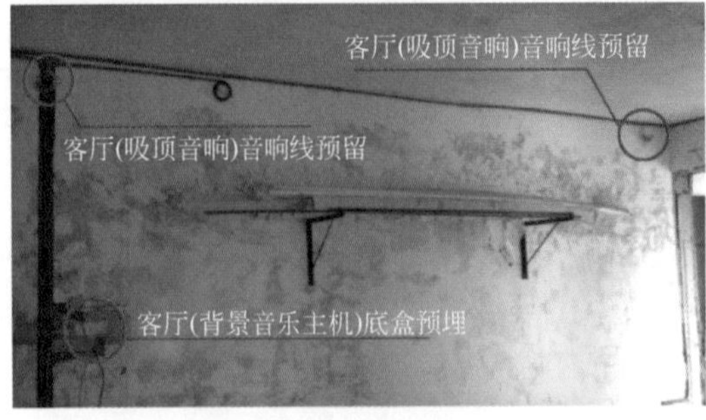

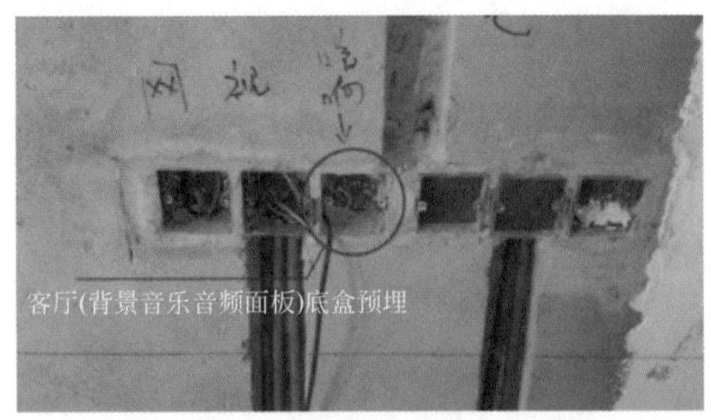

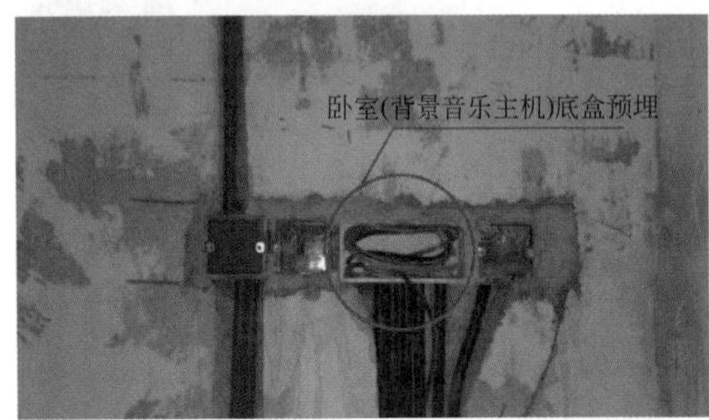

图5-85　某家庭客厅背景音乐布线施工

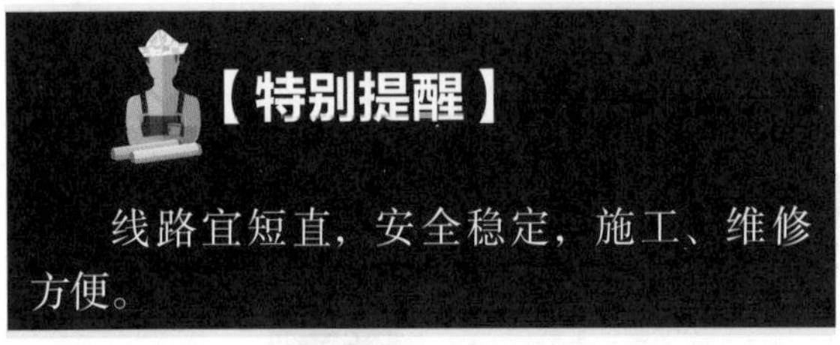

【特别提醒】
线路宜短直，安全稳定，施工、维修方便。

线缆一定要按照图纸上设计的线缆进行敷设。

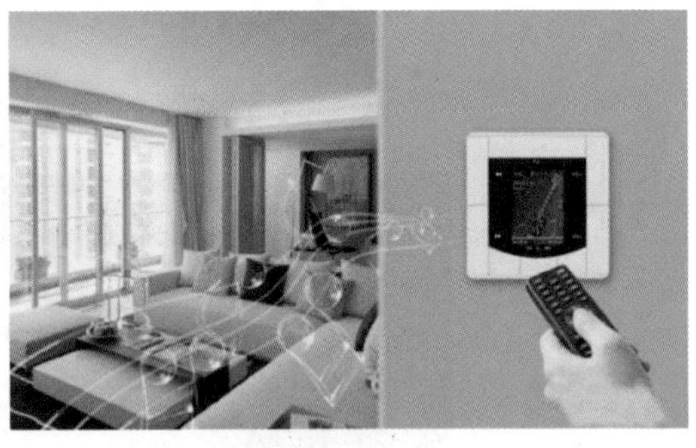

图5-86　房间安装的背景音乐控制器

5.3.6　AV共享系统的布线

家庭AV影视交换系统是一个独立的AV共享中心，可以把家里所有的影视设备、摄像监控画面等，共享或分享到全家所有的电视机上。可以在不同的房间分别观看不同的节目，又可以同时共享同一节目，轻松方便。

家庭AV共享的两种布线方案（以机顶盒为例）如下：

（1）家庭AV共享布线方案一

布一根有线电视电缆到放机顶盒的地方，再从该处布AV线缆（音视频线）到弱电箱，通过弱电箱分配到各个房间。

优点：可以共享一个机顶盒。

缺点：在没有机顶盒的房间观看时控制困难（比如换台）。

（2）家庭AV共享布线方案二

布一根有线电视电缆到弱电箱，使用一个有线电视分配模块（或有线电视分配器）分出若干根有线电视电缆到每个房间，如图5-87所示。

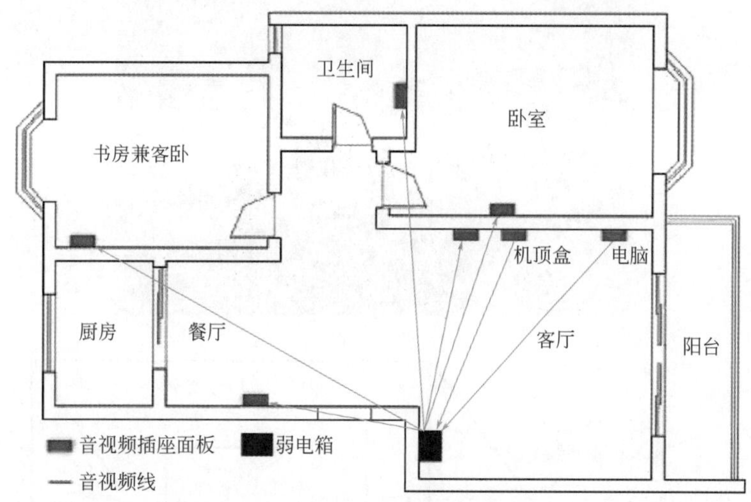

图5-87　家庭AV共享布线方案二

优点：控制比较方便。

缺点：要在每个想看卫星节目的地方放置一个机顶盒，当然也可以把机顶盒搬来搬去，麻烦了一点。

5.3.7　家庭影音系统的布线

（1）线材种类

目前，家庭影音系统最关键的设备是投影仪。通常情况下，家庭影音线材大体分为视频线、音频线与音箱线三类。

家庭KTV影院设备连接安装

① 视频线：是用来传输视频信号的，连接电视、投影机、电脑等。视频线又包括HDMI线、VGA线、DVI线、RGB（色差）、S端子、综合视频线等。

② 音频线：负责传输音频信号，主要连接音源设备和功放。

③ 音箱线：用来连接功放与音箱。

（2）布线

家庭影院需要预埋的线材包括电源线、音箱线、信号线、HDMI线、灯光线和智能控制线等，如图5-88所示。

布线时应遵守以下基本规则：信号线不要靠近电源线和喇叭线；数字传输应与模拟传输分开；线材不要以小于90°的角度大幅度弯曲，如图5-89所示为家庭影院布线示例。

随着科技的发展，尤其是近几年高清电视机的逐步普及与技术的日益进步，HDMI高清线可以同时传输视频与音频信号，由于连接方便、信号好，正在成为影音设备的主流连接方式，近几年上市的影音设备如4K蓝光播放机、智能投影仪等都将HDMI接口作为标配接口。采用HDMI2.0版本高清线全面支持720、1080i、1080P、2K×4K等数字信号格式，支持5.1/7.1声道输出。一般来说，宽度在4m左右的普通客厅大致需要10～12m的HDMI高清线，如图5-90所示。

(a) 效果图

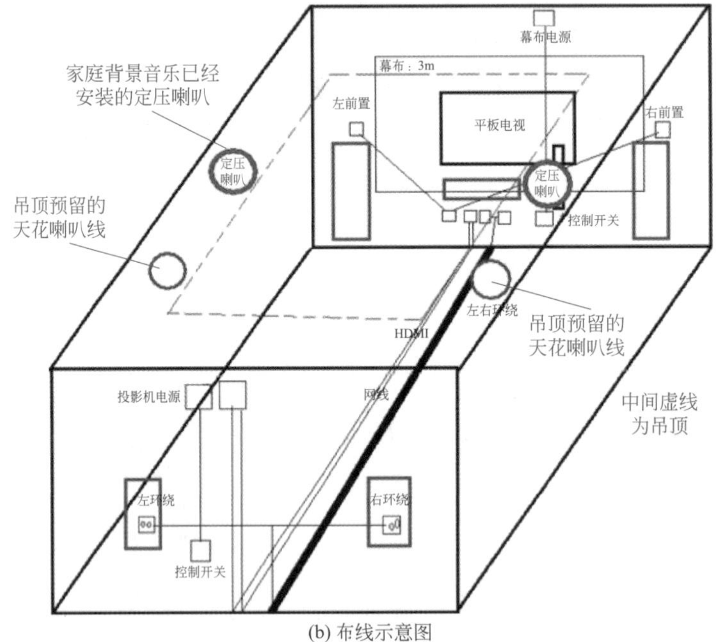

(b) 布线示意图

图5-88　家庭影音系统

图5-89　家庭影院布线示例

图5-90　2.0版本的HDMI高清线

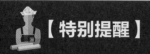

【特别提醒】

前置主音箱不需要提前预埋布线。

5.3.8 智能开关的布线

智能开关安装

（1）智能开关简介

智能开关是指利用控制板和电子元器件的组合及编程，以实现电路智能化通断的器件。它和机械式墙壁开关相比，功能特色多、使用安全，而且样式美观，打破了传统墙壁开关的开与关的单一作用，除了在功能上的创新还赋予了开关装饰点缀的效果，如图5-91所示。家庭智能照明开关的种类繁多，已有上百种，而且其品牌还在不断增加，其中市场所使用的智能开关不外乎涉及电力载波、无线、有线三种技术。

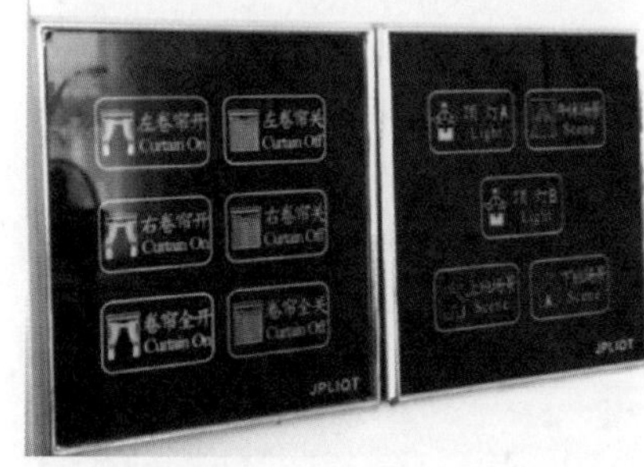

图5-91 不同外形的智能开关

智能开关本身就是弱电控制，现在大部分都是触屏面板的，使用很方便，安装也不复杂，而且智能开关正在普及，是非常不错的选择。智能开关的主要功能见表5-11。

表5-11 智能开关的主要功能

序号	功能	功能说明
1	相互控制	房间里所有的灯都可以在每个开关上控制
2	照明显示	房间里所有电灯的状态会在每一个开关上显示出来

续表

序号	功能	功能说明
3	多种操作	可本位手动、红外遥控、异地操作（可以在其他房间控制本房间的灯）
4	本位控制	可直接打开本位开关所连接的灯
5	本位锁定	可禁止所有的开关对本房间的灯进行操作
6	全关功能	可一键关闭房间里所有的电灯或关闭任何一个房间的灯

智能开关的“智能”主要体现在开关与开关之间的互控上，开关与开关之间组成一个网络，通过网络内信号命令的传递，来达到智能控制的目的。比如说多控，就是通过信号线把命令传递到实际接线的开关上，命令这个开关来对灯进行打开或关闭。为了让开关与开关间组成一个网络，就需要用信号线把所有的开关连接起来。

（2）智能开关布线方法

现在的智能开关布线都很简单。具体是这样的：火线，零线，信号线（两芯）。开关底座分为强电接口和弱点接口。强电接口接火线和零线，强电部分每一个开关只需要接所在房间的线路；弱电接口接信号线，弱电部分把每个开关串联起来就可以（信号线的两个芯不能接反）。

信号线属于弱电线，同样需要开槽布管等操作，需遵守弱电布线原则。以最流行的485通信协议的智能开关布线来说，其实布线非常简单，只要用信号线把各个开关底盒串接起来即可，连接方式非常灵活，如图5-92所示为几种布线方式。

① 布信号线时，通常以家庭信息箱为起点，用单根双绞线（或网线）把所有的开关连起来，如图5-93所示。从信号稳定的角度考虑，信号线中间不能有接头现象。

② 信号线的连接方式为总线（并联）连接。

③ 布线时，在每个开关盒上信号线预留长度15cm左右，以方便安装开关时接线，如图5-94所示。

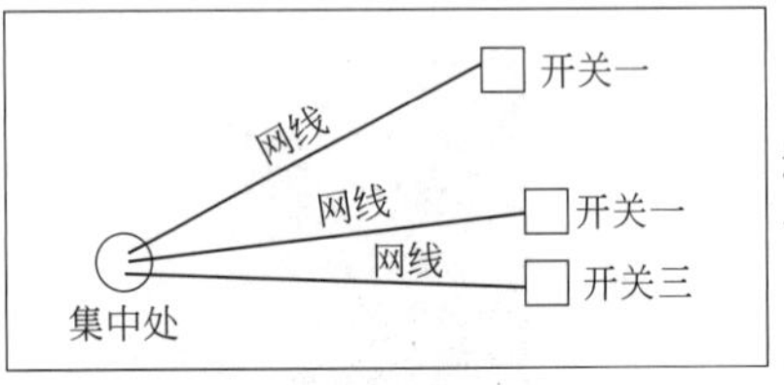

这种方式很简单，单独一个开关对应一根网线，最后只需把集中处的网线按颜色对应连接在一起即可。

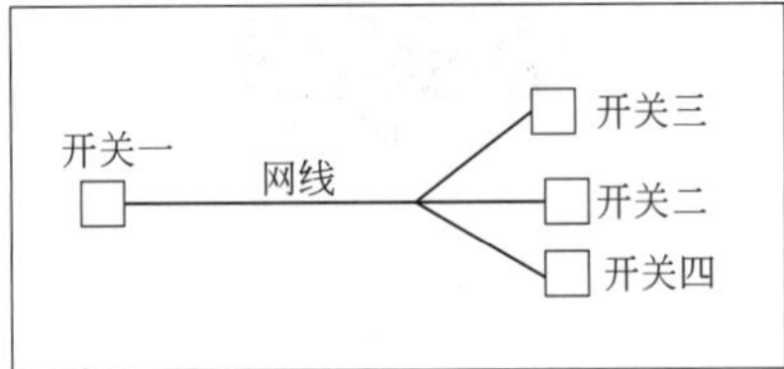

这种分叉接线，主要是小心线分叉处是接好的，不要有断线，最好不要接在隐蔽处，以方便下次检查。

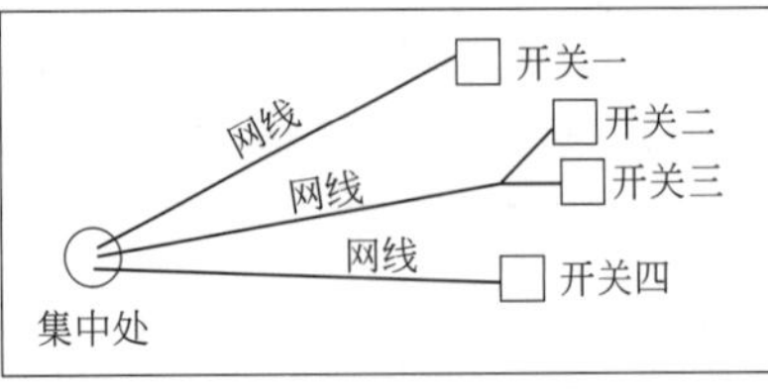

这种分叉接线，主要是小心线分叉处是接好的，不要有断线，最好不要接在隐蔽处，以方便下次检查。

图5-92　智能开关的三种布线方式

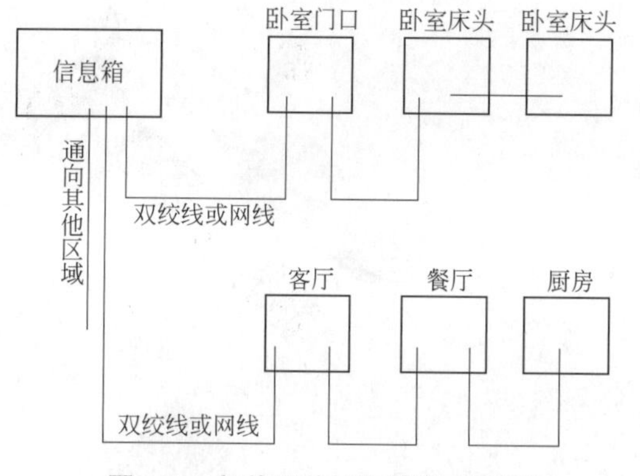

图5-93　智能开关的信号线布线示例

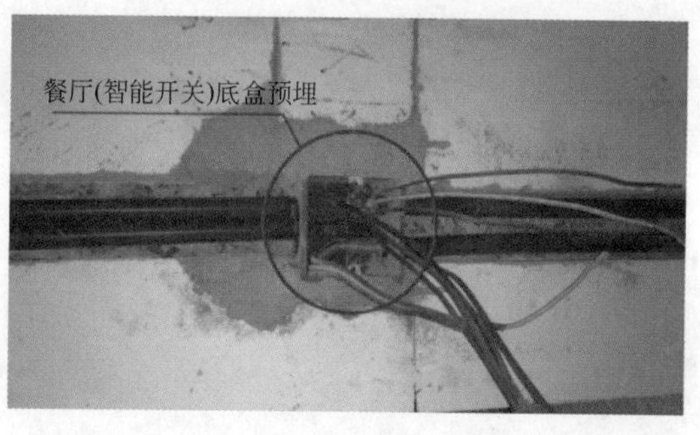

图5-94　餐厅智能开关布线

④ 紧挨着的两个开关盒可以作为一个开关来布线。

【特别提醒】

弱电线路安装完毕，要求用相应的仪表进行测试。

① 网线和电话线测试时，需要用到网络测试仪，根据仪器操作说明判断线路是否连接正确。

② 有线电视线、音视频线、音箱线的测试，可以用指针式或数字式万用表测试信号线通断。

③ 其他的弱电线路，则建议采用相应的专业仪表测试。

【法规摘编】

中华人民共和国住房和城乡建设部《住宅项目规范（征求意见稿）》（2019版）关于电气工程和智能化工程验收交付的规定。

1. 电气工程验收交付的规定

（1）配电箱内回路编号齐全，标识正确，配线整齐，导线连接紧密，分色正确。

（2）开关通断位置正确、一致，插座相序一致，插座型号正确。

（3）面板安装牢固，与固定面吻合严密。

（4）灯具安装牢固，固定方式正确，大型灯具有过载试验，位置合理，与其他设备末端距离合规。

（5）局部等电位联结正确。

2. 智能化工程验收交付的规定

（1）终端位置正确，安装牢固，与固定面吻合严密。

（2）运行正常。

第6章

室内水气暖安装

家装经验表明，水气暖设备，三分靠产品、七分靠安装。作为装修中的隐蔽性工程，安装工艺必须符合规范，例如：安装前必须检查管材及连接配件是否有砂眼、裂纹等现象，地面安装尽可能少用或不用连接配件，水气暖的布置同时要注意电源插座的位置是否合适。否则，后续使用一旦出现问题，维修成本较高。

6.1 水路及洁具安装

6.1.1 识读家装水路图

家装水管主要涉及厨房、卫生间、阳台等场所。家装水管有给水管和排水管两大类，给水管图包括单冷水管图、热水管图和混水管图。看给水管图主要是看各种水龙头的数量、具体位置、高度，以及各种水设施的数量与位置。

家庭水路布置图

6.1.1.1 给水排水工程图中的常用图例

给水排水工程图中的常用图例见表6-1。

表6-1　给水排水工程图中的常用图例

名称	图例	说明	名称	图例	说明
管道	——J—— ——P——	用字母表示管道类型	自动水箱		
		用线型表示管道类型	截止阀		
流向		箭头表示管内介质流向	放水龙头		
坡向		箭头指向下坡	消防栓		
固定支架		支架按实际位置画	洗涤盆		水龙头数量按实际绘制
多孔管			洗脸盆		
排水明沟		箭头指向下坡	浴盆		
存水弯		S形	污水池		
检查口			大便器		左为蹲式右为坐式
清扫口		左边平面右为立面	化粪池	HC	左为圆形右为矩形
通气帽		左为伞罩右为网罩	水表井		
圆形地漏		左为平面右为立面	检查井		左为圆形右为矩形

6.1.1.2 标注

（1）标高的标注

标高-平面图的标注方式如图6-1（a）所示，标高-剖面图的标注方式如图6-1（b）所示，标高-轴测图标的标注方式如图6-1（c）所示。

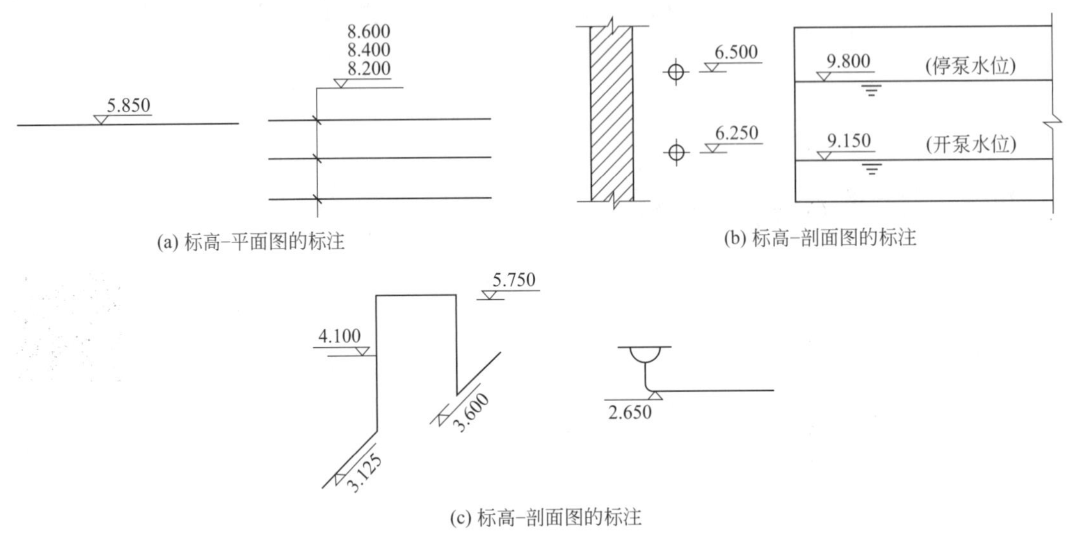

(a) 标高–平面图的标注

(b) 标高–剖面图的标注

(c) 标高–剖面图的标注

图6-1 标高

① 室内标高一般标注的是相对标高，即相对正负零的标高。

② 标高一般情况下是以“m”为计量单位的，保留到小数点后面第三位。

③ 标高按标注位置分为顶标高、中心标高、底标高。

④ 若图纸没有特别说明，一般情况下，给水管标注的是管道中心标高，排水管标注的是管道底标高。

（2）管径的标注

管道的管径以“mm”为单位。

如图6-2所示，水煤气输送钢管（镀锌或非镀锌）、铸铁管等管材，管径以公称直径*DN*表示（如*DN*15、*DN*50）；无缝钢管、螺旋、铜管、不锈钢管等管材，管径以外径*D*×壁厚表示（如*D*108×4、*D*159×4.5等）；钢筋混凝土（或混凝土）管、陶土管、耐酸陶瓷管、缸瓦管等管材，管径以内径*d*表示（如*d*230、*d*380等）；塑料管材，管径按产品标准的方法表示。

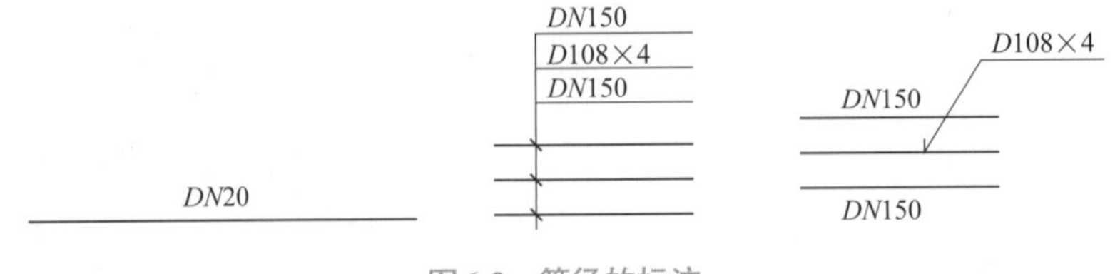

图6-2 管径的标注

当设计均用公称直径*DN*表示管径时，应用公称直径*DN*与相应产品规格相对照。

6.1.1.3 图纸比例

① 平面图选用比例常用的有1：200、1：100、1：50等。

② 系统图常选用的比例有1：100、1：50，但一般不按比例绘制。

6.1.1.4　给排水施工图识读

室内给水管道系统中，从水表引出来的作为进水主管，冷水通过冷水管与各种用水设施接通，有的冷水需要通过闸阀控制再引出冷水管；热水管是与主水管连通的一个分支管，经过热水器加热成为热水，再分配到需要用热水的用水设施，有的热水需要通过闸控制再引出热水管，如图6-3所示。

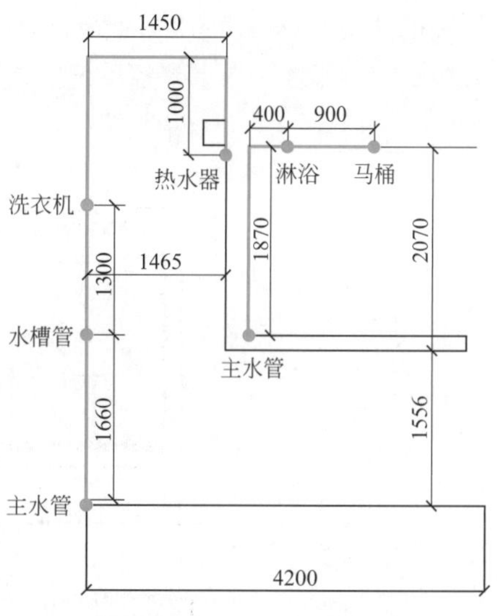

图6-3　家庭给水管道图

（1）平面布置图识读

给水、排水平面图主要表达给水、排水管线和设备的平面布置情况。

根据建筑规划，在设计图纸中，用水设备的种类、数量、位置，均要作出给水和排水平面布置；各种功能管道、管道附件、卫生器具、用水设备，均应用各种图例表示；各种横干管、立管、支管的管径、坡度等，均应标出。

平面图上管道都用单线绘出，沿墙敷设时不注管道距墙面的距离。

生活污水一般分为粪便污水和生活废水，室内排水应根据污水类别、污染程度、综合利用与污水处理条件等因素，综合考虑、选择适当的污水排放体制，污水排放体制有分流制和合流制两种。分流制是将污水和废水分别设置独立的管道系统来排泄的体制，合流制是污水和废水合用一套管道系统来排泄的体制。室内排水系统由排水横管和排水立管组成。

连接卫生器具和大便器的水平管段称为排水横管。其管径不应小于100mm，并应向流出方向有一定的坡度，当大便器多于一个或卫生器多于三个时，排水横管应有清扫口。排水立管的管径不能小于50mm或所连接的横管直径，一般为100mm。

室内排水管网平面图是室内排水施工图中的基本图样，用来表示排水管网、附件以及卫生设施的平面布置情况。如图6-4所示为某卫生间的给排水管网平面布置图。为了靠近室外排水管道，将排出管布置在东北角，与给水引入管成90° 。同时，为了便于粪便的处理，将粪便排出管与淋浴、盥洗排出管分开，把后者的排出管布置在房屋的西北角，直接排到室外排水管道。也可先排到室外雨水沟，再由雨水沟排入室外排水管道。排水管道均用粗虚线画出。

在识读管道平面图时，注意事项如下：

① 查明卫生器具、用水设备和升压设备的类型、数量、安装位置、定位尺寸。

② 弄清给水引入管和污水排出管的平面位置、走向、定位尺寸与室外给排水管网的连接形式、管径及坡度等。

③ 查明给排水干管、立管、支管的平面位置与走向、管径尺寸及立管编号。从平面图上可清楚地查明是明装还是暗装，以确定施工方法。

④ 在给水管道上设置水表时，必须查明水表的型号、安装位置以及水表前后阀门的设置情况。

⑤ 对于室内排水管道，还要查明清通设备的布置情况、清扫口和检查口的型号和位置。

（2）系统图识读

系统图也称轴测图，其绘法取水平、轴测、垂直方向，完全与平面布置图比例相同。系统图上应标明管道的管径、坡度，标出支管与立管的连接处，以及管道各种附件的安装标高，

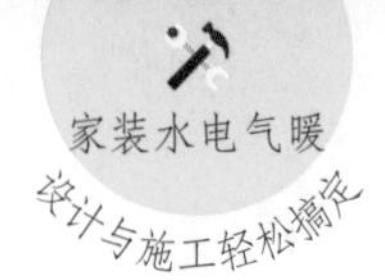

标高的 ± 0.00 应与建筑图一致。系统图上各种立管的编号应与平面布置图相一致。系统图均应按给水、排水、热水等各系统单独绘制，以便于施工安装和概预算应用。

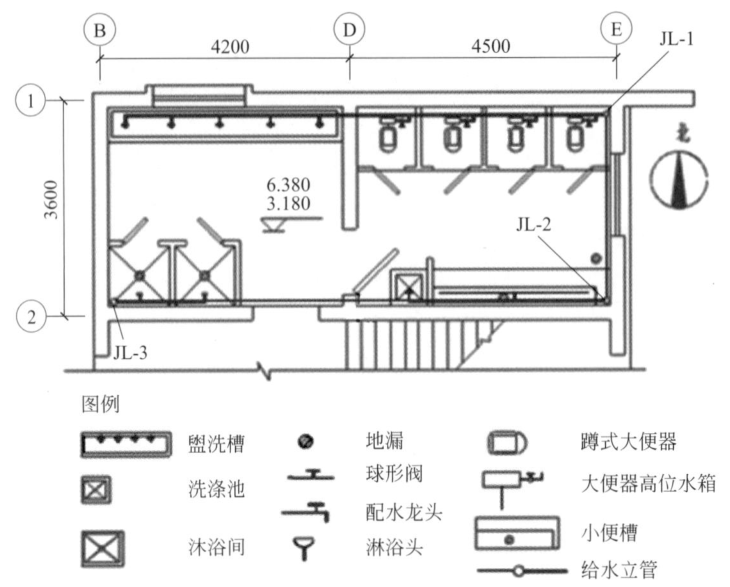

图 6-4　卫生间给排水管网平面图

给排水管道系统图主要表明管道系统的立体走向。

在给水系统图上，卫生器具不画出来，只须画出水龙头、淋浴器莲蓬头、冲洗水箱等符号；用水设备如锅炉、热交换器、水箱等则画出示意性的立体图，并在旁边注以文字说明。

在排水系统图上只画出相应的卫生器具的存水弯或器具排水管。

管道轴测图按正等轴测投影法绘制，一般按各条给水引入管分组，引入管和立管的编号均应与其管网平面图的引入管、立管编号对应。轴测图中横向管道的长度直接从其平面图中量取，立管高度一般根据建筑物层高、门窗高度、梁的位置以及卫生器具、配水龙头、阀门的安装高度等来决定。当空间交叉的管道在图中相交时，应判别其可见性。在交叉处，可见管道连续画出，不可见管道应断开画出，如图 6-5 所示。

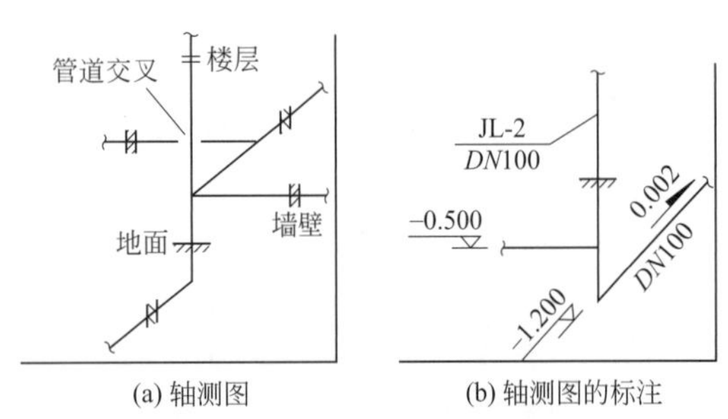

图 6-5　给水管道轴测图及标注

管径标注时，可将管径直接注写在管道旁边，或用引出线标注。当连续多段管径相同时，可只注出始末段管径，中间管段管径可省略不标。凡有坡度的横管都应注出坡度，坡度符号的箭头指向下坡方向。

轴测图中应标注相对标高，并应与建筑图一致。图中的建筑物，应标注室内地面、各层楼面及建筑屋面等处的标高。对于给水管道，一般应标注横管中心、阀门和放水龙头等处的标高。轴测图中标高符号的画法与建筑图的标高画法一致，但应注意横线要平行于所标注的管线。

在识读系统图时，注意事项如下：

① 查明给水管道系统的具体走向，干管的布置方式，管径尺寸及其变化情况，阀门的设

置，引入管、干管及各支管的标高。

② 查明排水管道的具体走向、管路分支情况、管径尺寸与横管坡度、管道各部分标高、存水弯的形式、清通设备的设置情况、弯头及三通的选用等。

识读排水管道系统图时，一般按卫生器具或排水设备的存水弯、器具排水管、横支管、立管、排出管的顺序进行。

③ 系统图上对各楼层标高都有注明，识读时可据此分清管路是属于哪一层的。

（3）施工详图识读

凡平面布置图、系统图中局部构造因受图面比例限制而表达不完善或无法表达的，为使施工概预算及施工不出现失误，必须绘出施工详图。通用施工详图系列，如卫生器具安装、阀门井、水表井、局部污水处理构筑物等，均有各种施工标准图，施工详图宜首先采用标准图。

室内给排水工程的详图包括节点图、大样图、标准图，主要是管道节点、水表、卫生器具、套管、排水设备、管道支架等的安装图及卫生间大样图等。如图6-6所示为感应式冲水器安装详图。

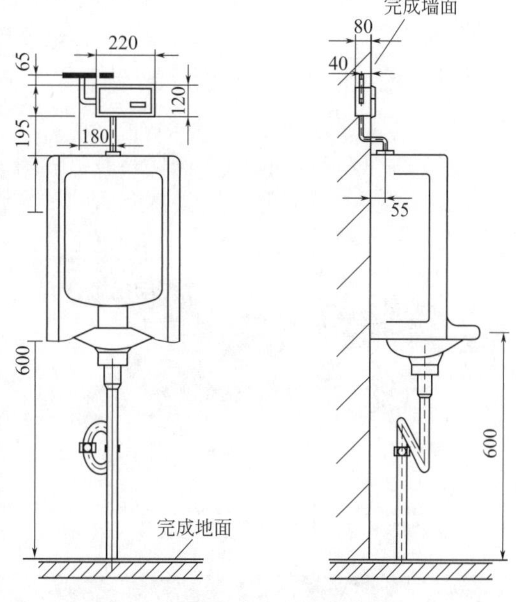

图6-6　感应式冲水器安装详图

这些图都是根据实物用正投影法画出来的，图上都有详细尺寸，可供安装时直接使用。

绘制施工详图的比例以能清楚绘出构造为根据选用。施工详图应尽量详细注明尺寸，不应以比例代替尺寸。

（4）设计施工说明和主要材料设备表

用工程绘图无法表达清楚的给水、排水、热水供应、雨水系统等管材、防腐、防冻、防露的做法；难以表达的诸如管道连接、固定、竣工验收要求、施工中特殊情况技术处理措施，或施工方法要求必须严格遵守的技术规程、规定等，可在图纸中用文字写出设计施工说明。

工程选用的主要材料及设备表，应列明材料类别、规格、数量，设备品种、规格和主要尺寸。

【特别提醒】

阅读主要图纸之前，应当先看说明和设备材料表，然后以系统图为线索深入阅读平面图、系统图及详图。

阅读时，应三种图相互对照来看。先看系统图，对各系统做到大致了解。看给水系统图时，可由建筑的给水引入管开始，沿水流方向经干管、立管、支管到用水设备；看排水系统图时，可由排水设备开始，沿排水方向经支管、横管、立管、干管到排出管。

识读给排水施工图的基本方法是：先粗后细，平面、系统多对照。

6.1.2 给水管路安装

水质好不好，关键看管道。目前住宅装修的给水管主要分为UPVC管、PPR管、衬PVC镀锌钢管、铝塑管等几类；排水管主要是聚乙烯管、PVC塑料管等，但由于塑料管子的材料容易掺杂使假，且二次污染严重。所以，有条件的话，尽量选择不锈钢水管或者铜管。

熔接PPR水管

6.1.2.1 准备工作

（1）确定管路走向

根据装修设计图纸及房型结构来确定走向，家装水管走向分为吊顶排列、墙槽排列、地面排列、明管安装，目前施工从安全规范出发，一般家庭安装不推荐使用埋地暗敷方式，而是采用嵌墙或嵌埋天花板的暗敷方式。

（2）用水设备定位

安装家装水管前，应在现场确定用水设备的摆放位置和尺寸。例如：管道系统中的前置过滤器，全房净化软化系统，锅炉、热水器、洗漱台、马桶、浴缸、暗装淋浴、增压泵等。

图6-7　PPR水管安装施工工具

（3）工具准备与检查

目前多数家庭装修的给水管是PPR管，安装之前需要准备热熔机、剪刀、记号笔、直尺、钢卷尺等工具以及胶黏剂等物品，如图6-7所示。

施工前，应检查拖线板、电线、插头、插座是否完好，热熔机、模具否老化、松动或损坏，专用管剪是否完好。

【特别提醒】

模具更换：连续作业30天左右更换。
热熔机更换：连续作业半年至一年左右更换。

6.1.2.2 PPR给水管安装

PPR给水管安装

按预水管安装位置测量尺寸，量好管道尺寸再进行断管，如图6-8所示，做好管道敷设准备。

【特别提醒】

用剪刀剪断PPR管时，要保持断口平整不倾斜，无毛刺。

（1）PPR管道连接

PPR管连接常用的有橡胶圈连接、粘接连接、法兰连接、热熔连接等方式。家装中的给水管道最常见的连接方式是热熔连接。

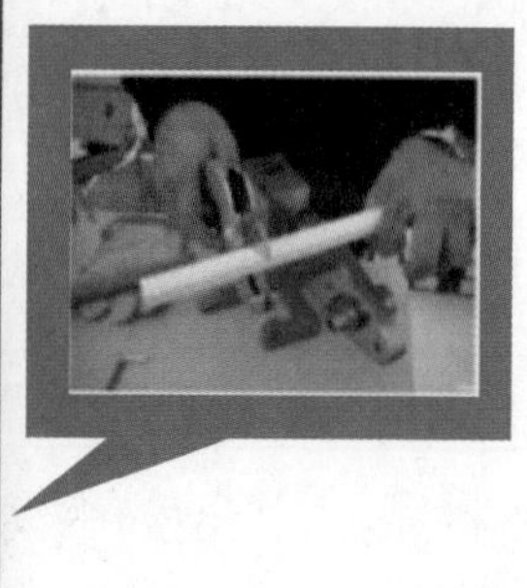

图6-8　量好管道尺寸再进行断管

配管后，PPR管道热熔连接的步骤及方法见表6-2。

表6-2　PPR管道连接的步骤及方法

步骤	操作方法	图例
1	在管材插入端做好承插深度标记（管材端口在一般情况下应切除2～3cm，如有细微裂纹则必须剪除4～5cm）	
2	用毛巾清洁管材与管件连接端面，将管材穿入管接盖	
3	用热熔机对所要连接的管材与管件进行加热。加热参数应符合相关热熔机技术要求，一般为260℃左右	
4	达到加热时间后，立即把管材与管件同时取下，迅速无旋转地直线均匀插入到所标记的深度，使接头处形成均匀凸缘（对接插入时允许有不大于5°的角度调整，但是必须在规定的调整时间内完成）	

续表

步骤	操作方法	图例
5	定型及冷却（在允许的调整时间过后，管材和管件之间应保持相对静止，不允许再有任何相对移位；冷却应采用自然方式，禁止使用水、冰等冷却物强行冷却）	

下面介绍利用熔接机熔接PPR水管的具体方法。

① 固定热熔机，安装加热模头。把热熔机放置于支架上，根据所需管材规格安装对应尺寸的加热模头，并用内六角螺钉扳手扳紧，如图6-9所示。一般小尺寸的在前端，大尺寸的在后端。

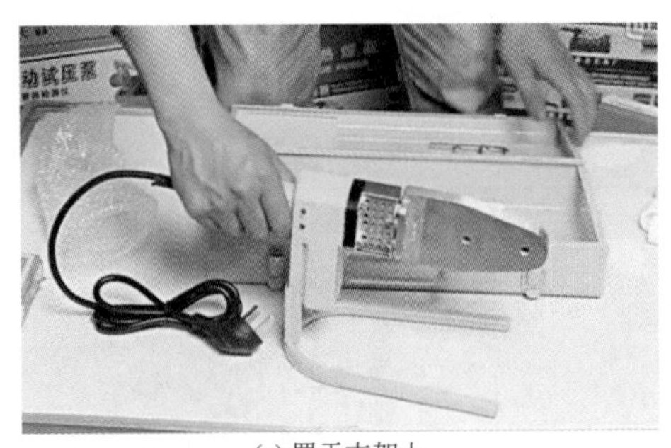
(a) 置于支架上

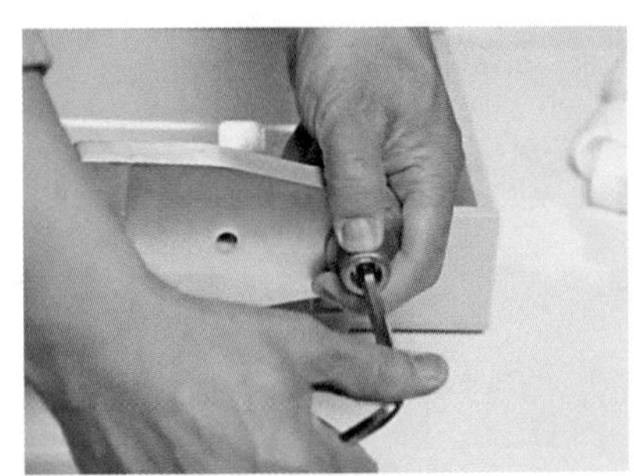
(b) 装加热模头，用扳手扳紧

图6-9 固定热熔机并安装加热模头

② 通电开机。接通电源（注意电源必须带有漏电保护器），按照熔接不同材料管材，设定所需要的温度。红色指示灯亮，为加热状态。绿色指示灯亮，为保温状态。等到温度达到设定温度后，即可进行操作，如图6-10所示。

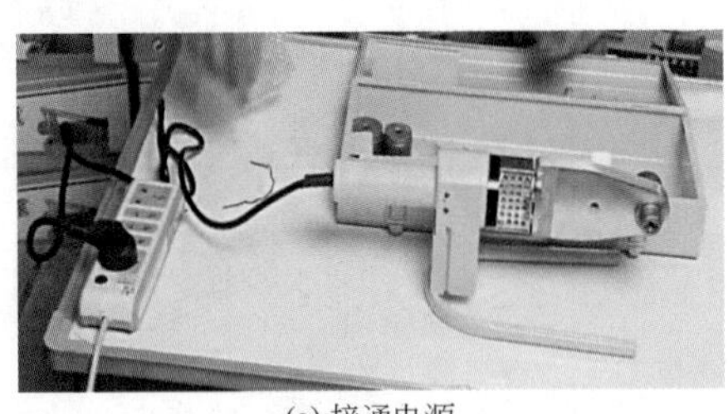
(a) 接通电源

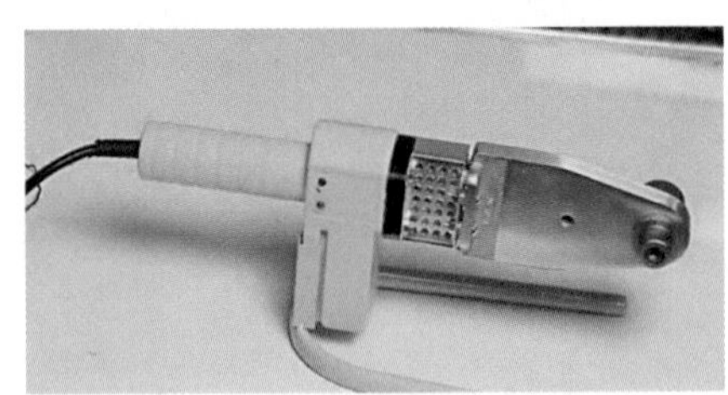
(b) 加热

图6-10 接通电源加热

调温型热熔机可以设定温度，使用更方便，如图6-11所示

③ 熔接PPR管。用脚踩住支架，使支架固定。参见表6-2，将管材和管件同时无旋转推进热熔机模头内，达到加热时间后（一般为3 ～ 10s，不同型号的热熔机的加热时间不完全相同，不同管径的管材的加热时间也不同，具体以产品说明书为依据），立即把管材与管件模头同时取下，迅速无旋转地直线均匀插入到所需深度，使接头处形成均匀凸缘，如图6-12所示。

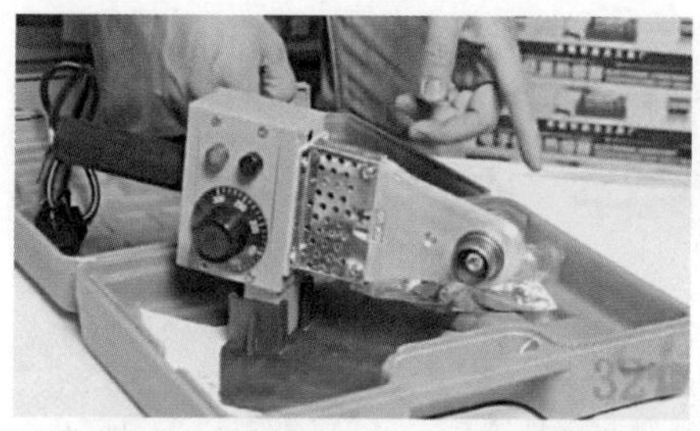

图6-11　调温型热熔机

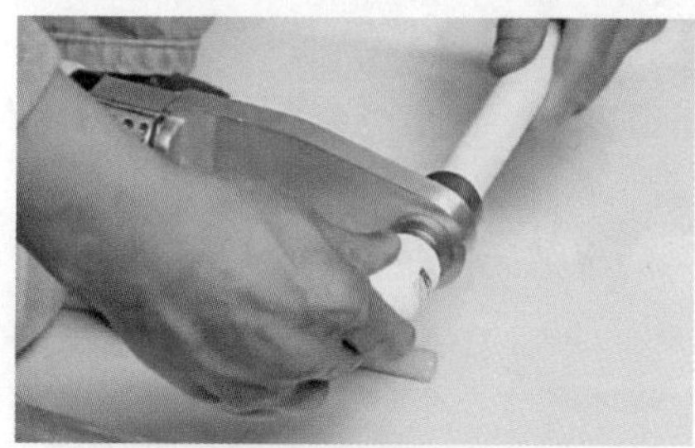

(a) 管材和管件同时推进模头内加热

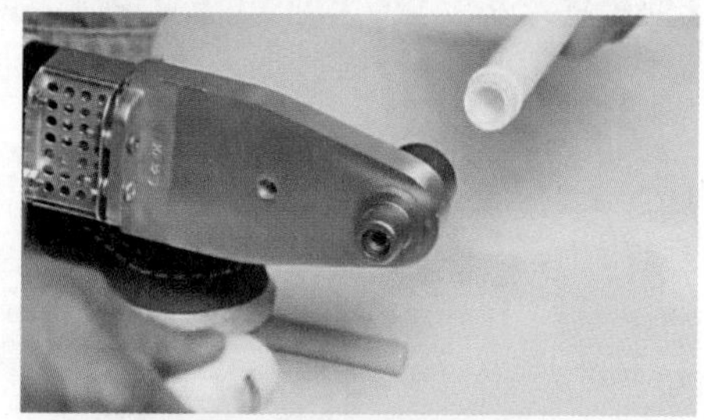

(b) 同时取下管材和管件

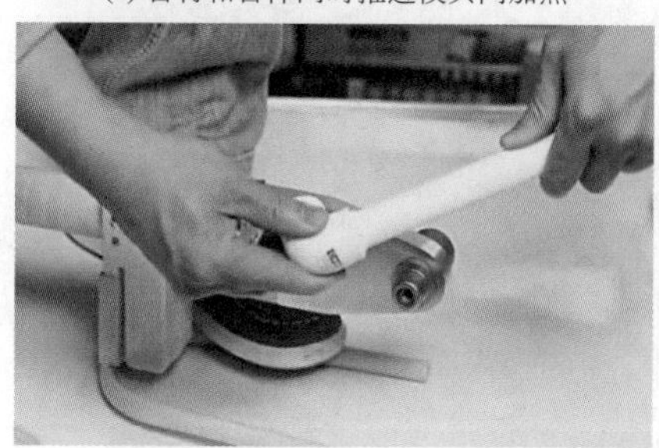

(c) 插入到所需深度

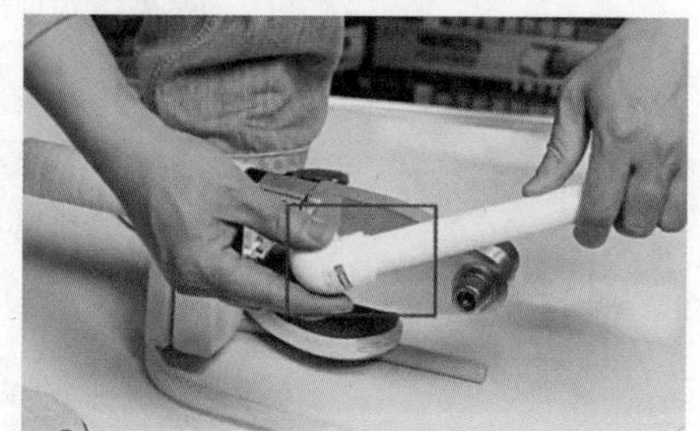

(d) 接头处形成均匀凸缘

图6-12　熔接PPR管

热熔连接是一个物理过程，管材加热到一定时间后，将原来紧密排列的分子链熔化，然后在稳定的压力作用下将两个部件连接并固定，在熔合区建立接缝压力。由于接缝压力的作用，熔化的分子链随材料冷却，温度下降并重新连接，使两个部件闭合成一个整体。

【特别提醒】

温度、加热时间和接缝压力是热熔连接的三个重要因素。管件加热的时间与环境温度有关。一般来说，冬季加热时间要长一些。

（2）敷设管道

厨房水路管道敷设应尽量走墙、走顶，不走地，地面要做防水。墙体内、地面下，尽可能少用或不用连接配件，以减少渗漏隐患点。如图6-13所示。

冷热水管安装

水路总闸阀、水表的安装位置应根据业主的使用习惯，结合橱柜图纸，避开橱柜拐角，考虑阀门的开关方便与美观，如图6-14所示。

图6-13 厨房水管敷设

水管敷设的注意事项如下：

① 冷、热水管要遵循“上热下冷，左热右冷”的规则，并保持二者之间15cm的间距，其误差要保证在0.1cm以内，以满足花洒混合器的要求，如图6-15所示。水管管口垂直墙面，高出墙面2cm（考虑贴砖的厚度）。

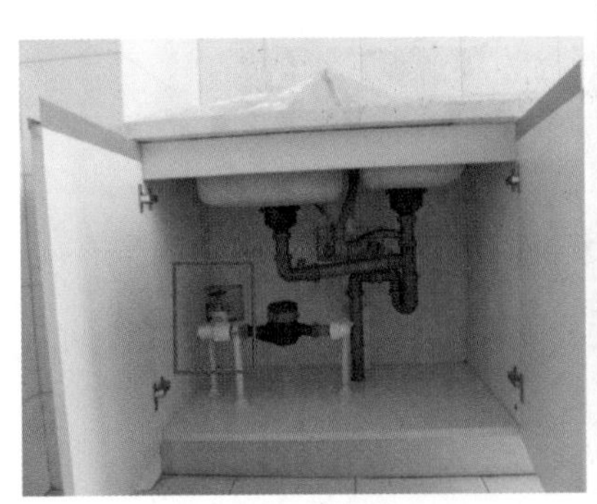

图6-14 总闸阀、水表的安装

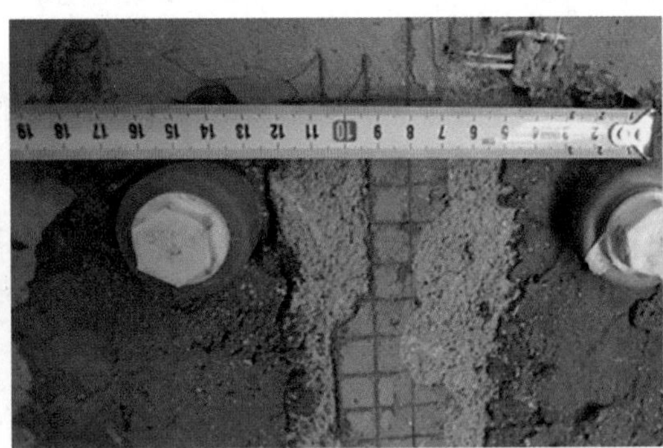

间距15cm；管口高度一致；管口与墙面垂直

图6-15 冷热水管间距15cm

② 在热水管上包保温层，防止热水管的热量流失对天花板造成损害。同时，水管要用管卡固定好，避免在后续工序中出现移位的情况。冷水管管卡间距常规为（50±5）cm，热水管管卡间距为（35±5）cm。如管卡不到位，会导致水管抖动，产生噪声，如图6-16所示。

热水管包保温层

图6-16 水管要固定牢固

③ 冷、热水管的管壁厚度和压力等级都不同，一定不能混用。长距离敷设水管时，要主干粗，分枝细。同一根水管管径越长，末端水压会减弱。

④ 水电线管分槽，切不可同放一线槽内。水管与燃气管不可以交叉，确保水管与燃气管道间距10cm以上。

⑤ 水管埋入地或墙里，封槽的水泥砂浆厚度至少要达到3cm左右，才能达到一定的稳定性。

6.1.2.3 水路试压

（1）测试标准

打压试验

水管安装完毕之后做水管打压试验，这是检验水管安装成功与否的非常可靠的方法。目前行业内还没有对家装水路验收进行具体明文规定，一般普通住宅通行的测试标准如下：

① 必须在水路施工完成24h后进行。

② 做试验之前保证管路完全固定，接头明露不得隐蔽，而且内丝端头必须有严密的封堵。

③ 采用手动试压泵，打压时间不能够少于10min。测试压力为最大可能工作压力的1.5倍（平常所讲的8～10kg水压）。

④ 当压力达到规定的试压值后，稳压1h，观察管道的接头有无渗透的现象，1h后再补压，15min内压力降不超过0.05MPa则为合格。

（2）试压方法

手动试压泵主要由千斤顶、压力表、水箱和连接软管等组成，是一种进行水管打压试验的专业工具，如图6-17所示。

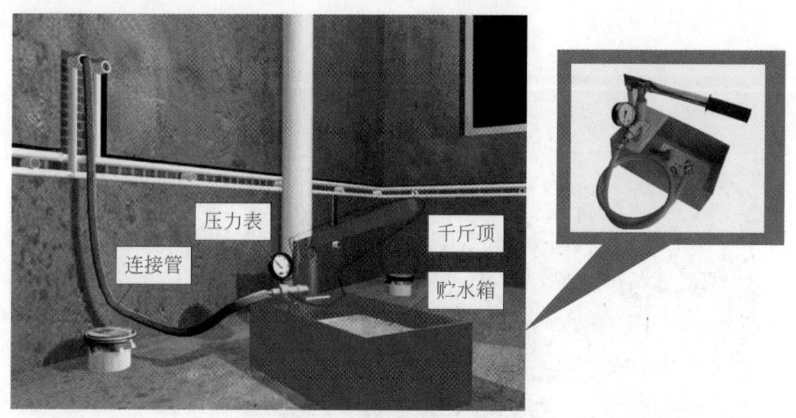

图6-17 手动试压泵

① 把任意一处的冷热水管用软管连接在一起，这样冷热水就形成一个管道了，如图6-18所示。

② 封堵所有的堵头，关闭进水总管的阀门。将试压泵与出水口连接起来（接在任何一个出水口都可以），如图6-19所示，此时压力表指针在0处。

③ 缓慢注水，充满水后进行水密性检查；同时将管道内气体排除；然后，关闭水表总阀，试验就可以开始了。

④ 摇动千斤顶的摇杆，缓慢加压，注意观察压力表的指针位置。测试压力应为最大可能工作压力的1.5倍（平常所讲的8～10kg水压），如图6-20所示。升压时间不得小于10min。

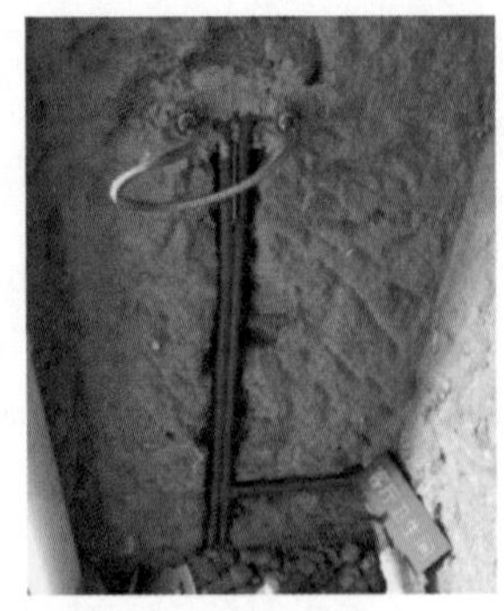

图6-18　冷热水管用软管连接起来

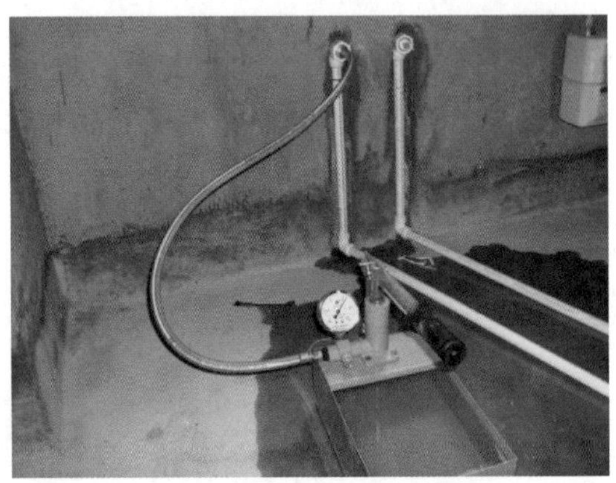

图6-19　试压泵与出水口连接

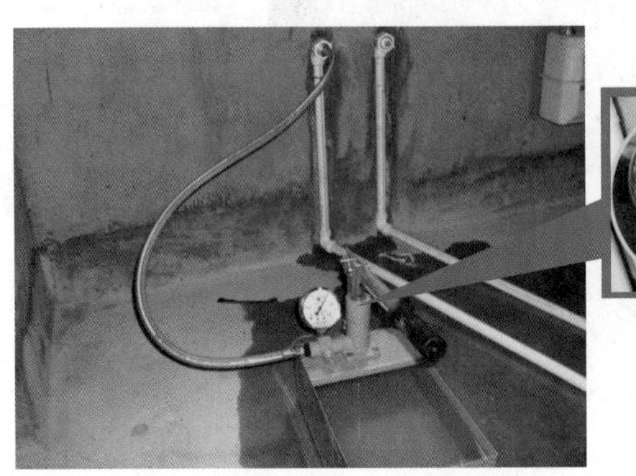

图6-20　试压

⑤ 升至试验压力，停止加压，稳压1h，观察接头部位是否有漏水现象。

⑥ 补压至试验压力值，15min内压力下降不超过0.05MPa为合格。

【特别提醒】

试压前，应详细检查各部件连接处是否能够拧紧，压力表是否正常，进出水管是否安装好。

（3）试验结果的判断

整个试压过程中要注意对每个接头（包括内丝接头）的检查，不能有渗水的现象。若有渗水，会引起压力表表针跳动。

在试压过程中，若表针没有任何抖动，压力下降的幅度小于0.05MPa，则证明水管管路是安装得非常不错的。

【特别提醒】

试压的时间一定要在规定时间内，这样才能够确保试验结果的有效性。

水路试压时，严禁使用电动泵增压。

6.1.3 厨房排水系统安装

厨房水路之所以难做，主要是因为地方较小，厨房里甚至橱柜中还装着别的电器。管路安排需要综合考虑厨房中其他电器和家具的布置、排水管和电管线路之间的合理安排等因素，才能够使下排水管道顺畅。

厨房的下排水管道主要有下排水和侧排水两种。

（1）下排水的安装

下排水安装时，需要使用存水弯，将穿过楼板的下排水管串接起来。一般来说，可以将存水弯装在最底下，如图6-21所示。

图6-21　厨房下排水管道

水槽的下水一般用ϕ50mm的存水弯。如果还有别的下水，就加装一个斜三通，两个用水设备共用一个下水，如图6-22所示。

如果下水特别简单，也可以不用存水弯。比如只有一个厨房水槽的下水，没别的下水，由于水槽配套有排水防臭装置，一般来说，水槽下水管质量较好，所以就没有必要再设置存水弯，直接用变径接头把水槽下水接到地面的下排水口中，如图6-23所示。

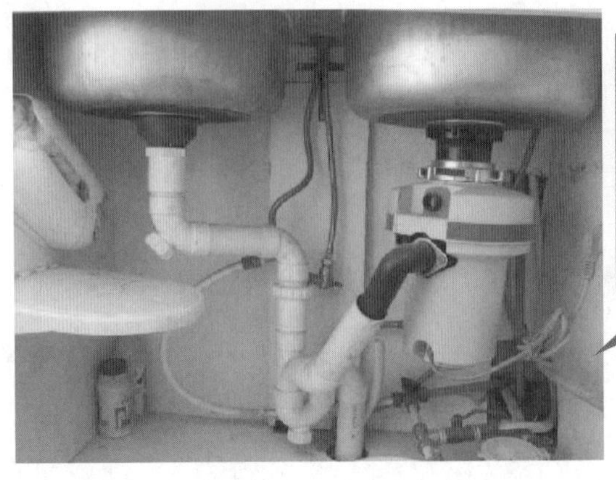
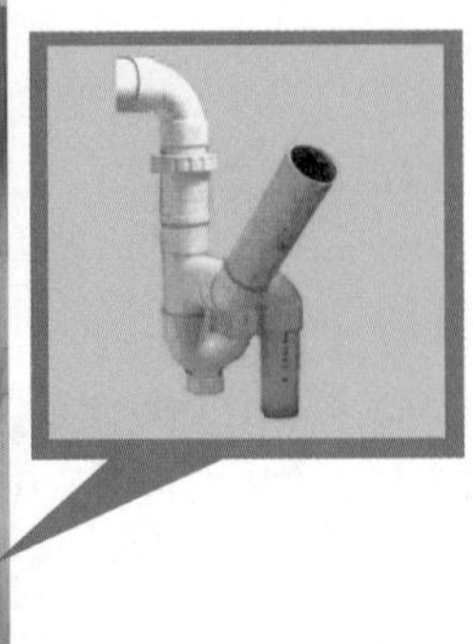

图6-22　两个用水设备共用一个下水

（2）侧排水的安装

侧排水的下水口在厨房主管道上，在地面以上，下水管有一部分横着通向主管道。下排水在楼下面有存水弯，要是楼板上面再装存水弯，就是双重防味了，而侧排水是下水管横着连接在主下水管中，一般只能装一个存水弯。

图6-23　下水直接进入地面的下水口

排水系统中对横管的坡度要求应保证2.6%左右，施工安装管道时必须横平竖直，确保优质美观，所有的弯头和三通都用大小头，小头的接口方向应朝上，如图6-24所示。每道工序施工完后要及时对管道系统施工质量进行检查，及时调整偏差项目，水平管道的水平度和立管的垂直度应调整至符合设计要求，管卡要有效，外观应整洁美观。

图6-24　厨房排水安装

安装时应按设计坐标及标高，现场拉线确定排水方向坡度，先做好托架（或吊架）。排水管安装后，要求管道直，坡度均匀，各预留口位置准确。

侧排水安装时，存水弯只能安装一个。

（3）PVC排水管的连接

PVC排水管连接步骤及方法见表6-3。

PVC水管胶粘接

下水管注水试验

表6-3　PVC排水管连接步骤及方法

步骤	方法	图示
1	准备好专用PVC胶	
2	准备好需要连接的管件（直管锯成相应的尺寸，注意加上插入管件的部分尺寸）	
3	在管子的连接口均匀抹胶一周	
4	插入管件并粘牢	

【特别提醒】

管道粘接完毕后，一定要进行注水试验，具体方法请看视频。

6.1.4　卫生间排水系统安装

卫生间水管预留尺寸

卫生间的特殊功能赋予了它防水、防异味、防滑及通风良好等方面的高要求。而这些要求是我们在安装卫生间的排水管时需要重点考虑的。

排水管一般选用PVC管，高层的排水管最好用双壁中空或螺旋降噪的形式；而胶黏剂和水管隐蔽工程一定要用最好的材料。一定要做到无异味不漏水，有阻燃特性最好。

（1）下沉式卫生间与普通卫生间排水的比较

① 下沉式卫生间，厕具、洗手盘等所需的管道放在卫生间地板下，在地板下与主排污管进行连接，便于卫生间的排水布置，在本层作业，不涉及楼下，如图6-25（a）所示。非下沉式卫生间里，这些管道则要安装在楼下卫生间的天花板上，如图6-25（b）所示。

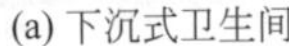
(a) 下沉式卫生间

(b) 普通卫生间

图6-25　下沉式卫生间与普通卫生间的排水管

② 在下沉式卫生间，管道位置可以变动，装修时业主可根据需要调整厕具、洗手盆的摆放位置，如图6-26所示。非下沉式卫生间里，管道位置已经固定，不能改变，导致厕具、洗手盆不能按业主要求调整位置。如要调整，则要把楼板打穿，再到楼下的卫生间里去接管，甚至要把楼下卫生间的天花板拆掉。

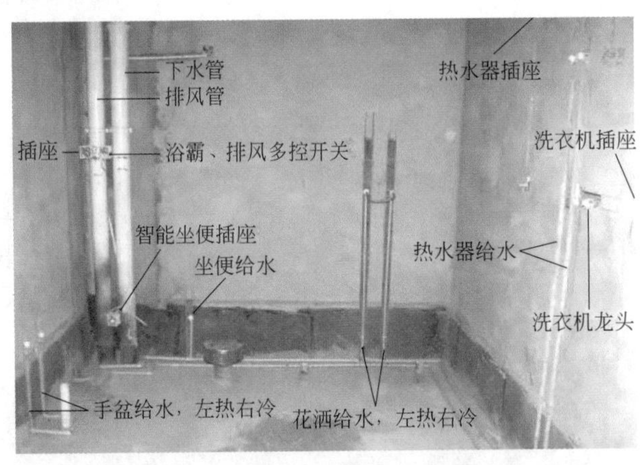

图6-26　下沉式卫生间水电布置示例

③ 下沉式卫生间只有主排污管需要在楼板上穿孔。非下沉式卫生间除主排污管外，厕具、洗手盘的管道也要在楼板穿孔。

近几年来的新建住宅基本上采用下沉式卫生间，主要是为了灵活利用卫生间设施，同时也满足人们日益增强的个性化需求。

（2）卫生间二次排水的施工

下沉式卫生间做二次排水的施工流程如下：

① 底层先用水泥砂浆抹平。

② 底层做防水。

卫生间二次排水施工

③ 安装排水管管道，如图6-27所示。

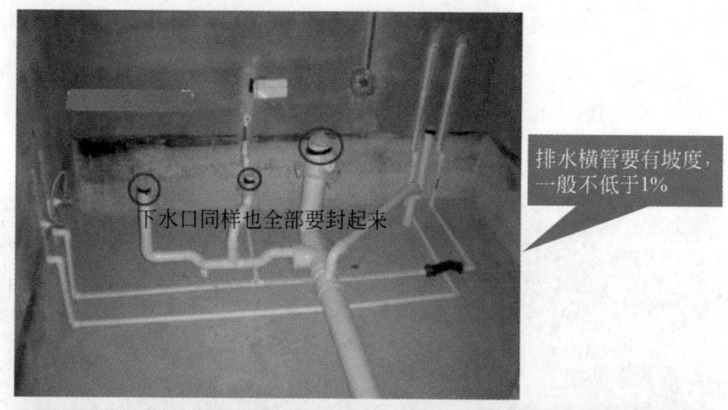

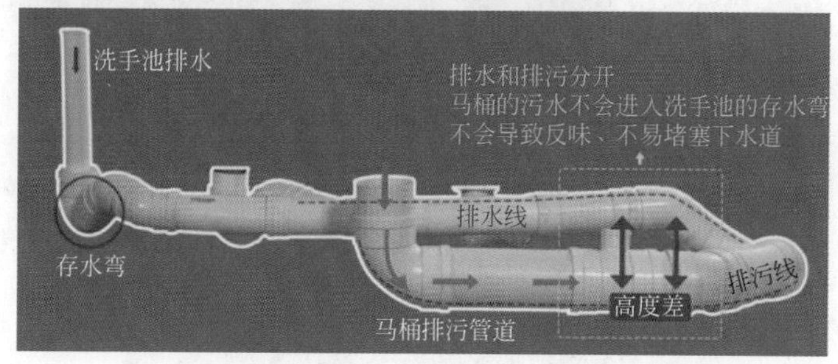

图6-27 下沉式卫生间排水管安装

卫生间二次排水管的管径大小如图6-28所示。

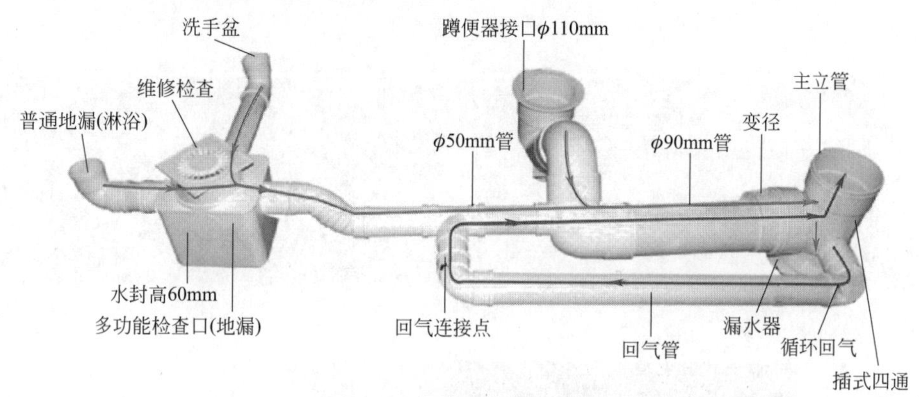

图6-28 卫生间二次排水管的管径大小

经验表明，排水管的漏水主要发生在沉池内的存水弯管道接口。因此，在安装PVC排水管时，要注意以下四个环节：

a.检查管件是否有厂家的合格证，要求同一厂家生产，管件要配套。

b.检查管件的粘接胶水是否适合管件使用。一般要求使用厂家配置的或指定的胶水。

c.在粘接管件时，必须把胶水涂满接口的内外壁，用力转动接入，使胶水均匀粘接，这样就有效地防止了接口管壁存在空隙或气泡孔的可能性。

d.在存水弯排污管接入主排水管前，要进行灌水试验，需要使用专用PVC管内封堵封闭管道出口，检查接口没有漏水现象才能使用。

沉箱内排水管安装时，由于沉箱内污、废水管占有一定的空间，尤其是污水管直径

110mm，加上管固定支墩，使水流向侧排地漏受阻。因此要根据现场合理布置排水管，应将PVC排水管垫高及浴缸处砌筑支墩时注意留疏水孔，不要阻挡排向侧排地漏的通道。防止沉箱回填打坏排水管。

排水管安装完毕试水，试压完毕，再进入回填程序。可以在沉箱内回填泡沫混凝土、陶粒等物料，不能填黏土或建筑垃圾。

【特别提醒】

一根排水横管如果带1个以上的卫生器具，则需要增加清扫口（检查口）。检查口用于检修及快速排查故障。检查口一般离地1m，离管中心1.5m左右。

④ 填陶粒，如图6-29所示。

图6-29　填陶粒

【特别提醒】

回填时操作要细致，以防回填物压坏排水管道。回填后千万不要淋水，否则这些水分无处散发。

⑤ 用水泥砂浆找平，如图6-30所示。

图6-30　用水泥砂浆找平

⑥ 再做一次防水。两次防水都要连着墙体一起做，在墙体上做防水的高度要高出沉箱上

沿40cm以上。淋浴间、浴缸间的墙体的垂直面防水，一般要求做到天花面，最低要求做到距离吊顶100mm。保证上层渗的水不会往周边扩，只能往地漏排出。防水层干了之后，要刷一遍素水泥浆保护防水，以免贴瓷片时刮伤防水层。

【特别提醒】

国家室内装修检验要求的规定：防水做好后，放水实验至少48h，确保不漏水。

6.1.5　地漏安装

6.1.5.1　地漏的种类

地漏从构造上可分为水封地漏和自封地漏两大类，如图6-31所示。自封地漏比水封地漏结构复杂，但效果更好。

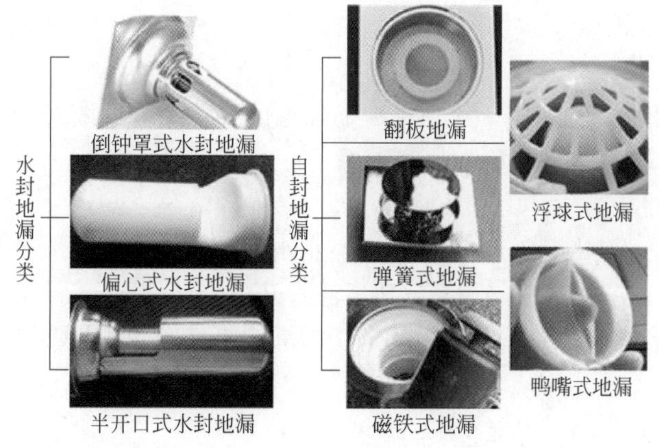

图6-31　地漏

① 水封地漏：水封地漏的原理是利用地漏存水弯中的水来达到密封的效果。目前比较常见的水封地漏有倒钟罩式水封地漏、偏心式水封地漏和半开口式水封地漏等。

② 自封地漏：一般是通过弹簧、磁铁、轴承等机械装置或软质材料将地漏密封住。自封地漏不仅防臭效果好，而且在排水量、自清洁等方面表现良好。目前市场上常见的自封地漏款式有翻板地漏、弹簧式地漏、磁铁式地漏、浮球式地漏和鸭嘴式地漏等。

地漏从材质分，主要有铸铜、不锈钢、PVC三种。

6.1.5.2　地漏安装流程

地漏安装方法改进

（1）检查排水管

在安装前，排水管应该是被包扎保护起来的。在安装时，首先解下包扎保护，然后查看管道内部有无砂砾泥土，是否被堵住。如果管口有污渍，需要先用干布将其清洁干净。若排水管距离地面过近，应将排水管适量裁短，使地漏安装后面板略低于地面。

（2）固定地漏

地漏安装一般与地面铺砖同时进行。地面在做好防水以后，就可以铺砖和安装地漏了。

一般的地漏安装比较简单，在安装前，选好相应大小的地漏，将地漏抹上水泥，对准下水口，然后盖上地漏面板即可，如图6-32所示。

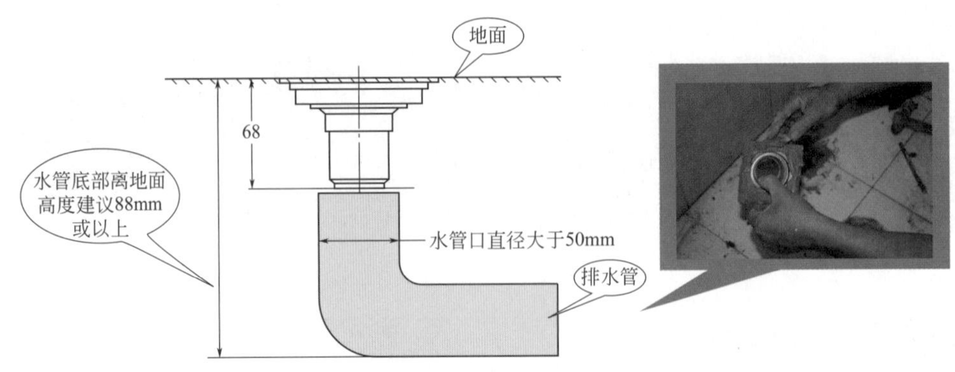

图6-32　固定地漏

（3）厨卫地漏安装注意坡度处理

厨卫地漏安装时，需要特别注意做好流水坡度处理。一般的处理方法是：将地漏摆放在安装管道上，然后进行测量，以确定瓷砖切割尺寸，接着切割瓷砖，然后固定地漏，铺设地漏周边切割好的瓷砖，形成下水坡度。

（4）封严地漏边缝

地漏安装固定好后，需要注意务必将地漏四面的缝隙用玻璃胶或其他黏合剂封严，确保下水管道的臭气无法通过缝隙散发出来。

（5）地漏安装验收

① 地漏密封芯需能方便取出。安装时，注意水泥砂浆不要将地漏密封芯包住或将密封垫顶住，这样会导致密封芯无法取出或密封垫无法打开。

② 检查地漏排水能力。铺设在厨卫的地砖需沿水平面倾斜于地漏处，地漏安装验收同时也关乎到地砖铺设的验收。除了要求地漏本身排水性能良好外，整个厨卫地砖区域要求平整，流水要能顺畅流至地漏排掉，不能积水。

【特别提醒】

厨房地漏主要用于厨房清洁排水，现在大多数厨房卫生条件较好，很多新小区在设计时直接把地漏给省去了，因为如果地漏水封一旦干枯，地漏口就会变成臭气的散发源。到底装不装，主要还是看个人需要。如果要装，可以考虑使用密封防臭地漏，而且下水道一定要装存水弯，不然以后会造成返味现象。如果原来就有地漏，想要封闭，一定要将排水管和地漏间的缝隙堵死，防止水流倒溢。

6.1.6　水龙头安装

安装水龙头之前，要认真检查水龙头的所有零件与配件是否齐全。常见的水龙头泵配件有软管、胶垫圈、花洒、装饰帽、拐子等。

安装水龙头前，要对水管进行清洁，放水清洁管道中的泥沙杂质、安装孔中的杂质等，然后关掉自来水总阀门。

（1）普通水龙头安装

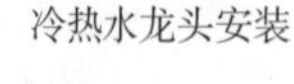

冷热水龙头安装

单冷式普通水龙头的安装方法是：用一把250～300mm的活动扳手或管子钳把旧的水龙头朝逆时针方向旋转拆下，左手握住水龙头，右手用生料带在水龙头的螺纹上朝顺时针方向缠上几圈，把水龙头朝顺时针方向拧在自来水管的接口上，用扳手拧紧，如图6-33所示。

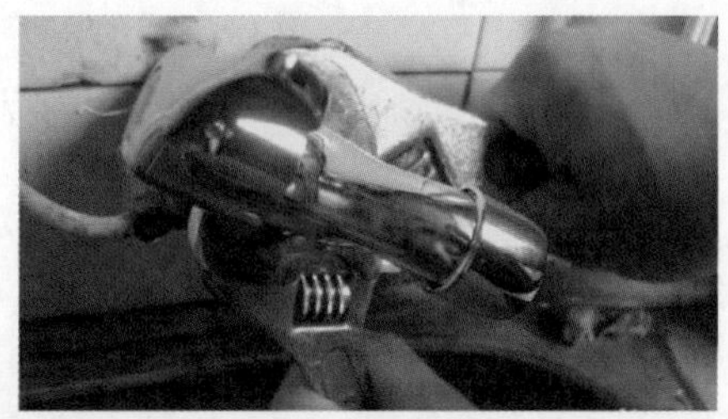

图6-33　缠生料带

【特别提醒】

拧紧龙头时要注意力度，感觉快拧不动就不要再用蛮力拧了，这时调正龙头出水口的位置即可。

（2）冷热水龙头安装

洗菜盆龙头安装

厨盆冷热水龙头的安装步骤及方法见表6-4。

表6-4　厨盆冷热水龙头的安装

步骤	安装方法	图示
1	把龙头整个配件（牙管、橡胶垫片、不锈钢垫片、固定螺母）卸下	
2	把其中的进水管从龙头开口位穿过，并穿过台面	
3	把已穿过的进水管拧入龙头下方的进水孔，并适当拧紧	

续表

步骤	安装方法	图示
4	把卸下的整个牙管穿过已拧入龙头进水口的进水管	
5	把第二根进水管穿过整个牙管并拧入龙头下方的另一个进水口，并适当拧紧	
6	把牙管对准龙头底部并适当拧紧，调好龙头的位置，再把配件固定并适当拧紧	

【特别提醒】

一般来说，每一个冷热水龙头都需要两个角阀搭配使用。角阀相当于水龙头的保险，在水龙头出现问题后，及时把角阀关闭，可以防止更严重的损失，而且它还可以限制水压，控制水的流量。

卫生间等其他场所的冷热水龙头的安装方法与此基本相同，读者可举一反三。

（3）角阀安装

角阀安装

角阀出水口与进水口成90°，能起到连接内墙水管与水龙头软管以及控制水流开关的作用。凡是冷热龙头（有冷热进水软管）用水设施，例如面盆、厨盆以及燃气热水器，都要利用角阀与水管进行连接，马桶的进水端也要安装角阀，如图6-34所示。

安装角阀时，先在角阀上缠几圈生料带，然后将角阀顺着进水管接口的内螺纹方向，旋转拧紧到墙体上的螺纹中。可以先用手的力量拧紧，拧紧后，借助扳手等工具，将角阀多拧半圈，尽量将出水口位置调整到方便连接水管的位置，最后将上水管接到角阀的另一个接口上，如图6-35所示。

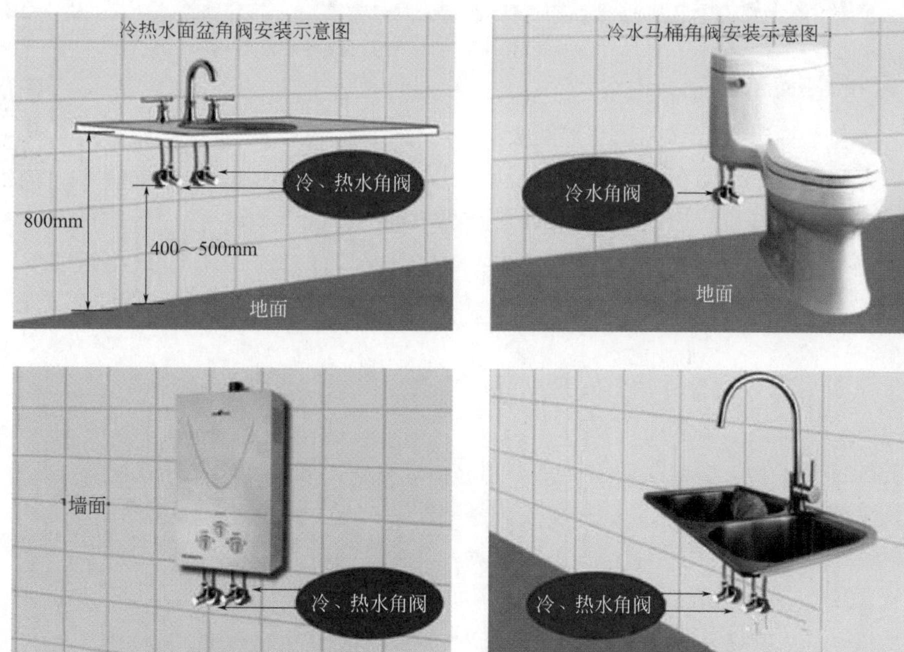

图6-34　角阀在家庭中的应用

图6-35　角阀的安装

6.1.7 洁具安装

6.1.7.1 浴缸安装

浴缸安装

浴缸一般包括裙边浴缸和无裙浴缸两大类，目前市场上裙边浴缸已经成为绝对的主流。无裙浴缸一定要在水电先期安装结束后安装到位，再由瓦工贴瓷砖或大理石封边收口。有些带裙边的浴缸因不靠边安装也需要提前安装就位，再由瓦工收口。浴缸（特别是铸铁浴缸）的靠边处理很有讲究，往往需要瓦工的配合，在贴砖时就要实施。还有些大规格的浴缸（如按摩浴缸）进不了成品门，需要在先期破墙扩大门后搬入。

市面上常见的亚克力整体浴缸安装就简单得多，一般都是到最后阶段，漆工活结束后，连同别的洁具、灯具一起由水电工安装。

浴缸的配件与坐厕、面盆配件一样，不同的浴缸需要不同型号的配件装置。

浴缸安装步骤及方法如下：

（1）准备工作

浴缸安装时，要根据浴缸的实际尺寸，用砖砌裙边，靠墙边裙边上部贴瓷砖，底部用砖及水泥砌平台，高度以刚好顶到浴缸底部位置为佳，如图6-36所示。

（2）安装下水

把浴缸放置在两根木条上，连接下水装置；检测下水是否渗漏，如无渗漏，就把木条取出来，如图6-37所示。

【特别提醒】

在安放浴缸时，注意下水口的另一端要略高于下水口的一端，以便将来排污通畅。浴缸在视觉上保持了水平的美观，又不影响排水的效果。

（3）加填充物

① 将浴缸四周与裙边内壁之间的空隙，用河沙或者泡沫颗粒填充饱满。

② 浴缸上口侧边与墙面结合处用密封膏（玻璃胶）填嵌密实。

（4）安装水龙头、软管淋浴器

将水龙头、软管淋浴器安装到相应位置。

（5）浴缸安装注意事项

① 各种浴缸的冷、热水龙头或混合龙头其高度应高出浴缸上平面150mm。安装时应不损坏镀铬层。镀铬罩与墙面应紧贴。

② 浴缸安装上平面必须用水平尺校验平整，不得侧斜。

③ 浴缸排水与排水管连接应牢固密实，且便于拆卸，连接处不得敞口。

④ 不得破坏防水层。已经破坏或没有防水层的，要先做好防水，并经12h积水渗漏试验。

⑤ 水件安装完毕后，应检验各个出水口是否畅顺，并且关闭下水阀，给浴缸内蓄水，观察会不会漏水，最后再打开下水，观察排水速度是否正常，并且看看有没有水从浴缸底部溢出到外面。

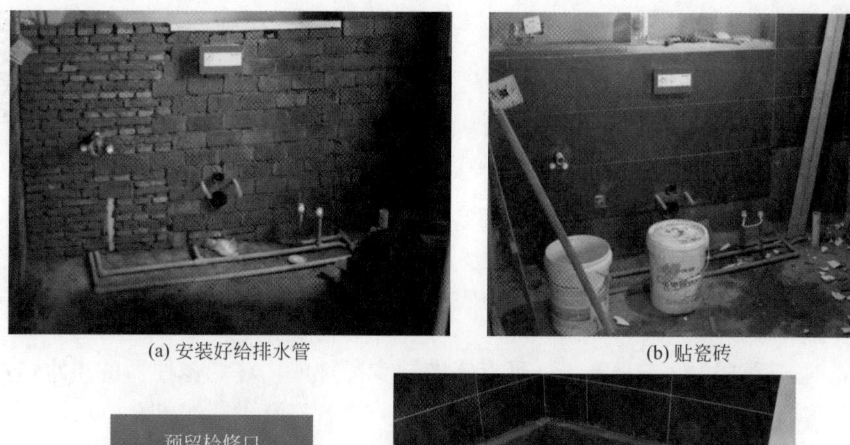

(a) 安装好给排水管　　(b) 贴瓷砖

(c) 砌裙边，底部找平，预留检修口

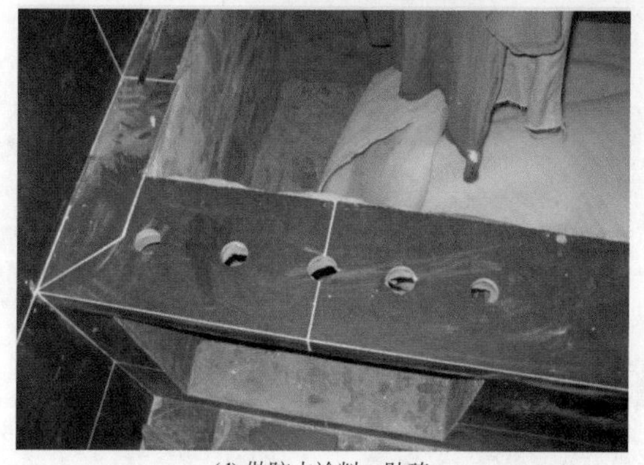

(d) 做防水涂料，贴砖

图6-36　砌裙边并预留检修口，贴砖

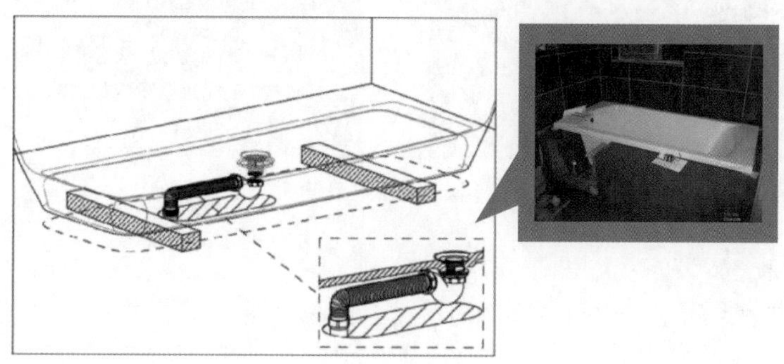

图6-37　安装下水装置

⑥ 注意成品保护。浴缸安装完毕后，一般家中的施工还没有完全结束，这时应该注意浴缸的保护，用纸箱皮之类的东西把浴缸整体包裹起来，以免被杂物弄花表面。

6.1.7.2 坐便器安装

坐便器安装

安装坐便器的工艺流程如下：

检查地面下水口管→对准管口→放平找正→画好印记→打孔洞→抹上油灰→套好胶皮垫→拧上螺母→水箱背面两个边孔画印记→打孔→插入螺栓→捻牢→背水箱挂平找正→拧上螺母→安装背水箱下水弯头→装好八字门→把灯叉弯好→插入漂子门和八字门→拧紧螺母。

下面重点介绍几个最重要的安装步骤及方法。

（1）坐便器检查

打开包装对产品进行检查，确认产品有没有缺少配件或损坏。坐便器的出水口有下排水（又叫底排）和横排水（又叫后排）之分，应核对其与水管安装预留的出水口是否一致。

（2）对准坐便器后尾中心，画垂直线

取出地面下水口的管堵，清除管内杂物，把管口周围清扫干净；将坐便器出水管口对准下水管口，放平找正，在坐便器螺栓孔眼处画好印记，移开坐便器。根据坐便的情况确定下水口留多高，其余切掉，如图6-38所示。

对准坐便器后尾中心，画垂直线，在距地面800mm高度处画水平线，根据水箱背面两个边孔的位置，在水平线上画印记，在印孔处打直径30mm、深70mm的孔洞。把直径10mm、长100mm的螺栓插入洞内，用水泥捻牢。

（3）安装背水箱下水弯头

先将背水箱下水口和坐便器进水口的螺母卸下，背靠背地套在下水弯头上，胶皮垫（又名法兰套）分别套在下水管上，如图6-39所示。把下水弯头的上端插进背水箱的下水口内，下端插进坐便器进水口内，然后把胶垫推到水口处，将坐便器平稳放下，拧上螺母，把水弯头找正找直，用钳子拧至适度松紧。

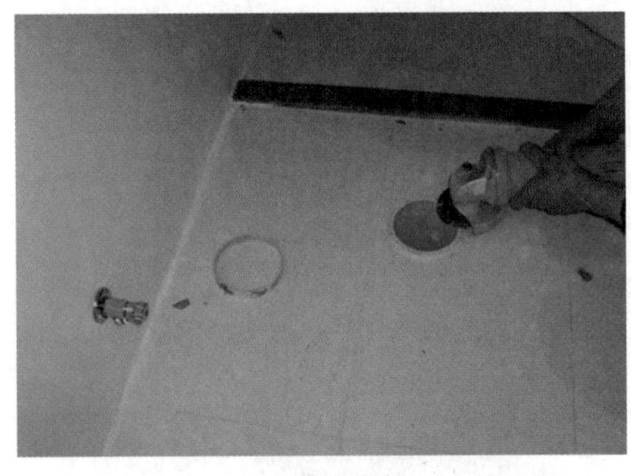

图6-38 切掉高出的下水管口

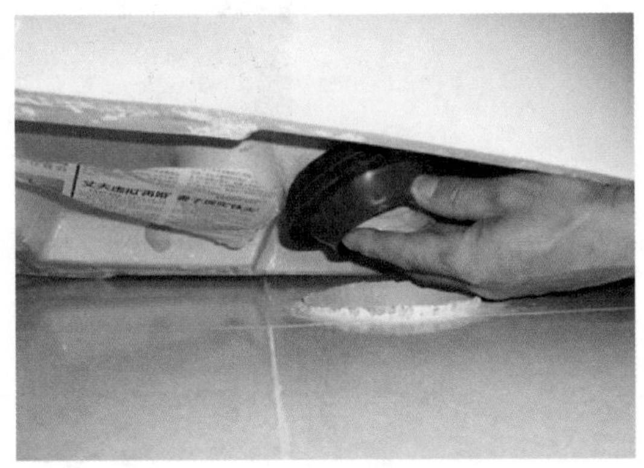

图6-39 套法兰套

（4）连接上水，安装水箱配件

先测量出水箱漂子门距离上水管口的尺寸，配好短节，装好八字门，装入上水管口内。然后将漂子门和八字门螺母背对背套在铜管或塑料管上，管两头缠油石棉绳或铅油麻线，分别插入漂子门和八字门进出口内，拧紧螺母，如图6-40所示。

（5）安装盖板

试水顺利完成后，就可以安装盖板，如图6-41所示。

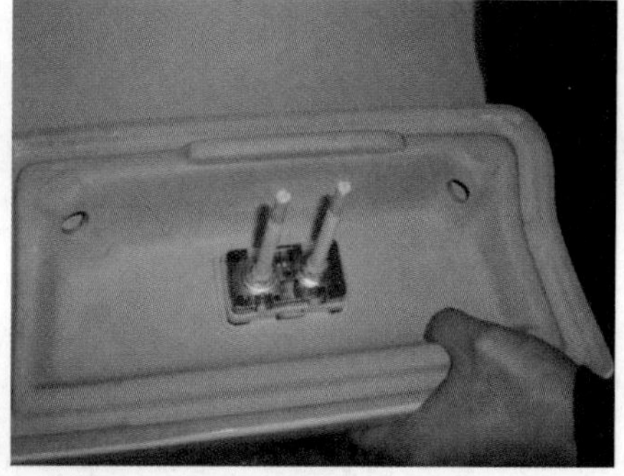

图6-40 安装水箱配件

图6-41 安装盖板

（6）打胶

给坐便器周围打胶，如图6-42所示。打胶不仅起到稳固坐便器的作用，还能进一步防止异味从坐便器释放出来。这一步非常重要，胶不仅要打，而且要把四周打满。

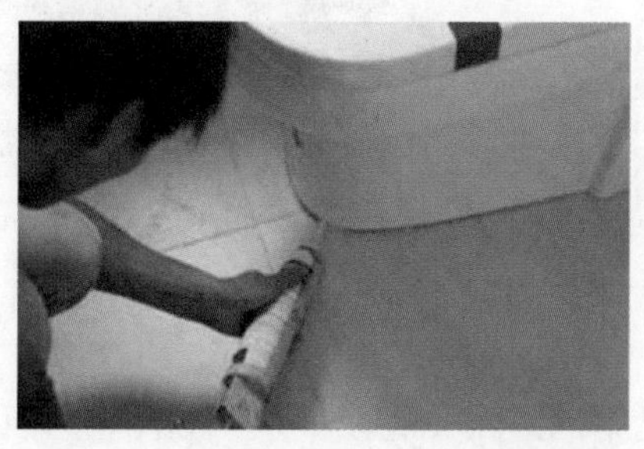

图6-42 打胶

【特别提醒】

安装后一定要试验，接通水源，检查进水阀进水及密封是否正常，检查排水阀与安装位置是否相互对应，安装是否紧密，有无渗漏，检查按钮开关链条长短是否合适、开关是否灵活，有无卡堵。

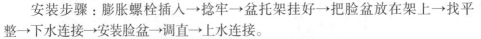

6.1.7.3 洗脸盆安装

安装面盆

（1）有托架洗脸盆安装

安装步骤：膨胀螺栓插入→捻牢→盆托架挂好→把脸盆放在架上→找平整→下水连接→安装脸盆→调直→上水连接。

先安装管架洗脸盆，根据下水管口中位画出竖线；从地面向上量出规定的高度，在墙上画出横线；根据脸盆宽度在墙上画好印记，打直径为120mm深的孔洞，把膨胀螺栓插入洞内，将托架挂好，螺栓上套胶垫、眼圈，带上螺母，拧至松紧适度。

把脸盆放在托架上找平整，将直径4mm的螺栓焊上一横铁棍，上端插入固定孔内，下端插入管托架内，带上螺母，拧至松紧适度，如图6-43所示。

（2）台盆安装

安装台盆柜前，冷热进水管上的三角阀要尽早装好，保持齐平。如果柜体装好后再进行安装，则会因阻挡而妨碍整体效果。

台盆柜柜体一般为防水抗潮材料，需单独安装。安装时，要保持柜体在同一水平线上。装好后要进行适当调整。柜装好后，将柜体放到适当的位置，检查开槽（孔）处是否能够顺利穿进出水管，如图6-44所示。如妨碍穿管，应做一定调整。

图6-43 有托架洗脸盆安装

图6-44 检查开槽（孔）处能否顺利穿水管

（3）安装龙头和下水

把装好龙头的台盆放在柜体上，连接台盆的进出水管及下水，如图6-45所示，选择软管时长短要适度，最好不要占用柜内多余的空间。

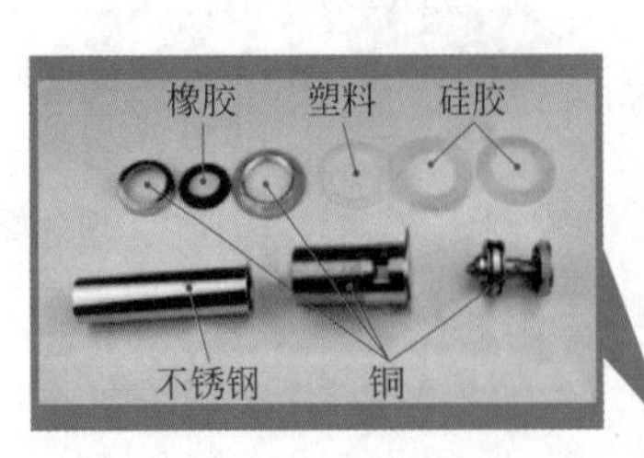

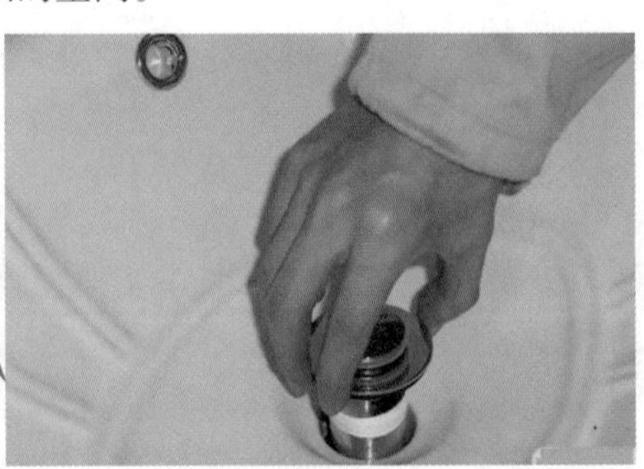

面盆龙头安装

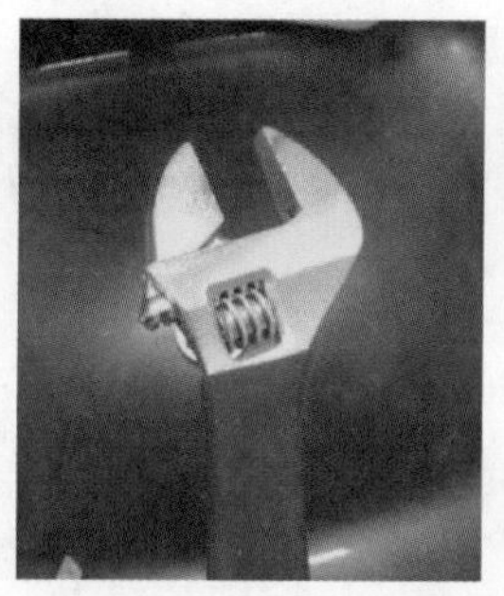
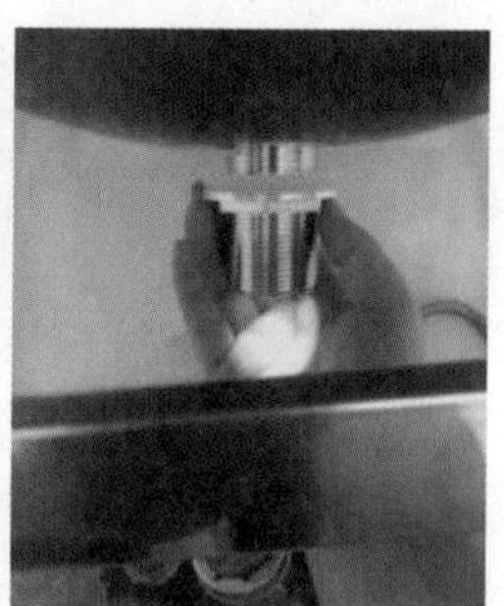

图6-45　安装下水

（4）抹玻璃胶固定

在台盆与墙壁瓷砖相接的地方用玻璃胶固定，以达到稳固柜体、防止渗漏的目的。硅胶应均匀涂抹，连接后要及时清理多余的硅胶。

台盆安装效果如图6-46所示。

【特别提醒】

台盆柜装好后要进行放水试验，看龙头安装的角度是否合适，并检查上下水是否顺畅，如发现问题需立刻做出调整。

图6-46　台盆安装后的效果

6.1.7.4　洗菜盆安装

（1）安装龙头和进水管

先将水龙头固定在洗菜盆上，注意衔接处不可以太紧或太松；再安装水龙头的进水管，如图6-47所示。将进水管的另一端连接到角阀处。

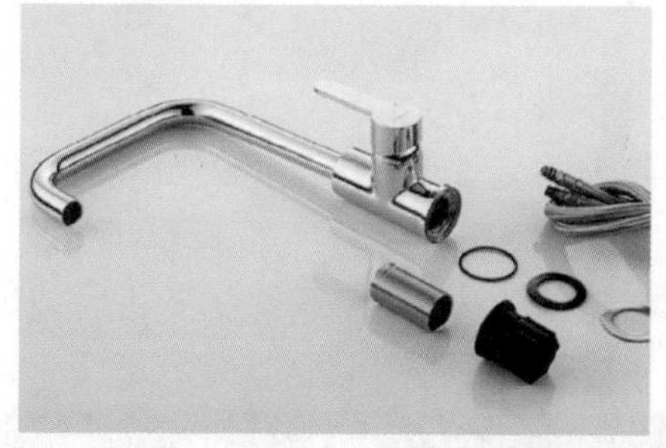
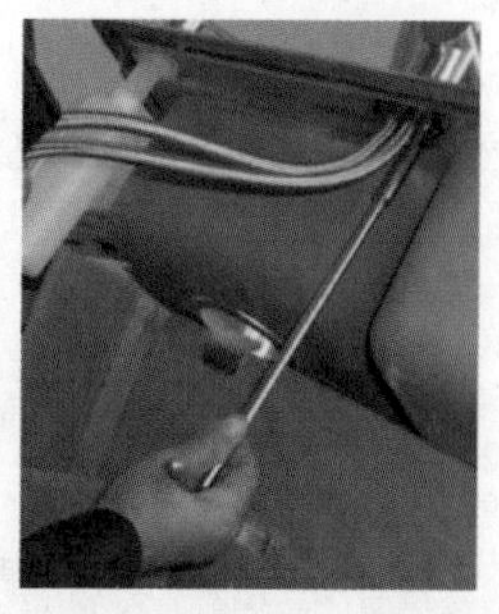

图6-47　安装进水管

【特别提醒】

冷热水管的位置应该是左热右冷。如果没有按照规范去做，会导致用水时龙头手柄开关调温的方向正好相反。

（2）安装提篮下水器

洗菜盆的下水配件如图6-48所示。安装提篮下水器，将下水器放入水槽的开口处，套上垫圈，拧紧法兰盘，就可以把落水器固定在菜盆上，如图6-49所示。

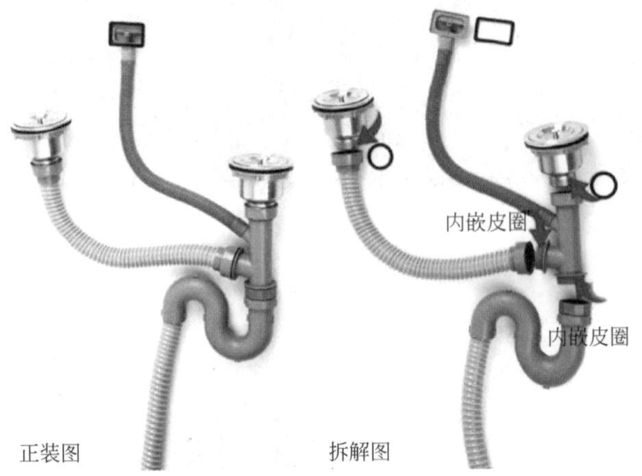

图6-48　洗菜盆的下水配件

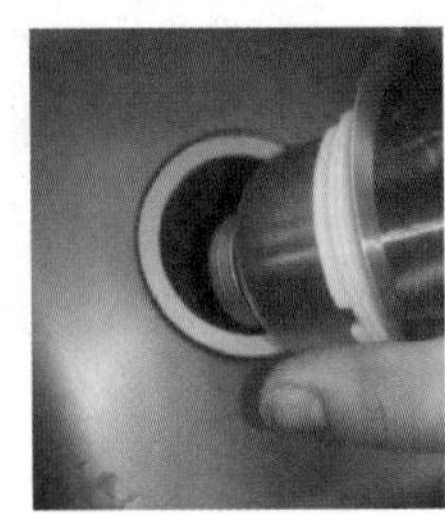

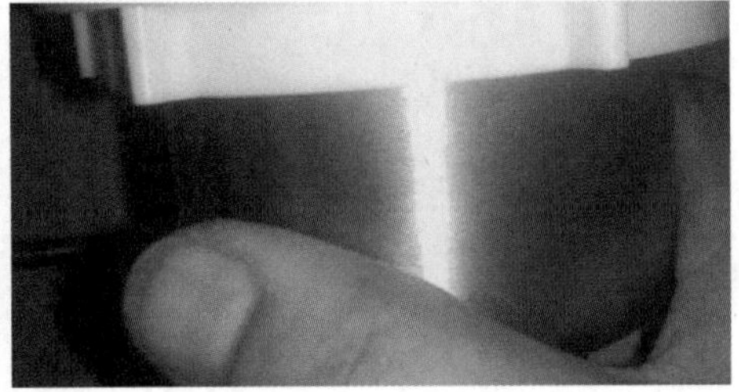

图6-49　安装下水器

（3）安装溢水装置

溢水孔是避免洗菜盆向外溢水的保护孔，安装溢水孔下水管时，要特别注意其与槽孔连接处的密封性，要确保溢水孔的下水管自身不漏水，如图6-50所示。

（4）排水试验

将洗菜盆放满水，同时测试两个过滤篮下水和溢水孔下水的排水情况。排水的时候，如果发现哪里有渗水的现象，应该马上返工，再紧固固定螺母或打胶，确保日常使用时不会出现问题。

（5）槽体周围封边

做完排水试验后，在确认没有问题后，就可以对洗菜盆进行封边了。在使用玻璃胶封边时，要保证洗菜盆与台面连接缝隙均匀，不能有渗水的现象。

【特别提醒】

通常情况下，45cm的台面，洗菜盆的外径尺寸应该在38cm以内；50cm的台面，洗菜盆的外径尺寸应该在43cm以内；55cm的台面，洗菜盆的外径尺寸应该在48cm以内。需要注意的是，洗菜盆在销售商那里所报的尺寸为外径尺寸，也就是洗菜盆最外沿的尺寸。厨具公司或施工队所需要的尺寸却是内径尺寸，也就是洗菜盆在台面的开孔尺寸。

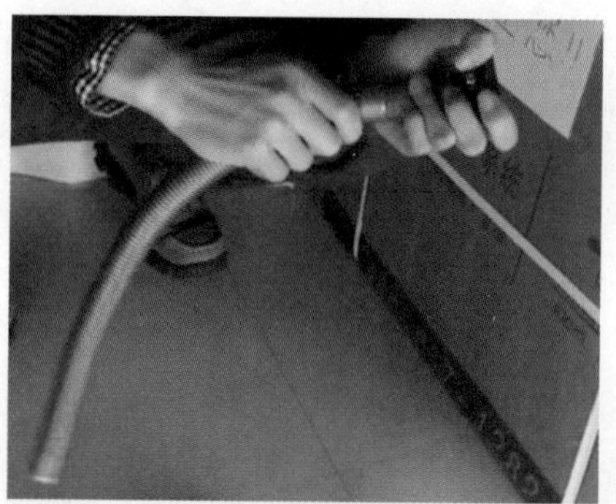

(a) 溢水管与溢水孔连接

(b) 溢水孔上装入密封圈

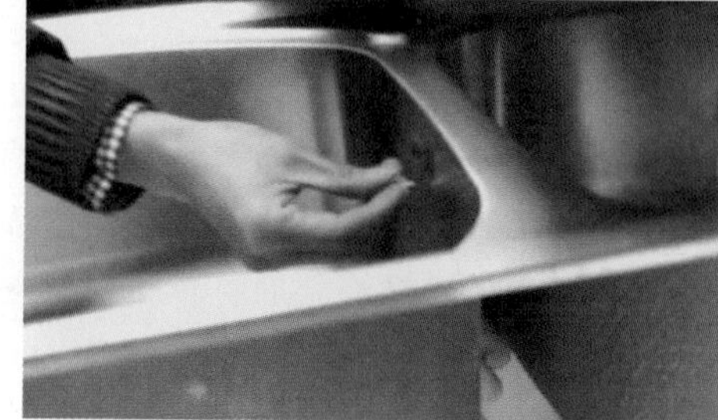

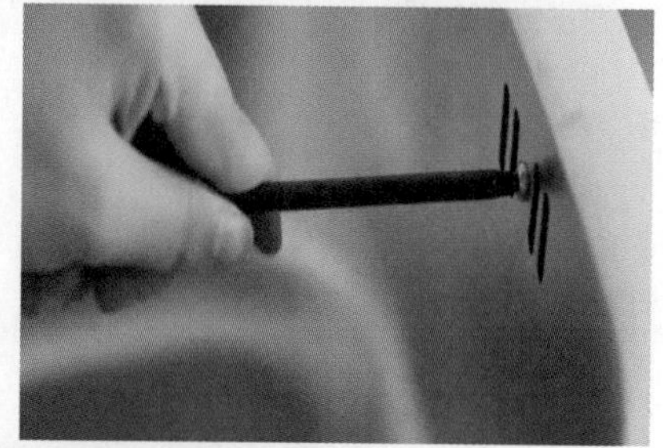

(c) 将组装好的溢水装置固定在槽体上

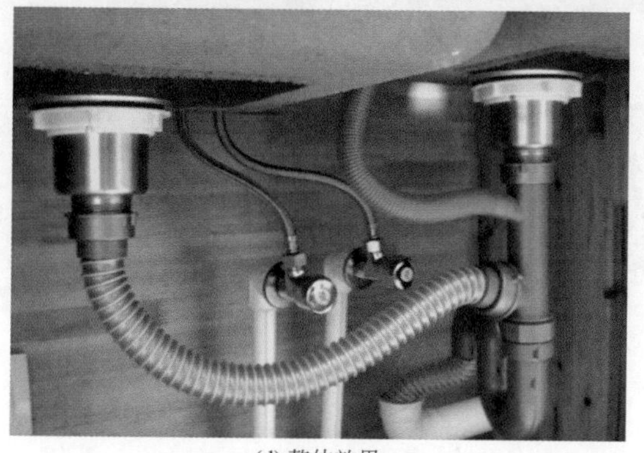

(d) 整体效果

图6-50　安装溢水装置

安装淋浴器

6.1.7.5　淋浴器安装

淋浴器的安装方式有明装式和暗装式两种，如图6-51所示。

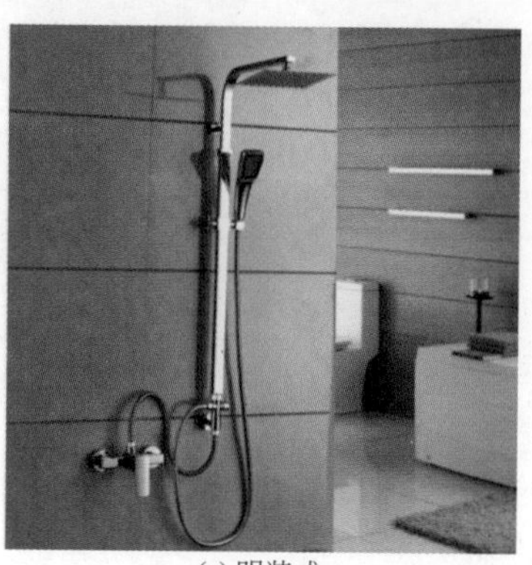

(a) 明装式

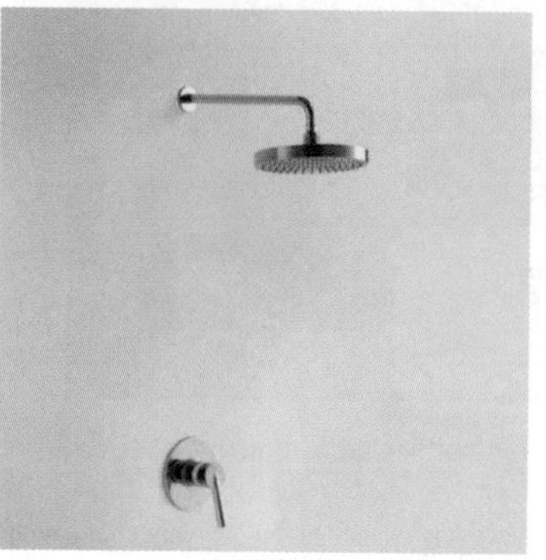

(b) 暗装式

图6-51　淋浴器的安装方式

图6-52 取下堵头

明装升降杆花洒安装高度是以水面为基准平面来判断的。花洒头距离水平面高度大概是在2m左右，一般以使用者举起手臂时指尖刚好能触碰到花洒为宜。

暗置式淋浴花洒的安装高度应以花洒头的出水口中心距离地面2.1m左右为宜，淋浴器控制开关距离地面的距离一般控制在1.1m左右比较合适。

一般家庭选用的是手持花洒、升降杆、软管和明装挂墙式淋浴龙头的组合式淋浴器，既可以搭配淋浴房，也可以搭配浴缸。下面介绍明装挂墙式淋浴器的安装方法。

① 将墙面上预留的冷热水进水管的堵头取下来，打开阀门放出水管中的杂物，如图6-52所示。

② 将冷热水阀门对应的弯头缠上生料带（多缠一些，避免装上了漏水），与墙面上的冷热水头对接，并用扳手拧紧，如图6-53所示。注意：两边的转接口要对称，可以把混水阀放上去比一比。

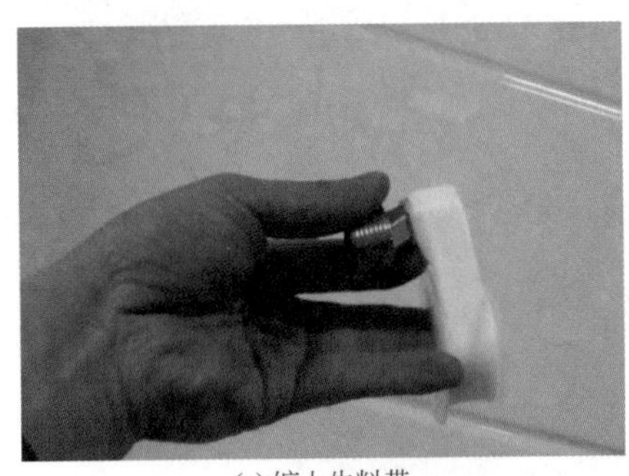

(a) 缠上生料带

(b) 拧紧

图6-53 安装弯头

③把装饰盖和胶垫安装在弯头上，如图6-54所示。

④ 将淋浴器混水阀与墙面上的弯头对齐后，拧紧（记得用布包一下，不然会刮花电镀层），如图6-55所示。

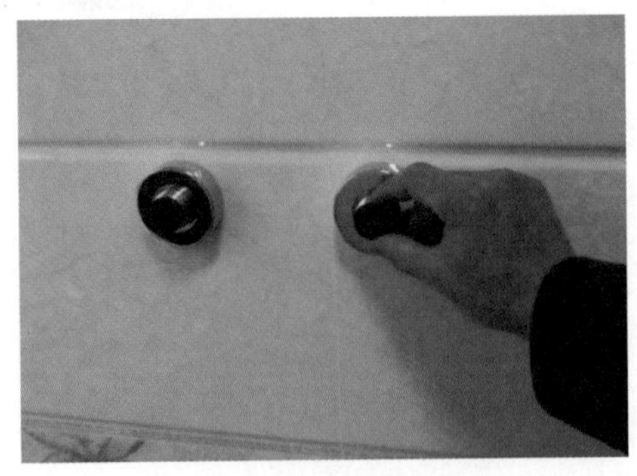

图6-54 装上装饰盖和胶垫

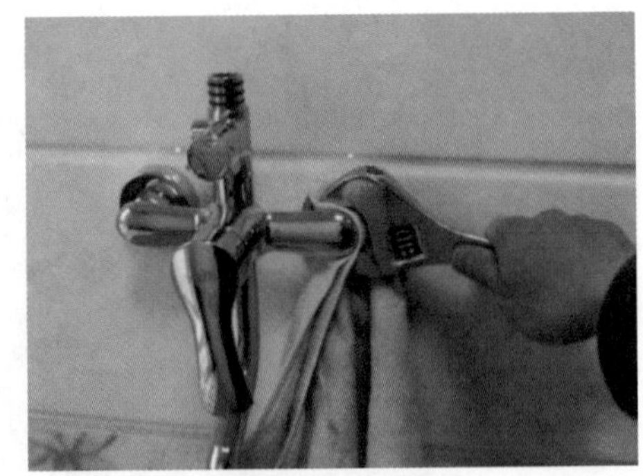

图6-55 安装混水阀

⑤ 把组装好的淋浴器直管安装到混水阀上预留的接口上，装上弯管固定底座，先用笔做个标记，再在墙面钻孔，用螺钉固定底座，如图6-56所示。

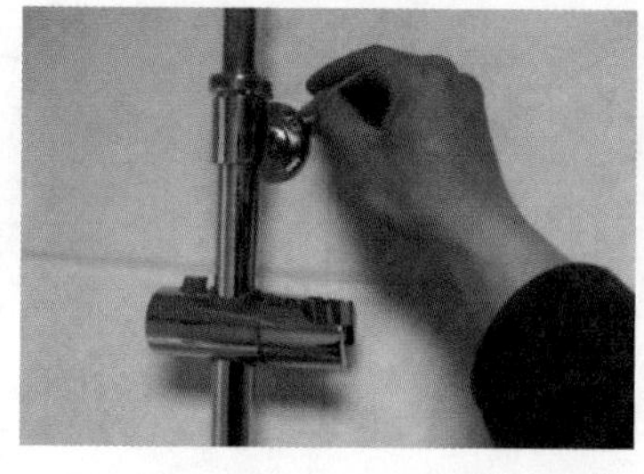

图6-56　安装固定底座

⑥ 将弯管与直管连接，拧紧，使其保持垂直直立。

⑦ 在弯管的管口上固定顶喷淋头，如图6-57所示。

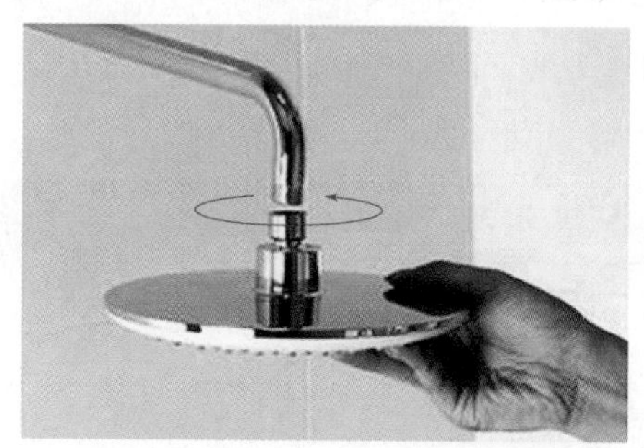
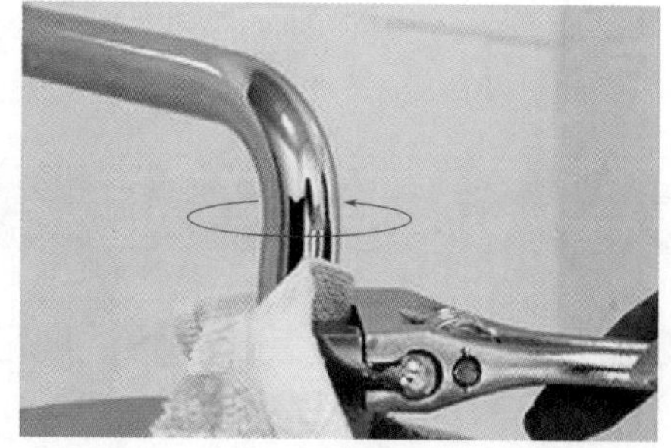

图6-57　固定顶喷淋头

⑧ 安装手持喷头的连接软管，如图6-58所示。

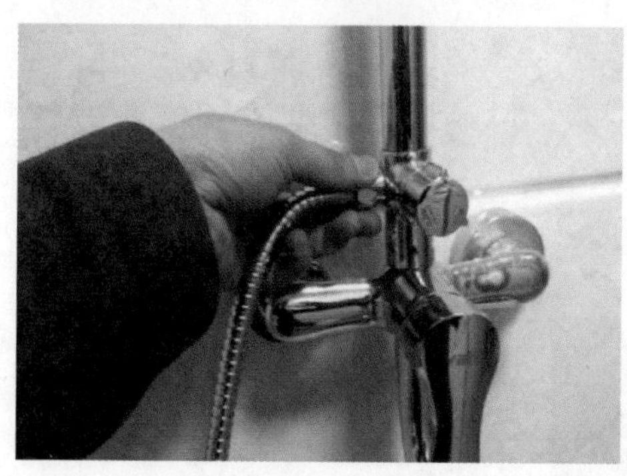
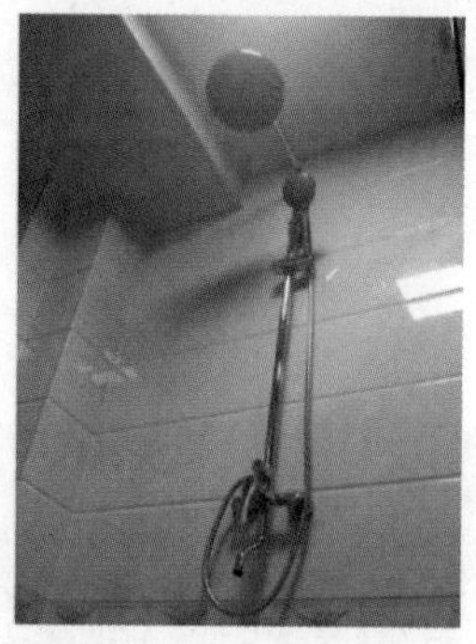

图6-58　安装手持喷头的连接软管

⑨ 测试，观察淋浴器是否能正常运行，特别注意水管接头处的密封性。如果存在漏水现象，要及时做调整处理。

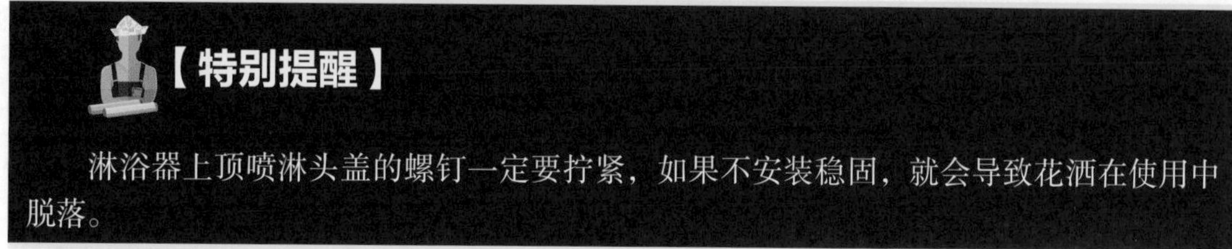

【特别提醒】

淋浴器上顶喷淋头盖的螺钉一定要拧紧，如果不安装稳固，就会导致花洒在使用中脱落。

淋浴器的高度没有统一标准，根据现场情况和使用的便利性决定。但是安装之前要确定好位置，避免反复在墙上打孔，这样既不安全，也影响美观。

6.2 燃气管道及燃具安装

由于燃气危险性大，目前有关部门对燃气管线的改造和安装都有强制性规定，各种改造和安装不得由业主私自进行，并且家装公司在各种情况下也不能随意改动，业主要在经物业和天然气公司等方的专业人员批准后，再进行改造安装。

6.2.1 燃气表后的管道安装

6.2.1.1 燃气管道安装的一般性规定

燃气管道铺设过程中，可能会出现与其他管道相遇的情况，这时管道与管道之间的净距离是有严格要求的，只有这样才能达到安全燃气管道安装的规范。如水平平行敷设时，净距离不得小于150mm；竖向平行敷设时，净距离不得小于100mm，并应位于其他管道的外侧；交叉敷设时，净距离最好不要超过50mm。

室内燃气管道一般不采用暗埋方式，如必须暗埋时必须使用燃气专用的不锈钢管、铜管、铝塑复合管等，暗埋的燃气管道必须采用焊接。燃气表及阀门不得暗埋，燃气管道宜暗埋于距天花板20cm范围内以及距地面50cm以下的墙面，如图6-59所示。暗埋后应有明显的标志，以免用户装修施工时破坏暗埋的燃气管道。

(a) 正确安装方式

(b) 错误安装方式

图6-59 燃气表及阀门不得暗埋

按照规定，燃气表及表以前的管路由燃气公司负责安装和维护。家庭装修时，仅局限于燃气表之后的燃气管路的安装或改造，如图6-60所示。

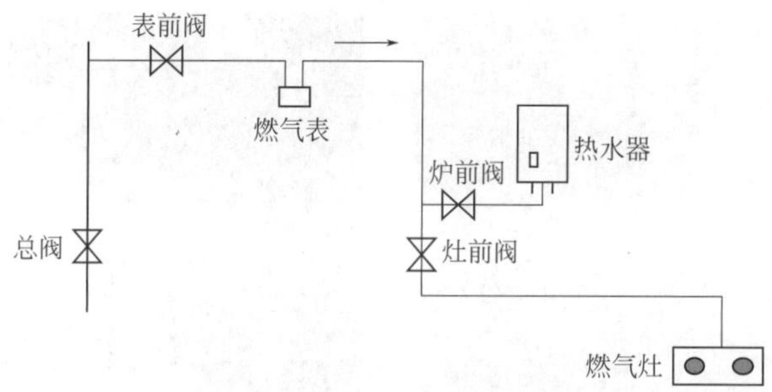

图6-60　家庭燃气管路安装示意图

6.2.1.2　室内燃气管道安装一般技术要求

① 目前许多家庭室内燃气管道通常采用燃气铝塑管，也有部分家庭采用燃气PE管，如图6-61所示。燃气用PE管材是传统的钢铁管材、聚氯乙烯燃气管的换代产品。PE管较为柔软，可采用热熔对接连接或者钢塑连接，施工很方便。在额定温度、压力状况下，PE管道可安全使用50年以上。

(a) 燃气铝塑管

(b) 燃气PE管

图6-61　燃气管安装实例

② 为了减少管道的局部阻力，减少漏气的机会，应尽量少用管件，并要选用符合质量要求的管件。

③ 室内燃气管道一般采用螺纹连接，管件螺纹有圆柱形管螺纹和圆锥形管螺纹之分。

④ 户内燃气管道不得敷设在卧室、浴室、厕所、密闭地下室。

6.2.1.3　燃气管路的敷设

（1）燃气管道暗敷设

室内燃气管暗敷设

新房装修时，为了美观，燃气表之后的燃气管道通常为暗敷设，燃气管入墙入地面，如图6-62所示。其施工程序与电线管、水管一样，首先规划管道路线，再开槽，然后进行布管，接头。

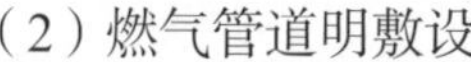

（2）燃气管道明敷设

不锈钢燃气管安装

旧房管道改造，为降低施工成本，部分家庭采用燃气管道明敷设，即将管道沿墙、沿吊顶敷设，如图6-63所示。

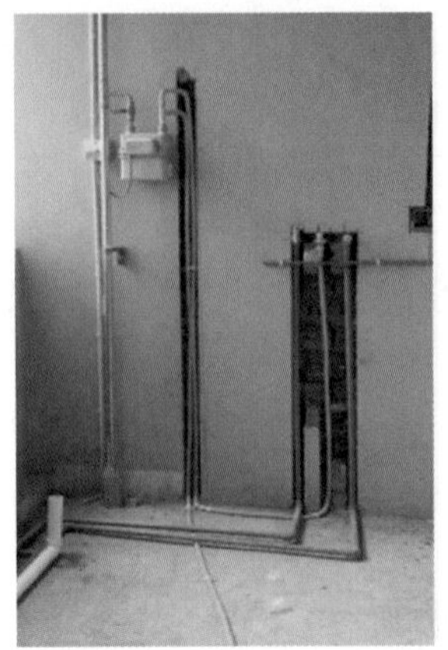

图6-62　燃气管道暗敷设

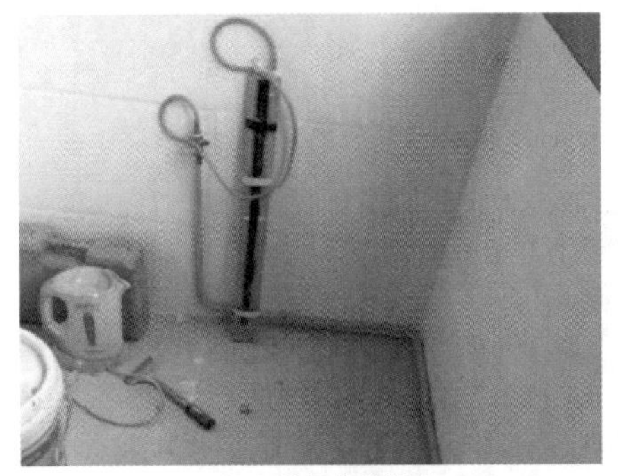

(a) 灶台燃气管道敷设

(b) 灶台和热水器管路敷设

图6-63　燃气管道明敷设

表后管材为铝塑管，用铜管件连接。管子应准确下料，切割用铝塑管专用剪刀，要求切口端面与管子轴线垂直，切割后用撑圆器撑圆，用橡胶锤调直，然后套上铜接头，如图6-64所示。

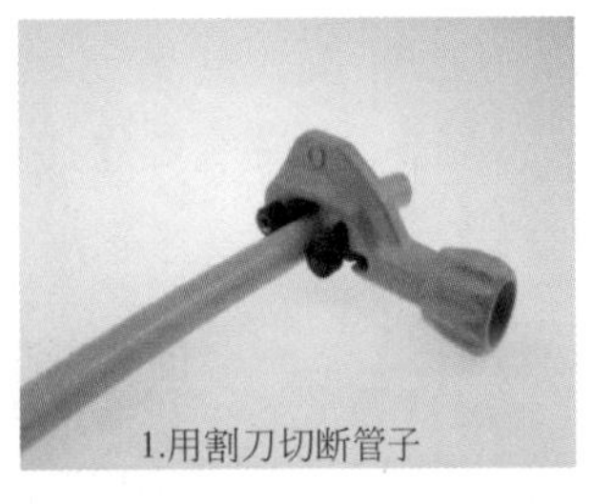
1.用割刀切断管子

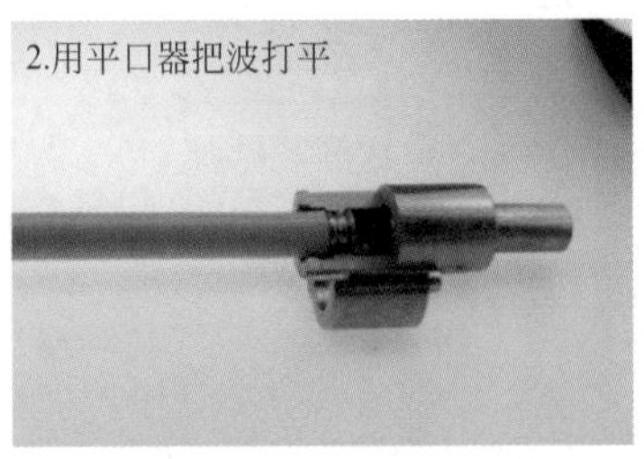
2.用平口器把波打平

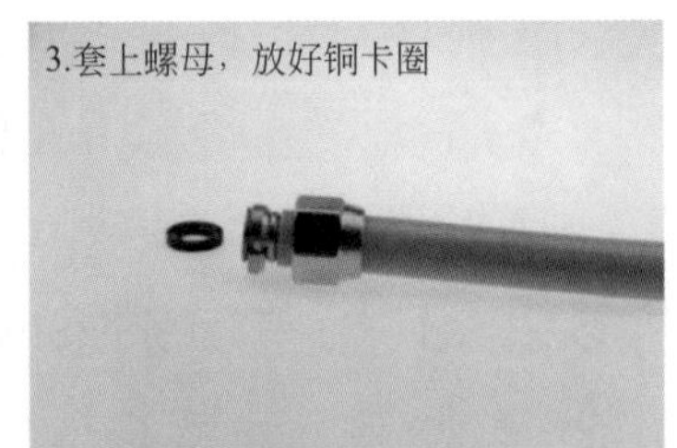
3.套上螺母，放好铜卡圈

图6-64　铝塑管与铜接头连接

6.2.1.4　下垂管安装

水平支管与灶具之间的一段垂直管线叫下垂管，如图6-65所示。其管径为15mm，灶前下垂管上至少设一个管卡，若下垂管上装有燃气嘴时，可设两个卡子。

图6-65　下垂管

燃气铝塑管接头制作方法如图6-66所示。

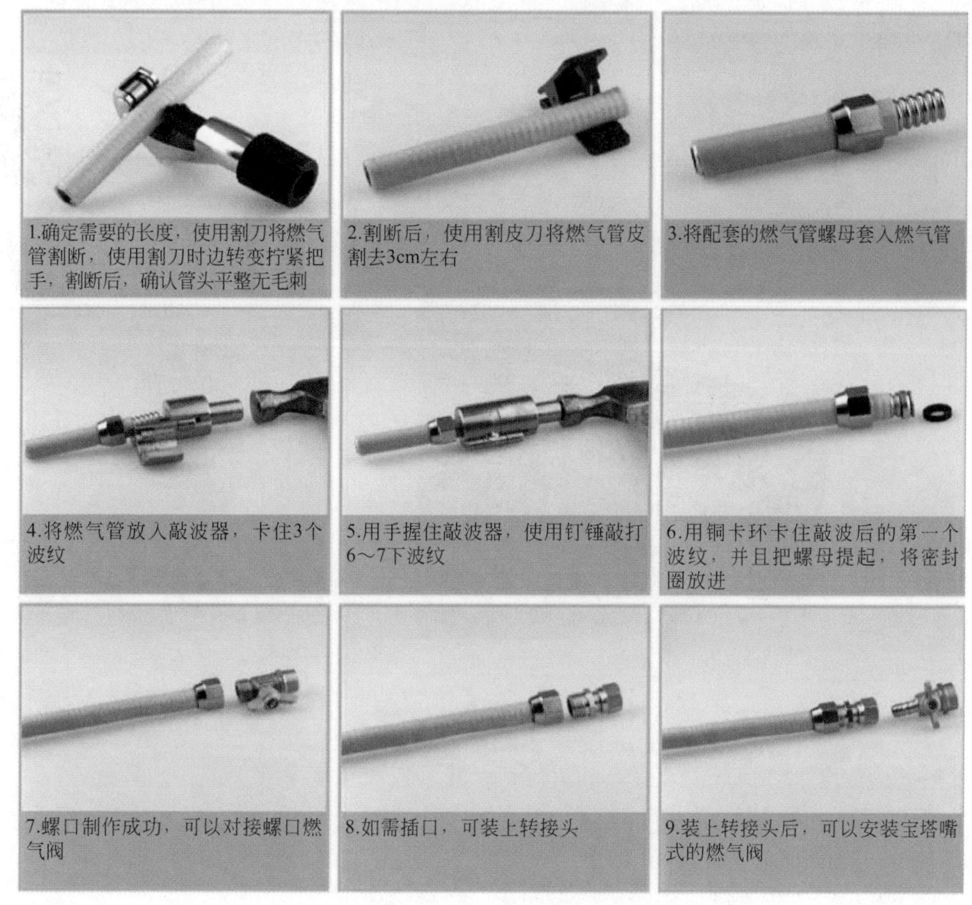

1.确定需要的长度，使用割刀将燃气管割断，使用割刀时边转变拧紧把手，割断后，确认管头平整无毛刺
2.割断后，使用割皮刀将燃气管皮割去3cm左右
3.将配套的燃气管螺母套入燃气管
4.将燃气管放入敲波器，卡住3个波纹
5.用手握住敲波器，使用钉锤敲打6～7下波纹
6.用铜卡环卡住敲波后的第一个波纹，并且把螺母提起，将密封圈放进
7.螺口制作成功，可以对接螺口燃气阀
8.如需插口，可装上转接头
9.装上转接头后，可以安装宝塔嘴式的燃气阀

图6-66　燃气铝塑管接头制作方法

6.2.1.5　燃气管道安装注意事项

① 在装修中，安装工人要遵守国家有关规定，不得私自更换用气计量表，也不得擅自挪动它的位置。

② 为了防止在装修中造成燃气管道和配件的损坏，装修结束后要及时进行安全检查，查看燃气管道是否有漏气现象发生。检查时如果发现漏气现象，及时通知供气部门专业人员进行维修。

③ 燃气管道线路必须走“明管”，不允许任何形式的包裹、覆盖、隐藏等，否则一旦发生紧急情况，将影响及时采取措施。

④ 燃具与管道连接处不宜使用软管，因为软管易老化。

⑤ 尾阀的设置要考虑使用、检修、更换方便。例如，灶具的控制尾阀，一般设置在灶下的落地厨柜内的左面隔板距地面上方40cm处。

6.2.2 燃气用具安装

6.2.2.1 燃气用具安装的一般规定

燃具应设置在通风条件良好、有排气条件的厨房内，尽量不要设置在卧室等休息性场所。安装燃气灶的房间净高不宜低于2.2m，安装燃气热水器的房间高度不小于2.4m。

6.2.2.2 燃气灶安装

燃气灶安装

燃气灶通常放置在砖砌或混凝土制的台子上，灶的进气口用橡胶软管连接，如图6-67（a）所示，软管与铝塑管之间采用燃气铝塑管转软管接头进行连接，如图6-67（b）所示。

(a) 灶的进气口用橡胶软管连接

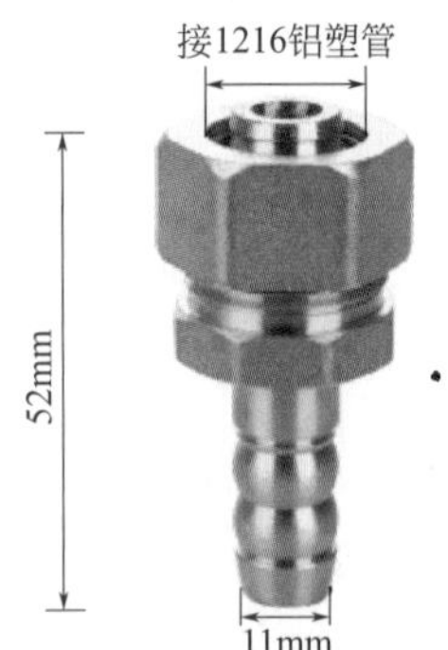

(b) 燃气铝塑管转软管接头

图6-67　燃气灶安装

① 胶管应完全插入单气嘴及灶具的进气口，胶管选取长度不大于2m。

② 胶管两端加装铁箍，铁箍应松紧适度且牢固，且加装位置应完全涵盖单气嘴及灶具接口波浪管部分，如图6-68所示。

③ 对灶具进行点火调试，应无黄焰、回火、离焰现象。

6.2.2.3 燃气热水器安装

燃气热水器安装

（1）安装步骤及方法

① 在墙上打三个孔。之前先计算好打孔的位置，打好后放置好膨胀螺栓，

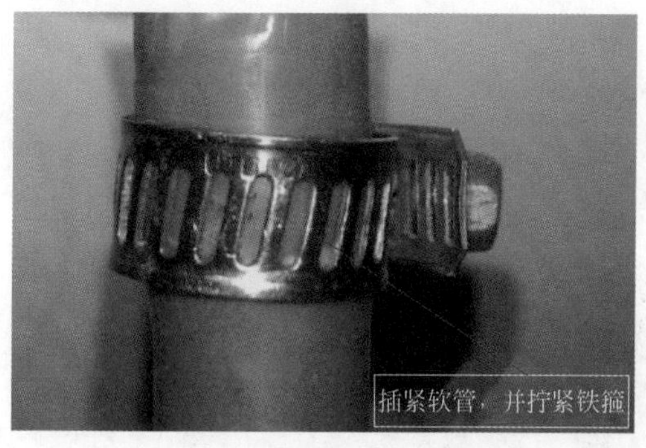

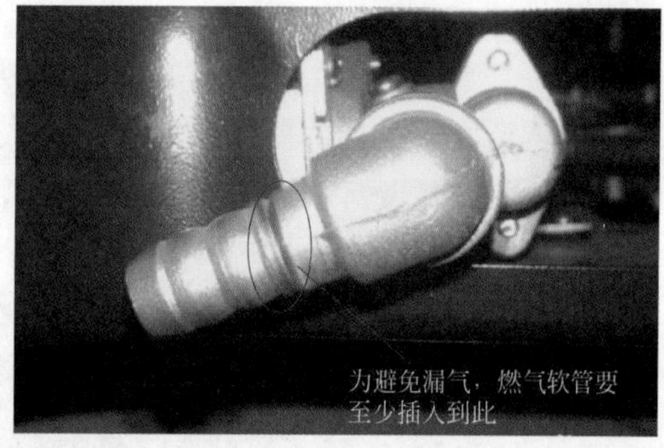

图6-68　用铁箍紧固进气口

如图6-69所示。燃气热水器的安装高度一般离地面155～170cm。通常以观火窗的高度与家庭中成年人的视线高度齐平为准，方便使用者平时观察热水器是否正常。

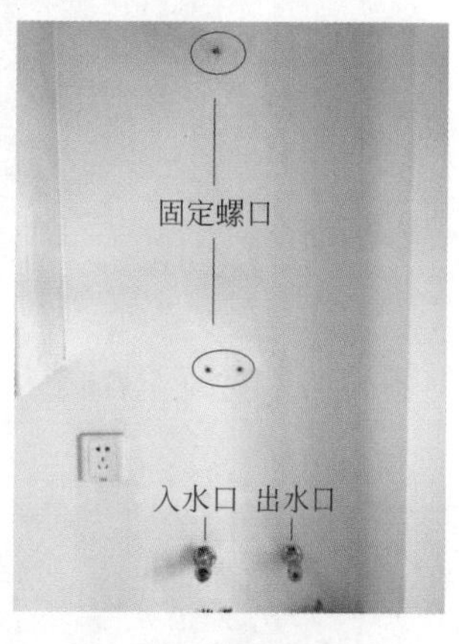

图6-69　在墙壁上打孔

② 将热水器固定在墙壁上。确保热水器牢固，不可松动。

③ 连接进水管、出水管和燃气管。一般来说，燃气热水器的进水口、出水口及燃气口都位于热水器的底部，如图6-70（a）所示。一般可以用适当长度的专用金属螺纹软管将冷热水与热水器的进水口、出水口连接起来，用燃气专用铝塑管与燃气口连接起来，如图6-70（b）所示。

④ 安装烟气排放管，如图6-71所示。

⑤ 接通电源，打开水阀和燃气阀，试运行。观察水管和燃气管有无泄漏现象。

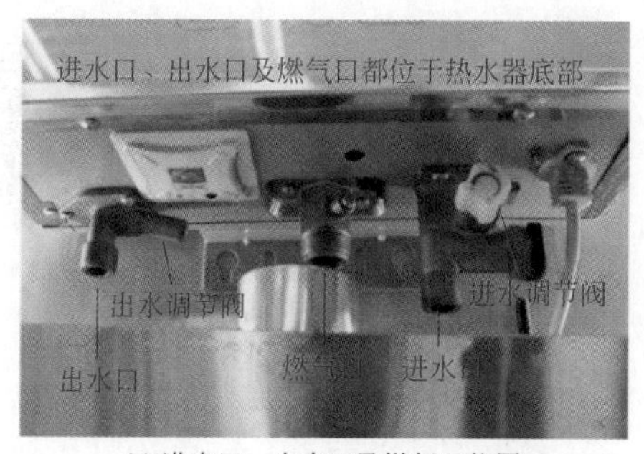

(a) 进水口、出水口及燃气口位置

(b) 管道连接

图6-70　热水器管道连接

（2）燃气热水器安装注意事项

① 烟气排放管不允许安装到公共烟道，避免回风倒灌，产生危险。注意烟气排放管要内

高外低，防止雨水倒灌。

② 燃气管与进水管或出水管不能接错；进水管和出水管不能接反。

③ 电源插座要使用防漏电插座。

图6-71　安装烟气排放管

6.3 地暖安装

6.3.1 水地暖安装

进场后把施工现场清理干净，并与业主交接现场，确定温控器、集分水器、壁挂炉以及壁挂炉烟道孔等的位置，同时设置好需要预留的尺寸和大小，方便安装时走管布线。

水地暖安装

图6-72　安装集分水器

（1）安装集分水器

将集分水器用4个膨胀螺栓水平固定在设计安装的墙面上，如图6-72所示。地暖集分水器应该遵守以下原则：

① 为方便将来维修，安装集分水器的位置必须保证分水器可整体拆卸。

② 集分水器路数应该与设计相符合。

③ 集分水器的进回水两端应安装压力表、自动排气阀。

④ 集分水器安装好后，用25稳态管或PB管连接壁挂炉给回水主管道，尽量不要用PPR材质管道，管道与分水器和炉子用铜件连接。

⑤ 集分水器安装完毕，要用反射膜进行临时覆盖保护，防止落水泥、油漆等污染物。

（2）铺设保温板

根据实际尺寸裁切保温板，在找平层上铺设一层挤塑板作为保温层，如图6-73所示。保温层要铺设平整，板缝处用胶粘贴牢固。保温板主要起保温作用，防止使用时地暖温度向下传递。安装时的具体要求如下：

① 整板放在四周，切割板放在中间。

② 平整度、高度差不允许超过 ± 5mm；缝隙不大于5mm。

（3）铺设反射膜和钢丝网

在保温层上面铺设一层银色反射膜，铺设反射膜的作用是阻止地暖管热量向下辐射（即辐射传导），钢丝网的铺设可以将管材固定起来，增加管材的承重，有效防止地板开裂。一般采用10cm × 10cm的钢丝网，如图6-74所示。

钢丝网片用卡钉固定。卡钉位置钉于钢丝网片四角与中间位置，每片钢丝网片卡钉数量不得少于8个。不得出现钢丝网片翘起现象。钢丝网片必须铺设在反射膜上面。

图6-73　铺设保温板

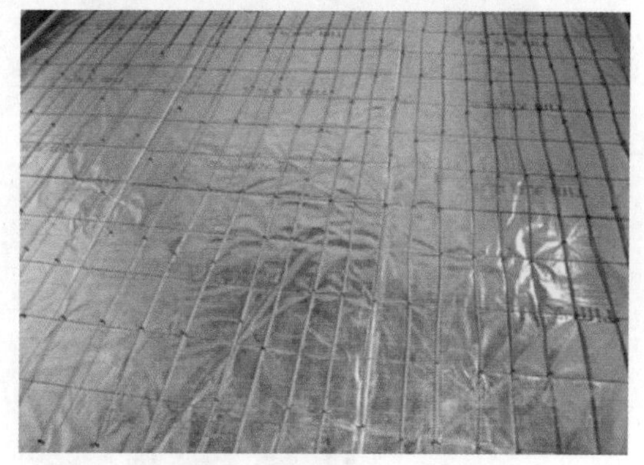

图6-74　在反射膜上铺设钢丝网

（4）铺设地暖管，固定地暖管

地暖管的铺设对施工技术的要求很高，为保证后期使用时地暖散热均匀，要求地暖管必须均匀分布在地面上，管与管距离为200mm，管道与墙体之间距离在100 ～ 150mm，并且每个回路与回路之间管长相距不能超过20m，如图6-75所示。

图6-75　铺设地暖管

地暖管铺设好之后，用塑料卡钉或扎带将地暖管固定在保温板和钢丝网上。

根据国标JGJ 142—2012《辐射供暖供冷技术规程》的规定，铺设地暖管时在以下地方应设置伸缩缝，目的是满足回填层的热胀冷缩功能：

① 在与内外墙、柱等垂直构件交接处应留伸缩缝（边界保温条），除了能满足填充层的伸缩功能外，还能起到保温作用，因此又被称为边角保温或墙角保温。考虑到施工方便，与内外墙、柱及过门等交接处伸缩缝宽度不应小于10mm。

② 地面面积超过30m^{2}或边长超过6m时，应设伸缩缝，如图6-76所示。

图6-76 设置伸缩缝

③ 凸台的过门处设置伸缩缝。

【特别提醒】

伸缩缝设置要求：伸缩缝连接处应采用搭接方式，搭接宽度不小于10mm；伸缩缝与墙、柱应有可靠的固定方式，与地面绝热层连接应紧密，伸缩缝宽度不宜小于20mm。伸缩缝宜采用聚苯乙烯或高发泡聚乙烯泡沫塑料。

（5）连接地暖管与集分水器，管路加压测试

连接地暖管与集分水器，检查管路是否有损伤，管间距是否符合设计要求。然后对系统进行冲洗，再进行水压试验，如图6-77所示。测试压力一般为0.8MPa左右，如果低于0.4MPa时就一定要检查管道是否有问题。

（6）用混凝土铺平地面

混凝土层对整个地暖系统起到保护作用，可以固定水管，保护水管以免由于热胀冷缩挤压变形，同时可以让热量分布更均匀，用户感觉更舒适，如图6-78所示。

图6-77　水压试验

图6-78　铺设混凝土层

① 混凝土铺平后地面高度差必须小于5mm。

② 铺设混凝土时，在地漏、过道、门口等地方一定要做好标记，以防后期施工中不当行为破坏地暖管道。

【特别提醒】

如果冬天地暖施工时，遇到恶劣的环境，一定要排尽地暖管道内的水，以免冻坏地暖管道。

（7）安装壁挂燃气炉和地暖温控器

将壁挂燃气炉安装在墙壁上，如图6-79所示。

温控器安装在易操作且能避开冷源、热源（如暖气片）、风道（如门窗）的地方，否则暖气刚热，壁挂炉就停，门窗一开，壁挂炉就启动。

温控器安装高度在1.4m左右（与灯的开关在统一水平线上），与门窗的距离大于0.8m。

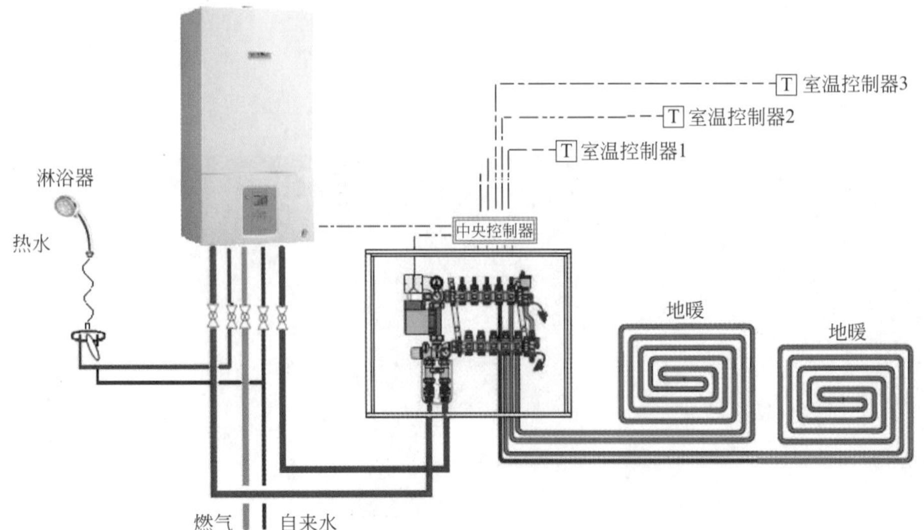

(a) 安装图

(b) 效果图

图6-79　壁挂炉安装图及效果图

【特别提醒】

① 地暖系统安装前，必须保证整个房屋水电施工完毕且通过验收，已经完成墙面粉刷，窗、门已经安装完毕。

② 确保施工区域平整、清洁，无影响施工进行的杂物。

③ 管道安装一定要在设计图纸中标明的位置施工，不得有误差。

④ 分水器安装要保持水平，安装完毕要标明每个回路的供暖区域。

⑤ 地暖施工应避免与其他工种进行交叉施工作业，否则会导致配合困难或责任不明耽误工期，质量难以保证。

⑥ 边角伸缩缝必须连续、无间断、搭接紧密并与墙面贴牢。

⑦ 调试时初次通暖应缓慢升温，先将水温控制在25 ～ 30℃范围内运行20h左右，以后24h内可使水温达到正常范围。

6.3.2 电热地暖安装

6.3.2.1 准备工作

电热地暖安装

场地要求平整清洁，有杂物的应在施工前清理干净。地面上保持干燥，无凹凸不平的地方，有水管或线管的应事先在地面上切槽埋入，或将水管或线管沿墙壁排放。

发热电缆电源引线布线，地暖系统中的穿管温控器安装盒等已按设计预埋要求安装完成。

6.3.2.2 施工工序

（1）铺设绝热保温层

将聚苯乙烯保温板铺设在平整干净的结构面上，如图6-80所示。保温板铺设时应切割整齐，不得有间隙，并用胶带粘接平顺（小面积地方安装可以不铺保温板，直接使用5mm厚度的反射膜）。

图6-80　铺设保温层

（2）铺设反射膜

铺设镀铝反射膜时，必须平整覆盖整个保温板，并用胶带固定，如图6-81所示。

图6-81　铺设地暖反射膜

（3）铺设电热膜、接线

① 根据房间面积预算出需要电热膜的数量。计算所铺设电热膜面积的总功率，选择合适的温控器，确定布置电热膜（胶带简单固定）及温控器的位置。沿剪切线剪裁电热膜，不要剪裁到黑色发热条，如图6-82（a）所示。铺设电热膜时，铜条面朝下，严禁重叠，并排铺装电热膜，用电线并联连接电热膜（每条膜的一端并联接线，一端胶泥密封），如图6-82（b）所示。电热膜之间用胶带连接，如图6-82（c）所示。

(a) 剪裁电热膜

(b) 铺设电热膜

(c) 电热膜之间用胶带粘连

图6-82 铺设电热膜

膜接线侧需距墙面200mm左右距离，其他侧也需距墙一定的距离。每条电热膜之间适当保留间距并用胶带固定好，以免重落发生高温危险。

② 电热膜接线。将接线卡子塞入铜条与银浆之间的缝隙中，用专用接线钳子压紧。使用钳子的牙口端，连接电源线与电热膜，如图6-83所示。

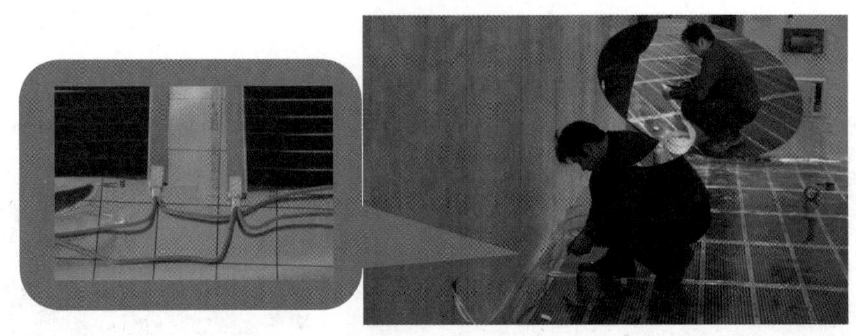

图6-83 卡子卡在电热膜的金属导流条上

③ 把绝缘胶泥裁成小段，将接线部位裸露的电线和剪切部位裸露的铜条切口粘紧密封。再用PVC电工胶带覆盖、压牢，做到双重绝缘、防水。接线并完成绝缘处理的电热膜，用普通胶带简单固定，如图6-84所示。

④ 接线。将电热膜的电源引线穿入PVC塑料导管内，按线槽铺设导管，引线从接线端子通过导管直接进入墙壁上预埋的接线盒，将引线中的火线和零线分别连接在相应的接线端子上，如图6-85所示。

接线时，先将边上单条膜接线侧用耐高温电线引出两根主线，再在其他膜上分别引线与主线并联，线并联连接处用钳子将绝缘皮先剥开后将线芯连接好用绝缘胶带包扎好，膜与线接处先用特制接线卡子将其连接，再用钳子将其压紧，最后在卡子外面粘上胶泥，用双手压紧，再用绝缘胶带包胶泥，以免进潮气。

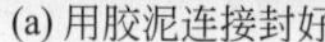
(a) 用胶泥连接封好

(b) 用绝缘胶带把连接处封好

图6-84　连接处理

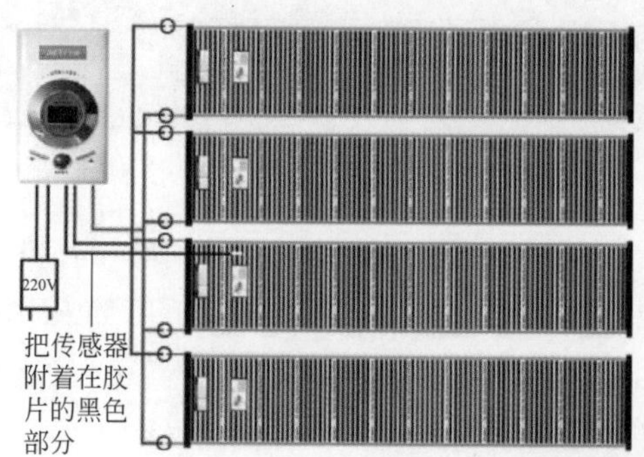

图6-85　电源接线图

⑤ 测试和封管口。测试本组电热膜的总电阻值，与设计中的阻值对比，并作好详细记录。如有问题，需检查整体的线路及发热体，并及时排除。

总电阻检测合格后，将所有在地面的电线导管口做密封处理。

（4）安装温控器

①安装温控探头，位置要尽可能装在整组膜的中心位置，一定要装在黑色发热区上，用胶带固定好，最好安装在反面，卡在保温板里面，避免踩踏，如图6-86所示。另一端连接到温控器指定位置。

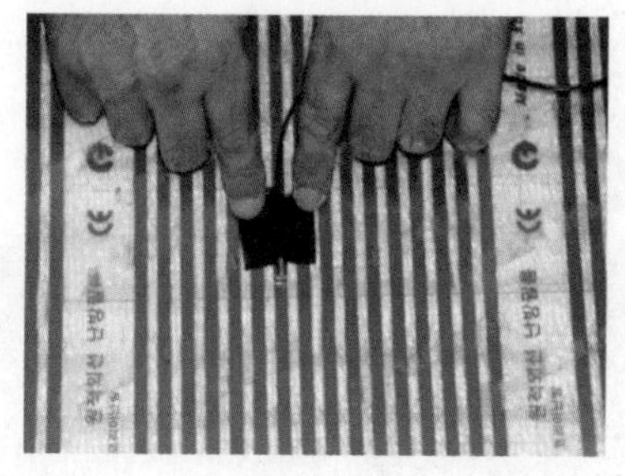

图6-86　安装温控探头

② 将事先预留好的电源线接到温控器上，再将主线接到温控器上，再将温控器电源板固定在墙上，如图6-87所示。

图6-87　温控器安装

【特别提醒】

在安装温控器之前，应确认配电系统处于断电状态。
不同规格的温控器接线原理是一样的，具体参考温控器说明书。

（5）防水层铺设

如果装地板，建议铺装丙纶布，或者塑料膜+无纺布一起用。铺设时，之间应相互叠压10cm左右，地面铺满，如图6-88所示。如果是装地砖，建议先用专用PVC封套将电热膜封起来，再铺一层防水丙纶布。

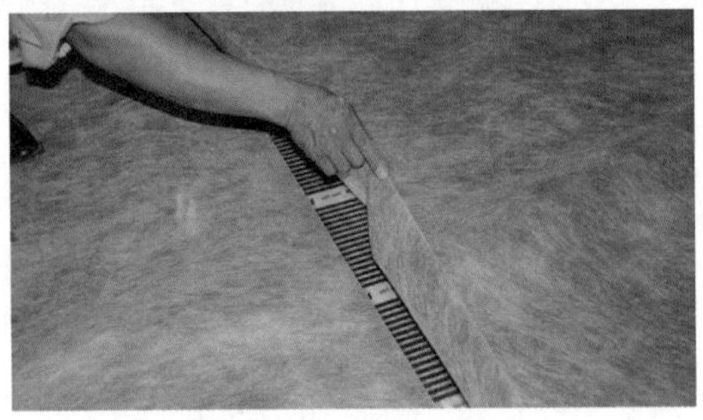

图6-88　铺设防水层

（6）铺装水泥压力板或铁丝网

铺设水泥压力板或者铁丝网主要起到保护电热膜和防止因泥沙潮湿引起跳闸现象的作用。铺装铁丝网要连接地线，铺2～3cm较干的泥沙。

如果是铺木地板，可省略铺装水泥压力板或铁丝网的步骤。

【特别提醒】

① 严禁在距离电热膜载流条及发热区1cm以内的区域刺破，施工中严禁向载流条和发热体打钉、打孔。

② 蓄热层厚度要合适。由于南北方的生活习惯不同，电热膜地暖系统在南方要求即开即热，蓄热层可以薄一点，而北方则要求保温效果好一点，蓄热层要稍微厚一点。

（7）铺设地板

铺设地板如图6-89所示。

图6-89　铺设地板

【法规摘编】

中华人民共和国住房和城乡建设部《住宅项目规范（征求意见稿）》（2019版）关于水、气、暖交付的规定。

1.给排水工程交付的规定

（1）管道材质、规格型号符合设计要求。

（2）管道接口严密无渗漏，给水管道水压试验符合要求，排水管道通水畅通。

（3）暗敷排水管道检查口设置正确，高层建筑明敷排水塑料管封堵措施正确。

（4）地漏位置正确，水封深度符合要求。

（5）冷热水管位置、间距正确。

2.供暖工程交付的规定

（1）系统规格型号、配件安装符合设计要求，末端与装饰面层交接严密。

（2）等电位连接正确。

（3）温控器安装位置应正确，附近无散热体、遮挡物。

第7章

配电装置与用电器安装

室内配电装置和用电器关乎日常用电的安全，安装施工一点不能马虎，应符合GB50303—2011《建筑电气工程施工质量验收规范》中的要求。接线正确、安装牢固、高度误差小，开关插座面板紧贴墙面、外观完好、操作方便、控制灵活、绝缘良好是最基本的安装要求。

7.1 室内配电装置安装

7.1.1 墙壁照明开关的安装

7.1.1.1 墙壁照明开关安装的技术要求

① 安装前应检查开关规格型号是否符合设计要求，并有产品合格证，同时检查开关操作是否灵活。

② 用万用表$R \times 100$挡或$R \times 10$挡检查开关的通断情况。

③ 用绝缘电阻表摇测开关的绝缘电阻，要求不小于2MΩ。摇测方法是一条测试线夹在接线端子上，另一条夹在塑料面板上。由于室内安装的开关、插座数量较多，电工可采用抽查的方式对产品绝缘性能进行检查。

④ 开关一定要串接在电源相线（火线）上。如果将照明开关装设在零线上，虽然断开时电灯也不亮，但灯头的相线仍然是接通的，而人们以为灯不亮，就会错误地认为是处于断电状态。而实际上灯具上各点的对地电压仍是220V的危险电压。如果灯灭时人们触及这些实际上带电的部位，就会造成触电事故。所以各种照明开关或单相小容量用电设备的开关，只有串接在火线上，才能确保安全。

⑤ 同一室内的开关高度误差不能超过5mm。并排安装的开关高度误差不能超过2mm。开关面板的垂直允许偏差不能超过0.5mm。

⑥ 开关必须安装牢固。面板应平整，暗装开关的面板应紧贴墙壁，且不得倾斜，相邻开关的间距及高度应保持一致。

7.1.1.2 单控开关安装

墙壁开关安装

（1）单控开关的接线

单控开关接线比较简单。每个单控开关上有两个针孔式接线柱（如图7-1所示），任意一个接线柱接相线，另一个接线柱接返回相线即可。

① 墙壁暗装开关在安装接线前，应清理接线盒内的污物，检查盒体无变形、破裂、水渍等易引起安装困难及事故的遗留物，如图7-2所示。

② 先把接线盒中留好的导线理好，留出足够操作的长度，长出盒沿10～15cm。注意不要留得过短，否则很难接线；也不要留得过长，否则很难将开关装进接线盒；用剥线钳把导线的绝缘层剥去10mm，如图7-3所示。

③ 把线头插入接线孔，用小螺钉旋具把压线螺钉旋紧。注意线头不得裸露。

图7-1　单控开关

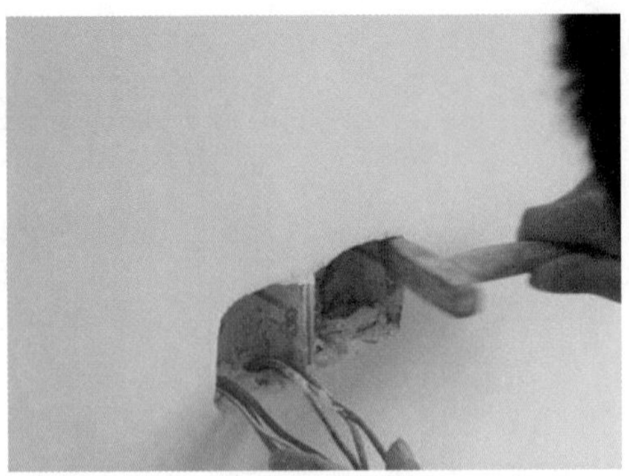

图7-2　底盒清洁

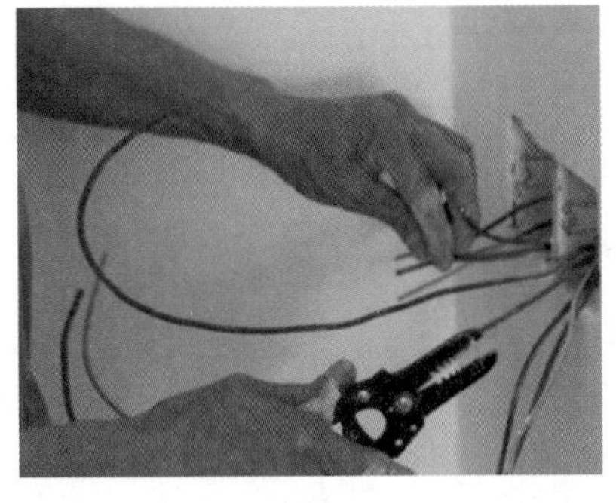
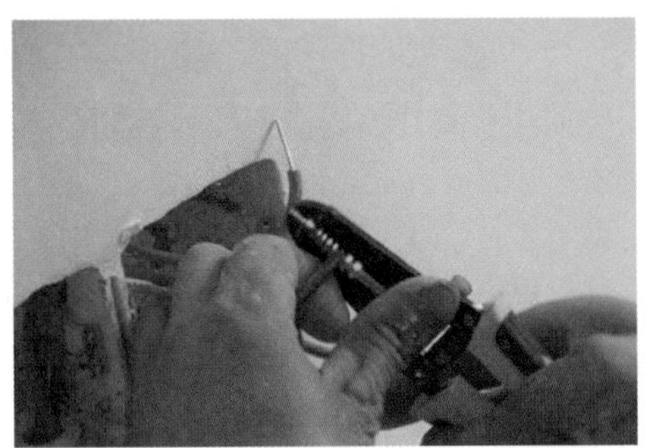

图7-3　导线线头的处理

（2）开关面板的安装

照明开关的面板分为两种类型：一种是单层面板，面板两边有螺钉孔；另一种是双层面板，把下层面板固定好后，再盖上第二层面板。

① 单层开关面板安装：先将开关面板后面固定好的导线理顺盘好，把开关面板压入接线盒。压入前要先检查开关跷板的操作方向，一般按跷板的下部，跷板上部凸出时，为开关接通灯亮的状态；按跷板上部，跷板下部凸出时，为开关断开灯灭的状态。再把螺钉插入螺钉孔，对准接线盒上的螺母旋入。在螺钉旋紧前注意检查面板是否平齐，旋紧后面板上边要水平，不能倾斜。

② 双层开关面板安装：双层开关面板的外边框是可以拆掉的，安装前先用小螺钉旋具把外边框撬下来，可靠连接导线并用螺钉将底层面板固定在底盒上，再把外边框卡上去，如图7-4所示。

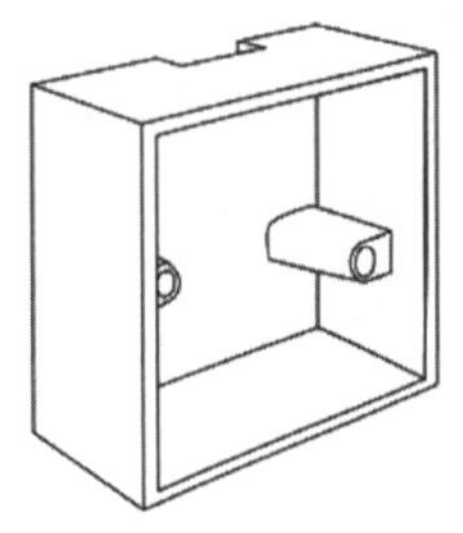
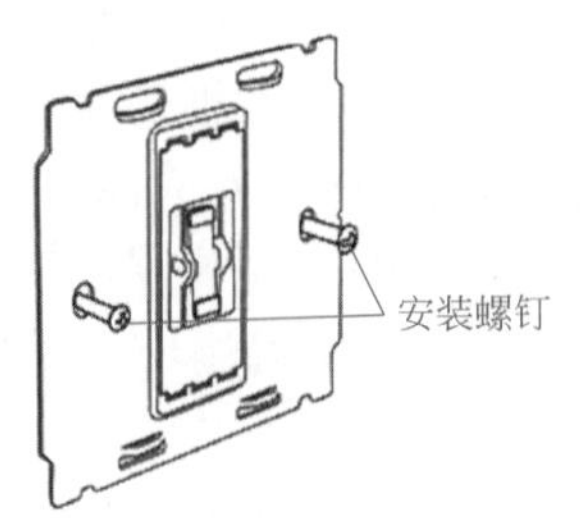

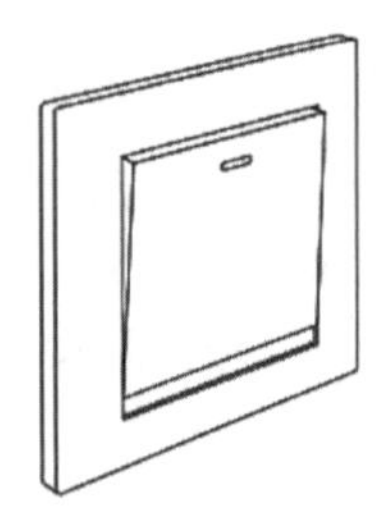

图7-4　双层开关面板安装过程

7.1.1.3　多控开关的安装

双控开关接线

（1）两个开关异地控制一盏灯的安装

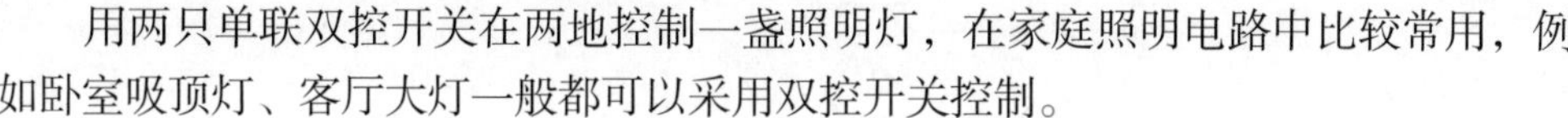

用两只单联双控开关在两地控制一盏照明灯，在家庭照明电路中比较常用，例如卧室吸顶灯、客厅大灯一般都可以采用双控开关控制。

单联双控开关有3个接线端，我们把中间一个接线端编号为“L”，两边接线端分别编号为“L1”“L2”，如图7-5（a）所示。接线端“L1”“L2”之间在任何状态下都是不通的，可用万用表电阻挡进行检测。双控开关的动片可以绕“L”转动，使“L”与“L1”接通，也可以使“L”与“L2”接通。

当开关SA1的触点L与L1接通时，电路关断，灯灭；当开关SA1的触点L与L2接通时，电路接通，灯亮；如果想在另一处关灯时扳动开关SA2将L、L1接通，电路关断，灯灭；再扳动开关SA2将L、L2接通，电路接通，灯又亮；同样再扳动开关SA1将L、L1接通，电路关断，灯灭。这样就实现了两地控制一盏灯。两个双控开关控制一盏灯的工作原理及接线如图7-5（b）所示。

(a) 开关的背板

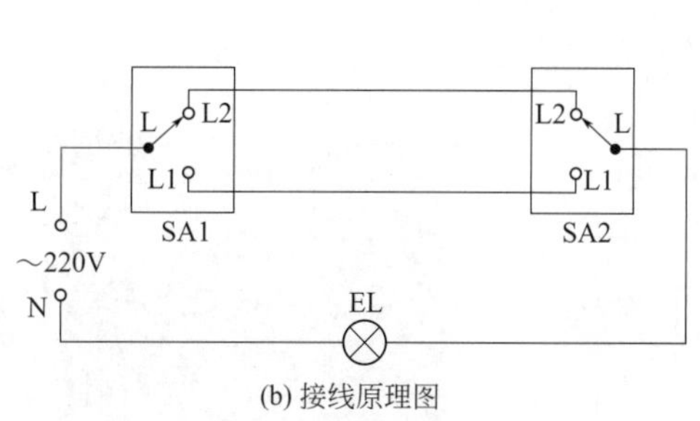

(b) 接线原理图

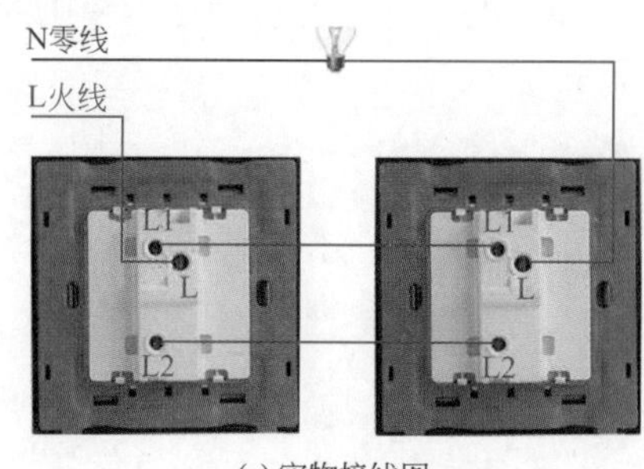

(c) 实物接线图

图7-5　双控开关控制一盏灯

两个开关可以放在楼梯的上下两端或走廊的两端，这样可以在进入走廊前开灯，通过走廊后在另一端关灯，既能照明，又能避免人走灯不灭而浪费电。

接线方法：安装时，零线N可直接敷设到灯头接线柱。两个开关盒之间的电线管内要穿三根控制电线（相线），三根电线要用不同的颜色区分开。相线L先与开关SA1的接线柱“L”相接，再从SA1的接线柱“L2”出来与SA2的“L2”相接；又从SA1的“L1”接线柱出来与SA2的“L1”相接；最后由SA2的“L”引出线到灯头，如图7-5（c）所示。

三控开关的接线

（2）三个开关异地控制一盏灯的安装

三个开关异地控制一盏灯需要使用两个单联双控开关和一个双联双控开关，如图7-6所示，KA1和KA2为单联双控开关，KA3为双联双控开关。在这个电路中，扳动三个开关中的任何一个，电灯的亮灭状态都要变化。根据需要，可在

KA1和KA2之间增加多个双联开关（称为中途开关），就能连成多个开关控制一盏灯的电路。

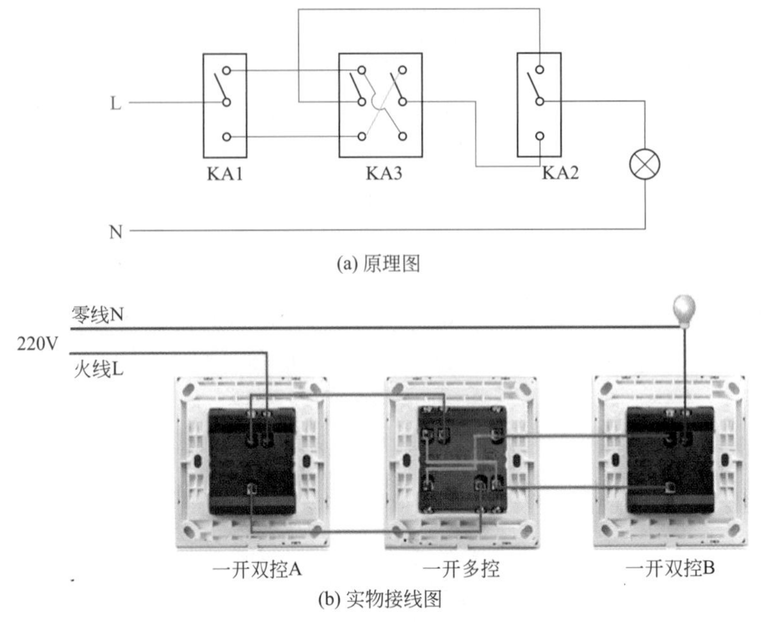

(a) 原理图

(b) 实物接线图

图7-6　三控开关

（3）多开单控开关的安装

多开单控开关就是一个开关上有好几个按键，可控制多盏灯的开关，如图7-7所示。在连接多开单控开关的时候，一定要有逻辑标准，或者是按照灯方位的前后顺序，一个一个地渐远，以后开启的时候，便于记忆。否则经常是为了要找到想要开的这个灯，把所有的开关都打开了。

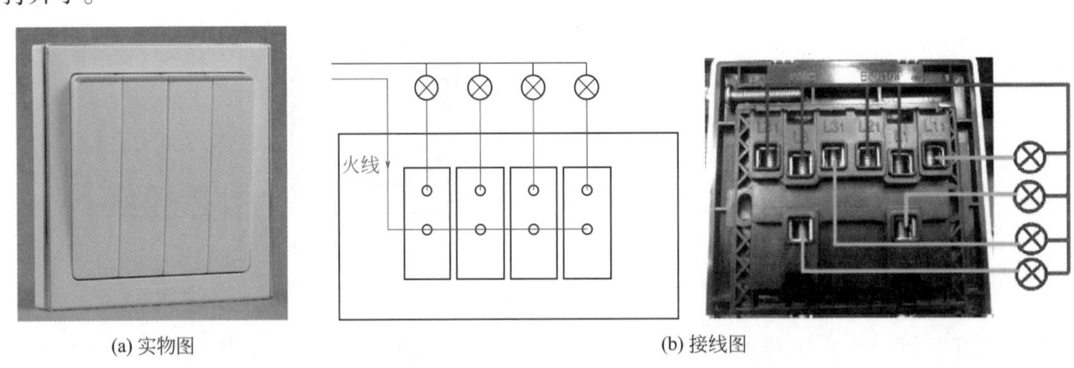

(a) 实物图　　(b) 接线图

图7-7　四开单控开关及接线图

7.1.1.4　智能照明开关的安装

（1）分段式克林开关安装

分段式克林开关适宜对多头吊灯进行控制，如客厅的九头吊灯，用家电遥控器可选择9个灯亮、6个灯亮、3个灯亮、灯全灭。不断按遥控器上的键，可循环选择。亮灯顺序（每按一次遥控键）：全亮（9个灯亮）→灰线灯亮（6个灯亮）→ 棕线灯亮（3个灯亮）→全灭→循环。

安装时，首先把灯泡分成两组（棕线组、灰线组），然后与KL分段开关的输出线相连，如图7-8所示。

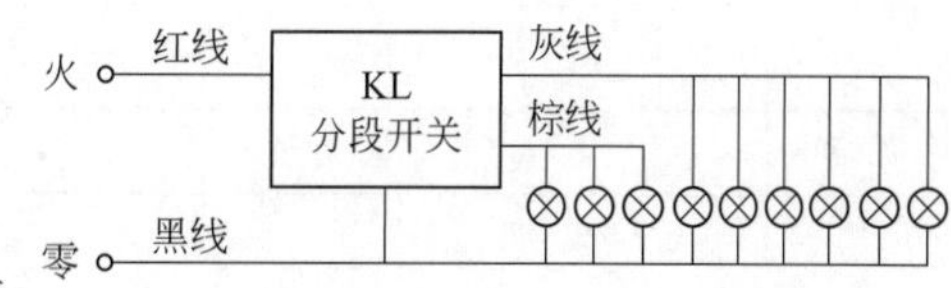

图7-8　分段式克林开关安装

（2）DHE-86型遥控开关的安装

1）DHE-86型墙装遥控开关的功能

DHE-86型墙装遥控开关采用单线制，不需接零线，适用于各种灯具，可直接替换墙壁机械开关，当电网停电后又来电时，开关会自动转为关断状态，节能安全、方便实用。采用无线数字编码技术，开关相互间互不干扰。无方向性，可穿越墙壁，拥有传统手动控制和遥控两种操作方式，如图7-9所示。下面介绍单线制DHE-86型墙装遥控开关的主要功能。

遥控开关安装

(a) 正面

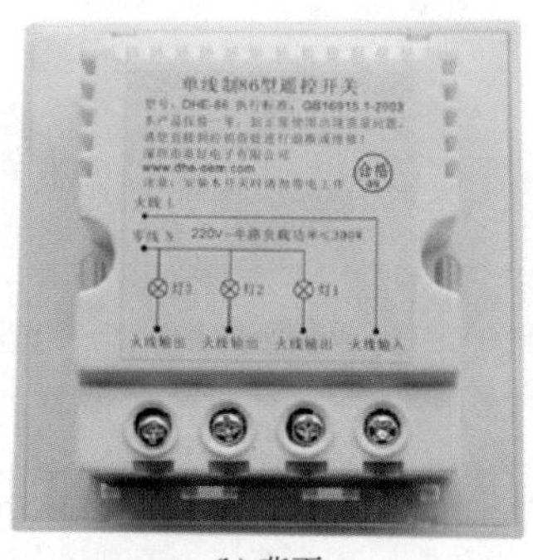

(b) 背面

图7-9　DHE-86型墙装遥控开关

① 开关功能：既可遥控，又可手动控制。采用无线数字编码技术，开关相互间互不干扰，遥控距离10～50m。

② 全关功能：出门或临睡之前，无须逐一检查，按一个键，就可关闭家中所有的灯具，省时又省电。

③ 全开功能：当需要将局部或全部的灯具开启时，按一个键，就可同时亮起。

④ 情景功能：该开关具有任意组合的功能，可以将家里的灯具随意组合开启或关闭，设置成不同的灯光氛围，例如会客时明亮、就餐时温馨、看电视时柔和，均可一键搞定。

⑤ 远程控制功能：此功能需遥控开关与无线智能控制器配套使用，形成智能家居系统，实现电话和互联网远程控制家中灯光、家电的开关功能；身在外地时，主人可通过互联网或电话、手机，实现远程控制家电的开启与关闭。

2）遥控开关安装

DHE-86型遥控开关可直接安装在原来的墙壁开关位置，其操作方法见表7-1。

表7-1　DHE-86型遥控开关安装

步骤	方法	图示
1	打开遥控开关外壳	

续表

步骤	方法	图示
2	按照接线柱上方的文字说明，将输入、输出线连接到相应的接线柱上	
3	将遥控开关装入暗盒，用螺钉将开关固定牢固	
4	一手按住开关板上的学习按钮，一手按住遥控器上的一个按键（遥控器上有A、B、C、D四个按键），与遥控器进行对码设置	

（3）声光控开关的安装

声光控开关就是用声音和光照度来控制照明灯的开关，当环境的亮度达到某个设定值以下，同时环境的噪声超过某个值，开关就会开启，所控制的灯就会亮。

常用的声光控开关有螺口灯座型和面板型两大类，如图7-10所示。螺口灯座型声光控开关直接将电路设计在螺口平灯座内，不需要在墙壁上另外安装开关。面板型声光控开关一般安装在原来的机械开关位置处。

(a) 螺口灯座型

(b) 面板型

图7-10　常用声光控开关的外形

面板型声光控开关可以同机械开关一样，可串联在灯泡回路中的相线上工作，因此，安装时无须更改原来线路，可根据固定孔及外观要求选择合适的开关直接更换，接线时也不需考虑极性。

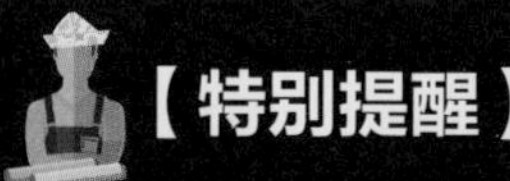

【特别提醒】

螺口型声光控开关与安装平灯座照明灯的方法一样。

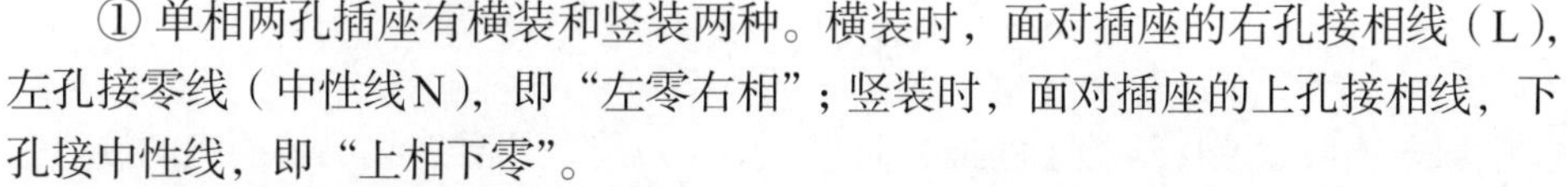

7.1.2　墙壁插座的安装

7.1.2.1　电源插座接线规定

插座的安装

① 单相两孔插座有横装和竖装两种。横装时，面对插座的右孔接相线（L），左孔接零线（中性线N），即“左零右相”；竖装时，面对插座的上孔接相线，下孔接中性线，即“上相下零”。

② 单相三孔插座接线时，保护接地线（PE）应接在上方，下方的右孔接相线，左孔接中性线，即“左零右相中接地”。单相插座接线的规定如图7-11所示。

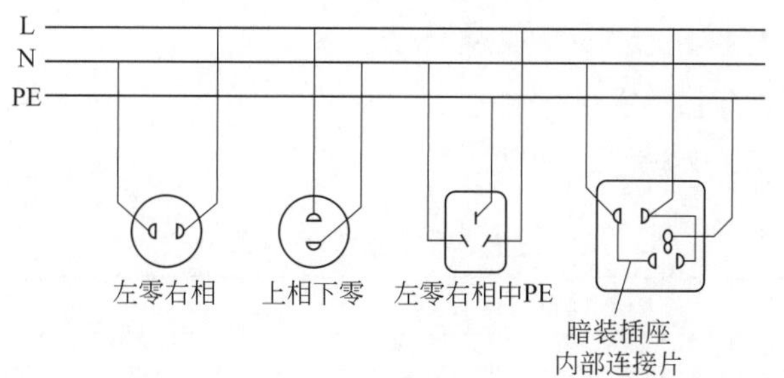

图7-11　单相插座接线的规定

【特别提醒】

“左零右相上接地”，是面对墙壁插座从正面看的。实际接线上，从插座反面看L和N的位置正好相反，如图7-12所示。

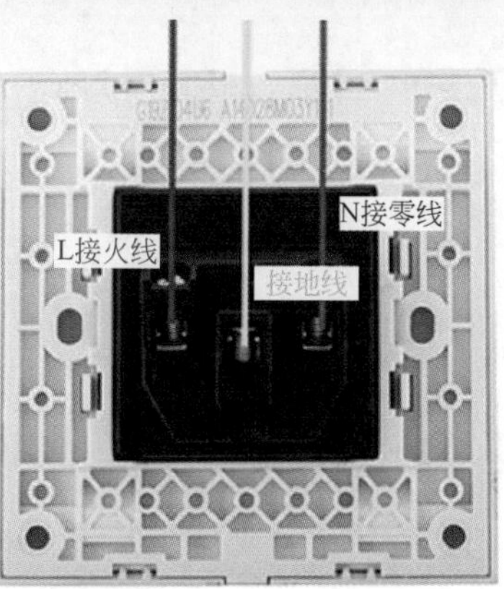

图7-12　正、反面看插座的接线

③ 多个插座导线连接时，不允许拱头连接，应采用LC型压接帽压接总头后，再进行分支线连接，如图7-13所示。

图7-13 多个插座导线连接

④ 尽可能增加导线与插座接线端子的接触面积，即尽可能地用导线线头将插座的接线孔塞满塞实。

⑤ 尽可能地紧密相接，即拧紧固定螺钉（但不要拧过头了）。

7.1.2.2 电源插座的安装步骤及方法

（1）暗装电源插座的步骤及方法

暗装电源插座的步骤及方法见表7-2。

表7-2 暗装电源插座步骤及方法

步骤	操作方法	图示
1	用一字形螺丝刀插入插座边沿的缺口，撬开边框，分离面板和底座	
2	将盒内甩出的导线留足够的维修长度，剥削出线芯，注意不要碰伤线芯	
3	将导线按顺时针方向盘绕在插座对应的接线柱上，然后旋紧压头。如果是单芯导线，可将线头直接插入接线孔内，再用螺钉将其压紧，注意线芯不得外露	

续表

步骤	操作方法	图示
4	将插座面板推入暗盒内，对正盒眼，用螺钉固定牢固。固定时要使面板端正，并与墙面平齐	
5	把面板放在底座上，用力按下即可	

安装时，注意插座的面板应平整、紧贴墙壁的表面，插座面板不得倾斜，相邻插座的间距及高度应保持一致。为了达到上述要求，在固定螺钉时可用水平尺对面板定位，如图7-14所示。

(a) 固定螺钉

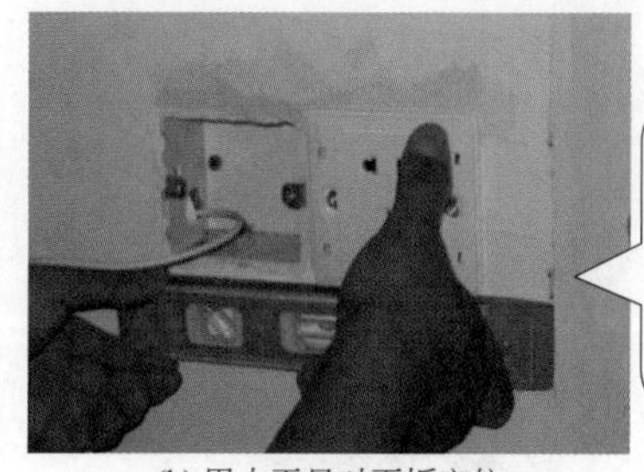

(b) 用水平尺对面板定位

插座安装要点
紧贴墙壁，
排列整齐，
不得倾斜，
间距一致，
高度一致，
接线正确。

图7-14　暗装插座对位校正

（2）明装插座安装步骤及方法

明装插座安装步骤及方法见表7-3。

表7-3　明装插座安装步骤及方法

步骤	操作方法
1	将从盒内甩出的导线由塑料（木）台的出线孔中穿出
2	将塑料（木）台紧贴于墙面用螺钉固定在盒子或木砖上。如果是明配线，木台上的隐线槽应先顺对导线方向，再用螺钉固定牢固
3	塑料（木）台固定后，将甩出的相线、零线、保护地线按各自的位置从插座的线孔中穿出，按接线要求将导线压牢
4	将插座贴于塑料（木）台上，对中找正，用木螺钉固定牢
5	固定插座面板

（3）单开五孔插座的接线

单开五孔插座由开关部分和插座部分组成，只是这两个部分是合在一起的。市面上的单开五孔插座背板有如图7-15所示的两种，可以发现，图7-15（a）所示的开关背板要比图7-15（b）

所示的背板多一个接线柱，这个接线柱可用于双控，让开关的用法更多样化。

一开五孔插座接线

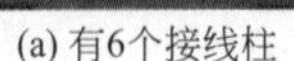

(a) 有6个接线柱

(b) 有5个接线柱

图7-15　两种单开五孔插座的背板

有5个接线柱的单开五孔插座，其插座部分：电源接入线用L表示，也就是火线；零线用N表示；地线一般用⏚或者D表示。其插座开关都是单独的，有2个接线桩：电源接入线L和控制线L1。

五孔插座结构内部的二孔插座L与三孔插座的L相连，二孔插座的N则与三孔插座的N相连，⏚或者D是三孔插座的接地保护线的接口，是必须要接上的。

单开五孔插座接线一般有两种方式：一种是开关控制插座接法，另一种是插座即插即用开关另控负载（比如照明灯等）接法，如图7-16所示。

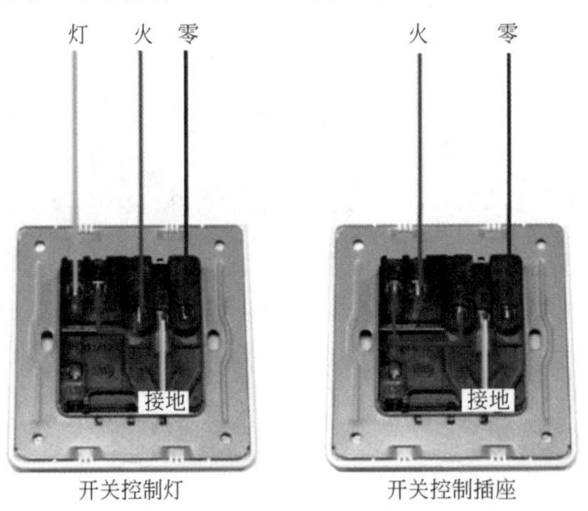

图7-16　单开五孔双控插座接线

① 确定连接固定部分。这一步接线，无论采用上面的哪种接法都是这样接线。电路火线插入“开关”区域的接线桩L插孔，零线插入N孔，地线插入地线孔。

② 根据需要选择上面两种接法的其中一种，确定跳线。

a.开关控制插座接法：插座火线（L）通过跳线连接到“开关”的空余插孔上。

b.开关另控负载接法：将插座火线（L）与电路火线并接入同一开关接线桩插孔；其他负载（如灯）的火线接开关空余插孔，零线并入N孔。这样连接的目的是使开关与插座实现并联，开关不控制插座的电源。

有6个接线柱的单开五孔插座与有5个接线柱的单开5孔插座的区别在于开关部分，其开关部分有3个接线柱。

有6个接线柱的单开五孔插座除了有开关控制插座、开关另控负载两种接法外，还可以作为双控照明灯开关，特别适合于作为床头开关插座，其接线方法如图7-17所示。开关与插座合二为一，省去了一个插座的位置。

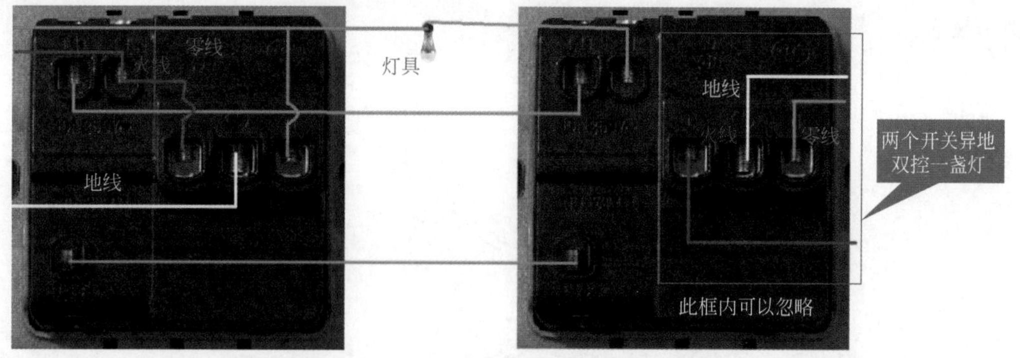

图7-17　有6个接线柱的单开五孔插座接线

【特别提醒】

① 开关必须控制火线，否则火线直接进入插座，即使当开关处于关闭状态时，插座内部依然有电源，容易发生触电危险。

② 插座部分，操作者面对插座面板时，应保证左零右火中间地，图7-16～图7-20中，是把插座的背板面对操作者，故而右侧接线柱接零线。

（4）并排插座的接线

联排插座安装

厨房、客厅常常会有并排安装的插座，其接线方法是：先把插座里面的L、N、地线分别串起来，然后再把最边缘的一组接线柱L、N、地线与家里L、N、地线分别接上即可，如图7-18所示。

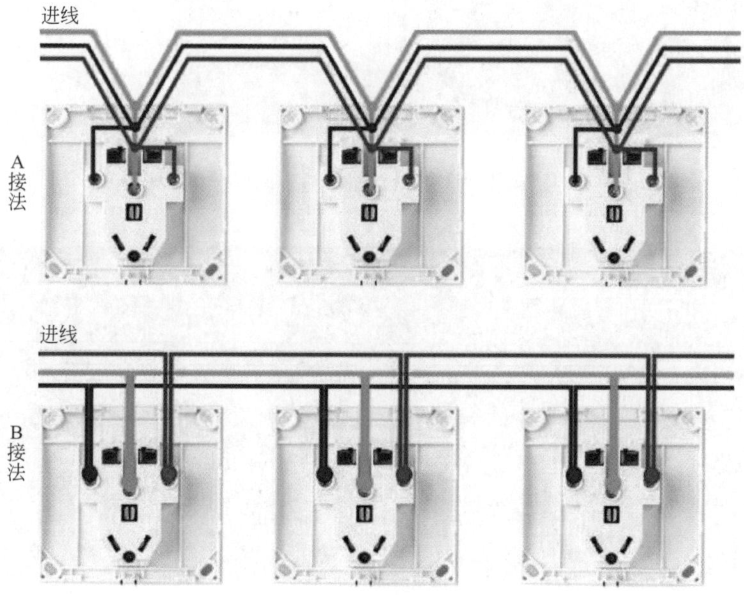

图7-18　并排插座的接线

7.1.2.3 插座接线正误的检测

插座安装完毕，除了需要检查插座是否通电，还需要检查插座的接线是否错误。常用的检测方法有试电笔检测法和测试仪检测法。

（1）试电笔检测插座接线正误

单相二孔插座或单相三孔插座接线正确与否，应用试电笔进行测试，很容易判断，如图7-19所示。

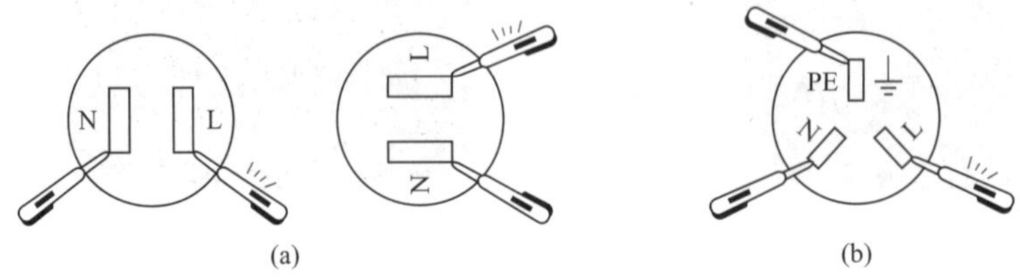

图7-19 试电笔检测插座接线的正误

（2）插座测试仪检测插座接线正误

插座接线检查

将插座测试仪插入插座口，然后重复拨动开关，观察插座测试仪上N、PE、L三盏灯的亮灯情况。如果指示灯全黑，则说明此插座通电有问题，需要修检，如图7-20所示。

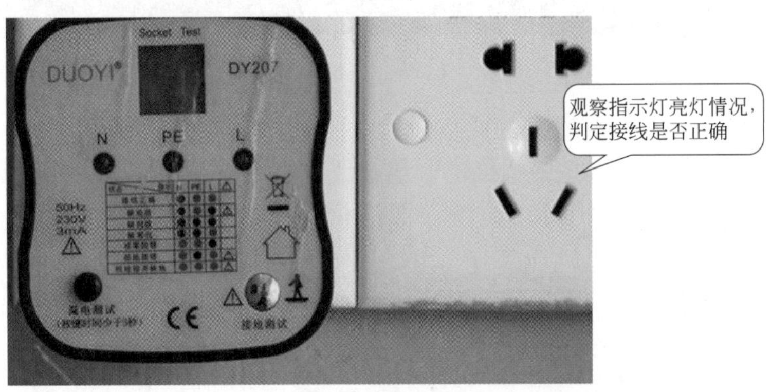

图7-20 插座测试仪检测插座的接线

【特别提醒】

① 插座必须按照规定接线，接线一定要牢固，相邻接线柱上的电线要保持一定的距离，接头处不能有毛刺，以防短路。

② 单相三孔插座不得倒装。必须是接地线孔装在上方，相线、零线孔在下方。

③ 卫生间等潮湿场所，应安装防溅水插座盒，不宜安装普通型插座，如图7-21所示。

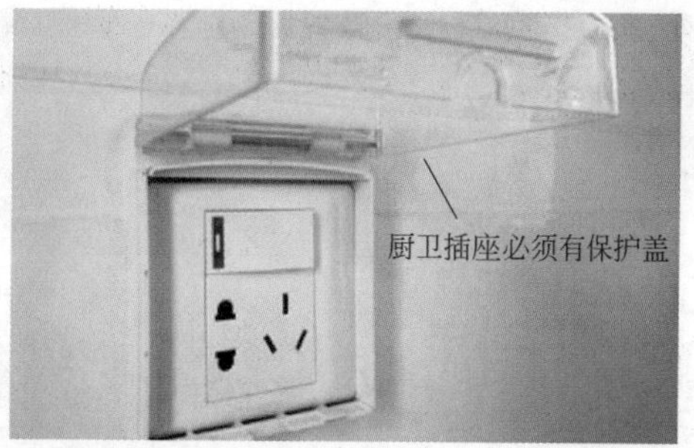

图7-21 防溅水插座

7.1.3 户内配电箱的安装

户内配电箱安装

（1）配电箱的电气单元

家庭户内配电箱一般嵌装在墙体内，外面仅可见其面板。户内配电箱一般由电源总闸单元、漏电保护单元和回路控制单元等3个功能单元构成，如图7-22所示。

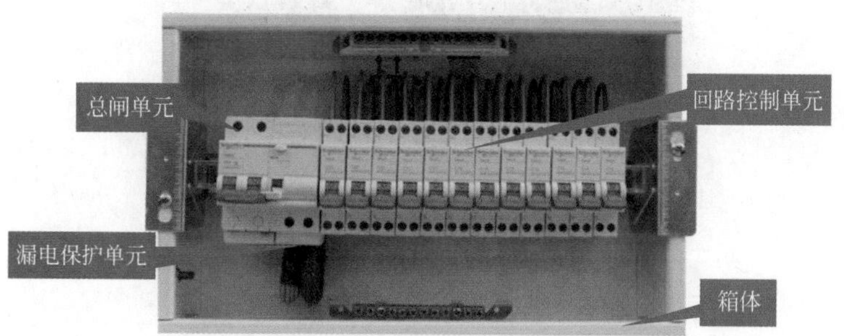

图7-22 家庭户内配电箱的组成

【特别提醒】

漏电断路器和漏电保护器是两种不同的产品，作用也不同。漏电断路器的作用是防止线路短路或超负荷使用带来的危险，只要线路短路或超负荷就会跳闸，而漏电不会跳闸。漏电保护器在实际使用中只要有漏电发生就会自动跳闸，但在超负荷或者短路时不会跳闸。

（2）户内配电箱安装的技术要求

① 箱体必须完好无损。进配电箱的电线管必须用锁紧螺母固定，如图7-23所示。

② 配电箱埋入墙体应垂直、水平。

③ 若配电箱需开孔，孔的边缘须平滑、光洁。

④ 箱体内应分别设零线（N）、保护接地线（PE）的接线汇流排，且要完好无损，具有良好绝缘。零线和保护零线应在汇流排上连接，不得绞接，应有编号。

⑤ 配电箱内的接线应规则、整齐，端子螺钉必须紧固，如图7-24所示。

⑥ 各回路进线必须长度足够，且不得有接头。

图7-23　电线管用锁紧螺母固定

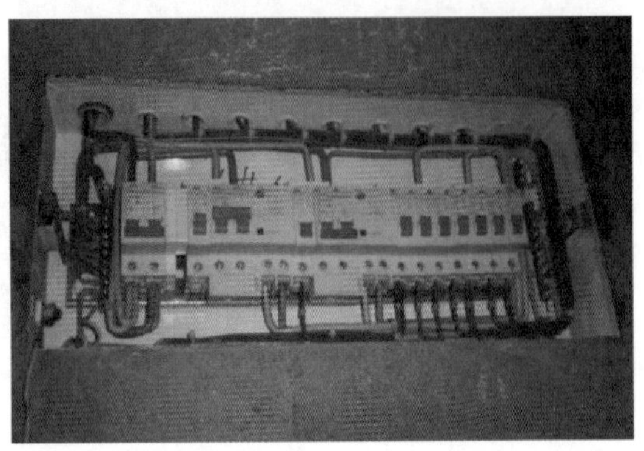

图7-24　配电箱内接线要规范

⑦ 安装完成后必须清理配电箱内的残留物。

⑧ 配电箱安装后应标明各回路名称，如图7-25所示。

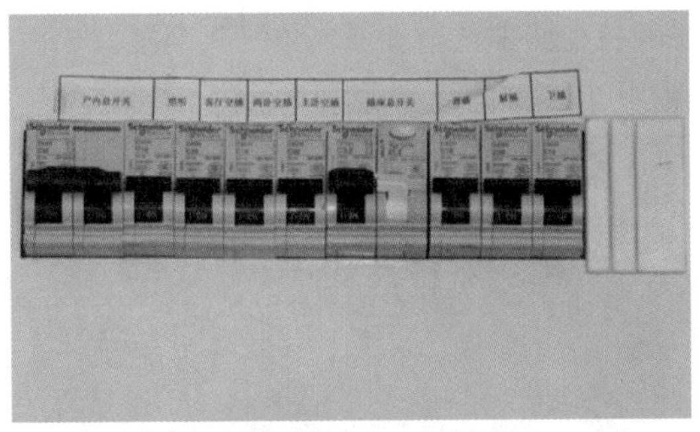

图7-25　配电箱标注回路名称

（3）户内配电箱的接线

① 把导轨安装在配电箱底板上，将断路器按设计好的顺序卡在导轨上，如图7-26所示。

(a) 安装导轨

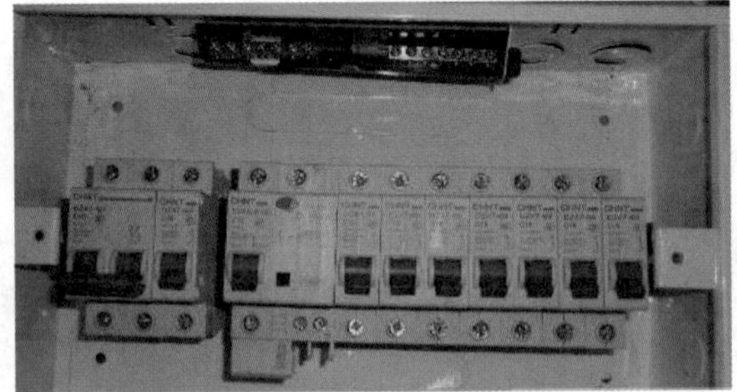

(b) 安装断路器

图7-26　安装导轨和断路器

② 各条支路的导线在管中穿好后，末端接在各个断路器的接线端，如图7-27所示。导线连接宜采用U形不间断接入法，如图7-28所示。

a. 1P断路器的接线：只把相线接入断路器，在配电箱底板的两边各有一个铜接线端子排，与底板绝缘的是零线接线端子，进线的零线和各出线的零线都接在这个接线端子上。与底板相连的是地线接线端子，进线的地线和各出线的地线都接在这个接线端子上，1P断路器接线方法如图7-29所示。

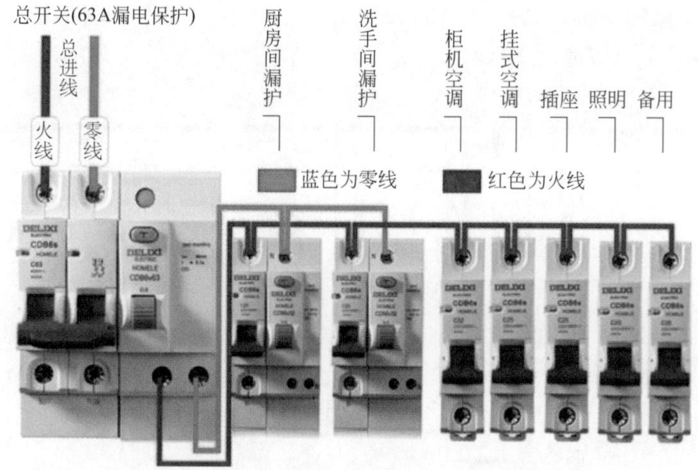

图7-27　断路器接线

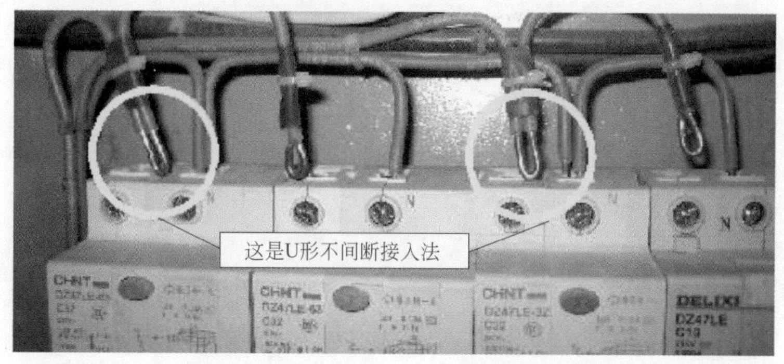

图7-28　U形不间断接入法

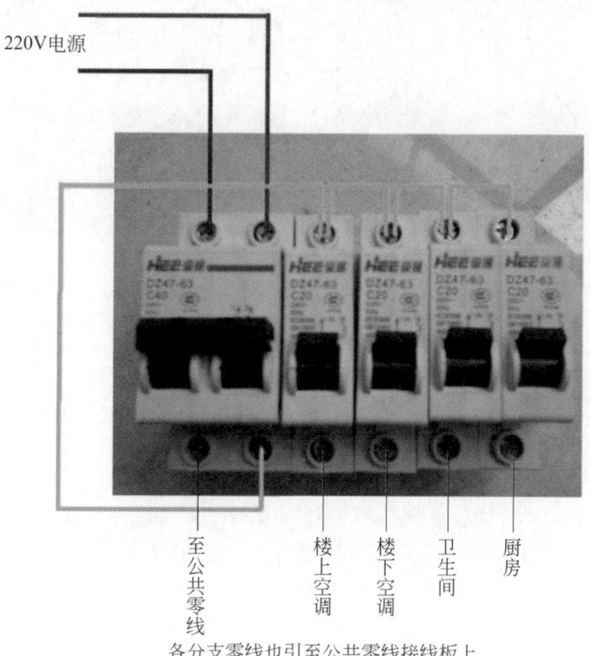

图7-29　1P断路器接线方法

b. 2P断路器的接线：把相线和零线都接入开关，在配电箱底板的边上只有一个铜接线端子排，是地线接线端子，如图7-30所示。

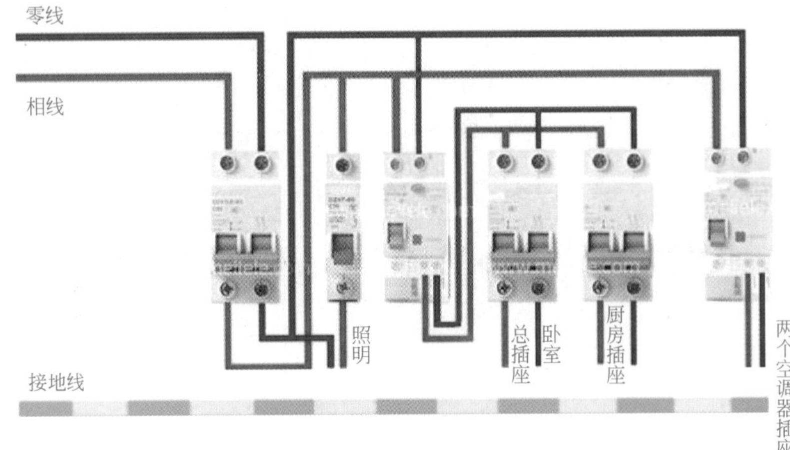

图7-30　2P断路器接线方法

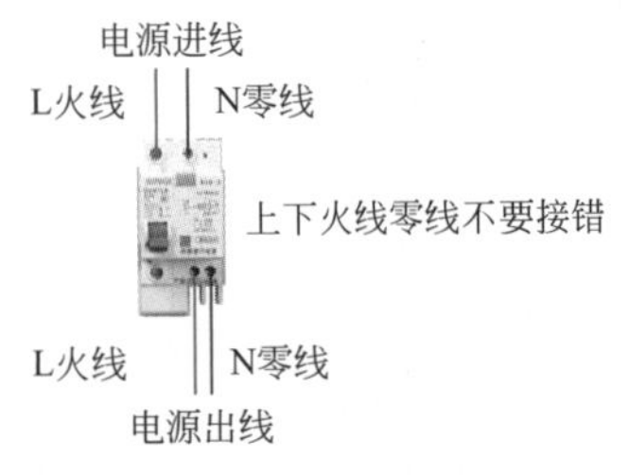

图7-31　带漏电保护的2P断路器接线

c. 带漏电保护的2P断路器接线：要分清楚进线端和出线端，一般在断路器上都有箭头标志，上端是进线端，下端是出线端，如图7-31所示，不得接反，否则长时间通电会烧毁漏电保护器。

③ 接线完毕，用万用表检测电路是否有短路现象。电路正常，标示出每个断路器的名称，装上前面板和配电箱门。

【特别提醒】

配电箱接线时要先切断电源，不可带电操作。导线与端子连接要紧密，不伤芯，不断股，插接式端子线芯不应过长，应为插接端子深度的1/2，同一端子上导线连接不多于2根，且截面积应相同，防松垫圈等零件应齐全。

配电箱的金属外壳应可靠接地，接地螺栓必须加弹簧垫圈进行防松处理。

7.1.4　等电位联结安装

（1）等电位联结的必要性

等电位（LEB）就是两点或者多点之间的电位相等或者非常接近。换句话说，通过安装使用等电位联结端子箱，使室内电路中两点或者多点之间的电压为零（或者非常接近零），如图7-32所示。

通过等电位联结线将所有可导电的器具连接到等电位端子箱的接线排（如图7-33所示），使其处于同一电位，可防止出现危险的接触电压，这就是家庭安装等电位联结端子箱的重要作用。

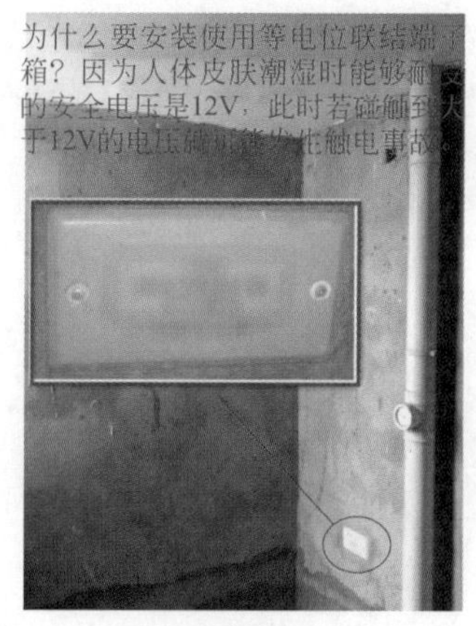

为什么要安装使用等电位联结端
箱？因为人体皮肤潮湿时能够
的安全电压是12V，此时若碰触到

图7-32　室内等电位联结端子箱

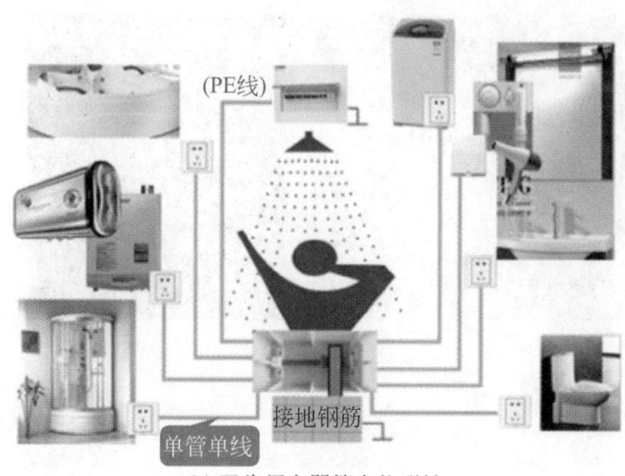

(a) 卫生间电器等电位联结

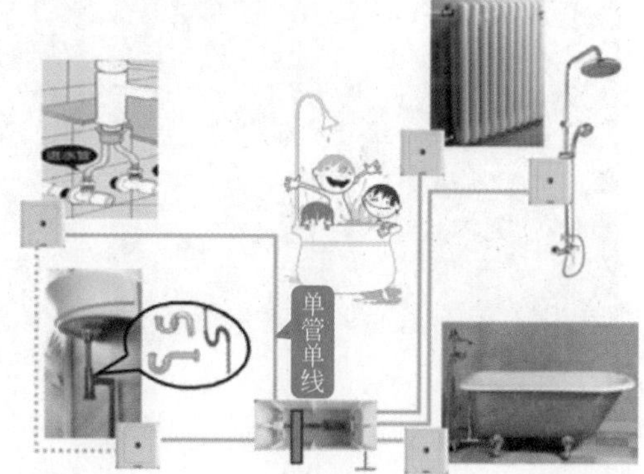

(b) 卫生间管路等电位联结

图7-33　等电位联结

【特别提醒】

等电位不是零电位和地电位，不能与接零或接地混淆，更不能相互替代。等电位两点或者多点的电压可以从0V到任意数值。

等电位联结所用到的设备仅仅是铜导线和等电位箱，投资不大，却能有效地消除触电的安全隐患。

（2）卫生间等电位联结

卫生间做局部等电位联结应该怎么做呢？

卫生间等电位联结

首先，将卫生间内暴露在外墙体外的可以触及到的通水的金属管道和部件，如含金属的浴盆、下水管、给水管、热水管、采暖管等，通过BV-4mm^{2}铜芯线与等电位箱的端子板连通，使有可能带电的金属部分与地面电位相等，达到等电位，如图7-34所示。

其次，卫生间所有插座中的接地线（PE线）分别用导线与等电位箱的端子板连通，使导电的电器外壳与地面电位相等，达到等电位。

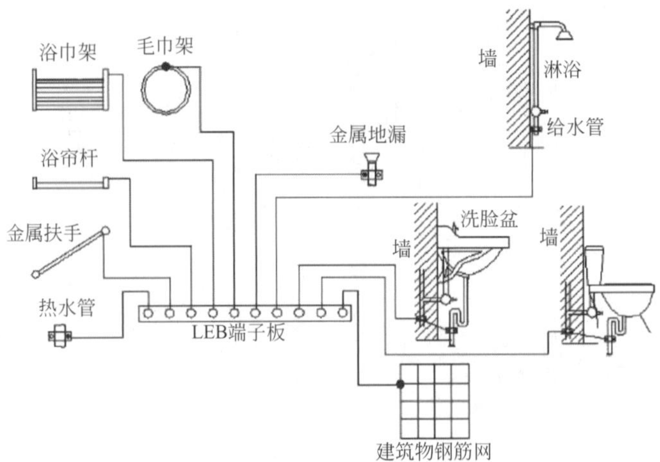

(a) 局部等电位联结系统图

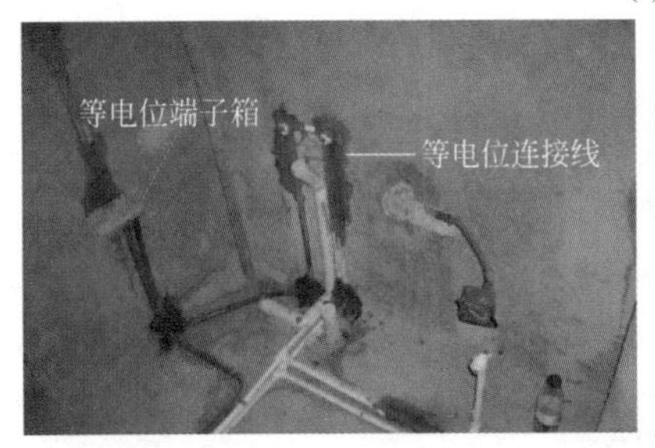

(b) 布线示例

图7-34　卫生间等电位联结

(3) 厨房等电位联结

厨房中需要做等电位联结的有冷、热水管，燃气管道等，如图7-35所示。

图7-35　厨房等电位联结

【特别提醒】

当卫生间内的水管是塑料管或复合金属管时，等电位跨接线可接在末端水龙头上；采用金属水管时，跨接线直接接在水管上。若卫生间内有水表还应对其进行跨接。将卫生间金属吊顶的龙骨与预留在墙面上的连接螺栓用BVR线进行连接。

7.2 灯具安装

室内照明灯具一般可分为吸顶式、壁式和悬吊式等三种安装方式。照明灯具安装的最基本要求是安全、牢固，尤其是比较大的灯具。

7.2.1 灯具安装步骤及要求

（1）灯具安装的步骤

照明灯具的安装

安装灯具应在屋顶和墙面喷浆、油漆或壁纸及地面清理工作等基本完成后才能进行。室内照明灯具安装步骤如图7-36所示。

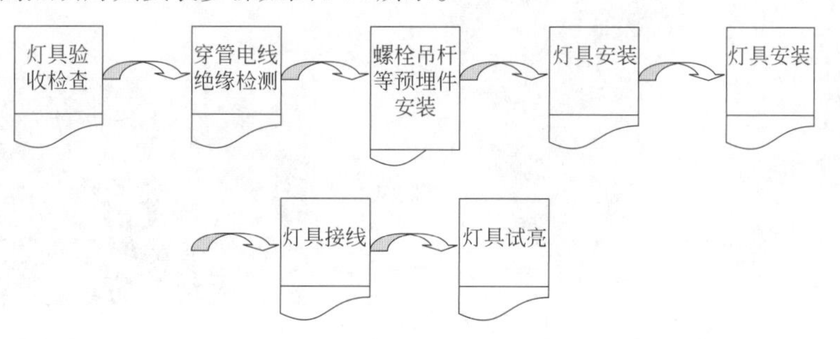

图7-36　室内照明灯具安装步骤

（2）灯具安装的一般要求

① 安装前，检查灯具及其配件是否齐全，并应无机械损伤、变形、油漆剥落和灯罩破裂等缺陷。

② 根据灯具的安装场所及用途，引向每个灯具的导线线芯最小截面应符合有关规程规范的规定。

③ 灯具安装应整齐美观，具有装饰性。灯具不仅仅是一种照明工具，更是我们家庭生活中的重要装饰品。在同一室内成排安装灯具时，如吊灯、吸顶灯、嵌入在顶棚上的装饰灯具、壁灯或其他灯具等，其纵横中心轴线应在同一直线上，中心偏差不得大于5cm，如图7-37所示。

④ 安装灯具一定要注意安全。这里的安全包括两个方面：一是使用安全，二是施工安全。

a. 室内安装壁灯、床头灯、台灯、落地灯、镜前灯等灯具时，灯具的金属外壳均应可靠接地，以保证使用安全，如图7-38所示为某品牌LED灯具金属外壳接地。

图7-37　客厅照明灯安装示例

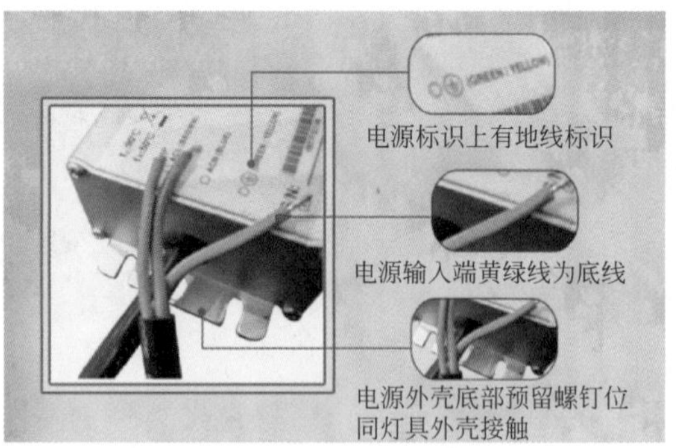

图7-38　LED灯具金属外壳接地

b.卫生间及厨房宜采用瓷螺口灯头座。螺口灯座接线时，相线（即与开关连接的火线）应接在中心触点端子上，零线接在螺纹端子上，如图7-39所示。

c.安装吸顶灯等大型灯具时，高空作业操作者要特别注意安全，要有专人在旁边协助操作，如图7-40所示。

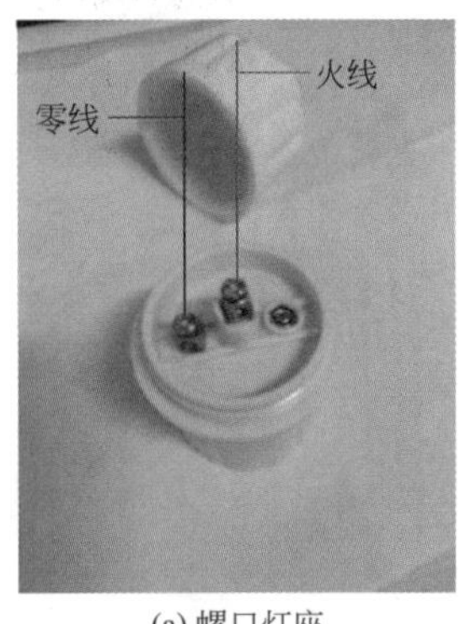

(a) 螺口灯座

(b) 灯泡

图7-39　螺口灯座和灯泡

图7-40　安装大型灯具要有人协助

⑤ 安装灯具过程中，要保证不得污染或者损坏已装修完毕的墙面、顶棚、地板。

7.2.2　客厅组合吊灯安装

吊灯的安装一般分为三个大的步骤：材料工具准备，吊杆、吊索与结构层的连接，吊杆、吊索与搁栅、灯箱连接。

客厅组合吊灯安装

7.2.2.1　材料工具准备

（1）材料

在安装大型组合吊灯时要准备支撑构件材料、装饰构件材料、其他配件材料，见表7-4。

表7-4　大型组合吊灯的材料准备

序号	材料类别	材料名称
1	支撑构件材料	木材：不同规格的水方、木条、水板 铝合金：板材、型材 钢材：型钢、扁钢、钢板

续表

序号	材料类别	材料名称
2	装饰构件材料	铜板、外装饰贴面和散热板、塑料、有机玻璃板等
3	其他配件材料	螺钉、铁钉、铆钉、成品灯具、胶黏剂等

（2）工具

在吊灯安装过程中需要使用到的钳子、电动曲线锯、螺丝刀、直尺、锤子、电锤、手锯、漆刷等，都应提前准备好。

7.2.2.2　将吊杆和吊索与结构层连接

在结构层中预埋铁件。由于组合吊灯较重，需要在楼板上预埋吊钩，在吊钩上安装过渡件，然后进行灯具组装。灯具较小，质量较轻，也可用钩形膨胀螺栓固定过渡件，如图7-41所示。注意，每颗膨胀螺栓的理论质量应该在8g左右，20kg的灯具最少应该用3个颗膨胀螺栓。

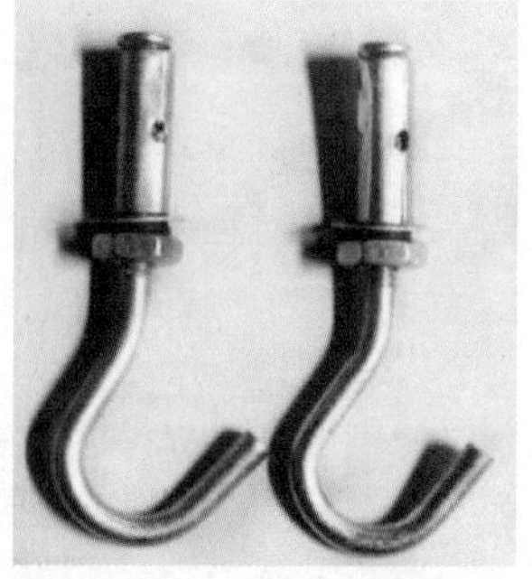

图7-41　钩形膨胀螺栓

（1）找吸顶盘上的孔位

把挂板从吸顶盘上拿下来→对准吸顶盘→上螺钉。如果找空位一直没对准，可以调整一下螺钉的位置，如图7-42所示。

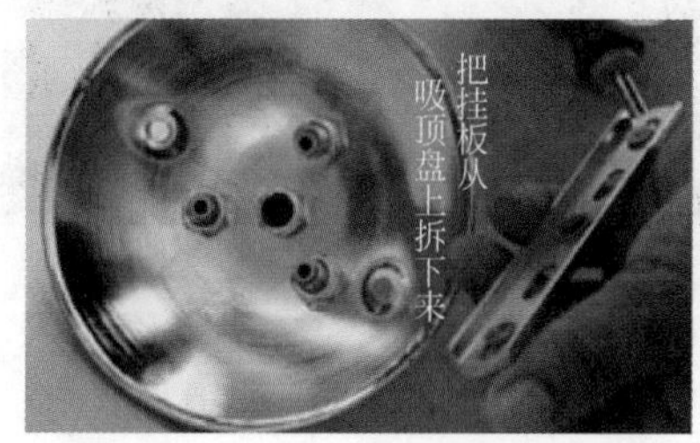

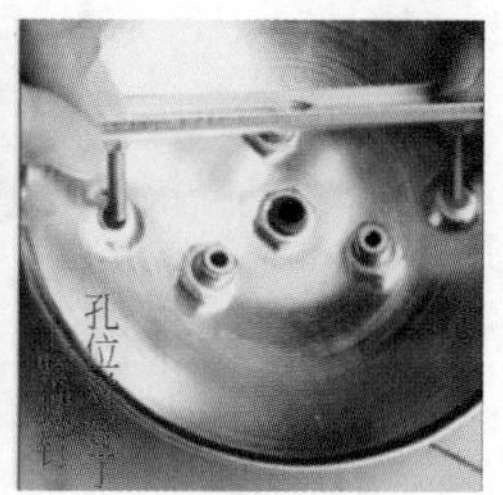

图7-42　找吸顶盘上的孔位上螺钉

（2）固定吸顶盘和灯体

在天花板时做上记号，钻孔（天花板上的孔一般钻6mm深即可）。把膨胀螺钉完全嵌入天花板内，再固定挂板；把挂板和吸顶盘用螺钉连起来，拧好螺钉，固定好吸顶盘，如图7-43所示。

图7-43　固定吸顶盘

7.2.2.3 组装吊灯的灯臂与灯体

① 根据如图7-44所示的吊灯组装示意图进行灯具组装。使用扳手将吊灯灯臂固定，而且要将灯臂均匀分布，否则安装后的吊灯就会倾斜。

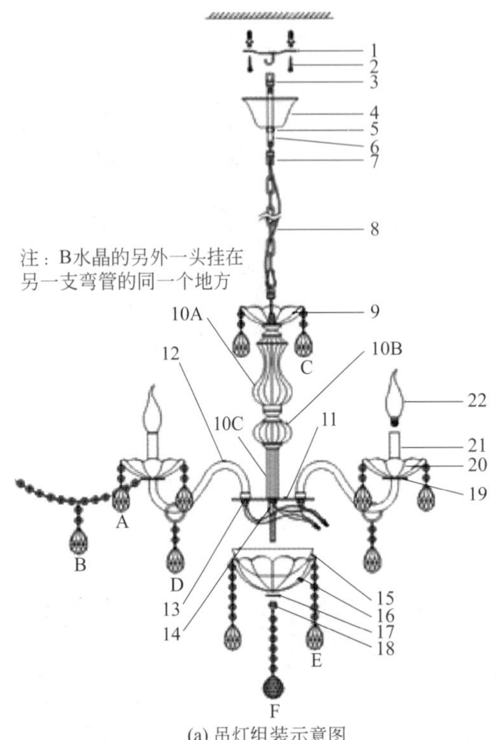

(a) 吊灯组装示意图

(b) 固定灯臂

图7-44 组装灯具

1—挂板；2—自攻螺钉；3—挂钩；4—吸顶盖；5—螺钉；6—带牙衬管；7—吊链；8—电源线；9—玻璃碟子；10A—灯柱；10B—玻璃球；10C—梅花管；11—圆铁片；12—弯管；13—螺母；14—出线螺母；15—铁碗；16—大玻璃碟；17—圆盖；18—内牙f6mm；19—挂环；20—玻璃碟；21—管子；22—E14蜡烛灯泡

② 将吊灯灯臂内各种电线正确连接，如图7-45所示，把每一条弯管里的线分成两条，主线也分成两条。将其中的一条线（弯管、主线）连接成一束，另外的线再接成一束线。最后将主线的两条线与天花板处预留的火线、零线连接起来即可。这一步非常重要，必须要细心加耐心，否则安装后不亮要拆下来重新检查。

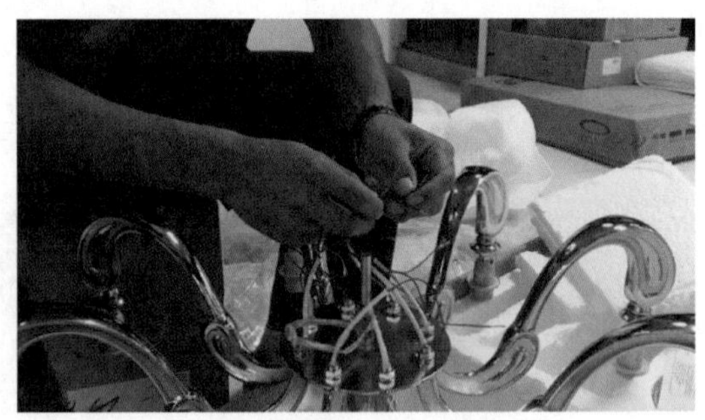

图7-45 电线正确连接

7.2.2.4 吊灯，接电源，安装配件

① 安装吊灯吊链与布套，如图7-46所示。

② 连接主电源，如图7-47所示。

③ 调整吊灯吊链的高度，安装吊灯灯臂的玻璃碗与套管等配件。

④ 安装吊灯光源与灯罩，如图7-48所示。

图7-46 安装吊链与布套

图7-47 连接主电源

图7-48 安装光源与灯罩

【特别提醒】

吊灯无论安装在客厅还是餐厅，都不能吊得太矮，以不阻碍人正常的视线或不令人觉得刺眼为合适，一般吊杆都可调节高度。如果房屋较低，使用吸顶灯更显得房屋明亮大方。

7.2.3 水晶吊灯安装

水晶灯一般分为吸顶灯、吊灯、壁灯和台灯几大类，需要电工安装的主要是吊灯和吸顶灯，虽然各个款式品种不同，但安装方法基本相似。

水晶吊灯安装

目前，水晶灯的电光源主要有节能灯、LED或者是节能灯与LED的组合。

7.2.3.1 灯具检查

① 打开包装，取出包装中的所有配件，检查各个配件是否齐全，有无破损，如图7-49所示。

图7-49 打开包装，检查配件

② 接上主灯线通电检查，测试灯具是否损坏，如图7-50所示。如果有通电不亮灯的情

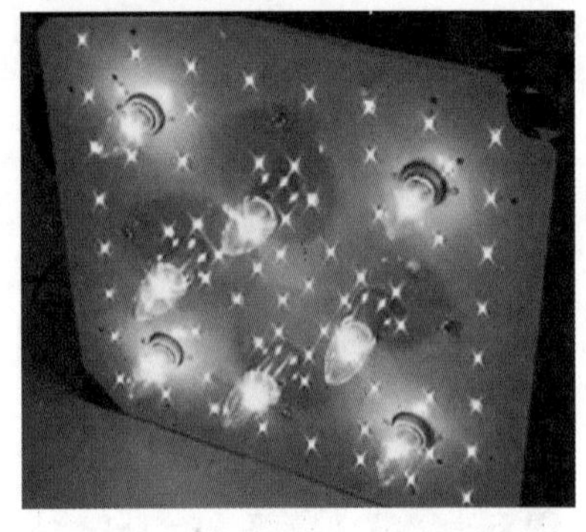
图7-50　通电试灯，测试灯具是否损坏

况，应及时检查线路（大部分是运输中线路松动）；如果不能检查出原因，应及时同商家联系。这步很重要，否则配件全部挂上后才发现灯具部分不亮，又要拆下，徒劳无功。

7.2.3.2　地面组装灯具部件

由于水晶灯的配件及挂件比较多，通常是在地面把这些部件组装好之后，再进行吊装。

（1）铝棒、八角珠及钻石水晶的组装

铝棒、八角珠、钻石水晶等配件的数量很多，其组装过程见表7-5。

表7-5　铝棒、八角珠及钻石水晶的组装

序号	配件组装	图示
1	用配件中的小圆圈扣在铝棒的孔中	
2	将丝杆拧入4颗螺杆中	
3	把八角珠和钻石水晶扣在一起	

（2）底板上组件的安装

底板上的组件比较多，其安装方法见表7-6。

表7-6　底板上组件的安装步骤

步骤	方法	图示
1	把扣好小圆圈的铝棒扣到底板的固定架上	

续表

步骤	方法	图示
2	把钻石水晶扣在底板中央的固定扣上	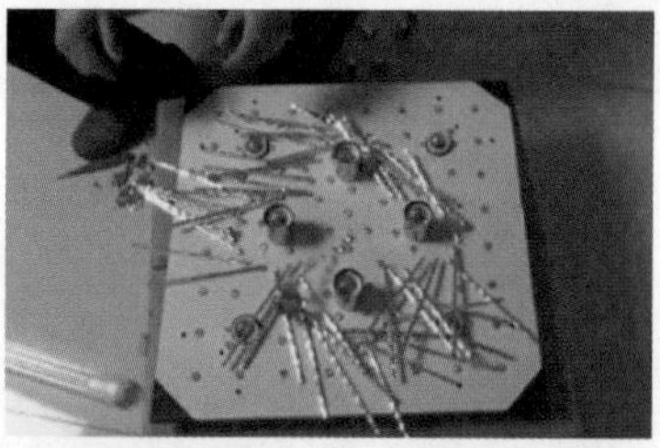
3	把装好螺杆的亚克力脚固定在底板上，一共8只	
4	把装好螺牙的螺杆也固定在底板上	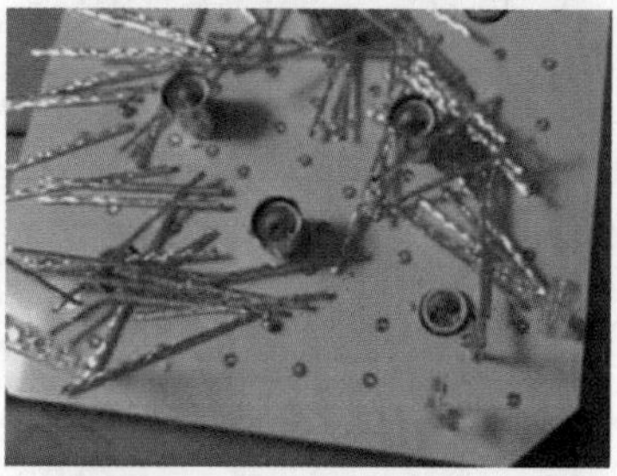
5	装好光源（灯泡）	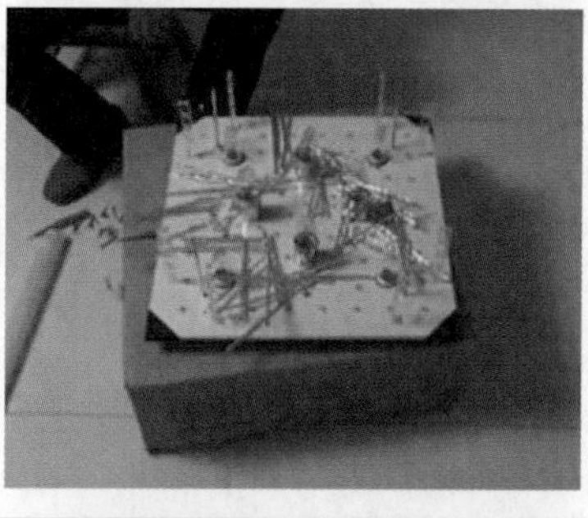
6	卸下十字挂板上的螺钉	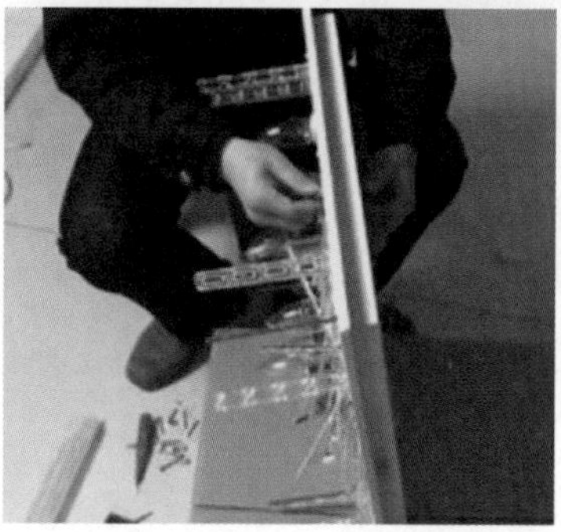

续表

步骤	方法	图示
7	按照固定孔的位置锁紧挂板上的螺钉	

7.2.3.3　安装挂板和地板

水晶灯底座挂板的安装方法与吸顶灯底座挂板基本相同，这里仅简要说明。

①将十字挂板固定到天花板上，如图7-51所示。

②将底板固定在天花板上，如图7-52所示。

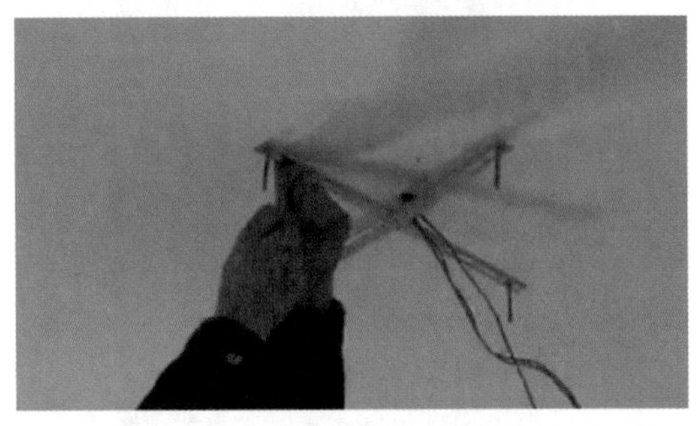

图7-51　将十字挂板固定到天花板上

图7-52　将底板固定在天花板上

7.2.3.4　安装其他配件

灯具其他配件的安装方法见表7-7。

表7-7　灯具其他配件的安装

步骤	方法	图示
1	用螺杆将灯罩固定到灯头上，每个灯头3个螺杆	
2	用螺杆将钢化玻璃固定	

续表

步骤	方法	图示
3	将玻璃棒插入到固定好的亚克力脚中	
4	试灯	

7.2.3.5　安装水晶灯的注意事项

① 打开包装后，先对照图纸的外形，看看什么配件需要组装，如图7-53所示为某型号水晶灯盘的配件。

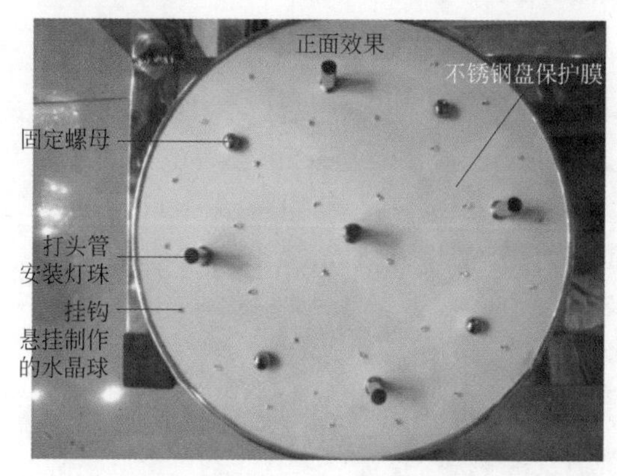

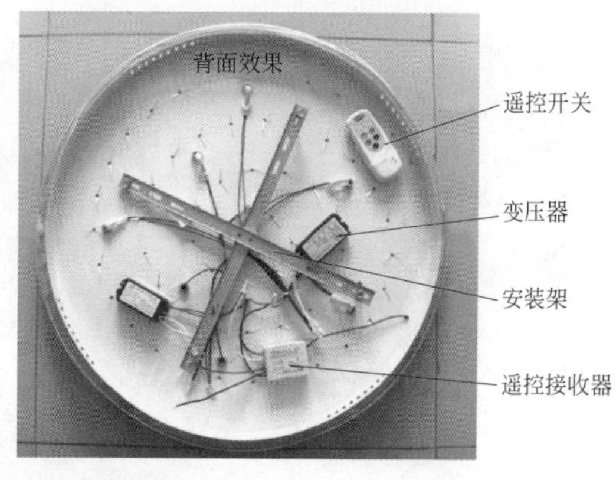

图7-53　某型号水晶灯盘的配件

② 安装灯具时，如果装有遥控装置的灯具，必须分清火线与零线。

③ 固定灯时，需要2人或3人配合。

④ 如果灯体比较大，接线较困难，可以把灯体的电源连接线加长，一般加长到能够接触到地上为宜，这样就容易安装很多。装上后把电源线收藏于灯体内部，只要不影响美观和正常使用即可。

⑤ 为了避免水晶上印有指纹和汗渍，在安装时操作者应戴上白色手套。

7.2.4　LED灯带安装

LED灯带是指把LED组装在带状的FPC（柔性电路板）或PCB硬板上的灯具，因其产品形状像一条带子而得名。在木龙骨加石膏板的吊顶，预留有10cm宽灯槽，在灯槽中安装LED灯作为辅助装饰光源是近年来家庭室内装修的一种潮流。

LED灯带安装

本书主要讲解LED灯带安装的步骤及方法。

（1）估算灯带的长度及配件

现场测量尺寸，确定所需灯带的长度及配件。如图7-54所示为某客厅LED灯带长度及配件确定的方法。

例：长5m，宽4m
这样一圈共需要18m灯带加一个插头

例：高2.8m
需要3m灯带加一个插头
例：周长2.2m
你可以拍2m灯带
加一个插头

图7-54　确定LED灯带长度及配件数量

（2）剪断灯带

根据测量后的计算结果，进行加工截取相匹配的长度。市场上常见的12V LED灯带，每3个灯珠为一组，组与组之间有个“剪刀”的标志，剪断距离一般是5cm。24V电压的LED灯带，每组6颗灯珠，剪断距离一般是10cm。220V电压的LED灯带，每组有多种灯珠数量：72颗、96颗、144颗……可剪断距离长达1m甚至2m。灯带的剪断方法如图7-55所示。

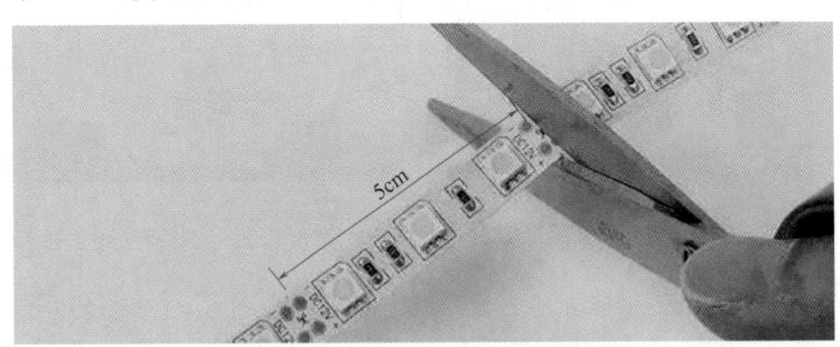

(a) 间隔5cm剪断

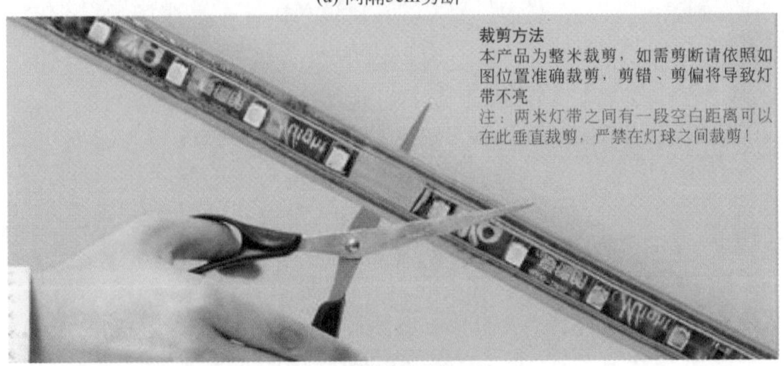

裁剪方法
本产品为整米裁剪，如需剪断请依照如图位置准确裁剪，剪错、剪偏将导致灯带不亮
注：两米灯带之间有一段空白距离可以在此垂直裁剪，严禁在灯球之间裁剪！

(b) 整米剪断

图7-55　根据计算长度剪断灯带

【特别提醒】

只有从剪口截断，才不会影响电路工作。如果随意剪断，会造成一个单元不亮。彩色灯带一般为整米剪断，如果需要安装的长度是7.5m，则灯带就要剪8m。

（3）灯带电源线的连接

LED灯带一般为直流12V或者直流24V电压供电，因此需要使用专用的开关电源，电源的大小根据LED灯带的功率和连接长度来定。如果不希望每条LED灯带都用一个电源来控制，可以购买一个功率比较大的开关电源作为总电源，然后把所有的LED灯带的输入电源全部并联起来，统一由总开关电源供电，如图7-56所示。这样的好处是可以集中控制，缺点是不能实现单个LED灯带的点亮效果和开关控制。具体采用哪种方式，可以由用户自己去决定。

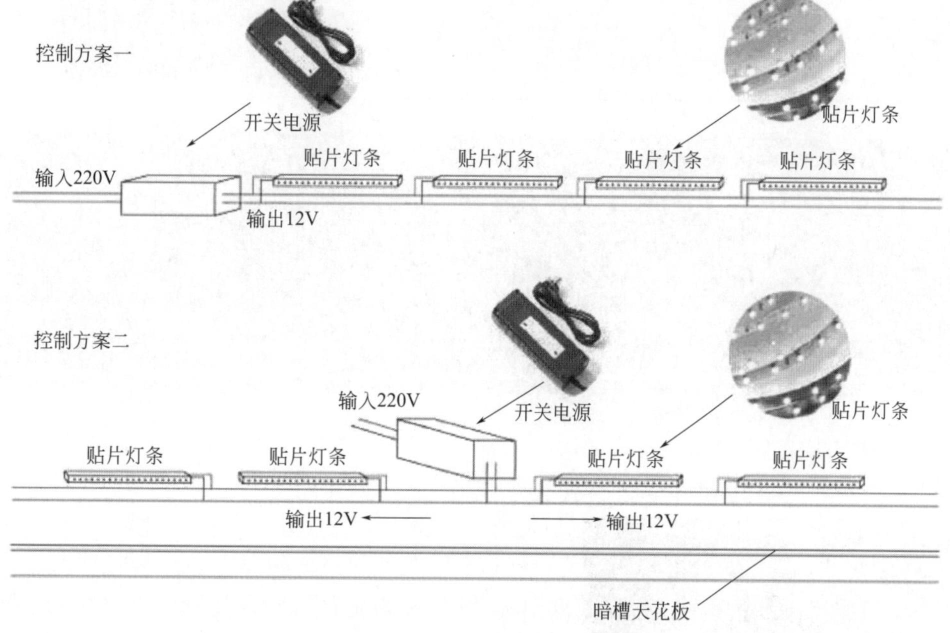

图7-56　LED灯带电源控制方案

每条LED灯带必须配一个专用电源，LED灯带与电源线的连接方法见表7-8。

表7-8　LED灯带与电源线的连接

步骤	连接方法	图示
1	将插针对准导线	

续表

步骤	连接方法	图示
2	向前推，让插针与导线良好接触	
3	在灯带的尾部盖上尾塞	

【特别提醒】

LED灯带本身是由二极管构成的，采用直流电驱动，所以灯带线是有正负极的。安装时，如果电源线的正负极接反了，则灯带不亮。安装测试时如果发现通电不亮，就需要重新按照LED的极性正确接线。

（4）在灯槽里摆放灯带

在吊顶的灯槽里，把LED灯带摆直。灯带是盘装包装，新拆开的灯带会扭曲，不好安装，可以先将灯带整理平整，再放进灯槽内，用专用灯带卡子（固定夹）固定好灯带，也可以用细绳或细铁丝固定。现在市场上有一种专门用于灯槽灯带安装的卡子，叫灯带伴侣，使用之后会大大提高安装速度和效果，如图7-57所示。

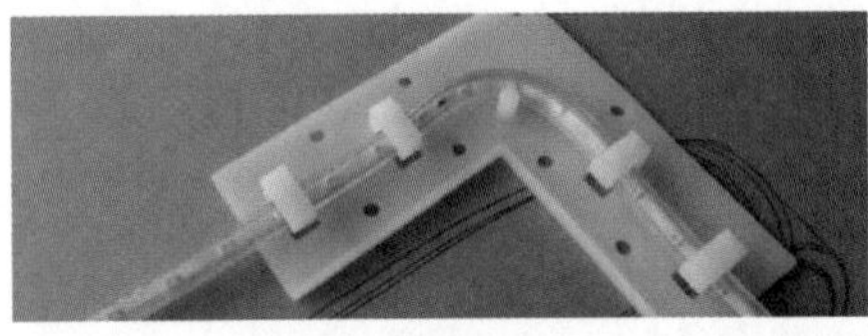

图7-57　灯带伴侣固定LED灯带

【特别提醒】

灯带是单面发光，安装时如果摆放不平整，就会出现明暗不均匀的现象，特别是拐角处最容易出现这种现象，如图7-58（a）所示。在拐角处用灯带伴侣来固定灯带，就可以完全消除发光不均匀的现象，如图7-58（b）所示。

灯带与电源线连接时，正、负极不能接反。灯带的末端必须套上尾塞，用夹带扎紧后，再用中性玻璃胶封住接口四周，以确保安全使用。

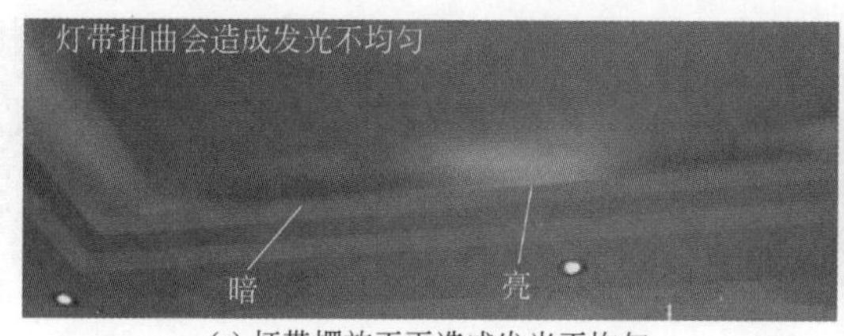

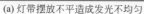

(a) 灯带摆放不平造成发光不均匀

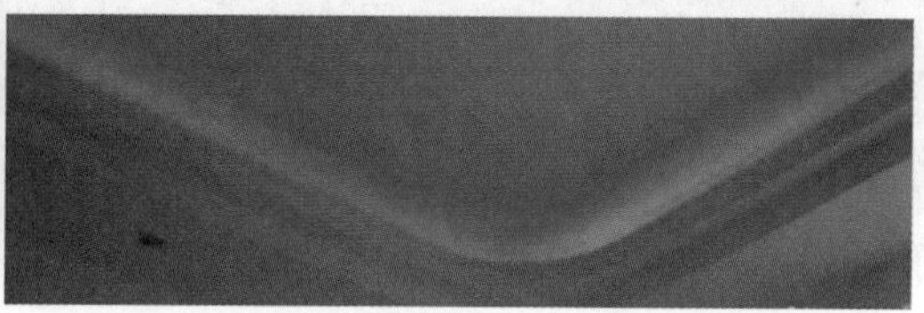

(b) 灯带摆放平整，发光均匀

图7-58　灯带发光情况

7.2.5　筒灯和吸顶灯安装

7.2.5.1　筒灯的安装

筒灯安装

家庭的筒灯一般装设在卧室、客厅、卫生间的周边天棚上。筒灯是依靠其安装弹片的弹力固定在天花板上面的，安装嵌入式筒灯的步骤及方法见表7-9。

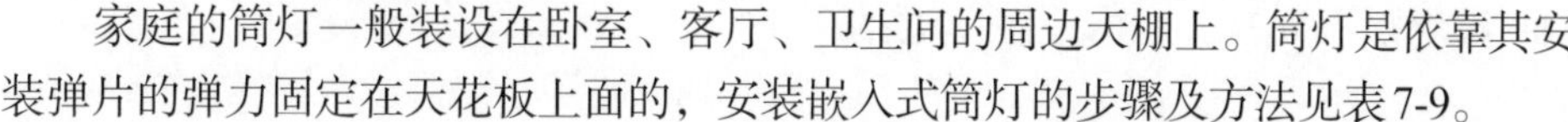

表7-9　安装嵌入式筒灯步骤及方法

步骤	方法	图示
1	按开孔尺寸在天花板上开圆孔	
2	拉出供电电源线，与灯具电源线配接，注意接线须牢固，且不易松脱	
3	把灯筒两侧的固定弹簧向上扳直，插入顶棚上的圆孔中	
4	把灯筒推入圆孔直至推平，让扳直的弹簧向下弹回，撑住顶板，筒灯会牢固地卡在顶棚上	

【特别提醒】

如果需要拆筒灯时，先关闭电源，用手抓住灯具灯口，按住面盖，用力下拉即可。

嵌入式射灯与嵌入式筒灯的安装方法基本相同。

7.2.5.2 吸顶灯安装

吸顶灯安装1

常用的吸顶灯有方罩吸顶灯、圆球吸顶灯、尖扁圆吸顶灯、半圆球吸顶灯、半扁球吸顶灯、小长方罩吸顶灯等，其安装方法基本相同。

（1）吸顶灯的附件

不同类型吸顶灯的附件可能有所不同，例如螺钉、挂板、灯罩、吸顶盘、光源、驱动器、连接线等，下面介绍吸顶灯的两个重要附件，见表7-10。

表7-10 吸顶灯的附件

附件	说明	图示
吸顶盘	与墙壁直接接触的圆、半圆、方形金属盘，是墙壁和灯具主体连接的桥梁	
挂板	连接吸顶盘和墙面的桥梁，出厂时挂板一般固定在吸顶盘上，通常形状为一字、工字、十字	

吸顶灯安装2

（2）吸顶灯安装步骤

① 选好位置。安装吸顶灯首先要做的就是确定吸顶灯的安装位置。例如客厅、餐厅、厨房的吸顶灯最好安装在正中间，这样的话各位置光线较为平均。而卧室的话，考虑到蚊帐和光线对睡眠的影响，所以吸顶灯尽量不要安装在床的上方。

② 安装底座。对现浇的混凝土实心楼板，可直接用电锤钻孔，打入膨胀螺栓，用来固定挂板，如图7-59所示。固定挂板时，在木螺栓往膨胀螺栓里面上的时候，不要一边完全上进去了才固定另一边，那样容易导致另一边的孔位置对不齐，正确的方法是粗略固定好一边，使其不会偏移，然后固定另一边，两边要同时进行，交替进行。

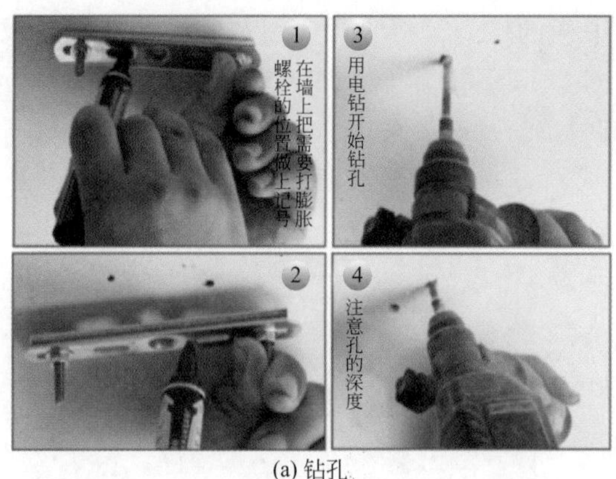

(a) 钻孔

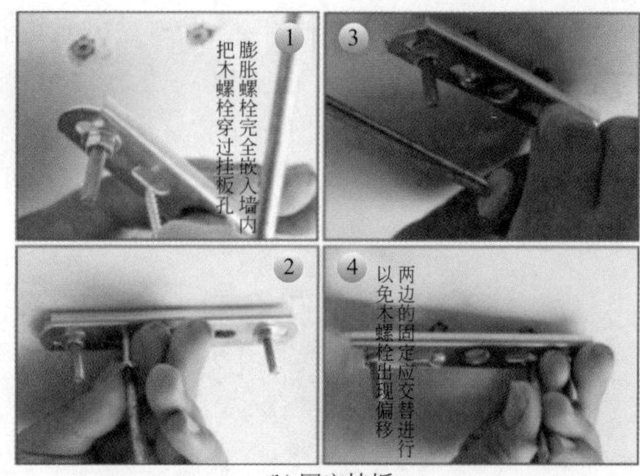

(b) 固定挂板

图7-59　钻孔和固定挂板

注意：为了保证使用安全，当在砖石结构中安装吸顶灯时，应采用预埋吊钩、螺栓、螺钉、膨胀螺栓、尼龙塞或塑料塞固定。严禁使用木楔。

③ 拆吸顶灯面罩。一般情况下，吸顶灯面罩有旋转固定和卡扣卡住两种固定方式，拆的时候要注意，以免将吸顶灯弄坏，把面罩取下来之后顺便将灯管也取下，防止在安装时打碎灯管，如图7-60所示。

④ 接线。固定好底座后，就可以将电源线与吸顶灯的接线座进行连接。将220V的相线（从开关引出）和零线连接在接线柱上，与灯具引出线相接，如图7-61所示。

图7-60　拆除吸顶盘接线柱上的连线并取下灯管

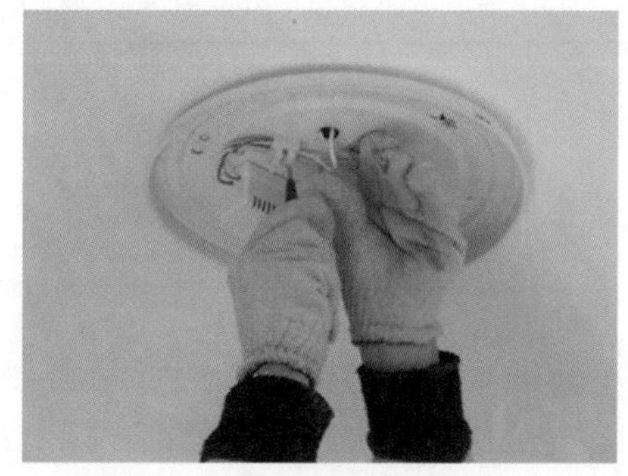

图7-61　在接线柱上接线

有的吸顶灯的吸顶盘上没有设计接线柱，可将电源线与灯具引出线连接，并用黄蜡带包紧，外包黑胶带。需注意的是，与吸顶灯电源线连接的两个线头，电气接触应良好，还要分别用黑胶带包好，并保持一定的距离，如果有可能尽量不将两线头放在同一块金属片下，以免短路，发生危险。

【特别提醒】

接好电线后，可装上灯光源试通电。如一切正常，便可关闭电源，再完成以下操作步骤。

⑤ 固定吸顶盘和灯座。将吸顶盘的孔对准吊板的螺钉，将吸顶盘及灯座固定在天花板上。如图7-62所示。

⑥ 安装面罩和装饰物。安装好面罩后，有的吸顶灯还需要装上一系列的吊饰，因为每一款吸顶灯吊饰都不一样，所以具体安装方法可参考产品说明书。吊饰一般都会剩余，安装后可存放好，日后有需要时也能换上。把灯罩盖好，如图7-63所示。

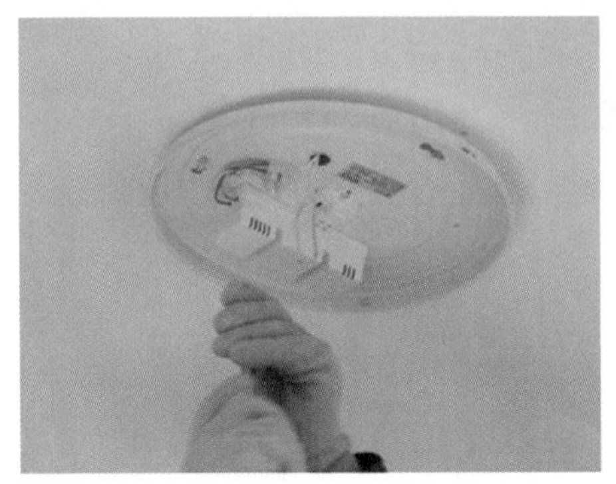

图7-62　固定吸顶盘和灯体

图7-63　安装灯罩

（3）嵌入式吸顶灯安装

一般在厨房、卫生间、阳台等场所的吊顶上安装嵌入式吸顶灯。家庭常用的吊顶有扣板吊顶、石膏板吊顶和木质吊顶，应先在工程板上开好面积相同的孔，接好电源线后，直接将嵌入式吸顶灯安装上即可。嵌入式吸顶灯的安装步骤及方法见表7-11。

表7-11　嵌入式吸顶灯的安装步骤及方法

步骤	安装方法	图示
1	在需要安装嵌入式吸顶灯的地方开一个孔（方孔或者圆孔，视灯罩的形状而定），开孔前，要确定好吊顶灯的位置和孔的大小。 一般来说，一块铝扣板的面积刚好安装一盏方形的嵌入式吸顶灯，因此，取下一块扣板即可，不必再开孔	
2	在孔边沿的上方垫上木条，安装好四周边条框	

续表

步骤	安装方法	图示
3	接上电源线，盖好接线盖用螺钉拧紧。准备将灯具放入开孔中	
4	双手按住灯具两边的卡簧，灯具放入天花板开孔内，内侧的卡簧顶住天花板，用手按住面罩，稍用力往上推入卡紧即可固定好灯具	

【特别提醒】

安装时，要注意处理好吸顶灯与吊顶面板的交接处，一般吸顶灯的边缘应盖住吊顶面板，否则影响美观。

7.3 厨卫电器安装

7.3.1 电热水器安装

7.3.1.1 贮水式电热水器安装

贮水式电热水器安装

贮水式电热水器是将水加热的固定式器具，它可长期或临时贮存热水，并装有控制或限制水温的装置。家庭常用贮水式电热水器，其安装方便，价格不高，但需加热较长时间，达到一定温度后方可使用。

贮水式电热水器的安装方法，其实就是设法把它挂到墙上，它本身带有挂钩，选好适合的高度和位置，钉上钉子，然后把热水器上的挂钩挂上。

（1）定位钻孔，悬挂电热水器

先测量挂钩距离，然后在墙面上定位，确定钻孔的位置，用电锤打孔，再打入膨胀螺栓，把挂板安装好，然后将电热水器悬挂在墙面上，如图7-64所示。

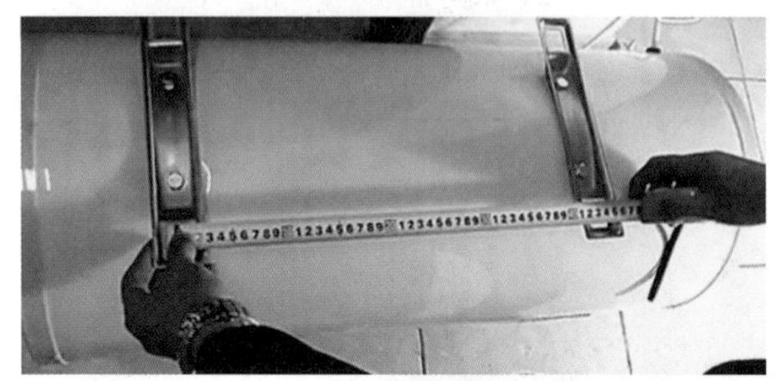

(a) 测量挂钩距离

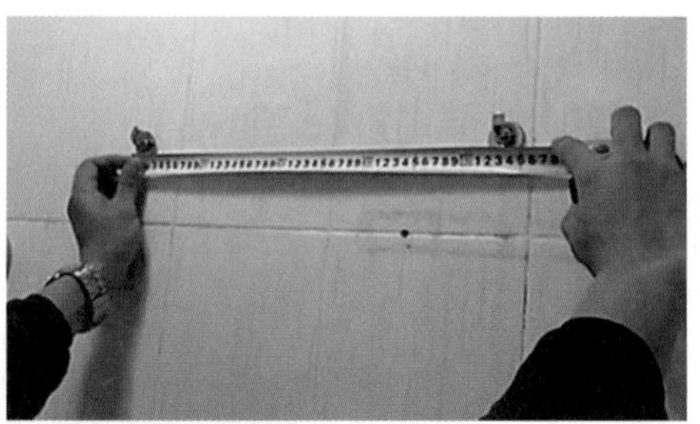

(b) 打孔固定好挂钩

(c) 将热水器固定在墙面上

图7-64　悬挂贮水式电热水器

【特别提醒】

电热水器安装挂架（钩）的承载能力应不低于热水器注满水质量的2倍。其安装面与安装挂架（钩）之间的连接应牢固、稳定、可靠，确保安装后的热水器不滑脱、翻倒、跌落。

（2）水路安装

水路安装时，先将混合阀安装到有角阀的自来水管上，混合阀与热水器之间用进出水管、螺母、密封圈连接，如图7-65所示。在管道接口处都要使用生料带，防止漏水，同时安全阀不能旋得太紧，以防损坏。如果进水管的水压与安全阀的泄压值相近，应在远离热水器的进水管道上安装一个减压阀。

（3）清洗系统

水路安装完毕后，先要清洗一下整个系统，再将电路安装好。具体方法是：关冷水阀，开热水阀，打开自来水阀，让冷水注入水箱，当混合阀有水流出时，可加大流量，对水箱管路进行冲洗，再开冷水阀，冲洗阀体内部通路，然后接上淋浴花洒。

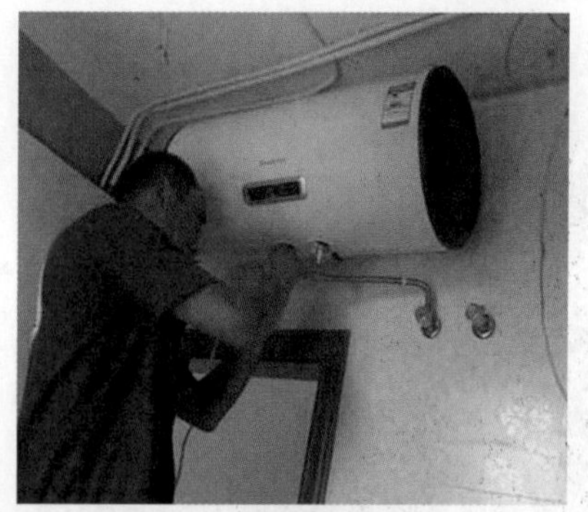

(a) 进出水管安装

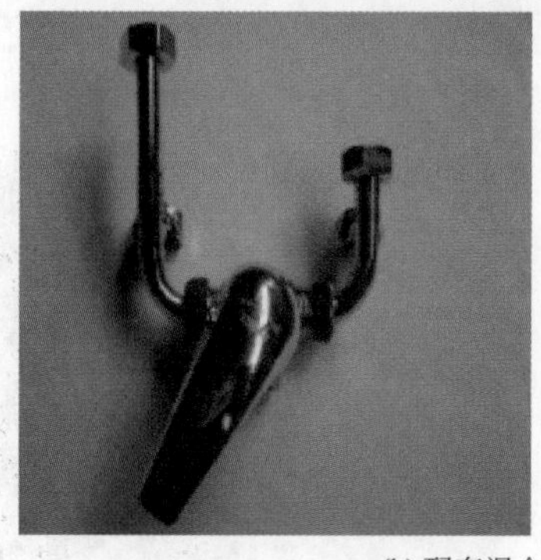
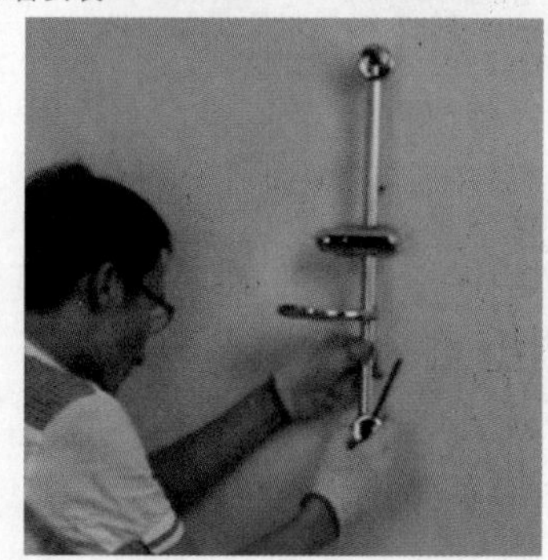

(b) 配套混合阀和花洒安装

图7-65　电热水器的水路安装

（4）电路安装

在离电热水器适当远、高出地面1.5m以上的地方装电源插座或空气开关，如图7-66所示。打开热水器外壳，接好电源线。注意要根据功率大小选择合适的电源线，并接好地线。

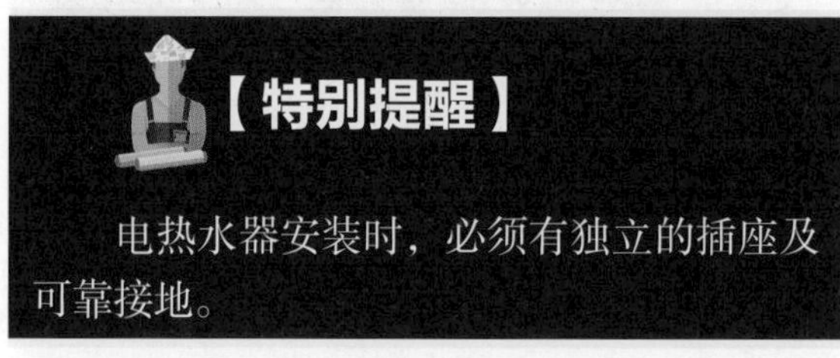

【特别提醒】

电热水器安装时，必须有独立的插座及可靠接地。

图7-66　安装电热水器电源插座

7.3.1.2　即热式电热水器安装

即热式电热水器安装

即热式电热水器可以安装在厨房，也可以安装在卫生间。其安装要求为：即热式电热水器需要4mm^{2}以上的铜芯线作为供电线路，电能表的额定电流30A以上。下面介绍安装步骤及方法。

（1）定位钻孔，安装挂板

其安装方法可参考贮水式电热水器的相关介绍。

（2）安装主机

将热水器安装在挂板上，如图7-67所示。

图7-67　安装主机

（3）连接进水管

进水管要加装过滤网，过滤网一定要垫平，与调温安全阀连接，再连接到热水器的进水口，并拧紧螺母。进水管的一端与主水管连接，另一端与调温安全阀连接，如图7-68所示。

即热式电热水器必须在进水口安装过滤网，因自来水里有少量的杂物，以免卡住浮磁（后果是干烧、不加热）或堵塞花洒（后果是出水越来越小）。如果滤网堵塞，会使流量降低、出水变小，浮磁不动作，热水器无法加热。使用一段时间后拆下滤网进行清洗，即可使用。

(a) 加装过滤网

(b) 拧紧进水口螺母

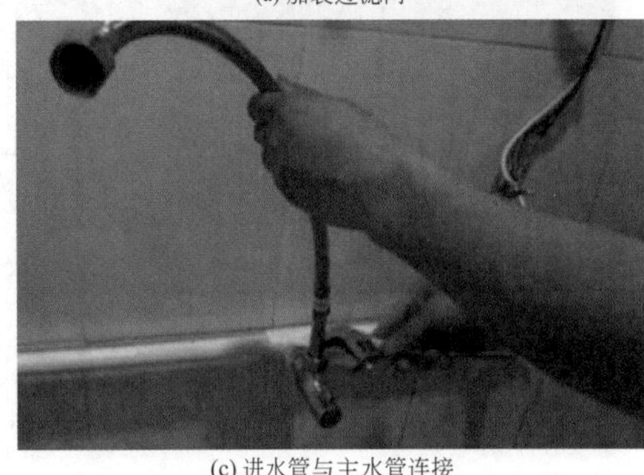
(c) 进水管与主水管连接

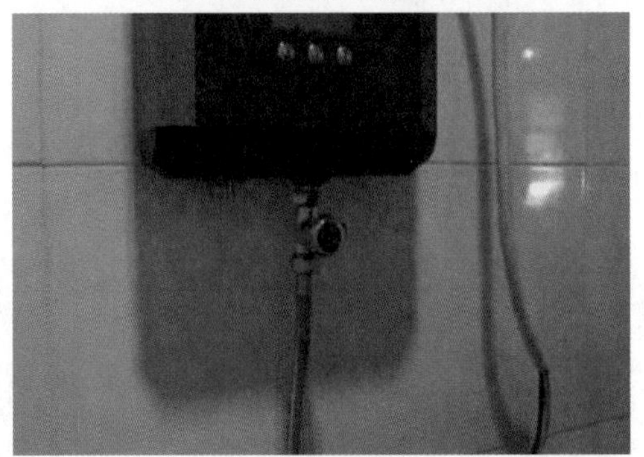
(d) 进水管与调温安全阀连接

图7-68　连接进水管

（4）安装花洒

对准缺口，插入滑杆，将升降杆安装在热水器的左侧，并用螺钉固定；然后盖上盖帽，再拧上喷头，如图7-69所示。

（5）连接断路器

将热水器的电源线连接到室内配电箱中相应的断路器上，要求采用4mm^{2}以上的铜芯线。同时，注意连接好接地线。装好开关面板，如图7-70所示。

（6）通电测试

合上空气开关接通电源，先通水再打开热水器电源，根据需要调节温度（一般40℃左右的温度比较合适）。

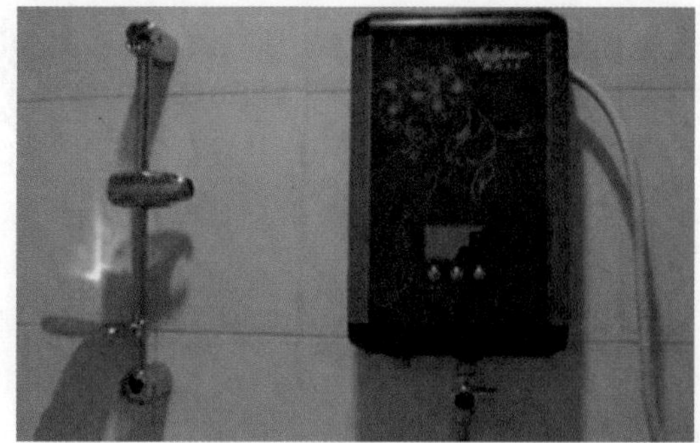

(a) 安装升降杆

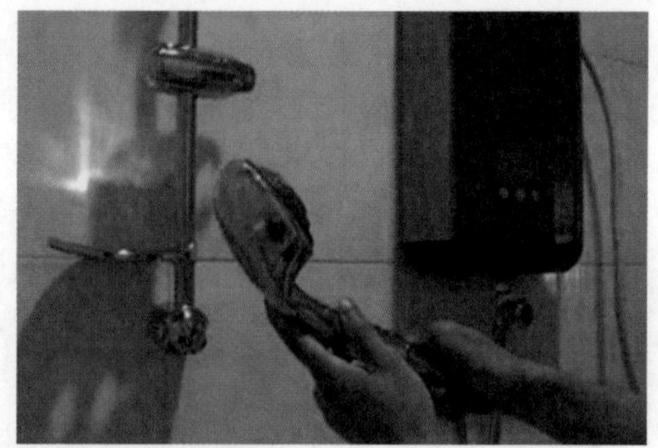

(b) 再拧上喷头

(c) 与热水器出水口连接

图7-69　安装花洒

图7-70　电源线与断路器连接

【特别提醒】

即热式电热水器必须竖直安装，先接通水路，再接通电路。

即热式电热水器功率一般在4～6kW以上，电流为18～27A，要求家庭的电能表、进户电线、开关等的额定电流及额定功率应大于热水器的额定电流或额定功率，建议使用专线供电。

7.3.2 浴霸安装

浴霸安装

集成吊顶将吊顶模块与电器模块均制作成标准规格的可组合式模块，安装时集成在一起。就是说电器和扣板的规格是一样的，这就解决了电器和扣板规格不合需要开孔的问题，即浴霸安装时不需要在扣板上开孔，只需要占用1～2块扣板的位置即可，如果浴霸位置固定后客户觉得不满意可随意变换位置，如图7-71所示。

图7-71 在集成吊顶上安装浴霸

（1）安装位置的确定

为了取得最佳的取暖效果，浴霸应吊顶安装在浴缸或沐浴房中央正上方。安装完毕后，灯泡离地面的高度应在2.1～2.3m之间，过高或过低都会影响使用效果。

（2）龙骨的安装

在现场根据实际测量的尺寸对吊杆、轻钢龙骨架下料，吊杆、龙骨间预留间距要与扣板的板面大小一致。在天花板上打膨胀眼并固定所有吊杆，吊杆下口与吊钩连接好，再把主龙骨架在吊钩中间并予固定，调节高度螺母使主龙骨底平面距收边条上平面线3cm并紧固，如图7-72所示。

根据实际的安装长度减5mm截取所需的副龙骨，套上三角吊件，按图纸要求把所有的副龙骨用三角吊件暂时挂靠在主龙骨上。

（3）主机的安装

确认主机安装位置，再把主机箱体放置于副龙骨上方固定好，如图7-73所示。

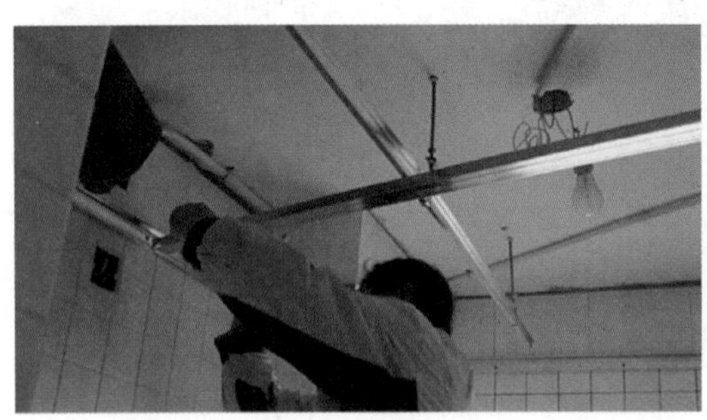
图7-72 龙骨安装

图7-73 主机安装

（4）接线

如图7-74所示，打开接线盒，根据相应的功能按接线标签进行连接，L为功能线，N为零线，〒为接地线（双色线），安装好开关，然后通电测试，符合要求后盖好接线盖。

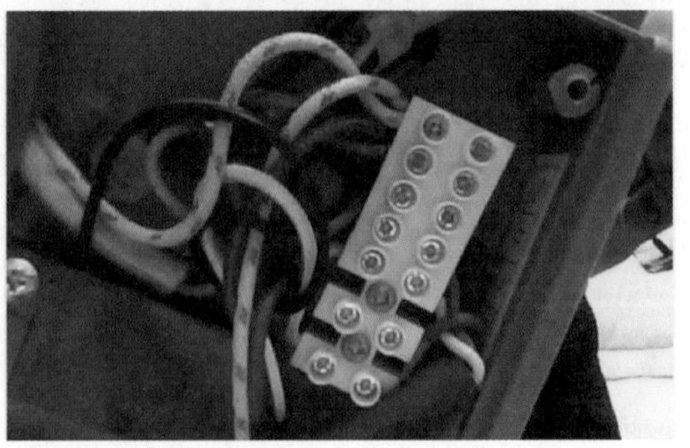
图7-74 电源线连接

【特别提醒】

在集成吊顶安装（嵌入）浴霸时，要做到吊顶面板和浴霸接口平整，无缝隙。拼缝无间隙并保持直线。

7.3.3　吸油烟机安装

中式吸油烟机安装

（1）安装位置的确定

① 吸油烟机的中心应对准灶具中心，左右在同一水平线上。吸烟孔以正对下方炉眼为最佳，即安装在产生油烟废气的正上方，如图7-75所示。

② 吸油烟机的高度不宜过高，以不妨碍人活动操作为标准。顶吸式吸油烟机的安装高度一般在灶上650～750mm，侧吸式吸油烟机的安装高度一般在灶上350～450mm，如图7-76所示。

图7-75　吸油烟机安装位置示例

（2）排烟管安装

① 吸油烟机的排烟管道走向尽量要短且避免过多转弯，转弯半径要尽可能大，这样就能出风顺畅，抽烟效果好且噪声减小，如图7-77所示。安装在带有止回阀的公共烟道上时，必须先检查好止回阀是否能够正常工作，如图7-78所示。

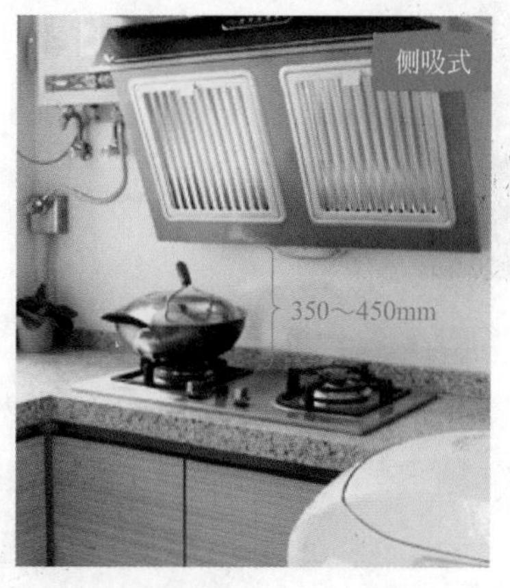

图7-76　吸油烟机安装高度示意图

② 排烟管伸出户外或通进共用吸冷风烟道，接口处要严密，不许将废气排到热的烟道中。

侧吸式吸油烟机安装

（3）安装主机

① 在墙上钻出3个ϕ10mm的孔，深度50～55mm，埋入ϕ10mm塑料膨胀管，然后将挂钩（附件）用膨胀螺钉紧固，如图7-79所示。

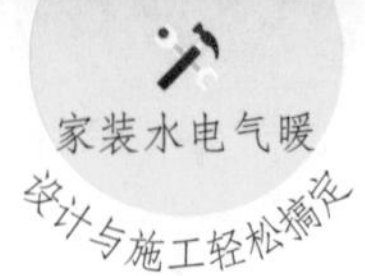

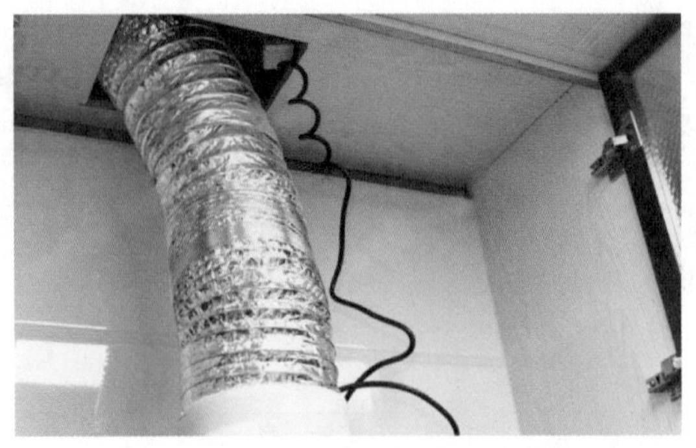

图7-77　排风出口到机体的距离要适当

图7-78　室内烟道防倒流帽

图7-79　钻孔并用膨胀螺钉紧固挂钩

② 将排烟软管嵌入止回阀组件，用自攻螺钉紧固，如图7-80所示。

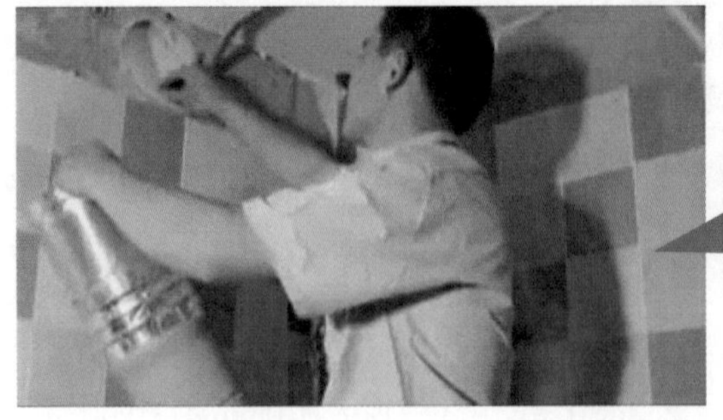

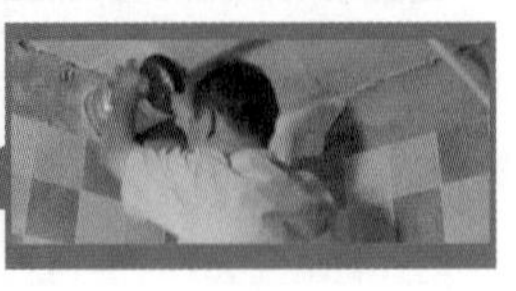

图7-80　将排烟软管嵌入止回阀组件

③ 将整机托起后，后壁两长方形孔对准挂钩挂上。再将排烟软管引出室外，注意排烟软管的出口应低于室内。

④ 将整机左右两端调校至水平状态，并且让其工作面与水平面成3° ～ 5° 的仰角，以便污油流入集油盒，将装在挂板中间的螺母拧紧，以防油烟机滑落，如图7-81所示。

图7-81　校正水平状态

⑤ 将集油盒插入集油盒滑槽中。

【特别提醒】

吸油烟机要安装带有接地装置的三芯专用电源插座。

参考文献

[1] 杨清德. 家装电工技能直通车. 北京：电子工业出版社，2011.
[2] 杨清德. 看图学家装电工技能. 北京：机械工业出版社，2015.
[3] 杨清德，赵顺洪. 学家装电工就这么简单. 北京：科学出版社，2015.
[4] 杨清德，李川. 家装水电工必读. 北京：中国电力出版社，2018.
[5] 周志敏. 我是家装水电工高手. 北京：化学工业出版社，2016.
[6] 杨晓峰. 家装水电工技能快速学. 北京：化学工业出版社，2017.

视频讲解明细清单